高等学校程序设计系列教材

Java 程序设计基础

主　编　刘平山

副主编　黄宏军　张纪元　黄　福

西安电子科技大学出版社

内 容 简 介

本书系统地介绍了 Java 语言程序设计的基础知识，强调问题驱动与问题求解，提供了丰富的编程示例和不同难度的编程问题。

本书内容可分为三大部分。第一部分是基础程序设计，包括第 1～5 章，主要介绍计算机和编程语言基础知识、Java 语言概况、基础编程知识(如基本数据类型、变量、常量、标识符、表达式、运算符、JShell、选择结构、循环结构、方法、数组、字符串等)。第二部分是面向对象程序设计，包括第 6～11 章，主要介绍类与对象、继承与多态、抽象类与接口、内嵌类、lambda 表达式、泛型、枚举、异常、文件、输入/输出流等。第三部分是图形用户界面设计，对应第 12 章，主要介绍 JavaFX 应用程序结构、容器面板、事件驱动编程、控件、统计图表等内容。

本书可以作为高等院校计算机、软件工程、大数据、人工智能、信息管理与信息系统等相关专业的程序设计入门教材或面向对象程序设计的教材，也可以作为学习 Java 语言程序设计的参考用书。

图书在版编目(CIP)数据

Java 程序设计基础 / 刘平山主编. --西安：西安电子科技大学出版社，2024.3(2024.5 重印)
ISBN 978-7-5606-7186-4

Ⅰ. ①J…　Ⅱ. ①刘…　Ⅲ. ①Java 语言—程序设计　Ⅳ. ①TP312.8

中国国家版本馆 CIP 数据核字(2024)第 022680 号

策　　划　陈　婷
责任编辑　陈　婷
出版发行　西安电子科技大学出版社(西安市太白南路 2 号)
电　　话　(029)88202421　88201467　　　邮　　编　710071
网　　址　www.xduph.com　　　　　　　电子邮箱　xdupfxb001@163.com
经　　销　新华书店
印刷单位　陕西日报印务有限公司
版　　次　2024 年 3 月第 1 版　2024 年 5 月第 2 次印刷
开　　本　787 毫米×1092 毫米　1/16　印张 25.5
字　　数　608 千字
定　　价　59.00 元
ISBN 978-7-5606-7186-4 / TP
XDUP　7488001-2

如有印装问题可调换

前　言

Java 语言是一门高级程序设计语言，具有诸多优秀特性，应用广泛。Java 语言诞生于 1995 年，其诞生之初就吸收了 C、C++语言的优秀特性，去掉或简化了一些复杂难懂的结构与机制，拥有简明、优雅规范的语法。与 C、C++语言相比，Java 语言更易于初学者学习与掌握。Java 语言具备"一次编写，到处运行"的跨平台特性，特别适合互联网应用。Java 语言对程序员相当友好，具备多个优秀、成熟的集成开发工具，如 Eclipse、IntelliJ IDEA 等。这些集成开发工具能对保存的程序进行自动编译，且具有良好的代码提示与语法错误识别的能力，可有效协助程序员排除程序的语法错误，提升开发效率。此外，Java 语言还提供了丰富实用且易于使用的类库。Java 语言早期主要应用于 Web 应用领域，随着新兴 IT 技术和 Web 应用领域技术的发展，其在 Web 应用系统、微服务、云计算、移动计算、大数据、物联网及可穿戴设备等诸多应用领域得到了广泛应用。正是由于其诸多优秀特性，Java 语言一直以来备受 IT 业界和程序员的青睐，在反映编程语言流行趋势的 TIOBE 排行榜上，Java 语言多年来位居前列。

Java 语言也是一门与时俱进、不断发展的语言。目前，Java 语言以半年为周期进行版本的更新迭代，不断吸收其他程序设计语言的优点而进行完善，同时根据 IT 技术发展需要扩充类库和语言特性。本书以 Java 17 版本(2021 年 9 月 14 日发布)为基础进行撰写，所有代码均在 Java 17 环境下测试通过。Java 17 版本是 Java 11 之后又一个长期支持的版本，该版本的语法知识既能紧跟时代步伐又具备一定的稳定性。

本书面向零基础学习者以及具有其他语言基础的学习者，在内容上选择了 Java 语言的基础知识。掌握这些内容之后，学习者可以熟练应用 Java 语言。在需要解决特定领域的问题时，学习者可以自行扩展学习 Java 语言的其他内容，如多线程编程、数据库编程、网络编程等。

本书的内容可分为以下三大部分：

第一部分是基础程序设计，包括第 1～5 章。第 1 章介绍了计算机相关基础知识和 Java 语言的基本知识。第 2 章介绍了 Java 语言编程基础，包括基本数据类型、变量、常量、标识符、表达式、运算符、JShell 等内容。第 3 章介绍了选择结构与循环结构，学习者可以利用这两种结构开发简单的程序。第 4 章介绍了方法的定义与使用，可帮助学习者实现模块编码码。第 5 章介绍了数组的定义与使用以及字符串的使用，使学习者能够建立基本的计算思维，解决一些简单的编程问题。

第二部分是面向对象程序设计，包括第 6～11 章。第 6 章主要介绍了类与对象。第 7 章介绍了继承与多态、抽象类与接口等。第 8 章介绍了内嵌类以及体现函数式编程特色的 lambda 表达式。第 9 章介绍了泛型机制和枚举类型数据结构。第 10 章介绍了异常处理机制。第 11 章介绍了文件操作、输入/输出流。基于该部分的学习，学习者能够掌握面向对象程序设计语言的三大特性，即封装、继承和多态，能够用面向对象程序设计思维进行编程和问题求解。

第三部分是图形用户界面设计，对应第 12 章。该章基于 JavaFX 框架介绍了图形用户界面设计，主要介绍了 JavaFX 应用程序结构、容器面板、节点、事件驱动编程、JavaFXUI 控件等。基于该部分的学习，学习者能建立图形用户界面设计思维，能开发使用控件节点、形状节点和容器面板的应用程序。

为了提升本书的参考价值，本书在附录 I 中介绍了 Java SE 17 的新特性，附录 II 说明了三种 Java IDE 的安装，附录III介绍了 JavaFX 多媒体编程，附录 IV 介绍了 JavaFX 动画编程，附录 V 给出了 ASCII 字符集。

本书的编写分工为：第 1～3 章、第 5～8 章由刘平山负责撰写，第 4 章、第 10 章由黄福负责撰写，第 9 章、第 11 章由黄宏军负责撰写，第 12 章由张纪元负责撰写。全书由刘平山统稿及定稿。

本书的特色主要如下：

(1) 面向零基础。为了便于编程零基础的学习者学习，本书第 1 章介绍了计算机基础、编程语言基础、Java 语言历史与现状、Java 语言特点等，第 2 章详细介绍了基础的编程概念和技术，这些内容就是为零基础的学习者服务的。

(2) 强调问题驱动与问题求解。学习一门编程语言，不仅仅要准确理解该编程语言的语法知识，更重要的是应用语言去求解问题。在问题求解过程中，编程语言的语法和使用技巧可以被学习者消化和巩固。本书不仅在编程示例中选用了诸多编程问题，而且在课后编程习题中提供了一些有趣的编程问题。这些编程问题的引入，能有效提升学习者的积极性和兴趣，使得学习者在问题求解过程中深入理解和掌握编程语言的语法知识和应用。

(3) 有机融入课程思政元素。为了实现立德树人的根本任务，在专业知识教育过程中，本书有机融入了课程思政元素，在每章设计了 1～2 个课程思政案例，以培养学生的家国情怀、创新精神、工匠精神、职业精神等，加强对学生的世界观、人生观和价值观的教育，传承和创新中华优秀传统文化，促进学生的自由全面发展。

本书提供了丰富的配套教辅资源，包括教学大纲、PPT 课件、习题资源等，可登录西安电子科技大学出版社官网免费下载。

最后，感谢西安电子科技大学出版社的大力支持和服务，才使得本书得以顺利出版。限于编者水平，书中难免存在不足之处，敬请广大读者批评指正。

刘平山
2023 年 11 月

目　录

本书课程思政点对照表

	思政对应知识点	思政教学标题	思政内容
第 1 章	1.1.1　冯·诺依曼结构	1-1　培养家国情怀和民族精神，树立高水平科技自立自强的信念	
	1.2.1　Java 语言的发展历史	1-2　树立终身学习意识	
第 2 章	2.9　编程规范	2-1　遵守职业道德规范，做一名合格的程序员	
	2.10　程序设计错误	2-2　培养严谨细致的工匠精神	
第 3 章	3.2　循环结构	3-1　理解螺旋上升理论，培养科学发展观	
第 4 章	4.5　变量的作用域	4-1　明晰使命，树立社会责任感	
	4.6　模块化编程	4-2　培养团队合作意识	
第 5 章	引言部分	5-1　培养集体主义精神，发挥集体力量	
第 6 章	6.1.1　面向过程与面向对象的抽象	6-1　树立合作共赢观念，培养团队合作精神	

思政对应知识点		思政教学标题	思政内容
第 6 章	6.5 数据域封装	6-2 树立软件安全意识	
第 7 章	7.1.1 父类与子类	7-1 继承先辈优秀遗产，发扬创新	
	7.12 接口	7-2 树立坚定不移推进高水平对外开放的意识	
第 8 章	8.1 内嵌类	8-1 理解整体与部分的辩证关系，培养集体主义精神	
第 9 章	9.1.1 泛型引入的原因	9-1 树立预防错误的意识，培养开发健壮、安全代码的职业习惯	
第 10 章	10.1 异常处理概述	10-1 树立危机意识，居安思危，未雨绸缪	
	10.4 自定义异常	10-2 建立风险意识，加强风险管理	
第 11 章	11.1 I/O 流概述	11-1 保持开放心态，发扬自强不息精神	
第 12 章	12.4 布局面板和组	12-1 培养和谐观念，建设社会主义和谐社会	

第 1 章 Java 语言概述

教学目标

(1) 了解计算机基础知识，理解冯·诺依曼结构，理解数制，掌握二进制、八进制、十进制、十六进制的相互转换。

(2) 理解编程语言和程序的概念，理解编译执行和解释执行的过程。

(3) 了解 Java 语言的发展历史，理解 Java 语言的特点。

(4) 能安装 JDK。

(5) 理解 Java 简单程序涉及的基础语法元素。

(6) 理解 Java 应用程序的开发步骤。

(7) 理解源文件、字节码文件与类之间的关系。

(8) 了解 Eclipse、IntelliJ IDEA、NetBeans 集成开发环境，能使用其中的一种集成开发环境开发 Java 程序。

Java 语言是一门高级程序设计语言，也是迄今为止最友好的编程语言之一，常年位居 TIOBE 排行榜前列。Java 语言应用广泛，基于 Java 语言开发的软件服务于人们生活的方方面面。

本章首先介绍与编程相关的计算机基础知识，包括冯·诺依曼结构、编程语言和程序，然后介绍 Java 语言的发展历史、特点、应用，再通过实例介绍 Java 应用程序的基础语法元素，接着介绍 Java 应用程序的 3 个基本开发步骤：编辑、编译和运行，最后介绍一个源文件存在多个类的情况。本书附录 II 对三款优秀的集成开发环境(Eclipse、IntelliJ IDEA 和 NetBeans)进行了介绍，这些优秀的集成开发环境能高效协助程序员编写代码和排除错误，提升开发效率，使得 Java 语言成为一门对程序员非常友好的编程语言。

通过本章的学习，学习者应能使用 Java 语言编写具有输出信息功能的简单程序，并选择一个集成开发工具开展后续学习。

1.1 计 算 机 基 础

现代通用计算机一般由硬件和软件两部分组成。硬件是指现代通用计算机中看得见的物理实体，其基本构造遵从冯·诺依曼结构；而软件(亦称为程序)是现代通用计算机中看不见的指令，可控制硬件并使其完成指定的任务。

1.1.1　冯·诺依曼结构

1945 年,数学家冯·诺依曼提出了计算机制造的 3 个基本原则:采用二进制逻辑、程序存储执行、计算机由 5 个部分组成(运算器、控制器、存储器、输入设备和输出设备)。这 3 个原则定义了所有现代通用电子计算机的基本范式,被称为"冯·诺依曼结构"。按照冯·诺依曼结构制造的计算机被称为存储程序计算机,也被称为通用计算机或冯·诺依曼计算机。冯·诺依曼结构如图 1-1 所示,其中包括 5 个基本部件:运算器、控制器、存储器、输入设备和输出设备。

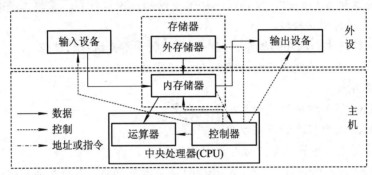

图 1-1　冯·诺依曼结构

运算器和控制器构成了计算机的大脑——中央处理器(Central Processing Unit,CPU)。运算器用于完成数值运算(加减乘除等算术运算)和逻辑运算(比较操作)。控制器用于控制和协调其他部件的工作。

当前的 CPU 是封装在一块小小的硅半导体芯片上的。利用纳米技术,一块芯片上可集成数百万至几十亿个晶体管(一种固体半导体器件,可作为一种可变电流开关)。例如,英特尔 i7 四核处理器芯片包含 25 亿个晶体管。通常,集成的晶体管数量越多,处理能力越强。衡量 CPU 性能的重要指标之一是其主频,例如,英特尔 i7-9700k 的主频是 3.6 GHz(GHz 指千兆赫兹,即每秒 10 亿次脉冲)。赫兹(Hertz,Hz)是时钟速度的计量单位。时钟速度越快,在给定时间内执行的指令就越多。因此,CPU 主频越高,性能越好。

存储器分为内存储器(内存)和外存储器(外存)。内存是一种易失数据的存储形式,在断电时,内存中存储的信息会丢失。外存是一种永久存储数据的设备,如磁盘(硬盘、固态硬盘等)、光盘(CD、DVD)等。程序和数据永久存储在外存中,在计算机需要时才被加载到内存中,由 CPU 进行读取和处理。

计算机程序在执行时,其数据和指令存放在内存中。内存中的每个字节都有唯一的地址,这个地址用于存储和读取数据时确定数据的位置,如图 1-2 所示。在图 1-2 中,一种可能的存放是:字符 A 以二进制形式存放在内存地址60000 开始的 2 个字节中,整数 5 占用 4 个字节,存放在内存地址 60002 开始的 4 个字节中。

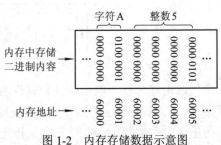

图 1-2　内存存储数据示意图

输入设备指鼠标、键盘、触摸屏等外部设备(外设)。输出设备指显示器、打印机等外设。用户通过输入设备和输出设备与计算机进行交互，可用输入设备向计算机输入指令和数据，可通过输出设备查看任务完成情况和任务执行后的结果。

冯·诺依曼结构计算机的基本原理是存储程序原理，即把程序和数据存储到计算机内部存储器中。其工作方式是：在程序执行前，程序包含的指令和数据要先送入内存；一旦启动程序执行，计算机必须能够在不需要操作人员干预的情况下自动完成逐条指令取出和执行的任务。

1.1.2　数制

如 1.1.1 节所述，计算机内部是使用二进制数的，而我们常常使用的是十进制数。为了更好地帮助学习者理解二进制以及编程过程中出现的数制转换问题，本节先简略介绍十进制数制、二进制数制和十六进制数制，再介绍二进制与十进制、二进制与十六进制、十进制与十六进制之间的相互转换。

1. 十进制数制

十进制数制是我们日常生活中常常使用的，它能使用的数字有 10 个，即 0~9。十进制数用一个或多个由 0~9 组成且首位不为数字 0 的序列表示。这个序列中每个数字所表示的值与其位置相关，其位置决定了 10 的幂次。10 也是十进制数制的基数。例如，十进制数 8537 中的数 8、5、3、7 分别表示 8000、500、30、7，原理如下所示：

8	5	3	7	$= 8 \times 10^3 + 5 \times 10^2 + 3 \times 10^1 + 7 \times 10^0$
10^3	10^2	10^1	10^0	$= 8000 + 500 + 30 + 7 = 8537$

2. 二进制数制

二进制数制是计算机内部使用的，它能使用的数字有两个，即 0 和 1，其基数是 2。一个二进制数是由 0、1 所组成的序列。这个序列中每个数字所表示的值也与其位置相关，其位置决定了 2 的幂次。例如，二进制数 1011 中的数字 1 分别表示 2^3、2^1、2^0，原理如下所示：

1	0	1	1	$= 1 \times 2^3 + 0 \times 2^2 + 1 \times 2^1 + 1 \times 2^0$
2^3	2^2	2^1	2^0	$= 8 + 0 + 2 + 1 = 11$

在 Java 语言中，二进制数使用前缀 0b 或 0B。例如，0b1011 即表示 1011 是一个二进制数。

3. 十六进制数制

十六进制数制的基数是 16，它能使用的数字有 16 个，即 0~9 和 A~F(或 a~f)。其中，A 对应十进制数 10，B 对应十进制数 11，以此类推，F 对应十进制数 15。例如，十六进制数 C2D4，其各位数字 C、2、D、4 分别表示：

C	2	D	4	$= 12 \times 16^3 + 2 \times 16^2 + 13 \times 16^1 + 4 \times 16^0$
16^3	16^2	16^1	16^0	$= 49152 + 512 + 208 + 4 = 49876$

在 Java 语言中，十六进制数使用前缀 0X 或 0x，数字 A~F 的大小写意义一样。例如，0x1A34 与 0X1a34 都是表示十六进制数 1a34。另外，十六进制数可以简化二进制数的表示，

每个十六进制数可以表示 4 个二进制数。例如，0b1011 1000 可以简化表示为 0xb8。

4. 二进制与十进制的相互转换

二进制数转换为十进制数比较直观容易。给定一个二进制数 $b_n b_{n-1} \cdots b_2 b_1 b_0$，可转换成一个十进制数：

$$b_n \times 2^n + b_{n-1} \times 2^{n-1} + \cdots + b_2 \times 2^2 + b_1 \times 2^1 + b_0 \times 2^0$$

例如：

$0b101 = 1 \times 2^2 + 0 \times 2^1 + 1 \times 2^0 = 4 + 0 + 1 = 5$

$0b1101 = 1 \times 2^3 + 1 \times 2^2 + 0 \times 2^1 + 1 \times 2^0 = 8 + 4 + 0 + 1 = 13$

$0b10000010 = 1 \times 2^7 + 0 \times 2^6 + 0 \times 2^5 + 0 \times 2^4 + 0 \times 2^3 + 0 \times 2^2 + 1 \times 2^1 + 0 \times 2^0 = 130$

十进制数要转换为二进制数需要用到除法(Java 语言用 "/" 表示除法运算)和求余(Java 语言用 "%" 表示求余运算)。

给定一个十进制数 d，要将其转换为二进制数 $b_n b_{n-1} \cdots b_2 b_1 b_0$，需满足

$$d = b_n \times 2^n + b_{n-1} \times 2^{n-1} + \cdots + b_2 \times 2^2 + b_1 \times 2^1 + b_0 \times 2^0$$

这里 $b_n, b_{n-1}, \cdots, b_2, b_1, b_0$ 的计算方式可用数学竖式来表示，如下所示(以 137 为例)：

商	68	34	17	8	4	2	1	0
2⟌	137	68	34	17	8	4	2	1
	136	68	34	16	8	4	2	0
余数	1	0	0	1	0	0	0	1
	b_0	b_1	b_2	b_3	b_4	b_5	b_6	b_7

将上述计算结果排列成 $b_7 b_6 b_5 b_4 b_3 b_2 b_1 b_0$，即得到二进制数 1000 1001。

上述计算过程可以描述为用 d 不断地对 2 整除和取余，具体过程为：① d 对 2 求余得到 b_0；② $d/2^1$ 再对 2 求余可得到 b_1；③ $d/2^2$ 再对 2 求余可得到 b_2；④ $d/2^3$ 再对 2 求余可得到 b_3；以此类推，直到求出 b_n。

例如，十进制数 137 转换为二进制数，其计算过程为：① $b_0 = 137 \% 2 = 1$；② $b_1 = 137 / 2 \% 2 = 0$；③ $b_2 = 137 / 2^2 \% 2 = 0$；④ $b_3 = 137 / 2^3 \% 2 = 1$；⑤ $b_4 = 137 / 2^4 \% 2 = 0$；⑥ $b_5 = 137 / 2^5 \% 2 = 0$；⑦ $b_6 = 137 / 2^6 \% 2 = 0$；⑧ $b_7 = 137 / 2^7 \% 2 = 1$。整合上述计算结果，排列成 $b_7 b_6 b_5 b_4 b_3 b_2 b_1 b_0$，即可得到转换后的二进制数是 1000 1001。

5. 二进制与十六进制的相互转换

将一个二进制数转换为十六进制数，可以从右向左把每 4 位二进制数转换为一个十六进制数。

例如，二进制数 0b1011 0011 1111 的十六进制表示是 0xB3F，因为 1011 是 B，0011 是 3，1111 是 F，如下所示：

$$1011, 0011, 1111$$

$$\downarrow \quad\quad \downarrow \quad\quad \downarrow$$

$$B \quad\quad 3 \quad\quad F$$

反过来，将一个十六进制数转换为二进制数，可以把十六进制数的每一位转换为 4 位二进制数。例如，十六进制数 0xC5 可转换为二进制数 0b11001001，因为数字 C 的二进制

表示是 1100，数字 5 的二进制表示是 1001。

6. 十进制与十六进制的相互转换

十六进制数转换为十进制数也是直观容易的。给定十六进制数 $h_n h_{n-1} \cdots h_2 h_1 h_0$，可转换成一个十进制数：

$$h_n \times 16^n + h_{n-1} \times 16^{n-1} + \cdots + h_2 \times 16^2 + h_1 \times 16^1 + h_0 \times 16^0$$

例如：

$$0xC5 = 12 \times 16^1 + 5 \times 16^0 = 197$$
$$0x123 = 1 \times 16^2 + 2 \times 16^1 + 3 \times 16^0 = 291$$
$$0x123A = 1 \times 16^3 + 2 \times 16^2 + 3 \times 16^1 + 10 \times 16^0 = 4666$$

将十进制数转换为十六进制数，其计算过程与十进制数转换为二进制数相似，也要用到除法和求余操作。

给定一个十进制数 d，要将其转换为十六进制数 $h_n h_{n-1} \cdots h_2 h_1 h_0$，需满足

$$d = h_n \times 16^n + h_{n-1} \times 16^{n-1} + \cdots + h_2 \times 16^2 + h_1 \times 16^1 + h_0 \times 16^0$$

这里的 $h_n, h_{n-1}, \cdots, h_2, h_1, h_0$ 的计算方式可用数学竖式来表示，如下所示(以 837 为例)：

```
商          52          3          0
16 ⟌ 837    16 ⟌ 52     16 ⟌ 3
     832         48          0
余数     5           4          3
        h₀          h₁         h₂
```

将上述计算结果排列成 $h_2 h_1 h_0$，即得到十六进制数 345。

上述计算过程可以描述为用 d 不断地除以 16 并取余数。其过程为：① d 对 16 求余得到 h_0；② $d/16^1$ 再对 16 求余可得到 h_1；③ $d/16^2$ 再对 16 取余可得到 h_2；④ $d/16^3$ 再对 16 取余可得到 h_3；以此类推，直到求出 h_n。

例如，十进制数 837 转换为十六进制数，其计算过程为：① $h_0 = 837 \% 16 = 5$；② $h_1 = 837 / 16 \% 16 = 4$；③ $h_2 = 837 / 16^2 \% 16 = 3$。整合上述计算结果，排列成 $h_2 h_1 h_0$，即可得到转换后的十六进制数 345。

1.1.3　编程语言和程序

人与人之间进行交流需要使用自然语言(如汉语)，而计算机不能理解人类的自然语言。于是，计算机学科领域的专家构造了编程语言(Programming Language)，便于人们使用计算机。编程语言是程序员编写程序时使用的语言，能被计算机接受和处理，具有完备的语法规则，可以让程序员准确定义计算机所需的数据和应当采取的动作，从而让计算机完成指定任务。编程语言也可称为程序设计语言。通常，通过编程语言编写的程序经过一定的转换，可以变成计算机可以执行的指令。因此，程序可以理解为告诉计算机做什么的一组指令。

编程语言处在不断发展和变化中，主要经历了机器语言、汇编语言、高级语言等几个阶段。在所有的编程语言中，只有机器语言编制的源程序能够被计算机直接理解和执行，其他编程语言编写的程序都必须经过语言处理程序(汇编器、编译器、解释器等)转换成计算机能理解的机器语言程序。

机器语言(Machine Language)是第一代计算机语言，是用二进制代码表示，能被计算机直接理解和执行的一种内置机器指令的集合。机器语言具有直接执行、速度快的特点。然而，程序员使用机器语言编写程序时，编程难度大，程序开发效率极低。首先，程序员要熟记所用计算机的全部指令代码及其含义，如某种计算机指令可能用 11011101 表示加法，可能用 11011101 表示乘法等。其次，程序员需要处理每条指令和所有数据的存储分配和输入输出，还需要记住编程过程中每个步骤所使用的工作单元处在何种状态。最后，编写出来的程序全是二进制形式的指令代码，直观性差，不易理解，还容易出错。

汇编语言(Assembly Language)是第二代计算机语言，也称为符号语言，是一种用助记符和符号地址表示每一条机器语言指令、仍然面向机器的编程语言。助记符是一个简短的描述性单词，如机器语言中可用 11011101 表示加法指令，在汇编语言中则可用助记符 ADD 表示加法指令。这样可帮助使用并记忆，故称助记符。汇编语言中还使用了符号地址，符号地址是一种用英文字母组成的符号所表示的地址。例如，4 个通用寄存器，可用 4 个符号 AX、BX、CX、DX 来表示，可用于存放 16 位的数据或地址。假设数字 9 存放于数据寄存器 AX 中，要计算 9 加 11 的结果，并将结果保存于 AX 中，其对应的汇编语言代码为"ADD AX，11"。汇编语言编写的程序不能直接在计算机上执行，需要使用一种被称为汇编器(Assembler)的语言处理程序将汇编语言程序转换成机器代码，如图 1-3 所示。

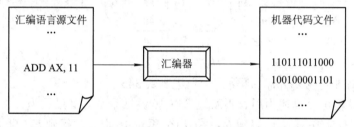

图 1-3　汇编语言程序转换为机器代码

汇编语言易于理解和记忆，能有效降低编程难度，缓解了使用机器语言编程的痛苦。然而，使用汇编语言进行程序设计仍然具有较高的难度。汇编语言也是一种面向机器的低级语言，依赖于机器的指令集，汇编语言中的指令是与机器代码中的指令对应的，因此，不同的机器都有不同的汇编语言，用汇编语言编写的程序不具有可移植性。而且，用汇编语言编程要知道 CPU 是如何工作以及数据所对应的寄存器单元或地址单元的状态。因此，用汇编语言进行编程，对程序员的要求也是很高的，还要针对不同类型的机器学习其对应的汇编语言。

高级语言(High-Level Programing Language)是第三代计算机语言，面向用户，独立于机器的指令系统，同时比较接近于人类的自然语言，编写的程序可以在各种不同类型的机器上运行。高级语言中的指令被称为语句。例如，计算一个半径为 6 的圆的周长，其对应的语句类似为"perimeter = 3.1415*2*6;"。

1954 年，第一个完全脱离机器硬件的高级语言——Fortran 出现，随着技术发展，几百种高级语言陆续出现。每种高级语言为特定目的而设计，目前应用较为广泛的有几十种，如 C、C++、C#、Java、Python、R、VC++、JavaScript、Go 等。

用高级语言编写的程序被称为"源程序"或"源代码"，源程序不能被计算机直接接受和执行，需要通过语言处理程序"翻译"成机器代码，才能被计算机识别和执行。通常，源程序被"翻译"成机器代码有两种方式：编译方式和解释方式。编译方式使用的语言处理程序被称为编译器。解释方式使用的语言处理程序被称为解释器。编译执行的方式是编译器把整个源程序翻译成用机器语言表示的与之等价的目标程序。然后，计算机执行该目标程序，完成指定的任务，如图 1-4 所示。解释执行的工作方式是解释器逐句输入，逐句翻译为机器代码或者虚拟机器代码，然后计算机逐句执行，并不产生目标程序，如图 1-5 所示。

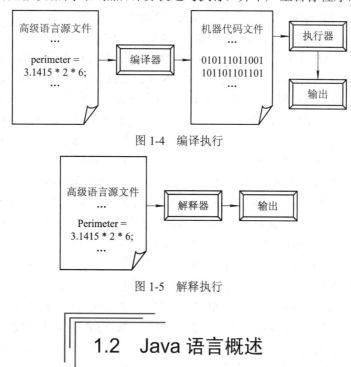

图 1-4 编译执行

图 1-5 解释执行

1.2 Java 语言概述

本节介绍 Java 语言的发展历史、Java 语言的特点以及其应用情况，最后介绍 Java SE 17 的安装配置。

1.2.1 Java 语言的发展历史

1991 年，Sun 公司成立了一个由 James Gosling 领导的、被称为 Green 的项目小组。该项目小组针对消费类电子产品的嵌入式芯片，设计开发了一种称为 Oak(橡树)的面向对象程序设计语言。1992 年夏天，Oak 语言开发成功，但因缺乏硬件支持而被搁置。1994 年，随着 Web 的蓬勃发展，Oak 语言迎来了新的机遇。当时，Web 网页是单调静态的，业界急需一种软件技术开发一种能在网络传播、跨平台运行的程序。Oak 语言是一种精简的语言，编写的程序非常小，适合在网络上传输。因此，Sun 公司项目团队针对 Web 应用程序的特点，重新设计 Oak 语言，并将其更名为 Java。1995 年 5 月，Sun 公司在 Sun World 会议上正式发布 Java 和 HotJava 浏览器。IBM、Apple、DEC、Adobe、HP、Oracle、Netscape 和微软等各大公司都纷纷停止了自己的相关开发项目，转而使用 Java 语言。

Java 语言及其平台从诞生之日起，随着互联网的快速发展，发展迅速。Java 语言及其平台版本的更新与时俱进，提高了 Java SE 平台的发展速度以及 Java 开发工具包的性能。1996

年 1 月，Sun 公司发布了第一个开发工具包(JDK 1.0)，这是 Java 发展历程中的重要里程碑，标志着 Java 成为一种独立开发工具。1997 年 2 月，JDK 1.1 被发布。1998 年 12 月，Java 历史上的重要 JDK 版本——JDK 1.2 正式发布，同时发布了第二代 Java 平台的企业版 J2EE(Java 2 Enterprise Edition)。1999 年 6 月，Sun 公司把第二代 Java 平台分为 3 个体系：J2ME(Java 2 Micro Edition，Java 2 平台的微型版)应用于移动、无线及有限资源的环境；J2SE(Java 2 Standard Edition，Java 2 平台的标准版)应用于桌面环境；J2EE 应用于基于 Java 的应用服务器。Java 2 平台的发布，是 Java 发展过程中最重要的一个里程碑，标志着 Java 的应用开始普及。2000 年 5 月，JDK 1.3、JDK 1.4、J2SE 1.3 等版本相继发布。2002 年 2 月，JDK 历史上最为成熟的版本——J2SE 1.4 正式发布。2004 年 10 月，Sun 公司推出了一个重要的版本 JDK 1.5，并将 JDK 1.5 改名为 Java SE 5.0，J2EE、J2ME 也相应地被改名为 Java EE、Java ME。2006 年 12 月，Java SE 6 正式发布。2009 年，Oracle 公司并购 Sun 公司，Java 语言归 Oracle 公司所有。2011 年 7 月，Oracle 公司发布了 Java SE 7。2014 年 3 月 18 日，Java SE 8 被正式发布，Java SE 8 也是一个重要版本，增加了一些重要特性，如 Lambda 表达式、流 API 等。Java SE 8 持续了 3 年多才推出新的 Java SE 版本。Java SE 8 长期维护至 2030 年 12 月，当前业界主流应用也是以 Java SE 8 为主。2017 年 9 月 21 日，Java SE 9 被发布，引入 JShell。Jshell 是一个命令行交互式工具。自 Java SE 9 开始，新版本的发布以半年为周期。2018 年 3 月 20 日，Java SE 10 发布，引入局部变量类型推断特性。Java SE 9 与 Java SE 10 是两个过渡版本。2018 年 9 月 25 日，Java SE 11 发布，Java SE 11 是一个长期支持的版本，持续支持到 2026 年 9 月。2019 年 3 月 19 日，Oracle 公司推出了新版本 Java SE 12，这是一个短期支持版本。2019 年 9 月 17 日，Oracle 公司发布了 Java SE 13。2020 年 3 月 17 日，Java SE 14 被发布。2020 年 9 月 15 日，Java SE 15 被发布。2021 年 3 月 16 日，Java SE 16 被正式发布。2021 年 9 月，Java SE 17 被正式发布，这是当前最新的长期支持版本，持续支持到 2029 年 9 月。Java SE 17 也是本书使用的版本，其相关特性见附录Ⅰ。2022 年 3 月 22 日，Java SE 18 被正式发布。

1.2.2 Java 语言的特点和应用

Java 语言是一种功能齐全、高效的通用程序设计语言，也是迄今为止最受欢迎的一种编程语言，近年来一直处于编程语言的第一梯队(Top 3)。

Java 语言具有一些优秀的特点：简单的(Simple)、面向对象的(Object Oriented)、分布式的(Distributed)、解释型的(Interpreted)、健壮的(Robust)、安全的(Secure)、体系结构中立的(Architecture Neural)、可移植的(Portable)、高性能的(High performance)、多线程的(Multi-threaded)、动态的(Dynamic)。

1. 简单

Java 语言作为 C++ 语言之后推出的一门面向对象程序设计语言，在一定程度上，可看作是 C++ 语言的 "简化" 版本，其放弃了 C++ 语言中一些容易混淆的概念和复杂机制，如指针、指针运算、头文件、操作符重载、虚基类、多继承等。因此，Java 语言要比 C++ 语言简单得多，学习起来更容易。

2. 面向对象

Java 语言在设计之初，面向对象程序设计技术作为一种取代传统的过程化程序设计技术已成为广泛共识。因此，Java 语言在被创建时就融入了面向对象程序设计的思想，支持面向对象编程的三大特征：封装、继承和多态。封装在于将数据和对数据的操作封装在对象和类中；继承在于子类可以继承和复用父类的代码；多态在于父类变量可以指向不同的子类实例。Java 语言是一种单继承的语言。

3. 分布式

分布式计算是指几台计算机通过一个网络一起工作。Java 语言早期设计就是用于支持互联网的动态内容，网络支持能力是内建于 Java 语言的设计之中的。因此，Java 语言是支持分布式计算的，它可以很好地支持编写出网络程序。

4. 解释型

Java 语言编写的源程序(文件后缀名为 .java)，经过编译器编译之后，生成字节码文件(文件后缀名为 .class)。这个字节码文件独立于机器，可以被任何机器上的 Java 解释器(Java Interpreter)解释执行。Java 解释器是 Java 虚拟机(Java Virtual Machine，JVM)的一部分。

5. 健壮

Java 是一门健壮的语言，主要体现在以下 3 个方面：

(1) 一般地，解释型语言只有在运行时才能检测出程序错误，如 Python 语言。而 Java 语言虽然是解释型语言，但是其有一个编译过程，Java 源程序需要由 Java 编译器编译为机器独立的字节码文件。Java 编译器能在程序执行前检测出很多错误。

(2) Java 语言的异常处理机制能够处理程序运行过程中出现的异常，提升了程序的健壮性。

(3) Java 语言在设计之初，就摒弃了一些在其他语言(如 C++语言)中存在的、容易发生错误的编程机制。

6. 安全

Java 语言是一门安全的语言，其存储分配模型是其防御恶意代码的方法之一。Java 语言没有指针及指针运算，因此，基于 Java 语言不能直接操作内存，编译的 Java 字节码中的存储引用只能由 Java 虚拟机来决定。其次，Java 运行系统通过使用字节码验证过程来保证安全，使得装载的代码不违背 Java 语言限制。

7. 体系结构中立

Java 语言的创建，考虑了独立于机器平台的需要，因此 Java 语言编写的程序具有 "write once，run anywhere"(一次编写，处处运行)的特点，也就是体系结构中立，与平台无关。早期编程语言编写的程序都是和机器平台关联在一起的，如 C 语言、C++ 语言。具体来说，一个源程序用 C++ 语言进行编写，在 Windows 平台下，经过编译器编译之后产生的机器代码，只能在 Windows 平台下执行，不能在 Linux 平台下执行，也不能在 MacOS 平台下执行。然而，用 Java 语言编写的源程序，在编译产生字节码文件后，这个字节码文件不需要进行任何修改和重新编译，就可以在任何平台上执行，只要在这个平台上安装了执行字节码文件的 Java 虚拟机即可。

Java 语言之所以能够体系结构中立，就是因为 Java 的运行有 Java 虚拟机的支持。Java 虚拟机是运行 Java 字节码的虚拟机器，是实现体系结构中立的基础。字节码指令是一种可以被 JVM 直接识别、执行的二进制代码。字节码指令不是机器代码指令，不与特定的平台相关。JVM 负责将字节码翻译成 JVM 所在平台的机器码，并让当前平台运行该机器码。如图 1-6 所示，一段编译好的 Java 字节码文件无须重新编译，就可以实现跨平台执行。不同平台安装的 JVM 是不一样的，如 Windows 平台下的 JVM 能够将字节码翻译成 Windows 平台的机器码，而 Linux 平台下的 JVM 能够将字节码翻译成 Linux 平台的机器码。JVM 屏蔽了底层平台的不同，相同的字节码文件无须经过任何修改，就可以在不同的平台上执行。

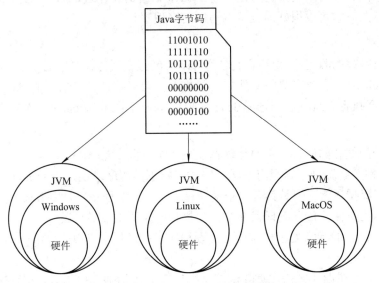

图 1-6　Java 字节码文件跨平台执行

8. 可移植

Java 语言的语言规范不依赖于机器平台，如 Java 显式说明每个基本数据类型的大小和它的运算行为。因此，Java 语言编写的源程序无须修改就可以移植到其他平台，Java 语言源程序在编译成字节码之后，字节码文件也具有可移植性，无须重新编译，可在其他平台上执行。

9. 高性能

Java 语言编写的程序需要经过编译转换为字节码，字节码再由 JVM 解释执行。通常，字节码解释执行的速度比不上编程语言(如 C、C++ 等)的编译执行速度。然而，字节码解释执行的速度比 Python、R 等编程语言解释执行的速度要快得多。而且，Java 语言也引入了即时编译技术，提高了字节码的解释执行速度。因此，Java 语言是一种高性能的解释型编程语言。

10. 多线程

Java 语言是一种多线程的编程语言，在 Java 语言的根类 Object 中，就支持多线程的同步，如 Object 类的成员方法 wait()、notify()、notifyAll()等用于多线程之间的同步，还有一个关键字 synchronized 也用于支持多线程的同步。

11. 动态

Java 语言在设计时，考虑了对环境变化的适应。Java 程序的基本组成单元是类，类既可以是用户编写的，也可以是 Java 类库中的。类是在运行时由 JVM 根据需要动态加载的，而不是刚开始就全部加载的。这使得 Java 可以在分布式网络环境中动态维护应用程序；例如，当一个 Java 应用程序的某个类被修改了或者新增了一个类，只需要编译这个类产生的字节码文件，不需要对整个应用程序重新进行编译。

　　Java 语言应用广泛，是企业和开发人员的首选开发平台，全球有数百万开发人员运行超过 51 亿台的 Java 虚拟机。Java 语言不仅支持桌面应用程序开发，而且支持服务器端、移动设备端、数字机顶盒端等的应用程序开发。如今，许多互联网大公司的服务器端应用程序都是使用 Java 开发的。Android 智能手机软件也是基于 Java 语言开发的，虽然 Android 采用了不同的 JVM 以及不同的封装方式，但是 Android 智能手机软件的源代码依然是遵循 Java 语言的语法规则。

1.2.3　JDK 的安装

　　学习 Java 语言，首先要安装 Java SE 提供的 Java 软件开发工具箱——JDK。Java SE 平台是学习和掌握 Java 语言的基础平台。不同 Java SE 版本有其对应的 JDK 版本，不同的平台下载的 JDK 安装包也不同。

　　用户可进入 Oracle 公司的 Java 技术网站(https://www.oracle.com/java/technologies/)，找到下载链接。打开 Java SE 17 的下载网页(https://www.oracle.com/java/technologies/ downloads/#java17)后，可看到如图 1-7 所示的下载界面。目前，Windows 系列操作系统基本上都是 64 位操作系统，因此，Java SE 17 只有针对 64 位操作系统的安装包。用户可以下载 x64 Installer，其文件名为 jdk-17_windows-x64_bin.exe，大小为 152.78 MB。

Java 18	Java 17	
Java SE Development Kit 17.0.4 downloads		
Thank you for downloading this release of the Java™ Platform, Standard Edition Development Kit (JDK). The JDK is a development environment for building applications and components using the Java programming language.		
The JDK includes tools for developing and testing programs written in the Java programming language and running on the Java platform.		
Linux　macOS　**Windows**		
Product/file description	File size	Download
x64 Compressed Archive	171.81 MB	https://download.oracle.com/java/17/latest/jdk-17_windows-x64_bin.zip (sha256 ☑)
x64 Installer	152.78 MB	https://download.oracle.com/java/17/latest/jdk-17_windows-x64_bin.exe (sha256 ☑)
x64 MSI Installer	151.66 MB	https://download.oracle.com/java/17/latest/jdk-17_windows-x64_bin.msi (sha256 ☑)

图 1-7　Java SE 17 下载

　　安装文件 jdk-17_windows-x64_bin.exe 下载之后，双击文件图标执行，就会出现安装向导界面，如图 1-8 所示。单击"下一步"按钮，进入图 1-9 所示的界面，安装软件默认的安装路径是 C:\program Files\Java\jdk-17.0.4\。通常，建议修改默认安装路径，用户可单击"更改"按钮，将 JDK 的安装路径改为自己指定的路径。如图 1-10 所示，JDK 的安装路径已经被改为 D:\Java\jdk17\。单击"下一步"按钮，出现安装结束界面，如图 1-11 所示。

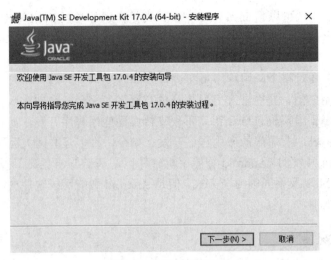

图 1-8   JDK 17 安装 1

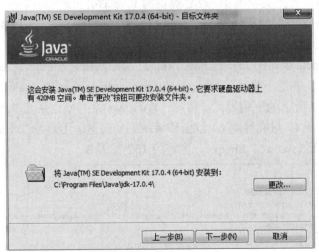

图 1-9   JDK 17 安装 2

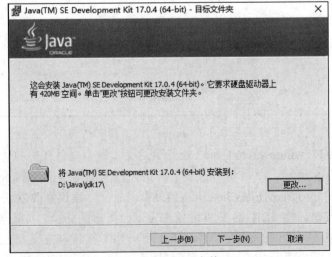

图 1-10   JDK 17 安装 3

当用户单击图 1-11 所示的安装结束界面上的"后续步骤"按钮时,JDK 17 的文档网页(https://docs.oracle.com/en/java/javase/17/ index.html)会被打开。通过这个网页,用户可以找到 JDK 17 的 API 文档以及其他丰富的学习资料。当单击安装结束界面上的"关闭"按钮时,安装完成。安装成功后,JDK 17 的目录结构如图 1-12 所示。

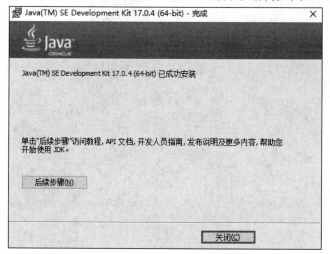

图 1-11　JDK 17 安装 4

图 1-12　JDK 17 的目录结构

下面对 JDK 17 主要目录内容进行介绍。

(1) bin 目录:包含所有可执行命令,如编译器 javac.exe、解释器 java.exe、调试器 jdb.exe 等。在 Windows 平台上,它还包含系统运行时的动态链接库。

(2) conf 目录:包含开发和部署的配置文件。

(3) include 目录:包含编译本地代码时所使用的 C/C++ 头文件,用于实现 JVM 等底层软件。

(4) jmods 目录:包含 JMOD 格式的平台模块,这个目录保存了核心模块,也就是官方提供的各种类库程序。

(5) legal 目录:包含所使用协议的法律声明。

(6) lib 目录:包含非 Windows 平台上的动态链接本地库,其子目录和文件不应由开发人员直接编辑或使用。src.zip 压缩文件也在该目录中。

为了在命令行窗口使用 JDK 17 的可执行命令(如 javac、java 等),用户需要设置 JDK 17 的环境变量。如果不使用命令行窗口,可以跳过环境变量设置步骤。JDK 17 环境变量的设置方法有两种:第一种是用户在命令行窗口通过 DOS 命令进行设置;第二种是用户通过系统属性界面找到设置环境变量的界面进行设置。

第一种方法的具体步骤为:首先,在 Windows 7 或 Windows 10 平台上单击显示器屏幕左下角的视窗图标,在搜索输入栏中输入 cmd,找到命令提示符工具,打开命令提示符窗口,如图 1-13 所示。然后,在命令提示符窗口输入如下 4 条命令(见图 1-14):

(1) set JAVA_HOME=D:\java\jdk17

(2) echo %JAVA_HOME%

(3) set PATH=%JAVA_HOME%\bin;%PATH%

(4) java –version

```
命令提示符

Microsoft Windows [版本 10.0.19044.1826]
(c) Microsoft Corporation。保留所有权利。

C:\Users\lenovo>
```

图 1-13　命令提示符窗口 1

```
选择 命令提示符

C:\Users\lenovo>set JAVA_HOME=D:\java\jdk17

C:\Users\lenovo>echo %JAVA_HOME%
D:\java\jdk17

C:\Users\lenovo>set PATH=%JAVA_HOME%\bin;%PATH%

C:\Users\lenovo>java -version
java version "17.0.4" 2022-07-19 LTS
Java(TM) SE Runtime Environment (build 17.0.4+11-LTS-179)
Java HotSpot(TM) 64-Bit Server VM (build 17.0.4+11-LTS-179, mixed mode, sharing)

C:\Users\lenovo>
```

图 1-14　命令提示符窗口 2

第二种方法的具体步骤为：首先，右击桌面上"我的电脑(Windows 7)"或"此电脑(Windows 10)"图标，出现一个菜单。然后，单击菜单中的"属性"选项，弹出一个窗口。弹出窗口在 Windows 7 系统中和在 Windows 10 系统中略有区别，下面先以 Windows 10 系统为例详细说明，然后简要说明 Windows 7 系统的情况。

在 Windows 10 系统中，弹出的窗口如图 1-15 所示。单击图 1-15 所示窗口中"相关设置"下的"高级系统设置"，系统弹出一个新的系统属性窗口，如图 1-16 所示。

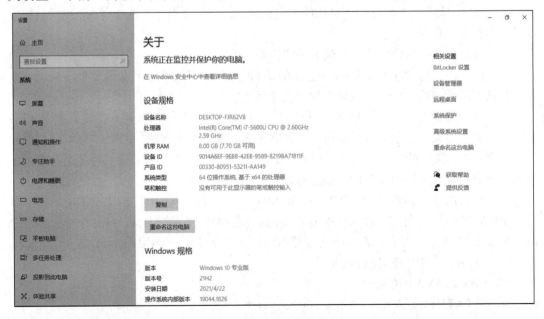

图 1-15　环境变量设置 1

单击图 1-16 所示系统属性窗口中的"环境变量(N)…"按钮，弹出"环境变量"窗口，如图 1-17 所示。单击图 1-17 所示窗口中"lenovo 的用户变量"框下的"新建(N)…"按钮，弹出"新建用户变量"窗口，如图 1-18 所示。

图 1-16　环境变量设置 2

图 1-17　环境变量设置 3

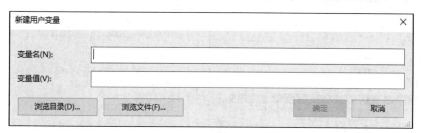

图 1-18　环境变量设置 4

输入配置信息，如图 1-19 所示。单击"确定"按钮，在系统属性窗口中的"lenovo 的用户变量"框中就会增加一行环境变量，如图 1-20 所示。

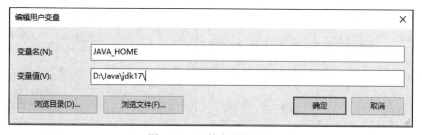

图 1-19　环境变量设置 4

图 1-20　环境变量设置 5

接着，设置环境变量"Path"。环境变量"Path"如果在"lenovo 的用户变量"框下的环境变量中不存在，则单击"lenovo 的用户变量"框下的"新建(N)…"按钮，在新建用户变量窗口中输入设置信息，如图 1-21 所示。

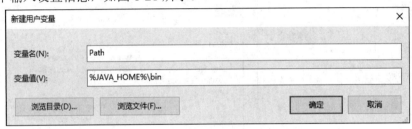

图 1-21　环境变量设置 6

如果环境变量"Path"在"lenovo 的用户变量"框下的环境变量中已经存在，则选择环境变量"Path"，如图 1-22 所示。单击"编辑(E)…"按钮，系统弹出"编辑环境变量"窗口，如图 1-23 所示。

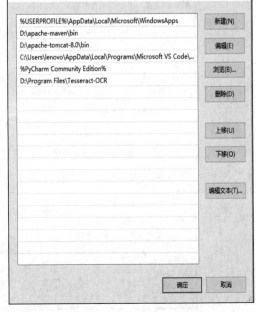

图 1-22　环境变量设置 7　　　　　　　　　　　　图 1-23　环境变量设置 8

在弹出的"编辑环境变量"窗口中，单击"新建(N)"按钮，在最后一行添加"%JAVA_HOME%\bin"，如图 1-24 所示。然后，单击"确定"按钮，完成环境变量的设置。最后，连续单击各弹出窗口的"确定"按钮，退出各窗口。

图 1-24　环境变量设置 9

在 Windows 7 系统中，弹出的窗口如图 1-25 所示，单击该窗口中"高级系统设置"，系统弹出一个新的系统属性窗口，如图 1-26 所示。后续各个步骤与 Windows 10 系统中基本一样，在此就不再赘述。

图 1-25　环境变量设置 10

图 1-26　环境变量设置 11

通过第二种方式设置完成之后，也可以通过 cmd 命令打开命令提示符窗口，输入"java -version"命令，测试环境变量是否设置成功。如果设置成功，则会出现如图 1-27 所示的结果。然后，用户就可以在命令行窗口中使用 Java 开发的各种命令了。

图 1-27　环境变量设置 12

1.3　Java 简单程序开发

本节首先介绍一个简单的带输出功能的程序，然后介绍 Java 应用程序的开发步骤，最后，说明源文件、字节码文件与类之间的关系。

1.3.1　一个简单程序

Java 应用程序的源文件后缀名是 .java，源文件的文件名要与 Java 类名大小写一致。下面通过一个简单的例子介绍 Java 语言的一些基础语法概念。

例 1-1　编写一个程序在控制台上输出一行字符串"Hello, Java is fun！"。

例 1-1 的程序如程序清单 1-1 所示。这是一个简单的 Java 程序，其对应的源文件名是 Hello.java，源文件名 Hello 与类名 Hello 大小写一致。Java 语言是区分英文字母大小写的。为了叙述方便，本书中所有 Java 源程序均加了行号，但是行号并不是源程序的一部分，读者在编程时不要在源程序中输入行号。

程序清单 1-1 Hello.java

```
1     /*
2      *  第一个简单程序
3      */
4     public class Hello {
5          //main 方法是程序开始执行的入口方法
6          public static void main(String[ ] args){
7              //在控制台中显示一行字符串: Hello, java is fun!
8              System.out.println("Hello, java is fun!");
9          }
10    }
```

下面结合程序 Hello.java，介绍一些基础语法概念。

1. 注释(Comment)

注释是程序员对代码作的说明和解释，可帮助程序员更好地阅读和理解程序。注释不是程序设计语句，因此，编译器在编译程序时(或解释器在解释执行程序时)是忽略注释部分的。Java 语言有两种形式的注释：块注释(Block Comment)和行注释(Line Comment)。在程序清单 1-1 中，第 1～3 行是块注释例子。块注释是用 /* 和 */ 括起来的一行或多行注解说明，也称为段注释。第 5 行、第 7 行是两个行注释例子。行注释是以两个斜杠(//)开头位于一行的注解说明。在 Java 语言中，Java 编译器扫描到代码中有 // 时，就会忽略本行从 // 开始时的所有文本；当它扫描到 /* 时，它会扫描搜索结束符号 */，然后忽略 /* 和 */ 之间的所有文本。另外，当 /* 和*/位于//开始的行注释中时，/*和*/没有特殊含义，只能被看作普通的注释字符。同样地，当//位于 /* 和 */ 包围的一行或多行注释中时，//也没有特殊含义，只能被看作普通的注释字符。

2. 类(Class)

Java 是一种面向对象的语言，每个 Java 程序至少应该有一个类，定义一个类必须使用关键字"class"。在程序清单 1-1 中，第 4 行定义了一个类，类名为 Hello，在类名前面有两个修饰符"public"和"class"，表示类 Hello 是一个公有类。

3. 关键字(Keyword)

关键字也称为保留字，是对编译器具有特定含义的词，不能用于其他目的。例如，当 Java 编译器扫描到关键字"class"时，它就知道跟在 class 之后的词就是类名。程序清单 1-1 中的关键字还有"public""static""void"等。

通过示例 Hello.java 的学习，我们了解了一些常用的关键字和特殊字符，它们在后续的示例中会经常出现。

表 1-1 对上述关键字和特殊字符进行了总结。

在理解程序清单 1-1 的程序后，可以对其进行扩展，解决以下编程问题。

4. 主方法(Main Method)

主方法 main 是 Java 程序执行的入口点，具有固定形式，初学时可以牢记其形式，如第 6 行所示：public static void main(String[] args)。主方法 main 带有一个字符串数组的参数

String[ ] args，其中，String 表示字符串类型，String[ ]表示字符串数组类型，args 是参数名称。另外，拥有主方法的类，被称为主类。

表 1-1 关键字和特殊字符

关键字或字符	描　述
public	可见性修饰符，表示公有的，任何包的任何类可访问
class	表示定义一个类，跟在其后的词是类名
static	静态的，表示属于类的成员
void	方法返回类型，表示方法无返回值
{}(左、右花括号)	表示一个块，既可以是包含数据、方法的类块，也可以是包含多个语句的块，块之间可以嵌套
[ ](左、右方括号)	表示定义一个数组
( )(左、右圆括号)	和方法一起使用，包含方法的参数
;(分号)	表示一个语句的结束，又称语句终止符
""(双引号)	表示包含一个字符串
/* */(斜杠星、星斜杠)	表示块注释
//	表示行注释

5. 块(Block)

块是由配对的花括号({、})括住的区域。每个类有一个类块(Class Block)，将该类的数据和方法组织在一起。每个方法有一个方法块(Method Block)，将该方法的所有语句组织在一起。例如，第 4 行的左花括号{和第 10 行的右花括号}配对，把 Hello 类的数据和方法括起来，形成了一个类块；第 6 行的左花括号{和第 9 行的右花括号}把"main"方法的所有语句括起来，形成一个方法块。另外，块之间可以嵌套，即一个块可以嵌入另一个块的内部。如程序清单 1-1 所示，方法块就是嵌入类块中的。

6. 语句(Statement)

第 8 行是由分号";"结束的一行代码，表示一条语句。Java 语言中的每条语句是以分号";"结束的，因此分号也被称为语句终止符。单独一个分号";"也可以构成一条语句，称为空语句。第 8 行的语句中的 System 表示系统类，System.out 表示标准输出对象，System.out.println()表示在控制台(Console)上输出一行字符串，println 是 print line 的简写。如果输出信息，不换行，可以使用 System.out.print()。

7. 字符串(String)

第 8 行代码中有一个双引号括住的字符序列"Hello, java is fun!"，是字符串字面量。表示字符串类型的关键字是"string"。字符串是必须使用双引号括起来的字符序列。

8. java.lang 包

每个 Java 应用程序会默认导入一个包——java.lang 包，即相当于在类定义之前加上下面的一条导入语句：

```
import java.lang.*;   //导入 Java 基础语言包，一般是隐式导入
```

import 关键字用来导入一个包。代码用到 java.lang 包中的类，不需要显式导入。例如，System 类来自 java.lang 包，不需要明确写出导入语句。

例 1-2　编写一个程序，输出杨辉三角形的前 3 行，如图 1-28 所示。

$$1$$
$$1\ 2\ 1$$
$$1\ 2\ 3\ 2\ 1$$

图 1-28　杨辉三角形

针对例 1-2，仅需增加几行输出代码即可，具体程序如程序清单 1-2 所示。

程序清单 1-2　printYangTri.java

```
1    public class printYangTri {
2        public static void main(String[] args) {
3            System.out.println("1");
4            System.out.println(" 1 2 1 ");
5            System.out.println("1 2 3 2 1");
6        }
7    }
```

第 3、4、5 行分别对应 3 行数字的输出，空白区域由空格字符填充。还可以扩充 4 行、5 行甚至更多行的杨辉三角形。

1.3.2　Java 应用程序开发步骤

Java 应用程序的开发经过 3 个基本步骤，即编辑、编译和执行，如图 1-29 所示。第一步为编辑，即采用具有文本编辑器功能的工具(如记事本、NotePad++、IDE 的文本编辑器等)编写 Java 源程序，Java 源程序编辑好之后，需要被保存为后缀名为 .Java 的文件。第二步为编译，即使用 Java 编译器对源文件进行编译。以 Hello.java 源文件为例，用户可以使用命令 "javac Hello.java" 对 Hello.java 进行编译。如果编译出现错误，就需要返回第一步，进行编辑修改；如果编译成功，则产生一个字节码(Bytecode)文件 Hello.class。第三步为运行，即 Java 虚拟机 JVM 执行字节码文件，得到运行结果。如果运行结果与预期结果相符，则程序正确，可结束开发步骤；如果运行结果与预期结果不符，则说明程序存在错误，用户需要返回第一步再次对程序进行编辑。

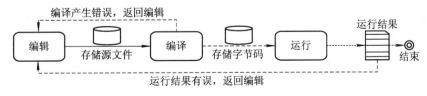

图 1-29　Java 应用程序开发步骤

下面以 Windows 系统自带的记事本为例，描述上述 3 个基本开发步骤，帮助读者深入理解 Java 应用程序的开发。

第一步，编辑。打开 Windows 附件中的记事本工具，创建并编辑 Java 源文件，如图 1-30 所示。将源文件保存到指定的目录，并将文件名和公有类类名的大小写保持一致。

第二步，编译。打开命令提示符窗口，如图 1-31 所示。首先，将工作目录切换到源程序所在的目录。然后，使用 javac 命令进行编译，如 javac Hello.java。

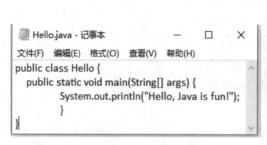

图 1-30   在 Windows 记事本中创建、
编辑 Java 源文件

图 1-31   在命令提示符窗口中编译、
执行 Java 程序

第三步，运行。如图 1-31 所示，在命令提示符窗口输入命令"java Hello"，可以执行字节码文件 Hello.class，得到运行结果，输出一行字符串"Hello, Java is fun!"，运行结果与预期相符，结束开发。

1.3.3   源文件、字节码文件与类

一个 Java 应用程序可由若干个 Java 源文件构成，而一个 Java 源文件可以包含一个或多个类的定义。每个源文件只包括包(Package)声明语句、导入(Import)语句和类(Class)的定义。其一般形式如下：

```
package 包名;              //一条包声明语句
/**根据需要，有多条 import 语句*/
import java.lang.*;        //导入 java.lang 包的语句可省略
/**一个类或多个类的定义*/
class  类 1{...}
class  类 2{...}
class  类 3{...}
```

每个类在编译后均会产生独立的字节码文件(*.class)。在程序清单 1-1、1-2 的例子中，都仅有一个类的定义，可以直接用类名作为文件名。

下面通过一个例子说明一个源文件包含多个类的情况。为了简便，故省略包声明语句和导入语句，包声明语句和导入语句在本书后续章节中详细介绍。在该示例中，源文件 Rect.java 中定义了两个类：公有类(Rect)和主类(TestRect)。其程序代码如程序清单 1-3 所示。

程序清单 1-3   Rect.java

```
1    public class Rect {
2        public static void show() {
3            System.out.println("This is a rectangle.");
4        }
5    }
```

```
6    class TestRect{
7        public static void main(String[] args) {
8            Rect.show();                        //调用 Rect 类的静态方法 show，显示一行字符串
9            System.out.println("This is the main class.");
10       }  }
```

运行结果如下：

This is a rectangle.

This is the main class.

　　含有多个类定义的源文件，只允许有一个公有类，即用 public 修饰的类，并用公有类的类名来命名源文件。当一个源文件声明多个公有类时，在编译时 Java 编译器会报错。因此，在程序清单 1-3 的示例中，源文件名是 Rect.java。对源文件 Rect.java 进行编译，使用命令"javac Rect.java"。编译之后，会产生两个字节码文件：Rect.class 和 TestRect.class。

　　接下来，用户在执行该程序时，应该执行哪个字节码文件呢？在这里，执行的命令是"java TestRect"。如果执行的命令是"java Rect"，则会产生错误，提示信息为：在类 Rect 中找不到 main 方法。上述编译、执行的情况如图 1-32 所示。因此，含有多个类的源文件，只允许有一个公有类，源文件名为公有类的类名；编译时，使用源文件名；编译完成时，每个类均生成对应的字节码文件；运行时，使用主类(含有 main 方法的类)的类名。

图 1-32　程序清单 1-3 编译、执行

拓展阅读

集成开发环境

习　　题

基础习题 1　　　　　　　编程习题 1

第 2 章 Java 编程基础

 教学目标

(1) 了解 ASCII 码，理解 Unicode 码、标识符和关键字。

(2) 理解变量和常量。

(3) 理解赋值语句与赋值表达式。

(4) 了解并使用交互式工具 JShell。

(5) 理解 8 种基本数据类型以及数据类型转换。

(6) 理解并应用控制台输入/输出。

(7) 理解并应用算术运算符、增强赋值运算符、关系运算符、逻辑运算符和条件运算符，并能进行混合运算。

(8) 理解并应用数学函数。

(9) 理解编程的步骤和算法概念，能用算法描述问题的解决方案；了解编程、算法思维和计算思维的关系。

(10) 了解并遵守良好的编程规范，理解程序设计风格、注释及命名习惯。

(11) 理解并避免 3 类程序设计错误。

本章内容是学习 Java 语言程序设计的重要基础，包含计算机编程语言中一些常见的编程概念和编程基础知识。本章不仅介绍了 ASCII 码、Unicode 码、标识符、变量、常量、赋值语句、基本数据类型及数据类型转换、运算符及混合运算、控制台输入/输出等基本编程元素，而且介绍了一种新的交互式工具 JShell，方便用户运行和调试代码片段。进一步，介绍了数学函数及其使用以及如何通过编程解决实际问题。针对特定实际问题进行编程求解时，读者应养成先设计算法的良好习惯。算法设计可有效培养读者的算法思维和计算思维。最后，本章还介绍了易读性好的代码应遵循的编程规范以及在编程过程中碰到的 3 类错误。

2.1 标识符与关键字

人类能阅读和理解的字符在计算机中是以 0 和 1 构成的二进制序列来存储的。把字符映射到其二进制序列的过程称为编码(Encoding)。编码是信息从一种形式或格式转换为另一种形式的过程。解码(Decoding)是编码的逆过程。在计算机发展过程中，出现了多种编码方案，如 ASCII 码、Unicode 码、GBK 码[①]、ISO-8859-1 码[②]等。早期编程语言如 C、C++ 等，

---

① GBK 码可对 2 万多的简繁汉字进行编码。

② ISO-8859-1 码是单字节编码，向下兼容 ASCII，其编码范围是 0x00～0xFF，0x00～0x7F 之间完全和 ASCII 一致，0x80～0x9F 之间是控制字符，0xA0～0xFF 之间是文字符号。

都是使用 ASCII 码的。每一种编码方案都定义了如何编码每个字符。Java 语言使用的编码方案是 Unicode 码。

2.1.1　ASCII 码和 Unicode 码

ASCII 码是基于拉丁字母的一套计算机编码系统，它占用一个字节，具体说明见附录 Ⅰ。ASCII 是 American Standard Code for Information Interchange(美国信息交换标准代码)的缩写，也被称为"美标"。ASCII 码规定了用 0(0x00)～127(0x7F)的 128 个数字来代表信息的规范编码，包括 33 个控制码、1 个空格码和 94 个形象码。形象码包括英文大小写字母、阿拉伯数字、标点符号等。

Unicode 码的出现是为了解决 ASCII 码只能表示 128 个字符的限制性问题，可支持世界上各种语言的表示。Unicode 码占两个字节，能表示 65 536 个字符。然而，世界上各种语言的字符数是远超 65 536 个的。因此，Unicode 标准引入了补充字符集(Supplementary Character)，可支持 1 112 064 个字符。为了避免引入复杂性，本书仅考虑原来占用两个字节的 Unicode 码。一个 Unicode 字符使用两个字节，用 \u 开头的 4 位十六进制数表示，范围为 \u0000～\uFFFF。例如，汉字"中国"对应的 Unicode 码分别是 \u4e2d、\u56fd，希腊字母 α、β、γ 的 Unicode 码分别是 \u03b1、\u03b2、\u03b3。

Unicode 码包含 ASCII 码，Unicode 码的前 128 个字符(\u0000～\u007F)与 ASCII 码的 128 个字符一致。

下面通过一个示例，演示 Unicode 码的使用，程序如程序清单 2-1 所示。

程序清单 2-1　TestUnicode.java

```
1    public class TestUnicode {
2        public static void main(String[] args) {
3            char letter1 = '中';
4            char letter2 = '\u4e2d';
5            char letter3 = 'α';
6            char letter4 = '\u03b1';
7
8            System.out.println(letter1 + " : " + letter2 );
9            System.out.println(letter3 + " : " + letter4);
10
11           //计算字符的十六进制值
12           System.out.println(Integer.toHexString(letter3));
13           System.out.println(Integer.toHexString('中'));
14       }
15   }
```

该程序的执行结果如下所示：

```
中：中
α：α
3b1
4e2d
```

程序清单 2-1 中出现一个关键字"char",表示字符数据类型,它表示用单引号括起来的字符。第 3、4、5、6 行分别定义字符变量"letter1""letter2""letter3""letter4",其内容分别是汉字字符'中'、'\u4e2d' 及希腊字母'α'、'\u03b1'。这 4 条语句均使用了赋值运算符"="(等号)。第 7 行的输出结果验证了"letter1"和"letter2"均表示字符 '中',第 8 行的输出结果验证了"letter3"与"letter4"均表示希腊字母'α'。第 12、13 行计算字符的十六进制值,使用了一个整型类 Integer 及其静态方法 toHexString( ),该方法的参数是字符数据。程序运行结果验证了希腊字母 'α' 的十六进制值为"3b1",汉字'中'的十六进制值为"4e2d"。因此,字符的十六进制值与其 Unicode 码的值是一致的。

2.1.2 标识符

标识符是为了命名程序中的类、方法、变量等元素。如程序清单 2-1 所示,类名 TestUnicode、方法名 main、变量名 letter1、letter2、letter3、letter4 等都是标识符。根据 Java 语言规范的定义,标识符是 Java 字母和 Java 数字组成的长度无限制的字符序列,字符序列的开头必须是 Java 字母。标识符的命名满足如下要求:

(1) 由字母、数字构成,长度不限。

(2) 标识符以字母开头,不能以数字开头。

(3) 标识符不能使用保留关键字(Reserved Keyword),也不能是字面常量 true、false、null。

(4) 标识符可以是上下文关键字(Contextual Keyword)。上下文关键字的字符序列是作为关键字还是标识符,取决于这个字符序列在程序中出现的位置。

Java 字母可以从整个 Unicode 字符集中提取,该字符集支持当今世界上使用的大多数书写脚本,包括中文、日文和韩文等大型字符集。这个特点使得世界各地的程序员可以在其编写的程序中使用自己的母语来命名标识符。

具体来说,Java 字母不仅包括大写和小写 ASCII 拉丁英文字母,即 A~Z(\u0041~\u005a)和 a~z(\u0061~\u007a),而且包括汉语中的汉字、希腊字母、日文、韩文、俄文以及其他许多语言中的文字。另外,Java 字母还包括 ASCII 美元符号($ 或 \u0024)和下画线(_或\u005f)。但是,Java 字母不包括标点符号、空格及除美元符号($)、下画线(_)外的特殊字符。

注意:美元符号 $ 只在机器生成的源代码中使用,不能用来命名标识符。虽然程序员在编程中可使用美元符号 $ 来命名标识符,不会产生编译错误,但是不建议程序员使用。下画线(_)可用于由两个或多个字符组成的标识符中,但由于单个下画线是关键字,因而不能用作单字符标识符。

表 2-1 列举了一些合法的标识符。

表 2-1 合法的标识符示例

TestJava	hello_world	_8_test	_first_word	利率
α	$1	Test$1	interstate	唐

表 2-2 中列举了一些不合法的标识符示例。如果在 Java 源程序中使用了不合法的标识符,则编译器在编译时会报错。

表 2-2　不合法的标识符示例

不合法的标识符	原　　因
Test Java	标识符中不能有空格
8_test	标识符不能以数字开头
可以?	? 既不是 Java 字母，也不是 Java 数字
Java&Python	& 既不是 Java 字母，也不是 Java 数字
A+B	+ 既不是 Java 字母，也不是 Java 数字
A#B	# 既不是 Java 字母，也不是 Java 数字
true	true 是字面常量，不允许被用作标识符

2.1.3　关键字

关键字是具有特定用途或特定意义的词。关键字可分为保留关键字和上下文关键字。保留关键字是由 ASCII 字符组成的 51 个字符序列，不能用作标识符，它们分别为 abstract、continue、for、new、switch、assert、default、if、package、synchronized、boolean、do、goto、private、this、break、double、implements、protected、throw、byte、else、import、public、throws、case、enum、instanceof、return、transient、catch、extends、int、short、try、char、final、interface、static、void、class、finally、long、strictfp、volatile、const、float、native、super、while、_ (underscore)。在保留关键字中，关键字 const、goto 是来自 C++ 语言的保留关键字，目前在 Java 语言中没有被使用。但是，Java 编译器能够识别它们，并产生编译错误信息。因此，Java 程序中也不能出现 const、goto。关键字 strictfp 过时了，在新的 Java 程序中也不允许被使用。

另外，上下文关键字是由 ASCII 字符组成的 16 个字符序列，分别为 exports、opens、requires、uses、module、permits、sealed、var、non-sealed、provides、to、with、open、record、transitive、yield。这 16 个字符序列可以被解释为上下文关键字或其他标记(即可使用的标识符)，具体取决于它们出现的上下文。为了避免引入复杂性，初学者尽量避免使用上下文关键字作为标识符。

2.2　变量与常量

2.2.1　变量

变量是指在程序中可以被改变的量，具有 4 个基本要素：变量名、数据类型、存储单元和变量值。变量名用来指代变量，可以使用合法的标识符来命名。变量的数据类型可以是 Java 语言支持的各种数据类型。变量的存储单元是用来在内存中存储变量值的，不同的数据类型对存储单元有不同的要求。例如，如果一个变量的数据类型是 int(整数类型)，将占用一个具有 4 个字节的存储单元；如果变量的数据类型是 double(双精度浮点型)，将占用一个具有 8 个字节的存储单元。变量的变量值是变量在程序运行某个时刻的取值，被存储于该变量的存储单元中。如果一个变量的数据类型是基本数据类型，那么在存储单元中存储的是具体的数值或布尔值。如果一个变量的数据类型是引用类型，那么在存储单元中存储的是引用值。引用类型与引用值将在后文详述。

变量在使用之前，必须先进行声明和初始化。变量声明可以告知 Java 编译器一个变量的变量名和数据类型，编译器可以为该变量分配合适的内存空间。变量声明的语法如下：

```
数据类型　变量名;
```

下面是一些变量声明的例子：

```
char letter1;            //声明 letter1 是一个字符型变量
int count_people;        //声明 count_people 是一个整数类型变量
double 利率;              //声明 "利率" 是一个双精度浮点型变量
String cityName;         //声明 cityName 是一个字符串引用变量
```

上面的例子声明了 3 个基本数据类型变量和 1 个引用数据类型变量。后续内容会根据各种数据类型进行详述。

如果几个变量是同一类型，可以一起声明它们，语法形式如下：

```
数据类型　变量名 1, 变量名 2, …, 变量名 n;
```

变量之间用逗号分隔。例如：

```
char letter1, letter2, letter3;    //声明 letter1、letter2、letter3 是字符型变量
```

通常，变量具有初始值，而且变量在使用前必须具有初始值。变量可以在声明后被初始化，也可以在声明时一同初始化，还可以被 Java 编译器默认初始化(默认初始化规则后续再讲)。声明一个变量同时初始化的语法形式如下：

```
数据类型　变量名 = 初值;
```

例如：

```
char letter1 = '中';       //声明一个字符变量 letter1，其初值为'中'
```

等同于下面两条语句：

```
char letter1;            //声明 letter1 是一个字符型变量
letter1 = '中';           //字符变量 letter1 赋值为'中'
```

如果需要同时声明和初始化同一类型的多个变量，可采用如下语法形式：

```
数据类型　变量名 1 = 初值 1, 变量名 2 = 初值 2, …, 变量名 n = 初值 n;
```

例如：

```
int i = 2, j = 3, k = 5;    //声明和初始化 3 个整型变量 i、j、k，它们的值分别是 2、3、5
```

2.2.2　常量

常量是在程序执行过程中不会发生改变的数据。在 Java 语言中，常量是由 final 修饰的一个合法标识符。声明常量的语法形式如下：

final 数据类型　常量名 = 值;

在声明常量时,必须在同一条语句中对常量进行声明和初始化。final 是声明常量的 Java 关键字。常量名是一个合法标识符,常常采用大写英文字母,例如,数学常量 π 可以如下定义:

final double PI = 3.14;　 //double 表示双精度浮点型,PI 是常量名

下面通过一个计算圆面积的示例使用数学常量 π,如程序清单 2-2 所示。

程序清单 2-2　CalcuCircleArea.java

```
1    public class CalcuCircleArea {
2        public static void main(String[] args) {
3            final double PI = 3.14;
4            System.out.println("一个圆的半径是" + 5 +
5                    ",其面积是" + (PI * 5 * 5));
6            System.out.println("一个圆的半径是" + 7.5 +
7                    ",其面积是" + (PI * 7.5 * 7.5));
8        }
9    }
```

运行结果如下:

一个圆的半径是 5, 其面积是 78.5
一个圆的半径是 7.5, 其面积是 176.625

程序清单 2-2 第 3 行定义了常量 PI,第 5 行、第 7 行的表达式(PI * 5 * 5)、(PI * 7.5 * 7.5)分别计算了两个圆的面积。

如果认为计算的精度不够高,想让 PI 的值保留到小数点后 5 位,那么只需要修改第 3 行的常量 PI,其他的代码不用修改。

一般来说,常量的使用有 3 个好处。第一,如果需要修改常量值,只需要在源程序中定义常量的地方进行修改,其他的代码无须改变,如 PI 的值。第二,当一个值被重复使用时,这个值可以被定义为常量,不必重复输入这个值。例如,在计算多个圆的面积和周长时,均需要用到数值 3.14159,那么就可以定义一个常量 PI 表示 3.14159,避免重复输入。第三,定义常量能提升程序的易读性,这是因为常量的名字相较于值而言,更容易被描述。

2.3　赋值语句与赋值表达式

变量(Variable)在声明之后,可以使用赋值语句(Assignment Statement)对其赋值(赋初值或修改其值)。赋值语句使用赋值运算符"="(等号),赋值语句的语法如下所示:

变量 = 表达式;

表达式(Expression)是包含变量、值和运算符的一次计算,通过计算可以得到一个新值。赋值运算符是一个从右向左结合的运算符,赋值语句右侧的表达式先被求值,再被赋给左侧的变量。左侧变量的数据类型与右侧表达式值的数据类型应兼容,兼容的含义是数据类型要么一致,要么右侧表达式值的数据类型能将隐式类型转换为左侧变量的数据类型,数据类型转换的内容将在后文讲解。为了简便,在下面示例中的赋值,左侧变量的数据类型

与右侧表达式值的数据类型都是一致的。例如，下面的一段代码：

```
int x = 1;               //将值 1 赋给整型变量 x
int y = x + 1;           //先计算表达式 x + 1，得到值 2，再把值 2 赋给整型变量 y
int z = x + y + 10;      //先计算表达式 x + y + 10，得到值 12，再把值 12 赋给整型变量 z
```

在上面的例子中，变量出现在赋值语句两边都是可以的。当一个变量具有初值后，还可以参与赋值语句右侧表达式的计算，例如：

```
int k = 5;               //将值 5 赋给整型变量 k
k = k + 5;               //先计算表达式 k + 5，得到值 10，再把值 10 赋给 k，k 的值为 10
```

赋值语句去掉分号后就是赋值表达式(Assignment Expression)，赋值表达式求值的结果是赋值运算符左侧变量的值。例如，下面的语句：

```
int k = 5;
System.out.println( k = k + 5 );        //输出结果为 10
```

赋值表达式 k = k + 5 的值是左侧变量 k 的值，等于 10，因此，上面的输出语句会输出10。上面的输出语句等价于下面两条语句：

```
k = k + 5;
System.out.println(k);
```

如果用一个值给多个同类型变量赋值，也是可以的，其语法形式如下：

```
变量名 1 = 变量名 2 = … = 变量名 n = 值;
```

这种赋值方式也称为链式赋值。例如，i、j、k 均为整型变量，可以如下进行赋值：

```
i = j = k =5;
```

根据赋值运算符自右向左结合的特点，上述链式赋值语句等价于如下语句：

```
k = 5;
j = k;
i = j;
```

首先将值 5 赋值给变量 k，再把变量 k 的值赋给变量 j，最后把变量 j 的值赋值变量 i。

2.4　命令行交互工具 JShell

Jshell(Java Shell)工具是自 Java SE 9 开始引入的一个新特性——命令行交互工具，以REPL(Read-Eval-Print Loop，读取—计算—打印循环)方式交互式评估 Java 语言的声明、语句和表达式。JShell 支持单个表达式或语句的执行，并立即查看结果，不需要编写完整的类。

JShell 提供了一种以交互方式评估 Java 编程语言的声明、语句和表达式的方法，使学习 Java 语言、探索不熟悉的代码和 API 以及创建复杂代码原型变得更加容易。JShell 可接受 Java 语句、变量定义、方法定义、类定义、导入语句和表达式。这部分输入的代码被称为代码段(Snippet)。

在代码段被输入后，JShell 对其进行计算，并立即提供反馈。根据输入的代码段和选择的反馈模式，反馈信息包括从操作的结果和解释到无任何信息。不管反馈模式如何，都会描述错误。通过使用详细模式(Verbose Mode)，使得用户在学习 JShell 工具时可获得更多反馈。

要使用 JShell，则需要安装 Java SE 9 以上版本。下面以 Windows 10 为例讲解 JShell 的使用。

首先，从 Windows 进入 JShell，有两种方式。第一种方式是使用命令提示符，单击 Windows 系统的"开始"菜单按钮，找到菜单项"Windows 系统"，在菜单项"Windows 系统"下找到"命令行提示符"，如图 2-1(a)所示。然后单击之，系统会弹出命令行窗口，在命令行窗口中输入 JShell，启动 JShell，如图 2-1(b)所示。第二种方式是使用 Windows PowerShell，单击 Windows 系统的"开始"菜单按钮，找到菜单项"Windows PowerShell"，在菜单项"Windows PowerShell"下找到"Windows PowerShell"，如图 2-2(a)所示。然后单击之，系统会弹出"Windows PowerShell"窗口，在"Windows PowerShell"窗口中输入 JShell，启动 JShell，如图 2-2(b)所示。

(a) 命令提示符　　　　　　　　　　　(b) JShell 启动

图 2-1　命令行提示符工具下 JShell 启动

(a) Windows PowerShell　　　　　　　(b) JShell 启动

图 2-2　Windows PowerShell 下 JShell 启动

在 JShell 启动后，可以在提示符后输入 Java 语句，如 char ch1 = 'A'，如图 2-3(a)所示。输出结果解释了该语句的动作。再如，输出变量 ch1 的语句 System.out.println(ch1)，如图 2-3(b)所示。在 JShell 中，表达式后是否加分号(;)，执行结果一样，如图 2-3(c)所示。

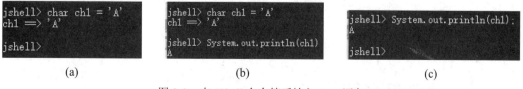

(a)　　　　　　　　　　(b)　　　　　　　　　　(c)

图 2-3　在 JShell 命令符后输入 Java 语句

JShell 可以对表达式立即进行计算。例如，输入一个表达式 1+ 3 * 4，如图 2-4(a)所示。$3 是系统为该表达式自动生成的一个变量，存储该表达式的值。又如，定义一个整型变量 int x = 2，再计算 2* x + 5，如图 2-4(b)所示，$5 也是系统为表达式自动生成的一个变量，存储该表达式的值。另外，还可以用命令/vars 列出所有已声明或生成的变量，如图 2-4(c)所示。与命令/vars 类似的有/methods(列出所有已声明的方法及其签名)、/types(列出所有声明的类型)、/imports(列出所有当前声明的导入)。

jshell> 1 + 3 * 4
$3 ==> 13
jshell> int x = 2
x ==> 2
jshell> 2 * x + 5
$5 ==> 9
jshell> /vars
| char ch1 = 'A'
| int $3 = 13
| int x = 2
| int $5 = 9
(a)
(b)
(c)

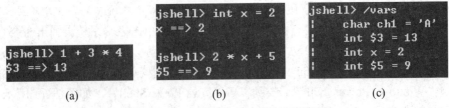

图 2-4　JShell 计算和列出所有声明变量

JShell 可以使用命令/edit 打开一个编辑器，如果命令/edit 后面没有跟任何选项，则以当前活动的代码片段作为编辑器的默认内容，如图 2-5 所示。

jshell> /vars
| char ch1 = 'A'
| int $3 = 13
| int x = 2
| int $5 = 9
jshell> /edit
JShell Edit Pad
char ch1 = 'A';
System.out.print(ch1);
1 + 3 * 4;
int x = 2;
2 * x + 5;
Cancel
Accept
Exit

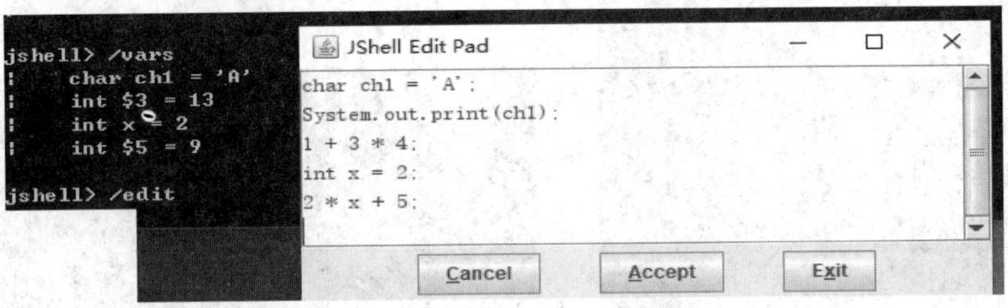

图 2-5　命令 /edit 打开一个编辑器

用户可以在编辑器中对代码进行编辑，输入新的代码，如图 2-6(a)所示。当编辑完毕后，可以单击“Accept”按钮，这时，在命令行窗口可以得到运算结果(y ==> 10, z ==> 20)，如图 2-6(b)所示。最后，单击“Exit”按钮可以退出编辑器，返回命令行窗口。

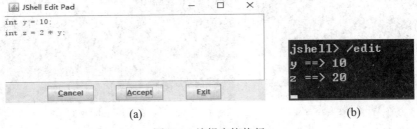

JShell Edit Pad
int y = 10;
int z = 2 * y;
Cancel
Accept
Exit
jshell> /edit
y ==> 10
z ==> 20
(a)
(b)

图 2-6　编辑完毕执行

可以使用命令/save，保存当前所有输入的代码段，如图 2-7(a)所示。被保存文件的文件名是 test，无后缀名，该文件存储在当前目录中。在该示例中，当前目录为 C:\Users\lenovo。打开 test 文件，其内容如图 2-7(b)所示，正好是当前输入的所有代码段。

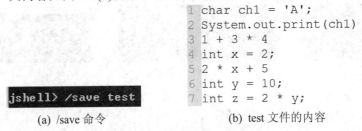

jshell> /save test
1 char ch1 = 'A';
2 System.out.print(ch1)
3 1 + 3 * 4
4 int x = 2;
5 2 * x + 5
6 int y = 10;
7 int z = 2 * y;
(a) /save 命令
(b) test 文件的内容

图 2-7　存储当前代码片段

命令/history 用来显示历史命令记录，如图 2-8(a)所示。命令 /list 用来输出所有先前键入的代码段以及这些代码段所对应的唯一标识 ID，如图 2-8(b)所示。第一行代码段为 char ch1 ='A'，其对应的代码段 ID 是 1。第二行代码段为 System.out.println(ch1)，其对应的代码段 ID 是 2。默认情况下，命令 /list 输出不包含任何导致错误的代码段，仅仅显示有效的表达式或语句。如果要查看所有以前键入的代码(包括错误)，可以将 -all 参数传递给命令 /list，即输入 "/list -all"。此时，输出将包含任何启动代码以及任何有效或无效的代码段。

``jshell> /history

char ch1 = 'A'
System.out.print(ch1)
1 + 3 * 4
x = 2
int x = 2
2 * x + 5
/vars
/edit
/save test
/history``` | 代码段ID
```jshell> /list

1 : char ch1 = 'A';
2 : System.out.print(ch1)
3 : 1 + 3 * 4
4 : int x = 2;
5 : 2 * x + 5
6 : int y = 10;
7 : int z = 2 * y;``` |
| (a) /history 命令 | (b) /list 命令 |

图 2-8　命令/history 与 /list

　　命令/save 还可以存储指定的代码片段，使用代码段 ID 来指定。一个示例如图 2-9 所示，把代码段 ID 为 1、2、3、4 的表达式或语句存储到文件 test2.txt 中。其中，1-3 表示代码段 ID 为 1、2、3 的 3 行表达式或语句，空格之后，接一个代码段 ID 为 4 的表达式或语句，test2.txt 是存储文件的文件名。在命令/save 后，指定一个范围内的 ID 时，指明起始 ID 号和终止 ID 号，中间用短横线相连；指定离散的多个 ID 时，多个 ID 之间用空格分隔。

　　命令 /drop 用于删除先前的代码片段。例如，删除代码段 ID 为 3 的代码片段，如图 2-10 所示。系统生成的变量 $3 被删除，再次使用命令/list 时，可以看到代码段 ID 为 3 的代码片段没有了。

```jshell> /list

1 : char ch1 = 'A';
2 : System.out.print(ch1)
4 : int x = 2;
5 : 2 * x + 5
6 : int y = 10;
7 : int z = 2 * y;```

```jshell> /save 1-3 4 test2.txt```

图 2-9　存储指定代码段 ID 的代码片段

```jshell> /drop 3
| 已删除 变量 $3```

图 2-10　命令/drop

　　命令 /open 用于打开任何先前保存的文件重新计算，例如，先前保存了一个 test 文件，使用命令 /open 打开它，如图 2-11 所示，

　　JShell 还有一个有用的特性是 "Tab 补全"。例如，用户如果输入：

```jshell> /open test
A```

图 2-11　命令/open

```
Math.
```

再按一次 Tab 键，那么就会得到 Math(数学类)能访问常量和能调用方法的一个列表，如图 2-12 所示。

　　如果继续在 Math.之后输入字母 r，再按一次 Tab 键，就会得到一个更小的列表：

```
Jshell > Math.r

random()    rint(        round(
```

```
jshell> Math.
E                IEEEremainder(      PI              abs(
absExact(        acos(               addExact(       asin(
atan(            atan2(              cbrt(           ceil(
class            copySign(           cos(            cosh(
decrementExact(  exp(                expm1(          floor(
floorDiv(        floorMod(           fma(            getExponent(
hypot(           incrementExact(     log(            log10(
log1p(           max(                min(            multiplyExact(
multiplyFull(    multiplyHigh(       negateExact(    nextAfter(
nextDown(        nextUp(             pow(            random()
print(           round(              scalb(          signum(
sin(             sinh(               sqrt(           subtractExact(
tan(             tanh(               toDegrees(      toIntExact(
toRadians(       ulp(
```

图 2-12　Math.的 Tab 补全

如果在 Math.之后继续输入 ran，再按一次 Tab 键，那么方法名会自动补全为 random()。

```
jshell> Math.random()
```

另外，如果希望重复运行一个命令，可以通过连续按↑键，直到看到想要运行或编辑的命令行。在向上寻找的过程中，也可以连续按↓键，向下搜寻所需要的命令行。在找到所需的命令行后，可以按回车键直接执行，也可以进行编辑。在编辑时，可通过使用←和→键移动命令行中的光标位置，增加或删除字符。编辑完命令后，可以按回车键执行。

命令/exit 可退出 JShell。

更多关于 JShell 的信息，可参考网址 https://dev.java/learn/jshell-tool/#anchor_6。

2.5　基本数据类型

Java 语言的数据类型分为基本数据类型和引用数据类型两大类，如图 2-13 所示。基本数据类型又可分为数值类型和布尔类型。数值类型又可分为整数类型和浮点类型。整数类型包括 4 种有符号整数类型(byte、short、int、long)和一种无符号整数类型(char，又称字符类型)。浮点类型又可分为单精度浮点型(float)和双精度浮点型(double)。因此，Java 语言的基本数据类型有 7 种，每种基本数据类型数据的取值范围和占用的存储空间都是固定的，不依赖于具体的计算机。

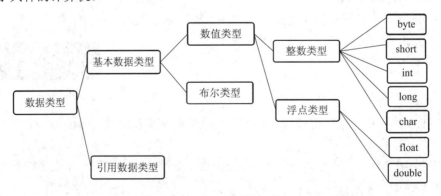

图 2-13　Java 数据类型

每种基本数据类型有其对应的字面值(Literal)，字面值是直接出现在程序中的常量值。

在编程时，经常会用到字面值，如 34、'A'、3.14、true、false 等。在下面各小节分别叙述各基本类型及其对应的字面值。

2.5.1　整数类型

Java 语言提供了 5 种整数类型，其表示值的范围和占用存储空间大小如表 2-3 所示。其中，byte 称为字节类型，表示 1 个字节长度的有符号整数[①]。short 称为短整型，表示 2 个字节长度的有符号整数。char 称为字符型，表示 2 个字节长度的无符号整数[②]，对应字符的 Unicode 编码。int 称为整型，表示 4 个字节长度的整数。long 称为长整型，表示 8 个字节长度的有符号整数。

表 2-3　整 数 类 型

类型	长　　度	存储空间/B
byte	$-2^7 \sim 2^7 - 1(-128 \sim 127)$	1
short	$-2^{15} \sim 2^{15} - 1(-32768 \sim 32767)$	2
char	$0 \sim 2^{16} - 1(0 \sim 65535)$	2
int	$-2^{31} \sim 2^{31} - 1(-21\,4748\,3648 \sim 21\,4748\,3647)$	4
long	$-2^{63} \sim 2^{63} - 1(-922\,3372\,0368\,5477\,5808 \sim 922\,3372\,0368\,5477\,5807)$	8

程序员应根据需要选择最合适的数据类型，节约存储空间。例如，已知一个变量存储的整数在一个字节范围内，就应该定义该变量的数据类型为 byte 类型。为了简单性和一致性，本书在默认情况下，均使用 int 类型表示整数。

整型字面值是可以赋值给一个整数类型的常量值，如 123、24 等。整型字面值默认为 int 型，它的值为 $-2^{31}(-21\,4748\,3648) \sim 2^{31} - 1(21\,4748\,3647)$。为了表示一个长整型的整型字面值，需要在整型字面值后加 L 或 l。例如，为了在程序中使用一个整型字面量 2147483650，由于该整型字面值超出了 int 型值的范围，所以必须在其后加上 L 或 l(ell)，即 2147483650L 或 2147483650l。

为了提高程序易读性，推荐使用 L，因为小写字母 l 和数字 1 容易混淆。

整型字面值是可以赋值给一个整型变量的常量值，要求整型字面值不能超过整型变量的取值范围。例如，byte b1 = 125 是合法的，而 byte b2 = 128 就是不正确的，会导致编译错误。因为 byte 类型变量表示的最大值是 127，而 128 已经超出其范围了。

默认情况下，整型字面值是一个十进制整数。Java 语言也支持二进制、八进制、十六进制的整型字面值。

二进制整型字面值使用前置 0b(零 b)或 0B，如二进制数 0b1010 表示十进制整数 10。

八进制整型字面值使用前置 0(零)，如八进制数 017 表示十进制整数 15。

---

① 有符号整数是指具有正负值的整数。在计算机中，整数以补码形式，存储单元的最高比特位表示符号位。例如，short 占 2 个字节的存储单元，最高比特位是表示正负的符号位，只有 15 个比特位表示整数的值。

② 无符号整数，是指没有负值的整数。在计算机中，用补码表示整数时，无须用存储单元的最高比特位表示正负号。例如，char 占 2 个字节的存储单元，16 个比特位全部用于表示整数值。

十六进制整型字面值使用前置 0x(零 x)或 0X,如十六进制数 0xA5 表示十进制整数 165。

在使用时,凡是十进制整型字面值使用的地方,二进制、八进制、十六进制整型字面值都可以使用。例如,下面一段代码:

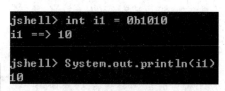

```
int i1 = 0b1010;

System.out.println(i1);   //输出 10
```

在 JShell 中验证其输出,如图 2-14 所示。

图 2-14   验证二进制整型字面值的使用

一些数值型字面值数字比较多,为了提高程序的易读性,Java 语言允许在一个数值型(整数类型、浮点类型)字面值中使用下画线分隔两个数字,但是下画线不能位于开头和结尾处。例如,下面的整型字面值是正确的:

123_456_789,10_5678_3456,9876_5432_1234L,017_7777_7777_7777_7777_7777L,0b1011_1111_1111_1100_1100_1010_1111L,0xdfff_ffff_ffff_efffL,0X00_FF___FF(下画线连用)

但是,_123 或 123_ 是不正确的,因为下画线不能位于开头和结尾处,只能位于两个数字之间。

另外,char 是字符型,本质上是一个无符号整数类型,由于字符字面值有一定区别,所以将在 2.5.3 节中单独叙述。

2.5.2   浮点类型

Java 语言提供两种浮点类型:float(单精度浮点型)和 double(双精度浮点型),其范围和存储空间如表 2-4 所示。

表 2-4   浮点型数据类型

类型	范 围	存储空间/B
float	正数范围: 1.4E - 45～3.4038234E + 38 负数范围: -3.4028235E + 38～-1.4E - 45	4
double	正数范围: 4.9E - 324～1.7976931348623157E + 308 负数范围: -1.7976931348623157E + 308～4.9E - 324	8

注意:float、double 都可用来表示带小数点的实数,在编程语言中被称为浮点数。IEEE 754 是用于在计算机上表示浮点数的标准。Java 语言对 float 类型采用 32 位的 IEEE 754,对 double 类型采用 64 位的 IEEE 754。自 Java SE 15 开始,使用 2019 版 IEEE 754 标准。在 Java SE 15 之前,Java 语言使用的是 1985 版 IEEE 754 标准。

浮点型字面值是带小数点的,默认为双精度浮点型 double。例如,3.14 是一个浮点型字面值,被 Java 编译器理解为 double 型而不是 float 型。为了表示单精度浮点型字面值,需要在浮点型字面值后加字母 f 或 F。例如,3.14f 或 3.14F 均被编译器理解为 float 型。虽然浮点型字面值默认是 double 型,但是也可以在浮点型字面值后面加上字母 d 或 D 明确加以表示,例如,3.14d 或 3.14D 均被 Java 编译器理解为 double 型。

如果一个非零的浮点型字面值太大或太小,超过 double 型的取值范围(即溢出),则 Java 编译器会报错。

Java 语言用于表示溢出和出错情况的 3 个特殊的浮点数值是正无穷大(Infinity)、负无穷大(−Infinity)和 NaN(Not a Number，不是一个数字)。通过使用常量表达式(如 1f/0f、−1d/0d、0.0/0)，可以表示无限(Infinity)、NaN，而不会产生错误，如图 2-15 所示。

```
jshell> double d1 = 1d / 0d        jshell> float f1 = 1f / 0f
d1 ==> Infinity                    f1 ==> Infinity

jshell> double d2 = -1d / 0d       jshell> float f2 = -1f / 0f    jshell> 0.0/0
d2 ==> -Infinity                   f2 ==> -Infinity               $1 ==> NaN
```

图 2-15　正无穷、负无穷和 NaN

浮点型字面值也可以用 $a \times 10^b$ 形式的科学记数法表示。例如，1357.68 的科学记数法形式是 1.35768×10^3，0.00002158 的科学记数法形式是 2.158×10^{-5}。

Java 语言在使用科学记数法表示浮点数时，去掉了乘号"×"，10 的整数次幂由字母 e 或 E 后接一个整数(可带正负号)表示。例如，1357.68 可以表示成 1.35768E3 或 1.35768E + 3，0.00002158 可以表示成 2.158e − 5。字母 E 大小写均可以。

在浮点型字面值中，下画线也可用作数字之间的分隔符，既可用于表示整数部分的数字之间，也可用于表示小数的数字之间，还可用于表示指数部分的数字。但是，小数点前后不允许有下画线。

下面是 float 型字面值的合法例子：

5.f　.5f　1f　3.14f　1e-1f　.1E2f　12_34.5_678_923f　5.003_7654e+2_3f　2e-3f

下面是 double 型字面值的合法例子：

5.d　.5d　0d　3.14d　1e-1d　.1E2d　12_34.5_678_923d　5.003_7654e+2_03d　2e-201

double 类型比 float 类型的精度要高，double 类型值具有 16 个有效数字，第 17 位是估算值，float 类型值具有 7 个有效数字，第 8 位是估算值。例如，下面在 JShell 中对 double、float 的有效数字进行测试，如图 2-16 和图 2-17 所示。

```
jshell> double d1 = 0.123456789123456789
d1 ==> 0.12345678912345678

jshell> double d2 = 0.987654321987654321
d2 ==> 0.9876543219876543

jshell> double d3 = 1234.123456789123456789
d3 ==> 1234.1234567891236

jshell> double d4 = 1234.987654321987654321
d4 ==> 1234.9876543219877
```

图 2-16　对 double 的有效数字进行测试

```
jshell> float f1 = 0.987654321f
f1 ==> 0.9876543

jshell> float f1 = 0.123456789f
f1 ==> 0.12345679

jshell> float f2 = 0.987654321f
f2 ==> 0.9876543

jshell> float f3 = 1234.123456789f
f3 ==> 1234.1234

jshell> float f4 = 1234.987654321f
f4 ==> 1234.9877
```

图 2-17　对 float 的有效数字进行测试

变量 d1、d2 小数点后分别是 17 位、16 位数字。变量 d3、d4 小数点前都有 4 位数字，小数点后都是 13 位。于是，变量 d3、d4 的数字总位数都是 17 位。因此，double 变量有效数字是 16 位，第 17 位是估算值。

变量 f1、f2 小数点后分别是 7 位、8 位数字。变量 f3、f4 小数点前都有 4 位数字，小数点后都是 4 位。于是，变量 f3、f4 的数字总位数都是 8 位。因此，float 类型变量的有效数字是 7 位，第 8 位是估算值。

下面的代码展示了浮点数运算结果的有效位数：

```
System.out.print(1f/3f);          //结果是 0.33333334，小数点后 8 位，7 位有效数字
System.out.print(1d/3d);          //结果是 0.3333333333333333，小数点后 16 位，16 位有效数字
System.out.print(1000f/3f);       //结果是 333.3334，小数点后 4 位，7 位有效数字
System.out.print(1000d/3d);       //结果是 333.3333333333333，小数点后 13 位，16 位有效数字
```

在 JShell 中验证，如图 2-18 所示。

另外，需要注意的是，Java 语言的 double 类型在计算时存在精度损失问题，例如，0.1 + 0.2 的数学运算结果是 0.3，而实际运算时，结果不是 0.3，如图 2-19 所示。

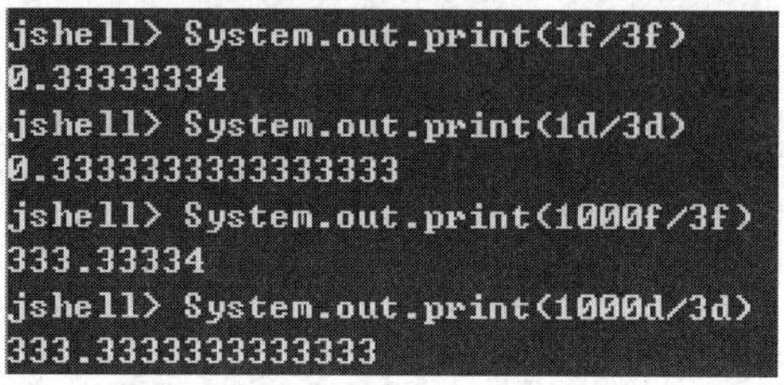

图 2-18   验证 float、double 精度

图 2-19   实际运算的精度损失

这是因为输入的十进制 double 类型的数值在进行计算的时候，计算机会先将其转换为二进制数据，然后再进行相关的运算。然而，在十进制数转换为二进制数的过程中，有些十进制数是无法使用一个有限的二进制数来表达的，换言之，就是在转换的时候出现了精度损失问题。因此，上面的情况就出现了 0.1 + 0.2 的结果是 0.300000000000000004，而不是 0.3。

2.5.3   字符类型

字符数据类型 char 表示单个字符，占用两个字节，本质上是一个无符号整数，表示 0~65 535 的整数，对应字符的 Unicode 编码为 \u0000~\uffff。字符字面值是用单引号括住的单个字符或是一个转义序列(Escape Sequence)。例如，下面一段代码：

```
char ch1 = '中';          //字符'中'赋值给 char 型变量
char ch2 = 'α';           //字符'α'赋值给 char 型变量
char ch3 = '\u4E2D';      //转义序列，用 Unicode 码给 char 型变量赋值
char ch4= " ";            //用双引号"给 char 型变量赋值
```

注意：用双引号括起来的单个字符，表示的是字符串字面值，而单引号括起来的单个字符表示的是字符字面值。

一些特殊字符，如单引号、双引号、反斜杠等在 Java 语言中具有特殊含义。例如，当 Java 编译器扫描到第一个双引号时，它认为这是一个字符串字面值的开始标志；当它继续扫描到第二个双引号时，它认为这是一个字符串字面值的结束标志。如果 Java 编译器没有扫描到第二个双引号，就会报错。在开始标志和结束标志之间的字符序列，就是字符串的内容。例如：输出语句

```
System.out.println("He said, "Hello! "");
```

会产生语法错误。如果需要在程序中输出双引号，需要使用转义字符(Escape Character)反斜

杠\，改正之后的输出语句是：

```
System.out.println("He said, \"Hello!\"");
```

输出的字符串是：

He said, "Hello! "

通过使用转义字符反斜杠，把双引号的特殊含义去掉了，转变成了普通的双引号，这就是转义的由来。转义序列由反斜杠(\ )后面加上一个字符或一些数位组成。例如，\u4E2D是表示一个 Unicode 的转义字符，代表字符 '中'，而 \" 表示单个字符双引号。转义序列中的符号是被整体解释的，一个转义序列被作为单个字符处理。一些特殊字符的转义序列如表 2-5 所示。

表 2-5　转 义 序 列

转义序列	名　称	Unicode 码
\b	退格键(Backspace, BS)	\u0008
\s	空格键(Space, SP)	\u0020
\t	水平制表符(Horizontal Tab, HT)	\u0009
\n	换行符(Line Feed, LF)	\u000a
\f	换页符(Form Feed, FF)	\u000c
\r	回车符(Carriage Return, CR)	\u000d
\"	双引号(Double Quote)	\u0022
\'	单引号(Single Quote)	\u0027
\\	反斜杠(Backslash)	\u005c

另外，需要注意的是，值为换行符(LF)的字符字面值、值为回车(CR)的字符字面值、值为单引号的字符字面值，不能用其 Unicode 码的转义序列来表示，只能用其转义序列"\n""\r""\'"表示。通过 JShell 验证的结果如图 2-20 所示。

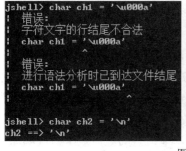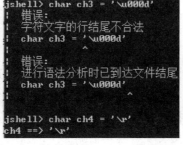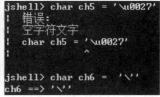

图 2-20　转义序列\n、\r、\' 的验证

在输出语句中，可以使用转义序列。图 2-21 所示的例子展示了转义序列 \'、\t 的使用。在双引号内，可以直接使用单引号，也可以使用转义序列的单引号。例如，例子的第一条输出语句表示单引号时，未使用转义字符。例子的第二条输出语句表示单引号时，使用转义字符 \'。这两条输出语句的输出结果一致。对于在上面两条语句中出现的两个 \t，其处理方式为：第一个 \t 被当作一个转义序列处理，代表水平制表符，表示占据 8 个字符的位置。由于在 \t 之前已经有 6 个字符了，所以后补 2 个空格；第二个 \t 之前有一个 \，于是 \t 中

的反斜杠被转义成普通的反斜杠，不再是转义字符，因此 \\t 在字符串中表示反斜杠字符和字符 t，变成普通反斜杠 \ 加上字符 t 输出。第三条语句的 \t 输出了 8 个空格，因为前面的字符个数有 8 位，制表符 \t 开始第二个制表位，需要补足 8 个位置，所以输出了 8 个空格。通常，\t 占 8 列，并且，\t 开始占据的初始位置是第 8*n 列(n 从 0 开始，列的编号也从 0 开始)。因此，第一个 \t 的初始位置是第 0 列，第二个 \t 的初始位置是第 8 列，依次类推。

另外，在给字符变量赋值时，使用转义序列双引号和直接用双引号，效果一样，如图 2-22 所示。

图 2-21　转义序列 \t、\' 使用示例　　　　　　图 2-22　转义序列 \" 赋值给字符变量

2.5.4　布尔类型

布尔类型是指仅有值为 true 或 false 的数据类型，其声明的变量是一个具有值为 true 或 false 的变量，使用关键字 boolean 声明，占用 1 个字节。布尔类型声明的变量可简称为布尔变量。布尔变量的声明如下所示：

```
boolean 变量名;
```

布尔类型的字面值只有两个，即 true 和 false，这两个字面值不能用于标识符。布尔类型表达了逻辑上的真(true)与假(false)。例如，数学表达式 5 > 3 的结果为真(true)，5 < 3 的结果为假(false)。Java 语言对两个数的大小比较与数学符号一致，如图 2-23 所示。

图 2-23　true、false 使用示例

2.5.5　数据类型转换

一种数据类型是可以向另一种数据类型转换的，称为数据类型转换(简称类型转换)。例如，一个整数 3 可以转换成一个浮点数 3.0d，一个浮点数 2.0f 可以转换成一个整数 2。另外，在赋值语句中，可以将某种数据类型的表达式赋值给另一种数据类型的变量。这里的表达式既可以是一个字面值，也可以是一个变量或含有运算符的表达式。

本节以赋值运算为例，结合 7 种基本数据类型，介绍 Java 语言的数据类型转换规则。其中 6 种数值类型 byte、short、int、long、float、double，表示数的范围是越来越大的。在 Java 语言中，总是可以将一种数值类型的数值直接赋值给支持更大范围数值类型的变量，这种类型转换称为隐式类型转换。隐式类型转换不会造成精度损失。例如：

```
double d1 = 20;
```

整型字面值 20 是 int 型，int 型的范围低于 double 型，因此，可以直接将 20 转变成 20.0，再赋值给 double 型变量 d1。

反过来，如果把一个范围大的数值类型数值赋给一个范围小的数值类型变量，就不能直接赋值，必须要进行显式类型转换，也称为强制类型转换。显式类型转换需要在待转换的表达式中使用一对圆括号，在圆括号内写上转换之后的数据类型。以赋值运算为例，显式类型转换的语法形式如下：

目标数据类型 变量名 = (目标数据类型) 表达式；

例如：

int i1 = (int) 43.2;

浮点型字面值 43.2 是 double 型，比 int 型的范围大，在其前面使用(int)进行强制转换，变成整型值 43，再赋值给 int 型变量 i1。通过使用显式类型转换，程序员在阅读代码时，可明确知道这里可能存在精度损失。浮点型数值在显式类型转换为整型数值时，直接被截去小数部分。如果需要采用四舍五入的方式取整，则可以采用下面形式的代码：

(整型) (浮点类型数值 + 0.5)

例如：

int i2 = (int)(43.6 + 0.5);

i2 的值为 44。因为表达式(43.6 + 0.5)的值是 44.1，再经过显式类型转换，就变成整数 44 了，最后再给 i2 赋值。

字符类型 char 也是一种数值类型，它可以与上面 6 种数值类型之间进行相互转换。然而，char 是一种无符号整型数，其取值范围大小与 byte、short 没有明显的大小之分。因此，在相互转换时，字符类型有一些特殊之处。

下面具体叙述字符类型与其他基本数据类型的转换。

(1) 字符类型表示的数值范围，低于 3 种数值类型(long、float、double)所支持的数值范围，因此，字符类型与这 3 种数值类型的类型转换与前述规则一致。

例如，下面一段代码：

```
long i3 = 98L;
char c1 = (char)i3;        //显式类型转换，c1 的值为'b'
long i4 = 'a';             //隐式类型转换，i4 的值为 97L
double d2 = 'a';           //隐式类型转换，d2 的值为 97.0
char c2 = (char) 97.7;     //显式类型转换，c2 的值为'a'
```

(2) byte、short、int 类型与字符类型在进行相互转换时，赋值语句右边的表达式值或字面值只要不超出转换后数据类型的取值范围，可以直接相互赋值，即隐式转换。如果赋值语句右边的字面值超出转换后数据类型的取值范围，就需要进行显式类型转换。

例如，下面一段代码：

```
1:    byte i5 = 'a';       //隐式类型转换，i5 的值为 97
2:    short i6 ='\u0065';  //隐式类型转换，i6 的值为 101
3:    int i7 = 'a';        //隐式类型转换，i7 的值为 97
4:    char c1 = 97;        //隐式类型转换，c 的值为'a'
5:    char c2 = 65536;     //编译器报错，超出范围
6:    byte i8 = '\u0165';  //编译器报错，超出范围
7:    short i9 = '\uf365'; //编译器报错，超出范围
8:    char c3 = i5;        //编译器报错
```

```
9:    char c4 = i6;          //编译器报错
10:   char c5 = i7;          //编译器报错
```

前 4 行代码都是合法的隐式转换，字符类型和 3 种整型类型相互转换。第 5 行声明和初始化字符变量 c2 时，赋值运算符右边的整型字面值超出 char 类型的取值范围，编译器报错。同样地，第 6、7 行 i8、i9 的声明和定义也会产生语法错误，这是由于字符所代表的整型数值超出了赋值运算符左边变量所能存储的数值范围。第 8~10 行的赋值运算，编译器也会报错。编译器报错背后也是存在合理逻辑的，对于第 8、9 行，变量 i5、i6 表示的正整数值虽然没有超出字符类型的取值范围，但是 i5、i6 可能取值为负数，而字符类型是无符号整数。对于第 10 行，变量 i7 无论取正整数或负整数都有可能超出字符类型的取值范围。

对于上述编译器报错的第 5~10 行语句，必须使用显式类型转换，编译器才不会报错，即

```
5:    char c2 = (char)65536;        //c2 的值为'\000'
6:    byte i8 = (byte)'\u0165';     //i8 的值为 101
7:    short i9 = (short)'\uf365';   //i9 的值为 -3227
8:    char c3 = (char)i5;           //c3 的值为'a'
9:    char c4 = (char)i6;           //c4 的值为'a'
10:   char c5 = (char)i7;           //c5 的值为'a'
```

需要注意的是，布尔类型不能与其他基本数据类型进行相互的数据类型转换。例如，下面的一段代码：

```
boolean b1 = 5 > 3;           //5 > 3 的运算结果为 true，布尔变量 b 的值为 true
float f1 = (int)b1;          //编译器报错
boolean b2 = (boolean)5;     //编译器报错
```

2.5.6 输入基本数据类型

Java 语言使用 System.out 表示标准输出设备，可以在控制台(Console)上用方法 System.out.print()输出信息，或用 System.out.println()输出一行信息。而要从控制台输入信息，需要使用 java.util.Scanner 类和表示标准输入设备的 System.in 对象。默认情况下，标准输出设备是显示器，标准输入设备是键盘。

为了从键盘输入数据，首先需要使用 Scanner 类创建一个 Scanner 对象，以读取来自 System.in 的输入，其形式如下：

```
Scanner input = new Scanner(System.in);
```

该语句表示创建了一个 Scanner 对象，并将该对象的引用赋值给 input 变量。Scanner input 表示声明 input 是一个 Scanner 类型的对象，new Scanner(System.in)表示创建了一个 Scanner 对象，该对象能从标准输入设备(System.in)——键盘获取信息。在该语句中，Scanner 对象的名称 input 也可以定义为其他合法的标识符。

其次，Scanner 对象调用 nextXXX 方法以获取输入数据。下面以获取 int 型和 double 型数据为例进行说明，形式如下：

```
int a = input.nextInt( );        //从键盘读入一个 int 型数值，并将其赋给变量 a
double b = input.nextDouble( );  //从键盘读入一个 double 型数值，并将其赋给变量 b
```

Scanner 对象获取输入数据的 nextXXX 方法及其说明如表 2-6 所示。

表 2-6　Scanner 对象获取输入的 nextXXX 方法及其说明

方　法	说　明
nextByte( )	获取一个 byte 型值
nextShort( )	获取一个 short 型值
nextInt( )	获取一个 int 型值
nextLong( )	获取一个 long 型值
nextFloat( )	获取一个 float 型值
nextDouble( )	获取一个 double 型值
next( )	获取以空白字符结束(' ', '\t', '\f', '\r', '\n')的字符串
nextLine( )	获取一整行文本作为一个字符串

下面通过一个示例，演示 Scanner 对象的使用。该示例要求：输入一个长方形的宽和高，计算其面积。其代码如程序清单 2-3 所示。

程序清单 2-3　ComputeRectArea.java

```
1    import java.util.*;
2    public class ComputeRectArea {
3        public static void main(String[] args) {
4            Scanner input = new Scanner(System.in);
5            System.out.print("请输入长方形的宽 cm(如,12.5):");
6            double width = input.nextDouble();
7            System.out.print("请输入长方形的高 cm(如,8.9):");
8            double height = input.nextDouble();
9
10           double area = width * height;
11           System.out.printf("长方形面积:%.2f 平方厘米", area);
12       }
13   }
```

执行及结果(↵表示输入回车键，由键盘输入的值用浅灰色背景标注)：

请输入长方形的宽 cm(如,12.5):13.6↵
请输入长方形的高 cm(如,8.9):7.8↵
长方形面积:106.08 平方厘米

程序清单 2-3 的第 1 行语句是一个导入(import)语句，Scanner 类在 java.util 包中，util 是 utility(实用工具)的简写。第 4 行语句创建了一个 Scanner 对象。第 5 行语句在控制台上显示提示信息 "请输入长方形的宽 cm(如,12.5):"，这种提示能友好地引导用户与计算机进行交互。因此，在编程时，程序应该对用户友好，在希望用户输入数据的时候，应具有明确的提示信息。第 6 行输入一个浮点数。用户可以通过键盘输入一个浮点数，如 13.6，然后按下回车键。这时，程序会读取该数值赋值给变量 width。第 7、8 行代码与第 5、6 行类似。第 10 行代码计算长方形面积(Java 语言用*表示乘法运算)。第 11 行是在控制台上显示长方形面积的信息，并保留到小数点后两位，System.out.printf()在 2.5.7 节具体介绍。

程序清单 2-3 的示例引入了导入语句的概念。Java 语言提供了两种类型的导入语句：特定导入(Specific Import)和通配符导入(Wildcard Import)。特定导入是在导入语句中指定单个具体的类。例如，下面的语句就是特定导入，仅仅导入了一个类 Scanner。

```
import java.util.Scanner;
```

通配符导入是通过使用星号*作为通配符(Wildcard Character)，导入一个包中所有的类。例如，下面的语句导入包 java.util 中的所有类：

```
import java.util.*;
```

导入语句只是告诉 Java 编译器在哪里能够找到程序中需要用到的类，并不是直接将包中所有类的信息加载到 JVM 中。只有在程序中用到相应的类时，这些类才会被 JVM 加载。另外，特定导入和通配符导入在性能上没有什么差别。

下面给出一个从键盘连续读取多个输入的例子。该示例要求用户连续输入 3 个单精度浮点数，并计算它们的平均值，平均值保留小数点后两位。

在连续输入时，输入项之间可以采用空白字符(空格键、Tab 键、回车键)分隔。一个空格键可以输入一个空格字符。本书用□表示输入空格字符，用 Tab 表示输入 Tab 键。

该示例的代码如程序清单 2-4 所示。

程序清单 2-4　ComputeAVG.java

```
1    import java.util.Scanner;
2    public class ComputeAVG {
3        public static void main(String[] args) {
4            Scanner input = new Scanner(System.in);
5            System.out.print("请输入 3 个数值:");
6            float num1 = input.nextFloat();
7            float num2 = input.nextFloat();
8            float num3 = input.nextFloat();
9
10           //计算平均数
11           float avg = (num1 + num2 + num3) / 3;
12           System.out.printf("平均数是:%.2f", avg);
13       }
14   }
```

程序清单 2-4 的第 6～8 行要求连续输入 3 个浮点数。第一种输入方式，前两个输入项之后输入空格字符(Space 键)，最后一个输入项之后按下回车键。第二种输入方式，每个输入项之后均按下回车键。第三种输入方式，前两个输入项之后，按下 Tab 键，最后一个输入项之后按下回车键。在执行程序时，输入的是整数 3、4、5，这些整数被自动转换为浮点数 3.0f、4.0f、5.0f，分别赋给 3 个单精度浮点类型变量。另外，在执行程序时，输入带小数点的数(只要在单精度浮点类型的取值范围内)都是正确的。因此，当要求输入浮点数时，既可以输入整数，也可以输入浮点类型取值范围的带小数点的数。

程序 3 次运行的结果分别如下所示(3 种不同输入方式)：

请输入 3 个数值:3□4□5↵

平均数是:4.00

(前两个输入项之后用空格，第三个输入项之后用回车键)

请输入 3 个数值:3↵
4↵
5↵
平均数是:4.00

(3 个输入项之后都用回车键)

请输入 3 个数值:3 [Tab] 4 [Tab] 5↵
平均数是:4.00

(前两个输入项之后用 Tab 键，第三个输入项之后用回车键)

下面一个示例展示 next( )、nextLine( )方法的使用以及字符的输入，具体代码如程序清单 2-5 所示。字符的输入需要借助 next( )、nextLine( )方法，然后，使用 charAt( )取出一个字符。

程序清单 2-5　StrCharInputDemo.Java

```
1    import java.util.*;
2    public class StrCharInputDemo {
3        public static void main(String[] args){
4            //创建一个输入对象
5            Scanner input = new Scanner(System.in);
6            //next()方法输入 3 个字符串
7            System.out.print("请输入 3 个空白字符分隔的字符串:");
8            String str1 = input.next();
9            String str2 = input.next();
10           String str3 = input.next();
11           System.out.println("输入的字符串 1 是:" + str1);
12           System.out.println("输入的字符串 2 是:" + str2);
13           System.out.println("输入的字符串 3 是:" + str3);
14           input.nextLine();
15           //nextLine()方法输入字符串
16           System.out.print("请输入字符串 4:");
17           String str4 = input.nextLine();
18           System.out.println("输入的字符串 4 是:" + str4);
19           //next()方法输入字符
20           System.out.print("请输入字符串 5:");
21           String str5 = input.nextLine();
22           char ch1 = str5.charAt(0);
23           System.out.println("输入的字符是:" + ch1);
24       }
25   }
```

注意：为了避免输入错误，一定不要在方法 nextByte( )、nextShort( )、nextInt( )、nextLong( )、nextFloat( )、nextDouble( )、next( )之后直接调用方法 nextLine( )输入值。为了在上述方法调用之后使用方法 nextLine( )，可以通过使用一个冗余的 nextLine( )处理完分隔标记

之后，再次使用 nextLine( )。例如，程序清单 2-5 第 14 行使用 input.nextLine( )处理前面输入的分隔标记，第 17 行就可以再次使用方法 nextLine( )进行输入了。具体原因，见 11.3.1 节。

运行结果如下：

```
请输入 3 个空白字符分隔的字符串:Welcome to Java↵
输入的字符串 1 是:Welcome
输入的字符串 2 是:to
输入的字符串 3 是:Java
请输入字符串 4:Java is fun!↵
输入的字符串 4 是:Java is fun!
请输入字符串 5:Great↵
输入的字符是:G
```

程序清单 2-5 第 8、9、10 行使用 next( )输入 3 个以空白字符结束(' ', '\t', '\f', '\r', '\n')的字符串，换言之，输入的字符串不含空白字符。执行这 3 行语句，在输入时，可以按下空格键或 tab 键或回车键分隔 3 个字符串。第 17 行 nextLine( )方法输入一整行文本作为一个字符串，可以包含空白字符，即读取以按下回车键为结束标志的字符串。第 21 行使用 nextLine( )输入一个字符串，第 22 行取出字符串的第一个字符赋给字符变量 ch1。第 21 行语句在执行时也可以只输入单个字符，即使输入一个字符串，在第 22 行也明确指定了取第一个字符。

2.5.7　格式化控制台输出

Java 语言提供了 System.out.printf( )方法在控制台上以某种指定的格式输出信息，printf 中的 f 表示格式(Format)。在一些场景中，数据需要以某种具体格式来输出。例如，给定一个存款金额、一个存款年利率，计算每年的利息，其代码片段如下：

```
double 存款 = 12464.51;
double 利率 = 0.0125;
double 利息 =存款 *利率;
System.out.println("利息是:" + 利息 + "元");
```

输出结果是：

```
利息是:155.806375 元
```

因为利息是货币，所以希望计算出来的利息数值保留到小数点后两位数字。为此，可以如下编写代码：

```
double 存款 = 12464.51;
double 利率 = 0.0125;
double 利息 = 存款 * 利率;
System.out.println("利息是:" + (int)(利息 * 100)/100.0 + "元");
```

输出结果是：

```
利息是:155.8 元
```

然而，输出结果还是没有做到保留小数点后两位(即 155.81)，上面的代码通过数据类型转换强行将小数点两位之后的数字截掉，没有进行四舍五入。

为了解决上面的问题，用户可以使用 System.out.printf 方法，代码片段如下：

```
double 存款 = 12464.51;
```

```
double  利率 = 0.0125;
double  利息 = 存款 * 利率;
System.out.printf("利息是%6.2f 元", 利息);
```

代码中的%6.2f 对输出格式进行了控制，输出结果是：

利息是:155.81 元

方法 printf()的调用形式如下：

System.out.printf(格式字符串, 输出项 1, 输出项 2, …, 输出项 k);

格式字符串是一个由多个字符串子串和格式限定符构成的字符串。如前面示例的语句：

System.out.printf("利息是%6.2f 元",利息);

字符串子串有 "利息是"、"元"，格式限定符是 "%6.2f"，这个格式限定符各部分含义如下所示：

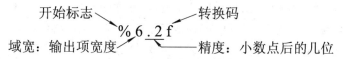

因此，%6.2f 表示输出项是一个浮点数，域宽是 6，小数点后保留 2 位。

　　一个格式限定符指定了对应的输出项该如何显示。输出项可以是数值、字符、布尔值或字符串等。格式限定符是以百分号%开头的转换码，一些常见的、简单的格式限定符如表 2-7 所示。

表 2-7　常用的简单格式限定符

限定符	描　　述	限定符	描　　述
%b	输出布尔值 true 或 false	%f	输出一个浮点数
%c	输出一个字符	%e	输出科学记数法形式的数
%d	输出一个十进制整数	%s	输出一个字符串

下面的例子进一步演示了 printf 方法的使用，代码片段如下：

```
String name = "张三";          //定义了一个字符串变量，其值为 "张三"
double  存款 = 12464.51;
double  利率 = 0.0125;
int 年数 = 5;
System.out.printf("储户:%s, 存款:%e 元, 利率:%f, 存款年数:%d, 利息:.2f 元", name, 存款, 利率,
年数, (存款 *利率 *年数));
```

输出结果如下：

储户:张三, 存款:1.246451e+04 元, 利率:0.012500, 存款年数:5, 利息:779.03 元

通过上面的例子可以看出，格式限定符与输出项必须在顺序、数量和数据类型上匹配。例如，name 的格式限定符是%s，输出项 "存款" 的格式限定符是%f，输出项 "年数" 的格式限定符是%d。从上面的例子中可以看出，%f 在没有指定精度时，默认输出小数点后 6 位。

　　对于每一个格式限定符，还可以指定其域宽和精度。假设 m、n 表示两个正整数，输出一个浮点数的一般形式如下：

%m.nf、%-m.nf、%m.ne、%-m.ne

对于非浮点数，一般只能指定其域宽，假设以 X 表示非浮点数的转换码，一般形式如下：

%mX、%-mX

域宽可以是正数，也可以是负数。正数表示右对齐，负数表示左对齐。域宽低于输出项的实际宽度时，按输出项的实际宽度输出。表 2-8 给出了一些例子。

表 2-8　指定域宽、精度的例子

举例	描　　述
%3c	域宽为 3，右对齐，输出一个字符并在其左边补 2 个空格
%-3c	域宽为 3，左对齐，输出一个字符并在其右边补 2 个空格
%6b	域宽为 6，右对齐，输出 true 并在其左边补 2 个空格，或者输出 false 在左边补 1 个空格
%-6b	域宽为 6，左对齐，输出 true 并在其右边补 2 个空格，或者输出 false 在右边补 1 个空格
%5d	域宽为 5，右对齐，输出项位数如果不小于 5，则以实际域宽输出所有位数；如果位数小于 5，则在输出数字的左边补空格，使该项的宽度为 5
%-5d	域宽为 5，左对齐，输出项位数如果不小于 5，则以实际域宽输出所有位数；如果位数小于 5，则在输出数字的右边补空格，使该项的宽度为 5
%6.2f	域宽为 6，右对齐，输出的浮点数项位数如果不小于 6，则以实际域宽输出所有位数；如果位数小于 6，则在输出数字的左边补空格，使该项的宽度为 6
%-6.2f	域宽为 6，左对齐，输出项位数如果不小于 6，则以实际域宽输出所有位数；如果位数小于 6，则在输出数字的右边补空格，使该项的宽度为 6
%6.2e	域宽为 6，右对齐，以科学记数法方式显示输出项，输出项位数如果不小于 6，则以实际域宽输出所有位数；如果位数小于 6，则在输出数字的左边补空格，使该项的宽度为 6
%-6.2e	域宽为 6，左对齐，以科学记数法方式显示输出项，输出项位数如果不小于 6，则以实际域宽输出所有位数；如果位数小于 6，则在输出数字的右边补空格，使该项的宽度为 6
%10s	域宽为 10，右对齐，输出项字符个数如果不小于 10，则以实际域宽输出所有字符；如果字符个数小于 10，则在输出字符的左边补空格，使该项的宽度为 10
%-10s	域宽为 10，右对齐，输出项字符个数如果不小于 10，则以实际域宽输出所有字符；如果字符个数小于 10，则在输出字符的右边补空格，使该项的宽度为 10

下面的代码展示了域宽的使用：

```
System.out.printf("|%-4d|%3s|%-7.2f|%10.2e|", 12, "Hello", 123.5678, 1234.5678);
```

其输出结果如下(□表示空格字符)：

```
|12□□|Hello|123.57□|□□1.23e+03|
```

这里的第一个输出项是整数 12，实际域宽为 2，指定域宽为 4，左对齐，右补两个空格。第二个输出项是字符串"Hello"，有 5 个字符，指定域宽为 3，按实际宽度输出所有字符。第三个输出项是双精度浮点数 123.5678，实际宽度为 8，截取小数点后两位之后的实际宽度为 6，而指定域宽为 7，左对齐，右补一个空格。第四个输出项是双精度浮点数 1234.5678，写成科学记数法形式即为 1.2345678e+3，保留小数点后两位，变成 1.23e+03，实际宽度为 8，右对齐，左补两个空格。

如果需要在数字前面用数字 0 作为前导而不是使用空格填充，可以在数字限定符前面添加 0。例如，下面的代码：

```
System.out.printf("|%04d|%010.2e|", 12, 1234.5678);
```

其输出结果是：

```
|0012|001.23e+03|
```

方法 printf 还可以显示带有千位分隔符的数字，只需要在格式限定符的开始标志%之后添加一个逗号。例如，下面的代码：

```
System.out.printf("|%,010d|%,015.5f|", 1234567, 1234.5678);
```

其输出结果是：

```
|01,234,567|00001,234.56780|
```

千位分隔符也是占据域宽的，例如，第一个输出项实际域宽为 7，加上 2 个千位分隔符，再加 1 个前导 0，宽度正好为 0。另外，千位分隔符是不能和科学记数法一起使用的。

下面一个示例使用 prinf( )方法进行表格式输出。通过一个表格方式输出 11、12、13 这 3 个数及其平方、立方，输出格式如下所示：

```
X       X^2     X^3
11      121     1331
12      144     1728
13      169     2197
```

该示例的代码如程序清单 2-6 所示。

程序清单 2-6　FormatOutDemo.java

```
1    public class FormatOutDemo {
2        public static void main(String[] args) {
3            System.out.printf("%-8s%-8s%-8s\n", "X", "X^2", "X^3");
4            System.out.printf("%-8d%-8d%-8d \n", 11, 11 * 11, 11 * 11 * 11);
5            System.out.printf("%-8d%-8d%-8d \n", 12, 12 * 12, 12 * 12 * 12);
6            System.out.printf("%-8d%-8d%-8d \n", 13, 13 * 13, 13 * 13 * 13);
7        }
8    }
```

运行结果为：

```
X       X^2     X^3
11      121     1331
12      144     1728
13      169     2197
```

程序清单 2-6 第 3 行输出表头，第 4～6 行输出表格的具体内容。每一行每一项的域宽都是 8。转义字符\n 表示换行。

2.6　运算符和表达式求值

Java 语言提供了丰富的运算符，包括算术运算符、关系运算符、逻辑运算符、赋值与增强赋值运算符、位运算符等。Java 语言使用的运算符与 C 语言、C++ 语言基本相同。

2.6.1 算术运算符

算术运算符有加减运算符、乘除运算符、取余运算符、自增自减运算符等。下面首先分别介绍这几种运算符，然后介绍算术混合运算的数据类型转换。

1. 加减运算符

加法运算符是加号 +，减法运算符是减号 −，和数学上的表达一样。它们都是二元运算符，连接两个操作数，结合方向是从左到右。例如，表达式 2 + 4 − 3 + 5，从左到右，先计算 2 + 4 得到 6，再计算 6 − 3 得到 3，最后计算 3 + 5 得到 8。加减运算符的操作数是数值型数据。加减运算符的优先级相同。

2. 乘除运算符

乘法运算符是星号 *，除法运算符是斜杠 /，和数学的乘除符号不一样。这两个运算符也都是二元运算符，连接两个操作数，结合方向是从左到右。例如，表达式 4 * 3 / 2 * 2，从左到右，先计算 4 * 3 得到 12，再计算 12 / 2 得到 6，最后计算 6 * 2 得到 12。乘除运算符的操作数也是数值型数据。当除法的两个操作数都是整数时，除法运算的结果也是整数，当出现不能整除的情况时，小数部分会被舍去。例如，7 / 2 的结果是 3 而不是 3.5，−7 / 2 的结果是 −3 而不是 −3.5。如果除法运算需要保留小数部分，其中至少一个操作数必须是浮点数，例如，5.0 / 2、5 / 2d、5d / 2 等表达式的计算结果都是 2.5。

和数学运算一样，乘除运算符的优先级相同，且高于加减运算。

3. 取余运算符

取余运算符是百分号 %，取余运算也称为求余运算、模运算、取模运算，是一个二元运算符，连接两个操作数，左边的操作数是被除数，右边的操作数是除数，运算结果是执行除法后得到的余数。结合方向也是从左往右，取余运算符的优先级与乘除运算符相同。例如，表达式 24 % 13 * 2 % 7，从左到右，先算 24 % 13 得到 11，再算 11 * 2 得到 22，最后再算 22 % 7 得到 1。

取余运算符 % 的操作数既可以是正整数，也可以用于浮点数和负整数、字符。只有当被除数是负数时，余数才是负的。字符参与取余运算时，先被转换为对应的整数，再参与运算。表 2-9 给出了一些取余运算的示例。+、− 除了作为二元运算符表示加法和减法外，还可以作为一元运算符，表示正号、负号。例如，+10.2 与 10.2 是一样的，−10.2 表示是负数。它们的优先级高于乘除运算。

表 2-9　取余运算举例

示 例	结果	示 例	结果	示 例	结果
25 % 12	1	'A' % 7	2	23.5 % 4.5	1.0
−25 % 12	−1	−'A' % 7	−2	23.5 % 4	3.5
−25 %−12	−1	−'A' % −7	−2	23.8 % 3.6	2.2
25 %−12	1	'A' % −7	2	−23.8 % 3.6	−2.2

取余运算在程序设计中是很有用的。例如，判断一个整数 d 是否为偶数，可以用 d % 2 的结果是否为零来判断。如果 d % 2 的运算结果为零，那么 d 是偶数，否则 d 是奇数。再比

如，假设 1 月 1 日是星期三，那么 1 月 25 日是星期几？可以使用下面的表达式进行求解：

```
(25 - 1) % 7          //月份相同，用指定日 25 减去起始日 1，算出天数，再对 7 取余
```

其结果是 3。假如表达式的结果是 0，那么说明和 1 月 1 日一样，指定日对应星期三。而当余数是 3 时，就往后加 3，变成星期六。于是，1 月 25 日是星期六。

还可以让余数与星期几有对应关系，即余数 0 对应星期日，余数 1~6 分别对应星期一至星期六，可以使用下面的表达式：

```
(3 +25 - 1) % 7
```

其结果是 6，表示星期六。

下面的示例通过除法和取余运算求出一个 3 位数的百位数字、十位数字和个位数字。该示例的代码如程序清单 2-7 所示。

程序清单 2-7　Digit3Demo.java

```
1    public class Digit3Demo {
2        public static void main(String[] args) {
3            Scanner input = new Scanner(System.in);
4
5            System.out.print("请输入一个 3 位数整数:");
6            int value = input.nextInt();
7            //计算个位数
8            int digit1 = value % 10;
9            //计算十位数
10           int digit2 = value / 10 % 10;
11           //计算百位数
12           int digit3 = value / 100;
13           //输出结果
14           System.out.println("3 位数:"+ value + "的个位数是"
15                   + digit1 + ",十位数是"+ digit2
16                   + ",百位数是" + digit3);
17       }
18   }
```

运行结果如下：

```
请输入一个 3 位数整数:365
3 位数:365 的个位数是 5,十位数是 6,百位数是 3
```

使用除法和取余运算，程序清单 2-7 第 8 行计算得出个位数字，第 10 行计算得出十位数字，第 12 行计算得出百位数字。

4. 自增自减运算符

自增运算符是 ++，自减运算符是 --。它们都是一元运算符，其操作数是数值型变量。在许多编程任务中，常常需要对变量加 1 或减 1，引入这两个操作符，可以简便一些。例如，下面的代码：

```
int i = 2, j = 5;
i++;    //i 变成 3
j--;    //j 变成 4
```

其中，i++ 读作"i 加加"，j-- 读作"j 减减"。这两个运算符都是放在变量名称之后，因此，它们分别被称为后置自增运算符和后置自减运算符。这两个运算符也可以放在变量名称前面，例如，下面的代码就是前置的例子：

```
int i = 2, j = 5;
++i;   //i 变成 3
--j;   //j 变成 4
```

其中，++i 读作"加加 i"，--j 读作"减减 j"。它们分别被称为前置自增运算符和前置自减运算符。

在上面的两个示例中，仅仅进行了自增自减，并且单独作为一条语句，前置自增与后置自增、前置自减与后置自减效果一样。然而，当自增、自减运算符用于表达式中时，它们的作用就会不同。表 2-10 举例描述了前置、后置的区别(变量 v 表示一个数值类型的变量)。

表 2-10   自增、自减运算符

运算符	名称	描述	示例(假设 j=2)
v++	后置自增	将 v 加 1，在表达式中使用 v 原来的值	int i = j++; //i 为 2，j 为 3
++v	前置自增	将 v 加 1，在表达式中使用 v 新的值	int i = ++j; //i 为 3，j 为 3
v--	后置自减	将 v 减 1，在表达式中使用 v 原来的值	int i = j--; //i 为 2，j 为 1
--v	前置自减	将 v 减 1，在表达式中使用 v 新的值	int i = --j; //i 为 1，j 为 1

自增、自减运算符的优先级高于乘除运算。如下的代码段：

```
int i = 5;
int j = 5 * ++i ;
```

j 的值是 30。表达式 5*++i 的运算是从左向右进行的，由于自增运算符的优先级高于乘除运算，所以，先计算++i 得到的值是 6，且用新的值 6 参与乘法运算，得到结果 30。

下面的代码段：

```
int i = 5;
int j = 5 * i++ ;
```

j 的值是 25。表达式 5* i++的运算是从左向右进行的，i++的运算是先取出 i 的值 5 参与乘法运算，再自增 1，因此，j 的值是 25，i 的值是 6。

下面的示例演示在同一个表达式中对同一个变量自增、自减，代码如下：

```
int x = 2;
int y = x++*2 + ++x;
System.out.println("x:" + x + ";y:" + y)
```

运行结果如下：

```
x:4;y:8
```

首先执行 x++，取出 x 的原值 2 参与乘法运算，并将 x 变为 3，再执行++x，将 x 的值变为 4，参与加法运算。于是，y 的值为 2 * 2 + 4，得到 8。

下面是一个更为复杂的示例，代码如程序清单 2-8 所示。

程序清单 2-8   TestIncrement.java

```
1     public class TestIncrement {
2         public static void main(String[] args) {
```

```
3              int x = 1;
4              int y = x++ + ++x*3 + x++*2;
5              System.out.println("x:" + x + ";y:" + y);
6              int i1 = 1;
7              int j1 = ++i1 + i1++*3 + i1++*2 ;
8              System.out.println("x:" + i1 + ";y:" + j1);
9          }
10     }
```

运行结果如下：

```
x:4;y:16
x:4;y:14
```

程序清单 2-8 第 4 行在计算时，加法运算从左向右进行。先处理第一项 x++，取出值 1 参与加法运算，x 变为 2；接着，处理第二项 ++x，x 的值先增加 1 变为 3，再参与乘法运算，变为 3*3，得到 9；然后，处理第三项 x++，取出值 3 参与乘法运算，x 再自增 1 变为 4，于是 3*2，得到 6；最后，y 的值为 1 + 9 + 6，得到 16。同理第 7 行也是按顺序从左到右处理每一项自增运算。

5. 算术混合运算

通过使用 Java 语言提供的算术运算符，程序员能够很方便地将数学算术表达式转换为 Java 语言中的表达式。例如，算术表达式

$$\frac{3x}{x+5} + \frac{9(x-2)(a+b)}{3} - \frac{6xy}{a+b}$$

可以转换成如下所示的 Java 表达式：

$$3 * x / (x + 5) + 9 * (x - 2) * (a + b) / 3 - 6 * x * y / (a + b)$$

在进行算术混合运算时，Java 语言的算术运算规则与数学上的算术运算规则一致。首先计算的是括号中包含的运算符。括号可以嵌套，先计算最内层括号，再逐步向外。其次，当表达式有多个运算符时，运算符的优先级用来确定计算的顺序：乘、除、取余运算符优先于加、减运算符，按照从左到右的顺序执行。例如，下面的表达式：

```
5 + 3 * 2 + (2 + 4) / 3 - 7 % 3          //最先计算括号里的
5 + 3 * 2 + 6 / 3 - 7 % 3                //从左向右，计算乘法
5 + 6 + 6 / 3 - 7 % 3                    //计算除法
5 + 6 + 2 - 7 % 3                        //计算取余
5 + 6 + 2 - 1                            //从左向右，计算第一个加法
11 + 2 - 1                               //计算第二个加法
13 - 1                                   //计算减法
12
```

Java 语言在计算算术表达式时，两个不同类型的操作数也能进行二元运算，Java 语言提供了如下数据类型转换规则：

(1) 如果一个操作数是双精度浮点数(double 类型)，那么另一个操作数也被转换为双精度浮点数，再进行运算，运算结果也是双精度浮点类型。例如，7.0 / 2 的结果是 3.5d。

(2) 如果操作数的最高精度是单精度浮点类型(float 类型)，则另一个操作数也被转换为

单精度浮点数，再进行运算，运算结果也是单精度浮点类型。例如，7.0f / 2 的结果是 3.5f。

(3) 如果操作数的最高精度是长整型(long 类型)，则另一操作数也被转换为长整型数，再进行运算，运算结果也是 long 类型。例如，10L +'A'的结果是 75L。

(4) 如果操作数的最高精度是 int 类型或低于 int 类型，则所有操作数均被转换为 int 类型整数，再进行运算，运算结果也是 int 类型。例如，(byte)5 + 'A'的值是 70，7/2 的结果是 3。

下面的示例(见程序清单 2-9)利用数学公式"华氏温度 $= 32 + \dfrac{9}{5}$ 摄氏温度"，将摄氏温度转换为华氏温度。

程序清单 2-9   摄氏转华氏.java

```
1    public class  摄氏转华氏 {
2        public static void main(String[] args) {
3            Scanner input = new Scanner(System.in);
4
5            System.out.print("请输入一个摄氏温度:");
6            double  摄氏温度  = input.nextDouble();
7
8            //摄氏温度转换为华氏温度
9            double  华氏温度  = 32 + 9.0 / 5 *  摄氏温度;
10           System.out.println("摄氏温度:" +  摄氏温度
11                   + "对应的华氏温度是:"+  华氏温度);
12       }
13   }
```

运行结果如下：

请输入一个摄氏温度:36.5↵
摄氏温度:36.5 对应的华氏温度是:97.7

第 9 行在将数学公式转换为 Java 表达式时使用的是 9.0 / 5，而不是 9/5。如果使用 9 / 5，温度转换就会出现错误。这是因为 9.0 / 5 的运算结果是 1.8d，而 9 / 5 的结果是 1。因此，在将数学中的除法运算转换为 Java 代码时，应注意数值类型。

2.6.2 增强赋值运算符

在 Java 语言中，运算符+、−、*、/、%可以结合赋值运算符使用，形成增强赋值运算符。一些常见的增强赋值运算符如表 2-11 所示。

表 2-11   增强赋值运算符

运算符	名　　称	示　　例	等价表达式
+=	加法赋值运算符	i += 5	i = i + 5
−=	减法赋值运算符	i −= 5	i = i − 5
*=	乘法赋值运算符	i *= 5	i = i * 5
/=	除法赋值运算符	i /= 5	i = i / 5
%=	取余赋值运算符	i %= 5	i = i % 5

增强赋值运算符的优先级和赋值运算符一样，优先级在运算符中是最低的，而且也是从右向左结合的。与赋值运算符有区别的地方在于，增强赋值运算符支持一种自动的强制类型转换形式。例如，下面的代码存在错误：

```
int total = 0;
total = total + 5.5;   //这一行语句是错误的，不能将 double 类型隐式转换为 int 类型
```

然而，在使用增强赋值运算符后，下面的代码是正确的：

```
int total = 0;
total += 5.5;   //这一行语句等价于 total = (int) (total + 5.5);
```

在 Java 语言中，x1 op = x2 形式的增强赋值表达式可等价转换为 x1 = (T)(x1 op x2)，这里 x1、x2 表示两个操作数，T 表示 x1 的数据类型，op 表示运算符 +、-、*、/、% 中的一个。

2.6.3　关系运算符

关系运算符(Relation Operator)也称为比较运算符(Comparison Operator)，是二元运算符，用于比较两个值的关系。关系运算符的运算结果是布尔类型的值，即 true 或 false。当关系运算符对应的关系成立时，运算结果为 true，否则为 false。例如，2 < 3 的结果是 true，2 > 3 的结果是 false。

Java 语言提供了 6 种关系运算符，如表 2-12 所示(假设小刘的年龄 age = 15)。

表 2-12　关系运算符

关系运算符	名　称	数学符号	示　例	结　果
>	大于	>	age > 18	false
>=	大于等于	≥	age >= 18	false
<	小于	<	age < 18	true
<=	小于等于	≤	age <= 18	true
==	等于	=	age == 18	false
!=	不等于	≠	age != 18	true

2.6.4　逻辑运算符

逻辑运算符(Logical Operator)也称为布尔运算符(Boolean Operator)，用于计算布尔值，运算结果产生新的布尔值(true 或 false)。逻辑运算符有 4 种，如表 2-13 所示。

表 2-13　逻辑运算符

运算符	名　称	说　明
!	非	逻辑非
&&	与	逻辑与
||	或	逻辑或
^	异或	逻辑异或

表 2-14 给出了逻辑非运算符!的真值表，非运算符是一元运算符，逻辑非运算只有一个布尔类型操作数，对操作数的值取反。

表 2-14　运算符!的真值表

p	!p	示例(一个人的身高 height = 180 cm，体重 weight = 160 斤)
true	false	height > 175 为 true，! (height > 175)为 false
false	true	weight >170 为 false，! (weight > 170)为 true

表 2-15 给出了逻辑与运算符 && 的真值表，与运算符是二元运算符，逻辑与运算有两个布尔类型操作数，当且仅当两个操作数都为 true 时，运算结果为 true。

表 2-15　运算符&&的真值表

p1	p2	p1&&p2	示例(某人的身高 height = 180 cm，体重 weight = 160 斤)
true	true	true	height > 175 && weight > 140
false	true	false	height > 190 && weight >140
true	false	false	height > 175 && weight >170
false	false	false	height > 190 && weight > 170

表 2-16 给出了逻辑或运算符 || 的真值表，或运算符是二元运算符，逻辑或运算有两个布尔类型操作数，当且仅当两个操作数都为 false 时，运算结果为 false。

表 2-16　运算符||的真值表

p1	p2	p1||p2	示例(某人的身高 height = 180 cm，体重 weight = 160 斤)
true	true	true	height > 175 || weight > 140
false	true	true	height > 190 || weight >140
true	false	true	height > 175 || weight >170
false	false	false	height > 190 || weight > 170

表 2-17 给出了逻辑异或运算符 ^ 的真值表，异或运算符是二元运算符，逻辑异或运算有两个布尔类型操作数，当且仅当两个操作数具有不同的布尔值时，运算结果才为 true，p1 ^ p2 等价于 p1 != p2。

表 2-17　运算符 ^ 的真值表

p1	p2	p1^p2	示例(某人的身高 height = 180 cm，体重 weight = 160 斤)
true	true	false	height > 175 ^ weight > 140
false	true	true	height > 190 ^ weight >140
true	false	true	height > 175 ^ weight >170
false	false	false	height > 190 ^ weight > 170

运算符 && 和 || 被称为短路运算符或懒惰运算符。对于运算符 && 而言，如果第一个操作数为 false，那么无论第二个操作数是什么值，运算结果都为 false。对于运算符||而言，如果第一个操作数为 true，那么无论第二个操作数是什么值，运算结果都为 true。因此，Java 语言在处理 &&、|| 运算时，如果出现上面所述情况，就不再考虑第二个操作数的值，直接给出运算结果。

2.6.5　条件运算符

Java 语言提供了一个三元条件运算符 "?:"，其一般形式是：

布尔表达式 1 ? 表达式 2 : 表达式 3

条件运算符的运算规则是：首先，判断布尔表达式 1 的值(true 或 false)。如果值为 true，那么整个条件运算表达式的值为表达式 2 的值；否则，整个条件运算表达式的值为表达式 3 的值。例如，下面的语句：

```
int max = x > y ? x : y;
```

如果 x 为 3，y 为 5，那么 x> y 为 false，条件运算表达式的值为 y，将 y 的值赋给 max，max 为 5。如果 x 为 4，y 为 2，那么 x> y 为 true，条件运算表达式的值为 x，将 x 的值赋给 max，max 为 4。

2.6.6　运算符总述

当各种运算符在一起进行混合运算时，如何确定它们的计算顺序呢？例如，下面的语句：

```
boolean b =5+ 3 * 4 <= 3 * ( 2 +3) - 4 || 3 * (7 - 4) + 1 < 8;
```

它的执行顺序是什么？这就需要弄明白运算符的优先级和结合方向。运算符优先级规则定义了运算符的先后次序。而优先级相同的运算符在一起运算时，它们的结合方向决定了运算符的先后次序。对于二元运算符而言，除了赋值运算符，所有二元运算符都是左结合的(从左向右)。首先，圆括号具有最高优先级，先计算括号中的表达式。其次，算术运算符的优先级高于关系运算符，关系运算符的优先级高于逻辑运算符(除了逻辑非运算符！)，逻辑运算符的优先级高于赋值运算符。运算符优先级如表 2-18 所示，从上至下依次降低，在同一栏的运算符优先级相同。

表 2-18　运算符优先级

运　算　符	说　明
expr++(后置自增)、expr--(后置自减)	算术运算
++expr(前置自增)、--expr(前置自减)、+expr(一元加号)、-expr(一元减号)、!(一元逻辑非)	算术运算与逻辑非运算
(type)expr(类型转换)	一元类型转换
*(乘法)、/(除法)、%(取余)	算术运算
+(加法)、-(减法)	算术运算
>(大于)、>=(不小于)、<(小于)、<=(不大于)	关系运算
==(相等)、!=(不等于)	关系运算
^(异或)	逻辑运算
&&(与)	逻辑运算
||(或)	逻辑运算
? : (条件运算符)	三元运算符
=、+=、-=、*=、/=、%=	赋值运算符

基于运算符优先级和结合方向，下面语句的运算顺序如下。

```
boolean b =5+ 3 * 4 <= 3 * ( 2 +3) - 4 || 3 * (7 - 4) + 1 < 8;    //计算(2 + 3)
boolean b =5+ 3 * 4 <= 3 * 5 - 4 || 3 * (7 - 4) + 1 < 8;          //计算(7 - 4)
boolean b =5+ 3 * 4 <= 3 * 5 - 4 || 3 * 3 + 1 < 8;                //计算 3 * 4
```

```
boolean b =5+ 12 <= 3 * 5 - 4 || 3 * 3 + 1 < 8;            //计算 3* 5
boolean b =5+ 12 <= 15 - 4 || 3 * 3 + 1 < 8;               //计算 3* 3
boolean b =5+ 12 <= 15 - 4 || 9 + 1 < 8;                   //计算 5+ 12
boolean b = 17 <= 15 - 4 || 9 + 1 < 8;                     //计算 15 − 4
boolean b = 17 <= 11 || 9 + 1 < 8;                         //计算 9+ 1
boolean b = 17 <= 11 || 10 < 8;                            //计算 17 <= 11
boolean b = false || 10 < 8;                               //计算 10 <8
boolean b = false || false;                                //计算 false || false
boolean b = false;
```

2.7 数 学 函 数

Java 语言在 java.lang 包(Java 语言基础包,隐式导入到程序中)中提供了 Math 类,在程序中可以直接使用 Math 类。Math 类提供许多常用的数学函数方法,这些方法可以分为 3 类:三角函数方法(Trigonometric Method)、指数函数方法(Exponent Method)和服务方法(Service Method)。除了这些方法,Math 类还提供了两个很有用的 double 型常量:PI(圆周率 π,约等于 3.1415926)和 E(自然对数的底,约等于 2.71828)。

2.7.1 三角函数

Math 类提供一系列计算三角函数的方法,这些三角函数方法的返回值均为 double 类型,也都是 public 方法,如表 2-19 所示(本书在表中说明 public 方法时,省略 public 关键字)。

表 2-19   Math 类中的三角函数方法

方 法	描 述
static double sin(double a)	返回以弧度为单位的角度 a 的三角正弦函数值
static double cos(double a)	返回以弧度为单位的角度 a 的三角余弦函数值
static double tan(double a)	返回以弧度为单位的角度 a 的三角正切函数值
static double asin(double a)	返回以弧度为单位的角度 a 的反三角正弦函数值
static double acos(double a)	返回以弧度为单位的角度 a 的反三角余弦函数值
static double atan(double a)	返回以弧度为单位的角度 a 的反三角正切函数值
static double toRadians(double angdeg)	将以度为单位的角度值 angdeg 转换为以弧度为单位的值,并返回弧度值
static double toDegrees(double angrad)	将以弧度为单位的角度 angrad 转换为以度为单位的值,并返回转换后的值

表 2-19 中的方法 toRadians 的形式参数 angdeg 是以度为单位的角度值,其他所有方法的形式参数都是以弧度为单位的角度值。反正弦 asin、反余弦 acos、反正切 atan 的返回值是 double 类型的、以弧度为单位的角度值。其中,asin 和 atan 的返回值位于 $-\pi/2 \sim \pi/2$ 之间,acos 的返回值位于 $0 \sim \pi$ 之间。π 弧度是 180°,对应的 double 类型值是 3.1415926…。1° 是 $\pi/180$ 弧度,90° 是 $\pi/2$,60° 是 $\pi/3$。表 2-20 是三角函数的一些使用示例。

表 2-20　三角函数方法使用示例

调用方法	说　　明
Math.sin(Math.PI / 2)	返回 1.0
Math.sin(Math.PI / 6)	返回 0.499…，相当于 0.5
Math.cos(Math.PI / 2)	返回 6.12…E-17，相当于 0
Math.cos(Math.PI / 6)	返回 0.866…，相当于 $\sqrt{3}/2$
Math.cos(0)	返回 1.0
Math.asin(0.5)	返回 0.523598…，相当于 $\pi/6$
Math.acos(0.5)	返回 1.047…，相当于 $\pi/3$
Math.acos(-1)	返回 3.141592653589793，相当于 π
Math.atan(1.0)	返回 0.7853…，相当于 $\pi/4$
Math.toRadians(90)	返回 1.57…，相当于 $\pi/2$
Math.toDegrees(Math.PI/6)	返回 29.999…，相当于 30

程序清单 2-10 展示的程序对表 2-20 中的结果进行了验证。

程序清单 2-10　TestTriMathMethods.java

```
1    public class TestTriMathMethods {
2        public static void main(String[] args) {
3            System.out.println("Math.sin(Math.PI/2) = " + Math.sin(Math.PI/2));
4            System.out.println("Math.sin(Math.PI/6) = " + Math.sin(Math.PI/6));
5            System.out.println("Math.cos(Math.PI/2) = " + Math.cos(Math.PI/2));
6            System.out.println("Math.cos(Math.PI/6) = " + Math.cos(Math.PI/6));
7            System.out.println("Math.cos(0) = " + Math.cos(0));
8            System.out.println("Math.asin(0.5) = " + Math.asin(0.5));
9            System.out.println("Math.acos(0.5) = " + Math.acos(0.5));
10           System.out.println("Math.acos(-1) = " + Math.acos(-1));
11           System.out.println("Math.atan(1.0) = " + Math.atan(1.0));
12           System.out.println("Math.toRadians(90) = " + Math.toRadians(90));
13           System.out.println("Math.toDegrees(Math.PI/6) = " + Math.toDegrees(Math.PI/6));
14       }
15   }
```

运行结果如下：

```
Math.sin(Math.PI/2) = 1.0
Math.sin(Math.PI/6) = 0.49999999999999994
Math.cos(Math.PI/2) = 6.123233995736766E-17
Math.cos(Math.PI/6) = 0.8660254037844387
Math.cos(0) = 1.0
Math.asin(0.5) = 0.5235987755982989
Math.acos(0.5) = 1.0471975511965979
Math.acos(-1) = 3.141592653589793
Math.atan(1.0) = 0.7853981633974483
Math.toRadians(90) = 1.5707963267948966
Math.toDegrees(Math.PI/6) = 29.999999999999996
```

由于 double 类型数值在计算时存在精度损失问题，所以有些计算结果并不是数学上计算出来的结果。例如，π/6 是 30°，数学计算结果是 30.0，然而程序运算结果是 29.999999999999996。

2.7.2 指数函数

Math 类提供了 5 个与指数函数有关的方法，如表 2-21 所示。

表 2-21   Math 类的指数函数

方　法	描　述
static double exp(double a)	返回 e 的 a 次幂(e^a)
static double log(double a)	返回 a 的自然对数($\ln a = \log_e a$)
static double log10(double a)	返回 a 的以 10 为底的对数($\log_{10} a$)
static double sqrt(double a)	对于 $a>0$ 的数字，返回 a 的平方根($\sqrt{a}$)；对于 $a<0$ 的数字或 NaN，返回值是 NaN
static double pow(double a, double b)	返回 a 的 b 次幂(a^b)

程序清单 2-11 展示了一个使用指数函数方法的示例。

程序清单 2-11   TestExpMathMethod

```
1    public class TestExpMathMethod {
2        public static void main(String[] args) {
3            System.out.println("Math.exp(2.5) = " + Math.exp(2.5));
4            System.out.println("Math.exp(3) = " + Math.exp(3));
5            System.out.println("Math.log(5.5) = " + Math.log(5.5));
6            System.out.println("Math.log10(5.5) = " + Math.log10(5.5));
7            System.out.println("Math.pow(3, 2) = " + Math.pow(3, 2));
8            System.out.println("Math.pow(2, 3) = " + Math.pow(2, 3));
9            System.out.println("Math.pow(2.5, 3.5) = " + Math.pow(2.5, 3.5));
10           System.out.println("Math.sqrt(4) = " + Math.sqrt(4));
11           System.out.println("Math.sqrt(4.5) = " + Math.sqrt(4.5));
12       }
13   }
```

运行结果如下：

Math.exp(2.5) = 12.182493960703473
Math.exp(3) = 20.085536923187668
Math.log(5.5) = 1.7047480922384253
Math.log10(5.5) = 0.7403626894942439
Math.pow(3, 2) = 9.0
Math.pow(2, 3) = 8.0
Math.pow(2.5, 3.5) = 24.705294220065465
Math.sqrt(4) = 2.0
Math.sqrt(4.5) = 2.1213203435596424

2.7.3　服务方法

Math 类的服务方法包括取整、求最大值、求最小值、求绝对值及随机方法。

表 2-22 展示了 Math 类的取整方法。

表 2-22　Math 类的取整方法

方　法	描　述
static double ceil(double a)	a 向上取整为它最接近的整数，返回整数的双精度值
static double floor(double a)	a 向下取整为它最接近的整数，返回整数的双精度值
static double rint(double a)	a 取整为它最接近的整数，如果 a 与相近的两个整数距离相等，那么返回偶数整数的双精度值
static int round(float a)	单精度浮点数 a 四舍五入为它最接近的整数(int 类型)
static long round(double a)	双精度浮点数 a 四舍五入为它最接近的整数(long 类型)

程序清单 2-12 展示了取整方法的使用。

程序清单 2-12　TestRoundMethods.java

```
1    public class TestRoundMethods {
2        public static void main(String[] args) {
3            System.out.print("Math.ceil(2.8) = " + Math.ceil(2.8));
4            System.out.println("\tMath.ceil(-2.8) = " + Math.ceil(-2.8));
5            System.out.print("Math.ceil(2.1) = " + Math.ceil(2.1));
6            System.out.println("\tMath.ceil(-2.1) = " + Math.ceil(-2.1));
7            System.out.print("Math.floor(2.8) = " + Math.floor(2.8));
8            System.out.println("\tMath.floor(-2.8) = " + Math.floor(-2.8));
9            System.out.print("Math.floor(2.1) = " + Math.floor(2.1));
10           System.out.println("\tMath.floor(-2.1) = " + Math.floor(-2.1));
11           System.out.print("Math.rint(2.1) = " + Math.rint(2.1));
12           System.out.println("\tMath.rint(2.5) = " + Math.rint(2.5));
13           System.out.print("Math.rint(2.8) = " + Math.rint(2.8));
14           System.out.println("\tMath.rint(2.0) = " + Math.rint(2.0));
15           System.out.print("Math.rint(-2.1) = " + Math.rint(-2.1));
16           System.out.println("\tMath.rint(-2.5) = " + Math.rint(-2.5));
17           System.out.print("Math.round(2.6f) = " + Math.round(2.6f));      //返回 int
18           System.out.println("\tMath.round(2.4f) = " + Math.round(2.4f));   //返回 int
19           System.out.print("Math.round(2.6) = " + Math.round(2.6));        //返回 long
20           System.out.println("\tMath.round(2.4) = " + Math.round(2.4));     //返回 long
21       }
22   }
```

运行结果如下：

Math.ceil(2.8) = 3.0	Math.ceil(-2.8) = -2.0
Math.ceil(2.1) = 3.0	Math.ceil(-2.1) = -2.0
Math.floor(2.8) = 2.0	Math.floor(-2.8) = -3.0
Math.floor(2.1) = 2.0	Math.floor(-2.1) = -3.0
Math.rint(2.1) = 2.0	Math.rint(2.5) = 2.0
Math.rint(2.8) = 3.0	Math.rint(2.0) = 2.0
Math.rint(-2.1) = -2.0	Math.rint(-2.5) = -2.0
Math.round(2.6f) = 3	Math.round(2.4f) = 2
Math.round(2.6) = 3	Math.round(2.4) = 2

求最大值 max、最小值 min 的方法都有两个参数。例如，Math.max(4, 6)返回 6，Math.min(4, 6)返回 4。这两个方法的参数可以是 int、long、float、double 型。例如，Math.max(4.5, 6.5)返回 double 型的值 6.5，Math.max(4.5f, 6.5f)返回 float 型的值 6.5。

求绝对值 abs 方法有一个参数，这个参数的类型也可以是 int、long、float、double 型。例如，Math.abs(-3)返回 3，Math.abs(-3.3)返回 3.3。

随机方法 random(public static double random( ))生成一个大于等于 0.0 且小于 1.0 的 double 类型随机数。使用该方法编写表达式，可以生成指定范围的随机数。假设 a、b 为两个浮点数且 a < b，生成 a～b(包含 a、不含 b)的随机数，其计算表达式为：

a + Math.random( ) * (b – a)

例如，生成一个 50.5～82.3 的随机数，其计算表达式为：

50.5 + Math.random( ) * (82.3 – 50.5)

如果要生成一个范围内的随机整数，那么需要使用强制类型转换。

假设 a、b 为两个整数且 a < b，生成 a～b(包含 a、b)的随机数，其计算表达式为：

a + (int) (Math.random( ) * (b – a + 1))

例如，生成一个 50～85 的随机整数，其计算表达式为：

50 + (int)(Math.random( ) * (85 – 50 +1))

2.8 编程与算法

2.8.1 编程

编程是编写程序的简称，是使用特定计算机语言编写计算机程序，以控制计算机执行特定任务或解决特定问题。在 Java 语言编程中，程序员用 Java 语言编写程序代码解决某个特定问题。

编程解决某个特定实际问题，一般需要两个步骤。第一步，对问题进行求解，设计解决问题的策略，这种求解问题的策略也被称为算法。第二步，应用某种程序设计语言把这种策略转换成可以在现代通用计算机上执行的程序。

下面通过编程求解一个简单问题来说明上述步骤。

该简单问题是：输入一个三角形三条边的边长值，计算并显示该三角形的面积。

首先，设计解决该问题的算法，算法可以用自然语言、伪码(自然语言与一些程序设计代码的混合)、程序流程图来描述。

下面以自然语言描述、程序流程图描述分别来求解该问题的算法。

自然语言描述的算法如下：

第一步，输入一个三角形的三条边 a、b、c；

第二步，计算该三角形周长的一半 $p = \dfrac{a+b+c}{2}$；

第三步，使用海伦公式计算该三角形的面积：

$area = \sqrt{p(p-a)(p-b)(p-c)}$；

第四步，输出该三角形的面积。

程序流程图描述的算法如图 2-24 所示。

表 2-23 给出了程序流程图的基本符号。

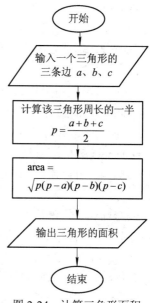

图 2-24　计算三角形面积

表 2-23　程序流程图的基本符号

符　号	描　　述
⬭ 或 ▭	椭圆或圆角矩形，表示开始或结束
▱	平行四边形，表示一个数据输入或数据输出的处理步骤
▭	矩形，表示一个单独的处理步骤
◇	菱形，表示一项判定，引出两个分支
→	箭头，表示一个过程的流程方向

上述算法需要转换成程序，本书用 Java 语言将算法转换成程序。每个 Java 程序均是以类的声明开始。根据待求解的问题，可以定义类名为 ComputeTriangleArea，于是，这个程序的框架如下所示：

```
public class ComputeTriangleArea{
//具体细节待补充
}
```

Java 程序的执行需要一个 main 方法，于是结合上述算法，程序扩展如下：

```
public class ComputeTriangleArea{
    public static void main(String[ ] args){
        //step 1：输入一个三角形的三条边
        //step 2：计算三角形周长的一半
        //step 3：计算三角形的面积
        //step 4：输出三角形的面积
    }
}
```

对于 step 1，可以定义三个 double 类型变量 a、b、c。然后，使用 Scanner 类输入三个 double 类型数。为了对用户友好，在输入数据之前，应给出提示输入信息。

对于 step 2，需要定义一个变量 p，并将数学公式转换成 Java 表达式：

```
p = (a + b + c) / 2;
```

这样就计算出三角形周长值的一半了。

对于 step 3，需要使用一个求平方根的方法 Math.sqrt( )，于是计算三角形面积的 Java 表达式如下：

```
area= Math.sqrt(p * (p – a) * (p – b) * (p – c));
```

对于 step 4，可以使用 printf 方法或 println 方法输出三角形面积信息。例如，可使用如下语句：

```
System.out.printf("三角形的面积是:%.2f", area);
```

该示例完整的程序如程序清单 2-13 所示。

程序清单 2-13　ComputeTriangleArea.java

```
1    public class ComputeTriangleArea {
2        public static void main(String[] args) {
3            //step 1:输入一个三角形的 3 条边
4            Scanner input = new Scanner(System.in);
5
6            System.out.print("请输入三角形的 3 条边:");
7            double a = input.nextDouble();
8            double b = input.nextDouble();
9            double c = input.nextDouble();
10
11           //step 2:计算三角形周长的一半
12           double p = (a + b + c) / 2;
13
14           //step 3:计算三角形的面积
15           double area = Math.sqrt(p * (p - a) * (p - b) * (p - c));
16
17           //step 4:输出三角形的面积
18           System.out.printf("三角形的面积是:%.2f", area);
19       }
20   }
```

运行结果如下：

```
请输入三角形的 3 条边:3 4 5
三角形的面积是:6.00
```

程序清单 2-13 第 7～9 行输入了三角形的三条边，第 12 行计算三角形周长的一半，第 15 行计算三角形面积，第 18 行输出三角形面积。

2.8.2　算法

通过 2.8.1 节简单问题的求解示例，可以看到算法设计的重要性。在编写代码之前，以算法形式描述问题的求解策略，有助于我们更好地思考问题和做好规划，锻炼算法思维和计算思维。算法本身就蕴含计算思维的思想和方法，甚至有学者认为，在算法思维的培养中，其实已经培养了大部分的计算思维。因此，针对实际问题进行算法设计和编程，不仅能训练编程能力，还能有效培养算法思维和计算思维。我们在学习编程的过程中，针对特定的实际问题，应养成先设计算法再编码的良好习惯。

注意： 算法思维是构建和理解与算法有关的思维模式，包括算法权衡、系统模型设计、算法策略选择、约简等。而计算思维的概念由周以真教授于 2006 年提出，该定义被国际学术界广泛采用。计算思维是运用计算机科学的基础概念进行问题求解、系统设计以及人类行为理解等涵盖计算机科学之广度的一系列思维活动。计算思维源于计算机科学，又高于计算机科学。

下面介绍算法的定义和特性。算法是特定问题求解步骤的准确而完整的描述，是解决问题的有限指令序列。其中，每条指令表示计算机的一个或多个操作。

一个算法具有以下 5 个重要的特性：

(1) 有穷性：算法必须在执行有限个步骤之后结束，且每个步骤在有限时间内完成。

(2) 确定性：算法的每个步骤必须有确切的定义，让算法的执行者或阅读者能明确其含义以及如何执行。

(3) 可行性：算法的所有步骤均可以分解为基本的、可执行的操作。因此，算法可通过有限次的基本操作来实现其功能。

(4) 有输入：一个算法有零个或多个输入，可作为算法加工的初始条件。

(5) 有输出：一个算法有一个或多个输出，可反映算法进行信息加工后得到的结果。

一个设计好的算法可以有多种实现方式，可以用 Java 语言编写，也可以用 C 语言、Python 语言等编写。用某种编程语言实现的算法，就是程序。不同编程语言在实现算法步骤时，会有不同的要求。另一方面，程序并不等同于算法。例如，操作系统程序在用户没有退出、计算机未出现故障、未停电的情况下可以无限运行。而算法是有穷的，在执行完有限指令序列后会停止。

2.9 编 程 规 范

体现软件质量的一个重要属性是程序的易读性。易读性好的程序，既能帮助程序员避免错误，也有利于对程序进行维护和修改。尤其是程序的规模变得庞大时，程序的易读性会变得更加重要。而提升程序的易读性，则需要程序员根据一些编程规范，养成良好的编程习惯。在编程时，程序员需要在代码排版时遵循一些良好的程序设计风格，在代码的恰当地方给出适当的注释，对程序元素的命名能见名知意，养成良好的命名习惯。本节介绍一些编程规范，包括良好的程序设计风格、恰当的注释和文档以及良好的程序元素命名习惯。

2.9.1 程序设计风格

程序设计风格是对程序代码排版所设计出来的外观样式。对于 Java 语言，程序员把整个程序写在一行上，JVM 也能编译和运行这个程序。然而，这样的程序可读性非常差，也容易出错，不便于代码的编辑、调试与维护。因此，为了避免这种可读性差的程序，程序员在编程时，应根据人类的阅读习惯，对代码进行分行、分段、缩进，并在合适的地方给出排版良好的、恰当的注释。

程序代码应根据其功能逻辑进行分段，可由一个空行进行分段(本书的一些示例代码为了节约空间未进行分段)。如果一段代码需要注释，程序员可以用单独一行注释对这段代码进行说明。一般来说，一条语句占据一行。另外，代码应保持一致的缩进风格。在源代码编辑器中，缩进(Identation)是代码与左边边界之间的距离，通过缩进，程序员可以展示程序中各部分的结构性关系。例如，在嵌套结构中，每个内层的组成部分应该比外层缩进至少 2 个空格，体现出内外层的关系。前面所举示例均具有良好的、一致的缩进风格。另外，二元或三元运算符在连接多个操作数时，应该在运算符两边各留一个空格，使得程序读起来更舒适，如下所示：

```
int i = 3 + 4;      //好的风格
int i = 3+4;        //不好的风格，显得局促
```

在 Java 语言中，程序员经常会使用代码块(Block)的构造，代码块是由花括号括起来的一组语句。代码块的写法有两种常见风格，即行尾风格和次行风格，如图 2-25 所示。

```
public class Hello {   //行尾风格
  public static void main(String[ ] args){
     System.out.println("Hello!");
  }
}
```

```
public class Hello   //次行风格
{
  public static void main(String[ ] args)
  {
     System.out.println("Hello!");
  }
}
```

图 2-25　代码块风格

行尾风格将起始花括号置于一行的末位，结束花括号采用缩进方式表示结构关系。次行风格将起始花括号置于新的一行，并采用适当缩进，与结束花括号垂直对齐。行尾风格可节省排版空间，次行风格更加宽松，两种风格都具有好的易读性。编程时，程序员应该统一采用一种风格，建议不要混合使用这两种风格。在一个项目组中，整个项目也应该定义好一种统一的风格，不要混合使用两种风格。本书与 Java API 源码一样，采用行尾风格。

2.9.2　注释

良好的注释有助于程序员理解和维护代码。一般来讲，程序员可以在程序的开头写一个摘要，说明这个程序是做什么的、具有哪些功能和独特技术等。程序员还可以对程序中一些具有技巧和复杂性的主要步骤或语句进行注释。注释应写得简明扼要，不能喧宾夺主，不能让程序充满注释，反而影响程序的易读性。

Java 语言提供了丰富的注释方式，包括 3 种注释，分别是行注释(Line Comment)、块注释(Block Comment)、Java 文档注释(Javadoc Comment)。行注释和块注释在 1.3.1 节中已经进行了讲述。本节主要介绍 Java 文档注释。

Java 文档注释是用来生成应用程序接口(API)文档的。Java 文档注释以/**开始，并以*/结束，通过使用"javadoc"命令将文档提取到一个 HTML 文件中。Java 文档注释可以用来注释类、接口、方法、成员变量、构造方法和内部类等。另外，Java 文档注释只处理文档源文件在类、接口、方法、成员变量、构造方法和内部类之前的注释，忽略其他地方的文档注释，然后形成一个和源代码配套的 API 帮助文档。

下面通过一个示例说明 Java 文档注释及基于 Java 文档注释所生成的 API 帮助文档。该示例的代码如程序清单 2-14 所示。

程序清单 2-14　TestJavaDoc.java

```
1    /**
2     *这是一个演示 javadoc 注释的程序
3     *@author lenovo
4     */
5    public class TestJavaDoc {
6        /**
7         * 这是 Java 程序执行入口
8         * @param args-命令行参数
9         */
10       public static void main(String[] args) {
11           // TODO Auto-generated method stub
12           System.out.println("hello,java doc!");
13       }
14   }
```

命令行下执行 javadoc 命令如下：

```
E:\temp>javac TestJavaDoc.java
E:\temp>javadoc -d e:\temp\doc\ TestJavaDoc.java
正在加载源文件 TestJavaDoc.java...
正在构造 Javadoc 信息...
正在构建所有程序包和类的索引...
标准 Doclet 版本 17.0.4+11-LTS-179
正在构建所有程序包和类的树...
正在生成 e:\temp\doc\TestJavaDoc.html...
正在生成 e:\temp\doc\package-summary.html...
正在生成 e:\temp\doc\package-tree.html...
正在生成 e:\temp\doc\overview-tree.html...
正在构建所有类的索引...
正在生成 e:\temp\doc\allclasses-index.html...
正在生成 e:\temp\doc\allpackages-index.html...
正在生成 e:\temp\doc\index-all.html...
正在生成 e:\temp\doc\index.html...
正在生成 e:\temp\doc\help-doc.html...
```

本示例在使用 javadoc 命令时，使用 -d 选项，指明了生成的 API 文档所放置的目标目录。本示例在 Windows 下执行，指定生成文档放置在目录 e:\temp\doc\中。接着，在指定生成文档的存放目录之后，该命令指定将要处理的 Java 源文件名为"TestJavaDoc.java"。在 javadoc 命令执行完后，目录 e:\temp\doc\下生成了 22 个文档，如图 2-26 所示。用户可以打开图 2-26 所示的"index.html"文件，在浏览器中查看针对 TestJavaDoc.java 生成的帮助文档。

```
legal
resources
script-dir
allclasses-index.html
allpackages-index.html
element-list
help-doc.html
index.html
index-all.html
jquery-ui.overrides.css
member-search-index.js
module-search-index.js
overview-tree.html
package-search-index.js
package-summary.html
package-tree.html
script.js
search.js
stylesheet.css
tag-search-index.js
TestJavaDoc.html
type-search-index.js
```

图 2-26　javadoc 生成的文档

程序清单 2-14 第 1～4 行是对整个类的注释，也是对整个程序的描述。通常，建议使用标签@author 说明作者。第 6～9 行是对 main 方法的说明，通常建议使用标签@params 对方法的每个参数进行说明。

标签以@开头，并且区分大小写，它们必须使用大写和小写字母输入。标签必须在行首开始，否则将被视为普通文本。

javadoc 命令在生成 Java 文档注释时，可以解析特殊标签，如@author、@params。这些标签可以使程序员能够从源代码自动生成完整的、格式良好的 API 说明。例如，针对@params 标签，在生成的文档中，会有如图 2-27 所示的说明。

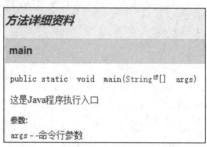

图 2-27　@params 下生成的文档说明

生成的帮助文档在"参数"部分，说明了"args—命令行参数"，与注释时的信息一致。

javadoc 命令的一般形式如下：

javadoc [options] [packagenames] [sourcefiles] [@files]

其中，各部分含义如下：

(1) options 表示 javadoc 命令选项，可以通过命令 javadoc –help 进行查看。

(2) packagenames 表示包名。一系列包的名称，以空格分隔，如 java.lang java.lang.reflect java.aw 等，必须单独指定要记录的每个包，不允许使用通配符。

(3) sourcefilenames 表示源文件名。

(4) @files 表示从文件中读取选项和文件名。

在命令提示符窗口执行命令 javadoc –help |more，查看 javadoc 的用法和选项，如图 2-28 所示(其内容较长，仅显示一个页面)。

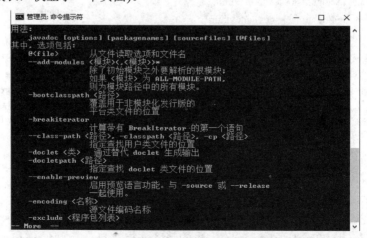

图 2-28　执行命令

Java 的 IDE(Eclipse、IntelliJ IDEA)也有相应的生成 API 文档的功能，篇幅所限，这里仅介绍 Eclipse 环境下生成的 Java 文档。为了便于演示，首先创建一个项目 TestJavaDoc，然后创建一个包 test1，接着创建一个类 Main1。Main1 的代码如下所示：

```java
package test1;
/**
 * 这是一个测试类,用于说明 Java doc
 * @author Liu
 * @version 1.0
 */
public class Main1 {
    /**
     * DISC:商品固定折扣
     */
    public static final double DISC = 0.9;
    /**
     * 该方法计算商品 1 和商品 2 的总售价
     * @param p1-商品 1 的价格
     * @param p2-商品 2 的价格
     * @return  商品 1 和商品 2 的总售价
     */
    public static double add(double p1, double p2) {
        return p1 + p2;
    }
    /**
     * 这是主方法
     * @param args-主方法的参数
     */
    public static void main(String[] args) {
        System.out.println("商品 1 和商品 2 的售价:" + add(12.5, 23.7));
    }
}
```

在 Eclipse 中，选择菜单 "Project"，在打开的菜单中单击菜单项 "Generate Javadoc…"；这时 Eclipse 会为项目 TestJavaDoc 生成文档。Eclipse 在生成文档注释时，控制台中会出现如下信息：

```
正在加载程序包 test1 的源文件...
正在构造 Javadoc 信息...
正在构建所有程序包和类的索引...
标准 Doclet 版本 17.0.4+11-LTS-179
正在构建所有程序包和类的树...
正在生成 D:\javaNewCodesrc\TestJavaDoc\doc\TestJavaDoc\test1\Main1.html...
```

正在生成 D:\javaNewCodesrc\TestJavaDoc\doc\TestJavaDoc\test1\package-summary.html...

正在生成 D:\javaNewCodesrc\TestJavaDoc\doc\TestJavaDoc\test1\package-tree.html...

正在生成 D:\javaNewCodesrc\TestJavaDoc\doc\TestJavaDoc\module-summary.html...

正在生成 D:\javaNewCodesrc\TestJavaDoc\doc\TestJavaDoc\test1\class-use\Main1.html...

正在生成 D:\javaNewCodesrc\TestJavaDoc\doc\TestJavaDoc\test1\package-use.html...

正在生成 D:\javaNewCodesrc\TestJavaDoc\doc\overview-tree.html...

正在构建所有类的索引...

正在生成 D:\javaNewCodesrc\TestJavaDoc\doc\allclasses-index.html...

正在生成 D:\javaNewCodesrc\TestJavaDoc\doc\allpackages-index.html...

正在生成 D:\javaNewCodesrc\TestJavaDoc\doc\index-files\index-1.html...

正在生成 D:\javaNewCodesrc\TestJavaDoc\doc\index-files\index-2.html...

正在生成 D:\javaNewCodesrc\TestJavaDoc\doc\index-files\index-3.html...

正在生成 D:\javaNewCodesrc\TestJavaDoc\doc\index.html...

正在生成 D:\javaNewCodesrc\TestJavaDoc\doc\help-doc.html...

　　然后，在 Package Explore 窗口中可以看到在项目 TestJavaDoc 下生成了一个 doc 文件夹，如图 2-29(a)所示。单击打开 doc 文件夹中的文件"index.html"，会出现如图 2-29(b)所示的网页；接着单击该网页上的"程序包"选项，会出现如图 2-29(c)所示的网页；再继续单击这个网页上的"类"→"Main1"选项，会出现如图 2-29(d)所示的网页。在图 2-29(d)所示的网页上，可以看到在程序中的注释信息。图 2-29(e)[图 2-29(d)网页的一部分]可以看到针对公共字段(静态常量)的注释，其他类型字段无需进行文档注释。图 2-29(f)[图 2-29(d)网页的一部分]可以看到针对整个类的注释，有作者信息 Liu 和版本信息 1.0，对应注释中的@author Liu、@version 1.0。图 2-29(g)[图 2-29(d)的网页的一部分]可以看到针对方法的注释信息，说明了参数信息和返回值信息。其中，标签@param 针对每个参数都可以进行说明，描述文本可以跨越多行。如果使用了文档注释而没有对方法的某个参数使用标签@param 进行注释，就会产生警告错误。而且，一个方法的所有@param 标签都要放在一起。一个方法的@return 标签用于给当前方法增加返回值信息说明，描述文本也可以跨越多行。

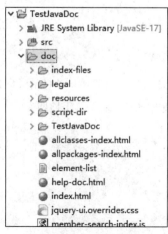

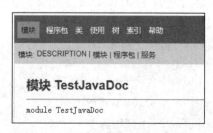

(a)　　　　　　　　　　　　　　　　　　(b)

模块　程序包　类　使用　树　索引　帮助

PACKAGE: DESCRIPTION | RELATED PACKAGES | CLASSES AND INTERFACES

模块 TestJavaDoc

程序包 test1

package test1

类	
类	说明
Main1	这是一个测试类，用于说明Java doc

(c)

模块　程序包　类　使用　树　索引　帮助

概要: 嵌套 | 字段 | 构造器 | 方法　详细资料: 字段 | 构造器 | 方法

模块 TestJavaDoc

程序包 test1

类 Main1

java.lang.Object
　test1.Main1

(d)

字段概要

字段		
修饰符和类型	字段	说明
static final double	DISC	DISC: 商品固定折扣

(e)

模块 TestJavaDoc

程序包 test1

类 Main1

java.lang.Object
　test1.Main1

public class **Main1**
extends Object

这是一个测试类，用于说明Java doc

版本:

1.0

作者:

Liu

(f)

方法详细资料

add

public static double add(double p1,
　　　　　　　　　　　　double p2)

该方法计算商品1和商品2的总售价

参数:

p1 --商品1的价格

p2 --商品2的价格

返回:

商品1和商品2的总售价。

main

public static void main(String[] args)

这是主方法。

参数:

args --主方法的参数

(g)

图 2-29　Eclipse 下生成文档注释示例

2.9.3　命名习惯

　　程序员在编程时，常常要为变量、常量、方法、类、接口等程序元素命名。命名的好坏会极大影响代码的阅读体验。

　　如果一个标识符包含多个英文单词，可以采用两种方式处理。

　　一是驼峰命名法，即把所有的单词连接在一起，第一个单词的首字母采用小写或大写，而后面的每个单词的首字母采用大写。

　　二是下划线命名法，即第一个单词的首字母采用小写或大写，而后面的每个单词均采用小写且用一个下划线连接。当命名变量和方法时，标识符的第一个单词首字母应小写。

　　当命名类、接口时，标识符的第一个单词的首字母应大写。例如，使用驼峰命名法时，一个方法名可定义为 getArea，一个接口名可定义为 CompareArea。在使用下画线命名法时，方法名可定义为 get_area，接口名可定义为 Compare_area。

如果标识符定义一个常量，那么标识符的所有字母应全部大写。例如，圆周率是一个常数，可用标识符 PI 表示。

另外，Java 语言也支持利用中文来命名标识符。但是，中文输入相比英文字母输入麻烦，因此中文命名标识符应少用、慎用。

在一份源代码中，应采用统一命名方式对源代码中的标识符进行命名。最好不要在一份源代码中一会儿采用驼峰命名法，一会儿采用下划线命名法。

2.10　程序设计错误

程序设计错误可以分为 3 类：编译错误、运行时错误和逻辑错误。

2.10.1　编译错误

编译错误(Compile Error)是指在编译过程中由编译器检测到的错误，一般是编译器检测到的语法错误(Syntax Error)。因此，编译错误也被称为语法错误。例如，一些常见的编译错误有：输入关键字错误、左括号没有与之匹配的右括号错误、遗漏标点符号错误、一个变量没有赋值就直接使用错误等。编译器可以轻松地检测到这些错误，并报告错误在什么地方以及是什么原因导致的。例如，程序清单 2-15 所示的程序在编译时，会出现编译错误。

程序清单 2-15　ShowCompileError.java

```
1    package chapt2;
2    public class ShowCompileError {
3        public static void main(String[] args) {
4            int i;
5            System.out.println("i=" + i);
6        }
7    }
```

Eclipse 环境下的编译错误提示如图 2-30 所示。

Description	Resource	Path	Location	Type
∨ ⊗ Errors (1 item)				
ⓖ The local variable i may not have been initialized	ShowCompileError.java	/JavaSrc/src/chapt2	line 5	Java Problem

图 2-30　Eclipse 环境下的编译错误提示

该提示指明了错误发生的地方是第 5 行，原因是局部变量 i 没有被初始化。

一个程序也有可能存在多个编译错误。在出现编译错误时，程序员应根据提示逐一仔细检查源代码，审查出现错误的地方：有无违反程序设计语言的语法规则，有无遗漏字符或标点符号等。只要对 Java 语言的语法掌握良好，则程序员根据 Java 编译器给出的编译错误提示信息，纠正编译错误就较为容易。

2.10.2 运行时错误

一个程序在编译通过之后，说明该程序没有编译错误了。然而，一个程序在运行时，也有可能出现错误，导致程序异常终止，这就是运行时错误(Runtime Error)。一个典型的运行时错误就是将 0 用作除数的情况。例如，程序清单 2-16 所示的程序在编译时不会出现问题，可以运行。在运行时，如果除数输入的数值是零，就会出现运行时错误。

程序清单 2-16 ShowRuntimeError.java

```
1    package chapt2;
2    import java.util.Scanner;
3    public class ShowRuntimeError {
4        public static void main(String[] args) {
5            Scanner input = new Scanner(System.in);
6
7            System.out.print("请输入被除数:");
8            int 被除数 = input.nextInt();
9            System.out.print("请输入除数:");
10           int 除数 = input.nextInt();
11
12           int 商 = 被除数 / 除数;
13           System.out.println("被除数：" + 被除数 +
14                   "，除数:" + 除数 +"，商:" + 商);
15       }
16   }
```

当除数不为零时，程序可以正常运行，运行结果如下：

```
请输入被除数:23↵
请输入除数:5↵
被除数:23, 除数:5, 商:4
```

当除数为零时，程序会异常终止，运行结果如下：

```
请输入被除数:23↵
请输入除数:0↵
Exception in thread "main" java.lang.ArithmeticException: / by zero
    at chapt2.ShowRuntimeError.main(ShowRuntimeError.java:12)
```

程序清单 2-16 第 12 行是一个除法运算，当除数不为零时，可以正常运行，没有任何错误。然而，当除数为零时，就会抛出运行时异常 ArithmeticException，并导致程序终止，运行结果也会显示产生运行时错误的原因和位置。因此，运行时错误可以通过运行测试程序来发现，并且也容易被修正。

2.10.3 逻辑错误

逻辑错误(Logic Error)是指程序没有正确达到预期的功能。这种错误发生的原因有很多种，有些是错误的编码引起的，有些是对需求的理解发生偏差引起的。例如，程序清单 2-9

中的程序是将摄氏温度转换为华氏温度，如果编写代码时忽略了整数除法运算的特殊性，就会引起逻辑错误。程序清单 2-17 所示的程序演示了编码引起的逻辑错误。

程序清单 2-17　ShowLogicError.java

```
1    public class ShowLogicError {
2        public static void main(String[] args) {
3            Scanner input = new Scanner(System.in);
4
5            System.out.print("请输入一个摄氏温度:");
6            double  摄氏温度  = input.nextDouble();
7
8            //摄氏温度转换为华氏温度
9            double  华氏温度  = 32 + (9 / 5) * 摄氏温度;
10           System.out.println("摄氏温度:" + 摄氏温度
11                   + "对应的华氏温度是:"+ 华氏温度);
12       }
13   }
```

运行结果如下：

请输入一个摄氏温度:36.5↵
摄氏温度:36.5 对应的华氏温度是:68.5

这个运行结果没有达到预期功能，36.5℃对应的华氏温度应该是 97.7℉。产生这个错误的原因是(9 / 5)在数学上可以得到 1.8，但在 Java 语言中(9 / 5)的运算结果是 1，这样就出现了转换错误，未能达到预期功能，因此，就出现了逻辑错误。一般来说，逻辑错误比较隐秘，难以发现，需要通过相应的测试技术才能发现。逻辑错误对程序的影响可大可小。对于程序清单 2-17 所示的例子，逻辑错误影响不大，通过测试发现错误后，可以容易地解决，只要将第 9 行的(9 / 5)修改成(9.0 / 5)即可。然而，逻辑错误有可能影响很大。例如，当程序员对某个需求的理解发生了偏离，通过测试发现编写的程序没能完成预期功能时，有可能需要对整个程序的代码进行重新编写，而不仅仅是修改几行代码。

习　题

基础习题 2　　　　　　　　　编程习题 2

第 3 章 控 制 结 构

教学目标

(1) 使用单分支 if 语句实现选择控制。

(2) 使用双分支 if-else 语句实现选择控制。

(3) 使用嵌套的 if 语句和多分支 if 语句实现选择控制。

(4) 使用 switch 语句实现选择控制。

(5) 使用选择结构实现判断闰年、判断一个人的生肖属相。

(6) 使用 while 循环语句实现循环控制，理解计数器控制的循环。

(7) 使用 do-while 循环语句实现循环控制，理解标记控制的循环。

(8) 使用 for 循环语句实现循环控制，理解 3 种循环结构的异同。

(9) 掌握嵌套循环的使用。

(10) 掌握 break 语句和 continue 语句，理解用户确认的循环。

(11) 综合应用选择结构和循环结构实现一些有趣示例：求 π 值、百钱买百鸡问题、输出素数。

Java 语言在执行程序时，有 3 种常见的执行流程，即顺序执行流程、分支执行流程和循环执行流程，它们对应的控制结构分别是顺序结构、选择结构和循环结构。

顺序执行流程是指程序按照语句出现的顺序，从前往后按照顺序逐条执行。顺序执行流程是最基本的程序执行流程，Java 程序中的语句按照出现的先后顺序，自动构成一种顺序结构，第 2 章的示例程序也体现了顺序执行流程。因此，本章不再单独说明顺序结构。

分支执行流程是指根据逻辑条件选择要执行的分支。例如，一个商场举行促销活动，购物金额达到 1000 元以上的可以打八折，达到 500 元且不超过 1000 元的可以打九折，低于 500 元的可以打九五折。对于这样的编程问题，需要采用分支执行流程。Java 语言提供了多种选择结构来实现对分支执行流程的控制，包括单分支结构、双分支结构和多分支结构。

循环执行流程是指根据逻辑条件，反复地执行一段代码或一个语句块。例如，想把一个字符串 "welcome to Java!" 输出 500 次，如果没有循环语句，则对于相同的代码就要重复写 500 次，这是非常烦琐和低效的。因此，Java 语言提供了 3 种类型的循环结构语句——while 循环、do-while 循环和 for 循环，对循环执行流程进行控制。

3.1 选 择 结 构

Java 语言的选择结构有 3 种不同的形式，即单分支结构、双分支结构和多分支结构，如

图 3-1 所示。多分支结构也有 3 种不同的形式，即嵌套 if 语句、多分支 if-else 语句和 switch
语句。

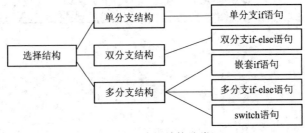

图 3-1   选择结构分类

3.1.1   单分支结构

单分支结构是最简单的选择结构，它只有一个分支，该分支要么被执行，要么被忽略。
实现单分支结构的语句是单分支 if 语句。单分支 if 语句的一般形式是：

```
if(布尔表达式){
    一条或多条语句
}
```

单分支 if 语句的意思是当且仅当布尔表达式值为 true 时，执行 if 语句中括起来的一条
或多条语句(这里的一条或多条语句也可以称为语句组)，其执行流程如图 3-2(a)所示。

例如，下面的代码判断输出一个整数 x 是否为偶数：

```
if( x % 2 == 0 ){
    System.out.println(x + "是偶数");
}
```

上述语句的程序执行流程如图 3-2(b)所示。当 x 对 2 取余结果为零时，布尔表达式值
为 true，则输出 x 是偶数的信息；否则，不执行块内的语句，直接跳过。

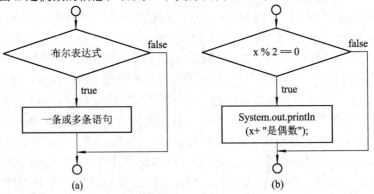

图 3-2   单分支 if 语句执行流程

在 if 语句中，如果花括号内只有一条语句，那么可以省略花括号。例如，上面判断 x
是否为偶数的代码，可以简化为如下形式：

```
if( x % 2 == 0 )
    System.out.println(x + "是偶数");
```

需要注意的是，if 语句中的布尔表达式必须用圆括号括住，否则，就会产生编译错误。

例如，下面的代码就是有编译错误的：

```
if x % 2 == 0 {
    System.out.println(x + "是偶数");
}
```

程序清单 3-1 给出了一个单分支 if 语句的简单示例程序，该程序提示用户输入一个整数，然后判断并输出该整数是奇数还是偶数。

程序清单 3-1　SimpleEvenOddTest.java

```
1   public class SimpleEvenOddTest {
2       public static void main(String[] args) {
3           Scanner input = new Scanner(System.in);
4           System.out.print("请输入一个整数:");
5           int num = input.nextInt();
6           //单分支 if 语句
7           if(num % 2 == 0)
8               System.out.println(num + "是偶数！");
9           //单分支 if 语句
10           if(num % 2 != 0)
11               System.out.println(num + "是奇数！");
12       }
13  }
```

输入奇数时，运行结果如下：

```
请输入一个整数:9
9 是奇数!
```

输入偶数时，运行结果如下：

```
请输入一个整数:12
12 是偶数!
```

程序清单 3-1 第 7、8 行和第 10、11 行分别是两个单分支 if 语句。当输入奇数时，第一个单分支 if 语句不满足条件，不执行第 8 行的代码，执行流程直接进入第 10 行的代码开始执行第二个单分支 if 语句；第二个单分支 if 语句的布尔表达式值为 true，执行第 11 行语句，输出是奇数的信息。

3.1.2　双分支结构

单分支 if 语句在指定布尔表达式为真时，执行一条或多条语句，在指定布尔表达式为假时，则什么都不做。如果希望在指定布尔表达式为假时，也要执行一条或多条语句，该如何做呢？答案是使用双分支结构。双分支结构根据指定布尔表达式的真假，选择执行不同的操作，可由双分支 if-else 语句实现。

下面是双分支 if-else 语句的一般形式：

```
if(布尔表达式) {
    语句组 1
}
```

```
else {
    语句组 2
}
```

该语句一般形式的流程如图 3-3 所示。当布尔表达式计算结构为 true 时，执行语句组 1；否则，执行语句组 2。通常，如果花括号内的语句组只有一条语句，那么花括号可以省略。

程序清单 3-2 所示的代码与程序清单 3-1 的代码功能完全相同，然而，程序清单 3-2 使用了双分支 if-else 语句简化了编码，使逻辑更加清晰。程序清单 3-2 的代码在执行时只需检测一个布尔表达式，就可

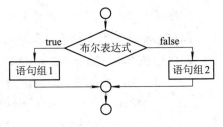

图 3-3   双分支 if else 语句流程图

以决定整数 num 的奇偶性。而程序清单 3-1 的代码在执行时需要检测两个布尔表达式。

程序清单 3-2   SimpleEvenOddTest_v1.java

```
1    public class SimpleEvenOddTest_v1 {
2        public static void main(String[] args) {
3            Scanner input = new Scanner(System.in);
4            System.out.print("请输入一个整数:");
5            int num = input.nextInt();
6            //双分支 if-else 语句
7            if(num % 2 == 0)
8                System.out.println(num + "是偶数！");
9            else
10               System.out.println(num + "是奇数！");
11       }
12   }
```

双分支 if-else 语句在一些使用场景，可以由条件运算符进行精简。例如，程序清单 3-2 的第 7~10 行，可以改写成如下代码：

```
System.out.println((num % 2 == 0)? num + "是偶数！": num + "是奇数！");
```

另外，再举一个使用条件运算法简化双分支 if-else 语句的例子。如果希望将两个整数 num1 和 num2 的较大值赋值给变量 max，双分支 if-else 语句可以进行如下编写：

```
if(num1 >= num2)
    max = num1;
else
    max = num2;
```

使用条件运算符，简化的代码如下：

```
max = (num1 >= num2)? num1 : num2;
```

3.1.3   多分支结构：嵌套 if 和多分支 if-esle

在一些编程场景，程序在执行时，如果供选择执行的路径超过两个分支，就需要用到多分支结构。Java 语言支持多分支结构的形式有 3 种：一是嵌套 if 语句，二是多分支 if-else

语句，三是 switch 语句。

本小节学习嵌套 if 语句和多分支 if-else 语句。

嵌套 if 语句是指在单分支 if 语句或双分支 if-else 语句的语句组中嵌入单分支 if 语句或双分支 if-else 语句，而内层的单分支 if 语句或双分支 if-else 语句的语句组可以继续嵌入单分支 if 语句或双分支 if-else 语句。Java 语言对嵌套 if 语句的嵌套深度没有限制。

例如，下面是一个嵌套 if 语句的示例。

```
if(布尔表达式 1){
    if(布尔表达式 2){
        语句组 1
    }else{
        语句组 2
    }
    语句组 3
}
else{
    if(布尔表达式 3){
        语句组 4
    }
    语句组 5
}
```

在该示例中，最外层是一个双分支 if-else 语句。在布尔表达式 1 为 true 的分支中嵌入了一个双分支 if-else 语句。在布尔表达式 1 为 false 的分支嵌入了一个单分支 if 语句。其对应的流程图如图 3-4 所示。图 3-4 直观展示了该嵌套 if 具有 4 个分支，由不同的条件组合进行控制。例如，布尔表达式 1 和布尔表达式 2 的计算结果同时为 true 时，会执行语句组 1 和语句组 3；布尔表达式 1 的计算结果为 false，而布尔表达式 3 的计算结果为 true 时，会执行语句组 4 和语句组 5。因此，嵌套 if 语句是可以支持多分支选择控制的。

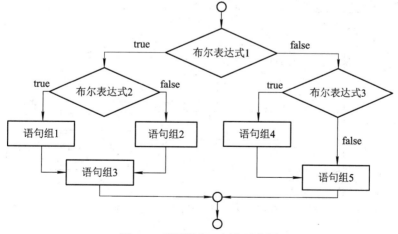

图 3-4　示例嵌套 if 语句流程图

下面通过嵌套 if 语句，把百分制的成绩 score 转化为成绩等级 grade，等级分为 5 级：优、良、中、及格、不及格，其代码如图 3-5(a)所示。在嵌套 if 语句中，else 总是与它上面最近的且未配对的 if 配对。图 3-5(a)所示代码具有良好的缩进，有助于程序员阅读理解程序。如果没有良好的缩进，if 与 else 的配对关系容易混淆。

图 3-5(a)所示代码对应的程序流程如图 3-6 所示。第一个条件(score>=90)为 true 时，grade 是"优"，后续条件不再检测。第一个条件为 false 时，再检测第二个条件(score>=80)。第二个条件 true 时，grade 是"良"，后续条件不再检测。依次类推，只有在前面的所有条件均为 false 时，才检测下一个条件。

图 3-5(a)中的代码与图 3-5(b)中的代码是等价的，执行流程也是完全一样的。图 3-5(b) 中的代码形式是 Java 语言推荐的书写样式，更加简洁明确。这种书写样式，也被称为多分支 if-else 语句，可以避免深度缩进，提升程序的易读性。

```
if(score >= 90)
    grade="优";
else
    if(score >= 80)
        grade="良";
    else
        if(score >= 70)
            grade="中";
        else
            if(score >= 60)
                grade="及格";
            else
                grade="不及格";
```

(a) 嵌套if语句

```
if(score >= 90)
    grade="优";
else if(score >= 80)
    grade="良";
else if(score >= 70)
    grade="中";
else if(score >= 60)
    grade="及格";
else
    grade="不及格";
```

(b) 多分支if-else语句

图 3-5　嵌套 if 语句和多分支 if-else 语句示例

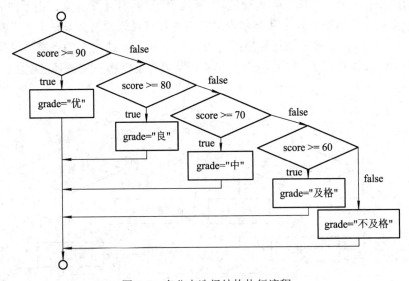

图 3-6　多分支选择结构执行流程

3.1.4　多分支结构：switch

当处理同一个表达式的多个选项时，多分支 if-else 语句虽然可以处理，但是代码会显得臃肿。Java 语言提供 switch 语句来更好地处理这种情况。

switch 语句的一般形式如下：

```
switch(表达式)
{
    case 常量表达式 1: 语句组 1
                break;
    case 常量表达式 2: 语句组 2
                break;
    …
    case 常量表达式 N: 语句组 N
                break;
    default:  语句组 N+1
}
```

switch 语句在使用时需注意以下几点：

(1) 表达式必须能计算出一个 char、byte、short、int、枚举或者 String 类型的值，并且必须总是用圆括号括住。

(2) case 语句中，关键字 case 之后只能是常量表达式。更具体地说，这里的表达式不能包含变量。并且，常量表达式值的数据类型必须与表达式值的数据类型相同。

(3) 当表达式的值与某个 case 语句的值相等时，执行从该 case 开始的语句，直到遇到第一个 break 语句或者到达 switch 语句的末尾。

(4) 关键字 break 后加分号(;)构成了 break 语句，break 语句是可选的。break 语句会立刻终止 switch 语句，让程序执行流程转到 switch 语句之后。

(5) default 语句是可选的，当所有 case 语句的值和表达式的值无法匹配时，就执行 default 对应的语句组 N + 1。

程序清单 3-3 是使用 switch 语句的一个示例程序，其功能是将用户输入的百分制成绩转换成五级制的成绩等级。由于一个成绩等级对应一个分数范围，如何把一个分数段转换成一个值，这是本示例程序在设计表达式时要考虑的。

本示例设计的表达式是 score / 10。于是，当 $90 \leqslant score < 100$ 时，该表达式的值为 9；当 score = 100 时，该表达式值为 10。因此，当该表达式的值是 9 或 10，成绩等级为优。当 $80 \leqslant score \leqslant 89$ 时，该表达式的值是 8。因此，当该表达式的值是 8 时，成绩等级为良；依此类推，可得到成绩等级为中、及格时表达式的值。除了上述情况，当该表达式的值是 $0 \sim 5$ 时，匹配 default 语句执行即可。

程序清单 3-3 SwitchGradeDemo.java

```
1    public class SwitchGradeDemo {
2        public static void main(String[] args) {
3            Scanner input=new Scanner(System.in);
4            System.out.println("请输入学生百分制的分数(0-100)的整数):");
5            int score=input.nextInt();
6            String grade;
7            switch(score / 10){
```

```
8                    case 10:
9                    case 9:    grade = "优";
10                              break;
11                   case 8:    grade = "良";
12                              break;
13                   case 7:    grade = "中";
14                              break;
15                   case 6:    grade = "及格";
16                              break;
17                   default:
18                       grade = "不及格";
19               }
20               System.out.print("成绩等级:" + grade );
21          }
22     }
```

运行结果如下所示：

请输入学生百分制的分数(0-100)的整数):

86✎

成绩等级:良

测试 default 语句的执行，运行结果如下：

请输入学生百分制的分数(0-100)的整数):

45✎

成绩等级:不及格

程序清单 3-3 第 7～19 行是一个 switch 语句。当 score = 100 时，表达式的值为 10，从第 8 行的 case 语句开始执行，直到碰到第 10 行的 break 语句；break 语句终止 switch 语句的执行，转到 switch 后的第一条语句执行，即第 20 行语句执行，输出"成绩等级：优"。因此，switch 表达式的值是 10 和 9，执行的语句组是相同的。这种现象也称为直通(Fallthrough)行为。

下面通过一个例子进一步说明直通行为。假设 weekday 取值为 0～6，分别对应星期日、星期一直到星期六。星期六、星期日要求输出"周末"，星期一至星期五要求输出"工作日"。下面的代码可以完成上述功能：

```
switch(weekday) {
    case 1:
    case 2:
    case 3:
    case 4:
    case 5:
        System.out.println("工作日");
        break;
    case 0:
    case 6:
```

```
        System.out.println("周末");
    }
```

上述代码还可以进一步简化，如下所示：

```
switch(weekday){
    case 0:
    case 6:
        System.out.println("周末");
        break;
    default:
        System.out.println("工作日");
}
```

3.1.5　switch 新特性

从 Java SE 14 开始，switch 可以采用新的形式，例如，改写上面输出工作日、周末的例子，其代码如下所示：

```
switch(weekday){
    case 0, 6 -> System.out.println("周末");
    default -> System.out.println("工作日");
}
```

在这种新形式中，有几个不同的地方：

(1) 引入箭头"->"代替了冒号":"。

(2) 箭头"->"后的语句如果只有一条，可以省略花括号；如果有多条语句时，必须用花括号括起来。而冒号":"后的语句不需要使用花括号。

(3) 不能混合使用箭头和冒号。

(4) 关键字 case 之后可以跟多个值，这些值之间用逗号分隔。

(5) 无需 break 语句。

程序清单 3-4 采用 switch 新形式对程序清单 3-3 进行了改写，程序运行结果相同。

程序清单 3-4　NewSwitchGrade.java

```
1    public class NewSwitchGrade {
2        public static void main(String[] args) {
3            Scanner input=new Scanner(System.in);
4            System.out.println("请输入学生百分制的分数(0-100)的整数):");
5            int score=input.nextInt();
6            String grade;
7            switch(score / 10){
8                case 10, 9 -> grade = "优";
9                case 8 -> grade = "良";
10               case 7 -> grade = "中";
11               case 6 -> grade = "及格";
12               default-> grade = "不及格";
13           }
```

```
14            System.out.print("成绩等级:" + grade );
15        }
16    }
```

其运行结果如下：

请输入学生百分制的分数(0-100)的整数：

86↵

成绩等级:良

另外，从 Java SE 14 开始，switch 表达式还可以用在赋值语句的右边给一个变量赋值，并且这个变量可以在多个值中作出选择。比如，在会员管理信息系统中，对会员进行分类和编码，0 表示钻石会员，1 表示铂金会员，2 表示黄金会员，3 表示白银会员，4 表示大众会员。编码变量为 userCode，取值为 0～4，会员类型变量为 userType。于是，switch 表达式可以这么表示：

```
String userType = switch(userCode){
    case 0 ->"钻石会员";
    case 1 ->"铂金会员";
    case 2 ->"黄金会员";
    case 3 ->"白银会员";
    default ->"大众会员";
};
```

上面这段代码是根据 userCode 的值，选择决定 userType 的值。

switch 表达式的 case 后也可以跟多个标签，用逗号分隔。比如，上面的会员管理信息系统中，通过减少会员类型，将铂金会员和黄金会员合并为黄金会员，编码不变，代码如下：

```
String userType = switch(userCode){
    case 0 ->"钻石会员";
    case 1, 2 ->"黄金会员";
    case 3 ->"白银会员";
    default ->"大众会员";
}
```

switch 表达式还可以使用枚举类型。例如，一个枚举类型如下：

```
enum Season{SPRING, SUMMER, AUTUMN, WINTER}
```

相应的例子代码如下：

```
Season season =…;
String label = switch(season){
    case SPRING ->"春天";
    case SUMMER ->"夏天";
    case AUTUMN ->"秋天";
    case WINTER ->"冬天";
};
```

这个例子省略了 default，这是因为每一个可能的值都有对应的一个 case 分支。

注意：switch 表达式在使用整数或 String 值作为圆括号中的操作数时，必须要有一个 default，因为无论操作数是什么，这个表达式都必须要具有一个值。如果操作数是 null 时，该表达式会抛出一个 NullPointerException。

switch 表达式在 Java SE 17 中还有一个预览的新特性，见附录 I。

3.1.6　示例：判断闰年

在公历中，闰年有 366 天，二月份是 29 天，平年有 365 天，二月份是 28 天。一个年份是否为闰年的判断条件是：可以被 4 整除但不能被 100 整除，或者可以被 400 整除。

编写一个程序，输入一个年份并判断其是闰年还是平年，并输出信息。程序清单 3-5 给出了示例程序。

程序清单 3-5　TestLeapYear.java

```
1    public class TestLeapYear {
2        public static void main(String args[]) {
3            Scanner input = new Scanner(System.in);
4            System.out.print("请输入一个年份: ");
5            int year = input.nextInt();
6            //判断是否闰年
7            boolean isLeapYear = (year % 4 == 0 && year % 100 != 0) ||
8                (year % 400 == 0);
9            //显示结果
10            System.out.println(isLeapYear? year + "是闰年！ ":
11                year + "是平年!");
12        }
13    }
```

下面是几个运行结果：

```
请输入一个年份: 1800
1800 是平年!


请输入一个年份: 2000
2000 是闰年!


请输入一个年份: 2024
2024 是闰年!
```

程序清单 3-5 的第 7、8 行是一个由逻辑运算符构成的布尔表达式，通过圆括号清晰表达了逻辑运算的先后关系。然后，在第 10、11 行，通过条件运算符简化了代码。这两行代码也可以通过双分支 if-else 语句来表示。

3.1.7　示例：判断生肖属相

在我国，十二生肖又称为属相，是十二地支的形象化代表，其包括：(子)鼠、(丑)牛、(寅)虎、(卯)兔、(辰)龙、(巳)蛇、(午)马、(未)羊、(申)猴、(酉)鸡、(戌)狗、(亥)猪。生肖是基于 12 年一个周期，因此，可以用年份对 12 取余即可。根据已知年份的生肖进行循环推断，例如，属鼠的年份是 1924、1936、1948 等，1948 % 12 = 4，因此，凡是生肖是鼠的年份对 12 取余，结果都是 4。按照顺序，鼠牛虎兔，属牛的年份对 12 取余，结果都是 5，属虎的年份对 12 取余，结果都是 6，属兔的年份对 12 取余，结果都是 7。于是，按照 12 年一个周期的特点，年份对 12 取余的值与生肖的对应关系如表 3-1 所示。

表 3-1　年份对 12 取余与生肖的对应表

生肖	鼠	牛	虎	兔	龙	蛇	马	羊	猴	鸡	狗	猪
%12	4	5	6	7	8	9	10	11	0	1	2	3

程序清单 3-6 所示程序在执行时，要求用户输入出生年份，判断并输出用户的生肖属相。

程序清单 3-6　TestChineseZodiac.java

```
1   public class TestChineseZodiac {
2       public static void main(String[] args) {
3           Scanner input = new Scanner(System.in);
4           System.out.print("请输入您的出生年份:");
5           int year = input.nextInt();
6           System.out.print("您的生肖属相是:");
7           switch ( year % 12 ) {
8               case 0: System.out.println("猴"); break;
9               case 1: System.out.println("鸡"); break;
10              case 2: System.out.println("狗"); break;
11              case 3: System.out.println("猪"); break;
12              case 4: System.out.println("鼠"); break;
13              case 5: System.out.println("牛"); break;
14              case 6: System.out.println("虎"); break;
15              case 7: System.out.println("兔"); break;
16              case 8: System.out.println("龙"); break;
17              case 9: System.out.println("蛇"); break;
18              case 10: System.out.println("马"); break;
19              case 11: System.out.println("羊");
20          }
21      }
22  }
```

运行结果如下：

请输入您的出生年份:1989↵
您的生肖属相是:蛇

程序清单 3-6 的代码可以采用 switch 新形式进行改写。

3.2　循 环 结 构

人们在处理问题时，常常遇到需要反复执行某些操作的情况。例如，某段信息重复输出 100 次、寻找前 50 个素数并输出、查找并输出 1～1000 范围内的水仙花数等。这就需要用到循环结构。Java 语言提供了 3 种循环结构，分别为 while 循环、do-while 循环和 for 循环。

3.2.1　while 循环

while 循环语句的一般形式如下：

```
while(循环继续条件){
    //循环体
    语句组
}
```

循环继续条件是一个布尔表达式，总是放在圆括号中。循环体是循环中包含的重复执行的一条或多条语句。当循环体只有一条语句或空语句时，循环体的花括号才能省略。图 3-7 是 while 循环的执行流程图。当循环继续条件为真(true) 时，执行循环体对应的语句组。反之，则终止整个循环的执行，同时，程序控制转移到 while 循环的下一条语句。

下面通过 while 循环，计算 1～100 之间的累加和，即计算 1 + 2 + … + 100 的值，并输出计算结果。程序代码如程序清单 3-7 所示，程序流程图如图 3-8 所示。

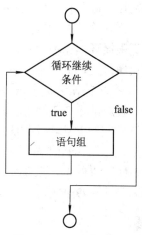

图 3-7　while 循环结构

程序清单 3-7　WhileSum.java

```
1    public class WhileSum {
2        public static void main(String[] args) {
3            int sum = 0;
4            int i = 1;
5            while( i <=100 ) {
6                sum += i;
7                i++;
8            }
9            System.out.println("累加和是:"
10               + sum);
11       }
12   }
```

运行结果为：

累加和是:5050

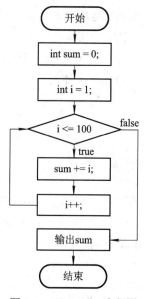

图 3-8　WhileSum 流程图

程序清单 3-7 第 3 行定义了一个存储累加和的变量 sum,第 4 行定义了一个计数变量 i,在本例中,也可被称为循环控制变量。第 5～8 行是 while 循环,循环继续条件是 i <= 100,循环体是由第 6、7 行的两条语句构成的。当循环继续条件为 true 时,执行循环体。循环体首先执行累加(第 6 行),然后改变计数变量(第 7 行),以达到循环能够终止的目的。当循环继续条件为 false 时,跳过循环体的执行,并执行 while 循环后的第一条语句(第 9、10 行),

输出 sum 的值。

程序清单 3-7 第 7 行代码如果忘记写了，如下所示，会发生什么情况呢？

```
while( i <=100 ) {
    sum += i;
}
```

该循环会成为无限循环，无限循环是指循环体被无限次执行的循环。这是因为该循环的循环继续条件始终是 true。

循环体的执行次数简称为循环次数，程序清单 3-7 中 while 循环的循环次数为 100 次，而无限循环的循环次数是无限次。无限循环的程序只能强制终止(IDE 中执行可以通过终止按钮■终止，命令行下执行可以通过 Ctrl + C 键终止)。为了避免错误的无限循环，应注意 while 循环的循环体中是否有改变循环继续条件的语句。如果没有，一定要加上相关语句。

程序清单 3-7 所示示例使用计数变量 i 对循环次数进行计数，这种类型的循环也称为计数器控制的循环。计数器控制的循环是可以确切知道循环次数的。

在使用 while 循环时，程序员有时候会犯的错误是循环多执行一次或少执行一次。例如，程序清单 3-7 第 5 行如果改成 while(i < 100)，这时循环次数就变成了 99，最后求的累加和是 1～99 的累加和了。因此，在使用 while 循环时，应注意循环继续条件中是否具有相等比较。

3.2.2　do-while 循环

do-while 循环与 while 循环的原理基本一样，不同之处在于 do-while 循环先执行循环体一次，再判断循环继续条件。因此，do-while 循环也称为后测循环，而 while 循环称为前测循环。如果循环体至少需要执行一次，建议使用 do-while 循环。

do-while 循环的一般形式如下：

```
do
{
    //循环体
    语句组
}while(循环继续条件);
```

图 3-9(a)展示了 do-while 循环的执行流程：先执行一次循环体，然后判断循环继续条件。当循环继续条件为 true 时，再次执行循环体；当循环继续条件为 false 时，终止执行 do-while 循环，程序控制转向 do-while 循环后的第一条语句。

程序清单 3-7 第 5～8 行可以用 do-while 循环进行等价替换，代码如下：

```
do{
    sum += i;
    i++;
}while( i <= 100);
```

上述代码对应的执行流程图如图 3-9(b)所示。程序先执行累加求和，然后，计数变量 i 自增，再进行条件判断。当布尔表达式 i≤100 为 true 时，继续执行循环体。当 i = 101 时，布尔表达式 i≤100 为 false，这时终止循环的执行。

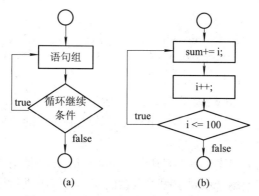

(a)   (b)

图 3-9   do-while 循环执行流程图及示例

下面通过一个实际场景的例子，加深对 do-while 循环的理解。在超市购物时，顾客会将商品放置在购物篮，然后到结账处进行结算。收银员结算时，会输入数量不等的商品金额，最后输出总金额。下面通过 do-while 循环模拟上述购物结账的场景，如程序清单 3-8 所示。

程序清单 3-8   DoWhileDemo.java

```
1    public class DoWhileDemo {
2        public static void main(String[] args) {
3            double sum = 0;           //商品售价总额
4            double price = 0;         //单件商品售价
5            int count = 0;            //商品数量计数器
6            Scanner input = new Scanner(System.in);
7            //do-while 循环
8            do {
9                System.out.print("请输入商品的金额(结束时输入 0):");
10               price = input.nextDouble();
11               if(price > 0){
12                   count++;
13                   sum += price;
14               }
15           }while(price != 0);
16           System.out.printf("您购买了%d 件商品,付款总额:%.2f",
17                   count, sum);
18       }
```

假设用户购买了 5 件商品，价格分别是：5.5, 12.5, 7.8, 9.3, 21.5，于是执行程序清单 3-8 的程序，运行结果如下：

```
请输入商品的金额(结束时输入 0):5.5↵
请输入商品的金额(结束时输入 0):12.5↵
请输入商品的金额(结束时输入 0):7.8↵
请输入商品的金额(结束时输入 0):9.3↵
请输入商品的金额(结束时输入 0):21.5↵
请输入商品的金额(结束时输入 0):0↵
```

您购买了 5 件商品,付款总额:56.60

程序清单 3-8 第 8~15 行是 do-while 循环,该循环可以输入不定个数的商品价格进行汇总。其中,第 11~14 行是判断继续输入商品价格的情况,进行计数和汇总金额。第 16 行输出购买的商品数量和付款总额信息。

程序清单 3-8 所示的 do-while 循环通过一个特殊输入值 0 来结束循环,这个特殊的输入值可以称为标记值。如果一个循环使用标记值来控制循环的结束,那么这个循环可被称为标记值控制的循环。

需要注意的是,虽然程序清单 3-8 所示的 do-while 循环使用浮点数的相等比较来对循环进行控制,但是在其他场合不要使用浮点数的相等比较来进行循环控制。这是因为浮点数都是近似值,使用浮点数相等比较来控制循环,可能会出现不精确的循环次数和不准确的结果。

例如,下面一段代码计算并输出 $1 + 0.9 + \cdots + 0.1$ 的值:

```java
double d =1;
double sum=0;
while(d != 0) { //这里 d 通过浮点运算,到不了 0
    sum+=d;
    d-=0.1;
}
System.out.println(sum);
```

上述代码,从逻辑上看是没有问题的。变量 d 从 1 开始,每执行 1 次循环体,d 就减 0.1,最后 d 应该是 0,循环应该终止。然而,因为浮点数的近似性,不能保证 d 的值正好是 0。因此,上面的循环表面看起来没问题,实际上是一个无限循环。在一次实际运行时,d 的值实际递减到 1.3877787807814457E-16,接近 0 而不是 0。

3.2.3 for 循环

for 循环与 while 循环是等价的,相对于 while 循环而言,for 循环是一种更加简明的形式。
for 循环的一般形式如下:

```java
for(初始化表达式;循环继续条件;每次迭代后表达式){
    //循环体
    语句组;
}
```

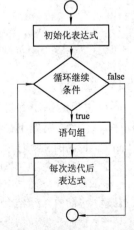

图 3-10 for 循环执行流程

for 循环从关键字 for 开始,其后的圆括号内是由 3 个部分构成的循环控制结构体,这 3 个部分用分号分隔,它们是初始化表达式、循环继续条件和每次迭代后表达式。初始化表达式主要用于初始化循环控制变量,循环继续条件控制循环是否继续,每次迭代后表达式主要用于调整循环控制变量,使得循环能够终止。循环控制结构体后紧接着的花括号内是循环体,循环体是由一条或多条语句的语句组构成。

for 循环的执行流程如图 3-10 所示。首先执行初始化表达式，该表达式只执行一次，后续循环中不再执行。接着判断循环继续条件，如果循环继续条件为 true，那么就执行循环体的语句组；如果循环继续条件为 false，就终止循环的执行，并执行 for 循环后的语句。每次循环体执行之后，程序会执行每次迭代后表达式，调整循环控制变量。在执行完每次迭代后表达式之后，程序进入下一轮循环的循环继续条件判断。

for 循环的一般形式，也可以改写成如下的 while 循环形式：

```
初始化表达式;
while(循环继续条件){
    //循环体
    语句组
    每次迭代后表达式;
}
```

同样，可以将 while 循环的一般形式：

```
while(循环继续条件){
    //循环体
    语句组
}
```

改写成 for 循环形式：

```
for(;循环继续条件;){
}
```

此时，for 循环的初始化表达式与每次迭代后的表达式均为空，而循环继续条件相同。for 循环初始化表达式与每次迭代后的表达式都可以为空。

下面的代码通过 for 循环完成计算并输出 1～100 之间的累加和，其代码如程序清单 3-9 所示。

程序清单 3-9　ForSumDemo.java

```
1    public class ForSumDemo {
2        public static void main(String[] args) {
3            int sum = 0;
4            for(int i = 1; i<=100; i++)
5                sum += i;
6            System.out.println("累加和是:"+ sum);
7        }
8    }
```

运行结果如下：

```
累加和是:5050
```

虽然程序清单 3-9 完成的功能与程序清单 3-7 完全一样，然而程序清单 3-9 的代码更加简洁。程序清单 3-9 第 4、5 行是 for 循环语句，由于循环体只有一条语句，所以可以省略花括号。

进一步，for 循环的初始表达式可以是 0 个或多个以逗号隔开的变量声明或赋值表达式。for 循环每次迭代后的表达式也可以是 0 个或多个以逗号隔开的表达式或语句。例如下面的代码：

```
for(int i = 1, j = 1; i * j<=81; i++, j++)
    System.out.printf("%d * %d = %d\n",i, j, i * j);
```

上面的代码还可以写成如下形式：

```
for(int i = 1, j = 1; i*j<=81; System.out.printf("%d*%d=%d\n",i,j,i*j),i++,j++) ;
```

这个形式也是正确的，把输出语句放置到每次迭代后的表达式部分，循环体部分就是一个空语句。然而，这种编写形式影响程序的易读性。因此，建议 for 循环的初始化表达式和每次迭代后表达式最好用于循环控制变量的初始化和调整，其他需要重复执行的语句放置于循环体中。

for 循环的初始化表达式中声明和初始化的变量仅仅作用于 for 循环，在 for 循环之外就无效了。因此，循环控制变量如果仅仅用于 for 循环而不需要在 for 循环外使用，那么在 for 循环的初始化表达式中进行声明也是一个良好的编程习惯。

另外，for 循环的循环继续条件如果被省略，那么隐式地认为循环继续条件为 true。因此，图 3-11(a)、(b)、(c)所示的 3 种情形是等价的。

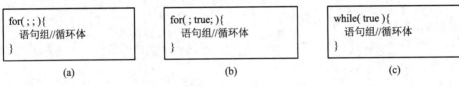

图 3-11 for 循环之无限循环

通过前述学习，对比 while 循环、do-while 循环和 for 循环，这 3 种循环在表达上是等价的。在编写一个循环时，这 3 种形式的循环都可以使用。程序员可以选择自己最喜欢的循环结构。在学习上，while 循环、do-while 循环较为直观，易于学习。而 for 循环相对复杂一点，但用好之后，for 循环更加简洁。

3.2.4 嵌套循环

嵌套循环是指一个循环体内包含一个或多个内层循环，每个内层循环还可以包含零个或多个内层循环。每当外层循环执行一次，其内部的内层循环都会重新开始执行。当嵌套循环层次是两层时，也可以称为两层循环；当嵌套循环层次是三层时，可以称为三层循环。下面通过两层循环显示一个下三角的乘法表，程序代码如程序清单 3-10 所示。

程序清单 3-10 PrintMultiplyTable.java

```
1    public class PrintMultiplyTable {
2        public static void main(String[] args){
3            System.out.println("\t\t\t 九九乘法表");
4            for(int i = 1; i<=9; i++){
5                System.out.print("\t"+i);
6            }
7            System.out.println();
8            for(int i = 0; i < 80; i++){
9                System.out.print("*");
10           }
```

```
11              System.out.println();
12              for(int i = 1; i<=9; i++){
13                  System.out.print(i+"|\t");
14                  for(int j = 1; j<=i; j++){
15                      System.out.print(j + "×" + i + "=" + j*i + "\t");
16                      if(i == j)
17                          System.out.println();
18                  }
19              }
20          }
21      }
```

运行结果如图 3-12 所示:

九九乘法表

```
            1           2           3           4           5           6           7           8           9
************************************************************************************
1|          1×1=1
2|          1×2=2       2×2=4
3|          1×3=3       2×3=6       3×3=9
4|          1×4=4       2×4=8       3×4=12      4×4=16
5|          1×5=5       2×5=10      3×5=15      4×5=20      5×5=25
6|          1×6=6       2×6=12      3×6=18      4×6=24      5×6=30      6×6=36
7|          1×7=7       2×7=14      3×7=21      4×7=28      5×7=35      6×7=42      7×7=49
8|          1×8=8       2×8=16      3×8=24      4×8=32      5×8=40      6×8=48      7×8=56      8×8=64
9|          1×9=9       2×9=18      3×9=27      4×9=36      5×9=45      6×9=54      7×9=63      8×9=72      9×9=81
```

图 3-12 下三角九九乘法表

程序清单 3-10 中第 3 行第 3 个制表符起始位置输出"九九乘法表"。第 4~6 行输出数字 1~9,每个数字在下一个制表符的起始位置。第 7 行、第 11 行均是换行语句。第 8~10 行输出一条由 * 构成的分隔线。第 12~20 行是一个嵌套 for 循环,也是一个两层循环。外层循环控制变量是 i,变化范围是 1~9;内层循环控制变量是 j,变化范围是 1~i。每当外层循环的循环控制变量 i 变化一次,内层循环的循环控制变量 j 都会从 1 开始重新执行。第 13 行输出九九乘法表的左边乘数值,并加一个"|"进行分隔。第 15 行输出九九乘法表的一项。第 16、17 行,当 i==j 时,表示一行输入完毕,需要换行,因此,执行了换行操作。

程序清单 3-10 中第 15 行语句的执行次数是多少呢?根据嵌套循环的执行流程,可以进行如下计算:当 i=1 时,j 只能取 1,循环次数 1 次;当 i=2 时,j 的取值是 1,2,循环次数 2 次;当 i=3 时,j 的取值是 1,2,3,循环次数 3 次;依次类推,当 i=9 时,循环次数是 9 次。因此,第 15 行语句的执行次数为 1 + 2 + 3 + … + 9 = 45 次。

3.2.5 循环中的 break 语句

循环结构中如果执行到 break 语句,会立即终止当前循环的执行。下面举例说明使用 break 语句实现用户输入控制的循环。

示例:编写一个两位数的加法练习程序,判断其正误。当用户输入"N/n"时,退出加法练习。当用户输入其他字符时,继续加法练习。

该示例的程序代码如程序清单 3-11 所示。

程序清单 3-11   AddTestBreak.java

```
1    public class AddTestBreak {
2        public static void main(String[] args) {
3            Scanner input = new Scanner(System.in);
4            do {
5                int num1 = (int)(Math.random() * 100);
6                int num2 = (int)(Math.random() * 100);
7                System.out.printf("请输入%d + %d 的和:", num1, num2);
8                int sum = input.nextInt();
9                String output = num1 + "+" + num2 + "=" + sum;
10               output += num1 + num2 == sum ? "  回答正确！":"  回答错误！";
11               System.out.println(output);
12               System.out.print("退出请输入 N 或 n(继续请输入其他字符):");
13               char c = input.next().charAt(0);
14               if(Character.toUpperCase(c) == 'N') {
15                   System.out.println("训练结束！");
16                   break;
17               }
18           }while(true);
19       }
20   }
```

一个运行结果如下：

```
请输入 85 + 92 的和:177
85+92=177   回答正确！
退出请输入 N 或 n(继续请输入其他字符):a
请输入 44 + 83 的和:117
44+83=117   回答错误！
退出请输入 N 或 n(继续请输入其他字符):y
请输入 93 + 30 的和:123
93+30=123   回答正确！
退出请输入 N 或 n(继续请输入其他字符):Y
请输入 61 + 1 的和:62
61+1=62   回答正确！
退出请输入 N 或 n(继续请输入其他字符):n
训练结束！
```

程序清单 3-11 采用 do-while 循环(第 4～18 行)，从第 18 行的循环继续条件判断，看似是一个无限循环，实际上是一个可以结束的循环。当用户输入 n 或 N 时，第 15 行和第 16 行的语句会执行，第 15 行输出提示信息"训练结束！"，第 16 行的 break 语句终止当前循环的执行。这种由用户输入确认的循环，可称为用户确认的循环。

程序清单 3-11 中第 5、6 行产生两个加数，第 8 行用户输入结果。第 9、10 行产生结果信息。第 11 行输出结果信息。第 12 行提示用户是否继续训练。第 13 行取出输入的字符。

第 14～17 行进行用户确认的控制。

需要注意的是，在嵌套循环中，break 语句是用于终止当前层的循环，而不是用于终止整个循环。

程序清单 3-12 给出了一个示例程序，输出了 0～5 之间两数之和不超过 5 的加法。这是一个两层循环。在内层 for 循环中使用了 break 语句，break 语句每次得到执行时，仅仅终止了内层循环的继续执行，而没有终止整个循环的执行。

程序清单 3-12　NestLoopBreak.java

```
1    public class NestLoopBreak {
2    public static void main(String[] args) {
3            for(int i = 0; i < 5; i++) {
4                System.out.print(i + ": ");
5                for(int j = 0; j< 5; j++) {
6                    if(i + j > 5)
7                        break;
8                    System.out.printf("%d + %d = %d; ", i, j, i+j);
9                }
10               System.out.println();
11           }
12       }
13   }
```

运行结果如下：

```
0: 0 + 0 = 0; 0 + 1 = 1; 0 + 2 = 2; 0 + 3 = 3; 0 + 4 = 4;
1: 1 + 0 = 1; 1 + 1 = 2; 1 + 2 = 3; 1 + 3 = 4; 1 + 4 = 5;
2: 2 + 0 = 2; 2 + 1 = 3; 2 + 2 = 4; 2 + 3 = 5;
3: 3 + 0 = 3; 3 + 1 = 4; 3 + 2 = 5;
4: 4 + 0 = 4; 4 + 1 = 5;
```

程序清单 3-12 第 7 行的 break 语句在每次执行时，仅仅终止了内层循环(第 5～9 行)的执行，并没有终止外层循环的执行。

3.2.6　循环中的 continue 语句

循环结构中如果执行到 continue 语句，会立即结束当前循环的本次执行，然后，继续当前循环的下一次执行。具体地，当执行到 continue 语句时，循环体中 continue 语句之后的语句不再执行，执行流程跳转到 while 循环和 do-while 循环，然后执行循环继续条件判断，for 循环会执行每次迭代后表达式，然后继续循环执行流程。

假如在求 1～20 的累加和中去掉 10、20，那么可以使用 continue 语句来去除累加中的这两个数，程序代码如程序清单 3-13 所示。

程序清单 3-13　ContinueDemo.java

```
1    public class ContinueDemo {
2        public static void main(String[] args) {
3            int sum = 0;
```

```
4              for(int i = 1; i <= 20; i++) {
5                  if(i == 10 || i == 20)
6                      continue;
7                  sum += i;
8              }
9          System.out.println("去除 10 与 20 后的:" + sum);
10         }
11     }
```

运行结果如下:

去除 10 与 20 后的和:180

程序清单 3-13 第 5 行判断 i 等于 10 或 20 时,执行第 6 行的 continue 语句。具体地,当 i 等于 10 时,continue 语句执行。于是,跳过第 7 行语句的执行,控制转移到执行每次迭代后表达式 i++,i 变成 11,接着进行循环继续条件判断,继续执行循环。当 i 等于 20 时,continue 语句也得到执行,跳过第 7 行语句,控制转移到执行每次迭代后表达式 i++,i 变成 21,接着进行循环继续条件判断。此时,循环继续条件为 false,循环终止,程序接着执行第 9 行语句,输出信息。最后,程序执行结束。因此,10 与 20 这两个数值未加到累加和中。运行结果也验证了这一点:1~20 的累加和是 210,去掉 10、20 后,就是 180。

3.2.7 示例:求 π 值

π 值的计算可以使用下面的近似值计算公式:

$$\frac{\pi}{4} \approx 1 - \frac{1}{3} + \frac{1}{5} - \frac{1}{7} + \dots$$

当计算的项数越多时,π 值越精确。本例要求计算到上述计算公式的最后一项的绝对值小于等于 10^{-7} 时,才终止计算。

上述计算公式的每一项,可以分成分子和分母来看待。分子在 1、-1 之间变换,假设项号 i 从 0 开始,那么分母的值是 (2*i + 1)。然后,通过一个循环,对每一项进行累加求和。这个累加求和,直到最后一项的绝对值小于等于 10^{-7}。最后,累加和乘以 4 就是 π 的近似值。

程序清单 3-14 ComputePI.java

```
1   public class ComputePI {
2       public static void main(String[] args) {
3           int numerator = 1;                   //分子
4           int denominator = 1;                 //分母
5           int i = 0;                           //累加项序号,从零开始编号
6           double item = 1;                     //当前项的值,初始化为第一项的值
7           double sum = 0;                      //累加和,初始值是 0
8           while (Math.abs(item) > 1E-7){
9               sum = sum + item;
10              i++;                             //项编号自增
11              denominator = 2 * i + 1;
```

```
12                    numerator = -numerator;        //分子正负号变换
13                    item = (double)numerator / denominator;
14              }
15              System.out.println("PI 的近似值为:"+ 4 * sum);
16        }
17    }
```

运行结果如下:

PI 的近似值为:3.1415924535897797

3.2.8   示例：百钱买百鸡问题

百钱买百鸡问题是一个经典的数学问题，其描述为：100 元钱要买 100 只鸡，公鸡 5 元一只，母鸡 3 元一只，小鸡 1 元三只，则可以买到多少只公鸡、母鸡和小鸡？试列举出所有可能的买法。

假设买了 i 只公鸡，j 只母鸡，k 只小鸡，那么，如下两个数学等式成立：

$$5 \times i + 3 \times j + k / 3 = 100 \tag{3-1}$$
$$i + j + k = 100 \tag{3-2}$$

由于只有 100 元钱，因此可以确定 i、j、k 的取值变化范围。因为 $5 * i \leqslant 100$，所以 $i \leqslant 20$。同理，可以推导出：$j \leqslant 33$，$k \leqslant 300$。k 的值在变化时，每次应该加 3。

基于上述分析，该问题的算法可以如下描述：

遍历 i、j、k 的所有可能取值，并将满足数学等式(3-1)和(3-2)的所有 i、j、k 输出。

程序清单 3-15 给出了完整的程序代码。

程序清单 3-15   BaiYuanBaiChickDemo.java

```
1     public class BaiYuanBaiChickDemo {
2         public static void main(String[] args) {
3             for(int i = 1; i <= 20; i++)
4                 for(int j = 1; j <= 33; j++)
5                     for(int k = 3; k <= 300; k += 3)
6                         if(5*i + 3*j + k/3 == 100 && i + j + k == 100 )
7                             System.out.printf("公鸡:%d, 母鸡:%d, 小鸡:%d\n",
8                                 i, j, k);
9         }
10    }
```

运行结果如下:

公鸡:0, 母鸡:25, 小鸡:75
公鸡:4, 母鸡:18, 小鸡:78
公鸡:8, 母鸡:11, 小鸡:81
公鸡:12, 母鸡:4, 小鸡:84

程序清单 3-15 用到了三层 for 循环，有没有可能减少循环次数呢？

由于小鸡的数量 $k = 100 - i - j$，并且小鸡数量能被 3 整除。于是，程序清单 3-15 的程序可以进一步优化为两层循环的程序，如程序清单 3-16 所示。

程序清单 3-16　OptimalBaiChick.java

```
1    public class OptimalBaiChick {
2        public static void main(String[] args) {
3            for(int i = 0; i <= 20; i++)
4                for(int j = 0; j <= 33; j++) {
5                    int k = 100 - i - j;
6                    if(k % 3 == 0 && 5*i + 3*j + k/3 == 100)
7                        System.out.printf("公鸡:%d, 母鸡:%d, 小鸡:%d\n",
8                                            i, j, k);
9                }
10       }
11   }
```

3.2.9　示例：输出素数

素数也被称为质数，是指只能被 1 和它自身整除且大于 1 的整数。与之相对的是合数，合数是指除了能被 1 和自身整除，还能被其他整数(0 除外)整除，且大于 1 的整数。例如，2、3、5、7、11、13 都是素数，而 4、6、8、9 都不是素数，是合数。1 既不是素数也不是合数。

本节要解决的问题是找出从 2 开始的前 80 个素数，每一行显示 8 个素数，分 10 行显示。

该问题的需求明确，求解策略也容易想到：从 2 开始逐个整数进行判断是否素数，如果是，就输出，如果不是就判断下一个整数，直到找到 80 个素数。很显然这是一个需要循环结构解决的算法。

为了更好地描述算法，首先，设计一些关键的常量和变量：常量 NUM_OF_PRIMES 表示要找到的素数个数，值为 80；常量 NUM_OF_PERLINE 表示每行输出的素数个数，值为 8；变量 count 是计数变量，表示当前找到了多少个素数，初值为 0；变量 num 表示从 2 开始的整数，在执行过程中，会不断自增 1。

于是，该问题的算法如下：

```
num = 2;
while(count < NUM_OF_PRIMES){
    判断 num 是否素数;    //需进一步细化
    if (num 是素数) {
        打印素数;          //需进一步细化
        count++;
    }
    num++;
}
```

上述算法描述结合了自然语言以及 Java 语言语法，也是一种伪码描述。

算法步骤"判断 num 是否素数"需要进一步展开。为了测试某个数 num 是不是素数，就要检测它是否能被 2、3、4、…，直到 num/2 的整数整除。只要它能被整除，它就不是素数。反之，就是素数。于是，"判断 num 是否素数"可以描述如下：

```
//使用布尔变量 isPrime 表示 num 是否素数
isPrime = true;
for(int divisor = 2; divisor<=num / 2; divisor++){
    if(num % divisor == 0){
        isPrime = false;        //不是素数
        break;                  //使用 break 语句,退出循环
    }
}
```

算法步骤"打印素数"也需要进一步展开，每行输出 NUM_OF_PERLINE 个素数，该步骤可以细化描述为

```
//num 是找到的素数
if(count % NUM_OF_PERLINE == 0)    //在输出每行的第 8 个数字后,换行
    System.out.println(num);
 else
    System.out.print(num + "");
```

综合以上分析，可以得到该问题的完整算法，其对应的完整程序如程序清单 3-17 所示。

程序清单 3-17   Prime80Test.java

```
1     public class Prime80Test {
2         public static void main(String[] args) {
3             final int NUM_OF_PRIMES = 80;       //要寻找的素数数量
4             final int NUM_OF_PERLINE = 8;        //每行显示的数量
5             int count = 0;                       //记录已经找到了多少个素数
6             int num = 2;                         //即将被测试是否为素数的整数
7             System.out.println("最前面的 80 个素数是:");
8             //重复执行,直到找到目标数量素数
9             while (count < NUM_OF_PRIMES){
10                //初始化为 true,假设当前的 number 中的值是素数
11                boolean isPrime = true;
12                //检测当前的 number 中的值是否为素数
13                for(int divisor = 2; divisor <= num / 2; divisor++){
14                    if(num%divisor == 0){
15                        isPrime = false;
16                        break;
17                    }
18                }
19                //显示当前素数,并且计数器加 1
20                if(isPrime){
21                    count++;
22                    if(count%NUM_OF_PERLINE == 0)
23                        System.out.printf("%4d\n",num);
24                    else
```

```
25                      System.out.printf("%4d",num);
26                  }
27                  //测试下一个整数
28                  num++;
29              }
30          }
31      }
```

运行结果是:

最前面的 80 个素数是:

2	3	5	7	11	13	17	19
23	29	31	37	41	43	47	53
59	61	67	71	73	79	83	89
97	101	103	107	109	113	127	131
137	139	149	151	157	163	167	173
179	181	191	193	197	199	211	223
227	229	233	239	241	251	257	263
269	271	277	281	283	293	307	311
313	317	331	337	347	349	353	359
367	373	379	383	389	397	401	409

程序清单 3-17 定义了两个常量 NUM_OF_PRIMES 和 NUM_OF_PERLINE,而不是将数字 80 和 8 直接应用到后面的代码中,这样便于代码的扩展使用。例如,现在需要找前100 个素数,每行输出 10 个素数,这时仅需要将 NUM_OF_PRIMES 的初值改为 100,NUM_OF_PERLINE 的初值改为 10 即可。

习　　题

基础习题 3　　　　　　　　　　　　编程习题 3

第 4 章　方　　法

 教学目标

(1) 理解方法的概念，掌握方法的定义方式和组成。

(2) 理解方法调用的概念和工作原理。

(3) 理解方法调用时的按值传递工作原理，能定义简单方法并调用。

(4) 理解方法重载的概念，能定义和调用重载方法。

(5) 理解方法中局部变量的作用域，弄清方法中变量的有效作用范围。

(6) 理解模块化编程思想。

(7) 能使用方法对简单问题进行模块化求解，如：求 π 值、输出系数、十进制和十六进制的相互转换。

1969 年，瑞士计算机科学家尼克劳斯·沃思(Niklaus Wirth)提出采用"自顶向下、逐步求精、分而治之"的原则进行大规模程序的设计，将系统划分为功能单一且易实现的模块。这就是模块化程序设计的思想。在 Java 语言中，方法(Method)是模块化程序设计的一个重要概念，每个方法都可以被看成一个模块。在其他程序设计语言中，方法也常常被称为函数或过程。本书统一使用的术语是方法。方法可以用于定义可复用的代码，也有助于组织和简化代码。方法作为一个模块，也可以被看作是完成一定功能的黑盒，方法的使用者可以不需要关注方法的具体实现细节。因此，方法对于促进代码复用和提高开发效率具有重要价值。本章主要介绍 Java 语言中方法的定义、方法的调用、方法重载、变量的作用域等内容。

4.1　方　法　定　义

Java 语言定义方法(Method)的一般语法形式如下所示：

```
[修饰符]　返回值类型　方法名(参数列表){
    //方法体;
    语句组
    [return 返回值;]　//当返回值类型不为 void 时，需要有 return 语句
}
```

方法通常包含一个方法头(Method Head)和一个方法体(Method Body)。方法头是指：

```
[修饰符]　返回值类型　方法名(参数列表)
```

方法体是由一对花括号及其括起来的语句组构成，包含零条或多条语句。

下面对方法定义的一般语法形式进行说明。

(1) 修饰符：该项是可选项，用于声明方法的访问范围、类型，可以使用的关键字有 public、private、protected、static 和 final 等。这些修饰符的具体意义在本书后续章节陆续讲解。本章主要使用 public static 对方法进行修饰，便于在 main()方法中直接调用。

(2) 返回值类型：声明方法返回值的数据类型，可以是基本数据类型 int、float 或 boolean 等，也可以是数组、对象等引用数据类型，方法体内的 return 语句要返回相应类型的数值。有些方法执行操作后没有返回值，此时，返回值类型是 void，表示方法没有返回值。当方法返回值类型为 void，方法体内可以省略 return 语句。如果一个方法有返回值，那么这个方法被称为带返回值方法，否则，这个方法被称为 void 方法。

(3) 方法名：方法名是一个合法的标识符，用于标识所声明的方法。

(4) 参数列表：参数列表是由 0 个或多个变量声明(数据类型、变量名称)构成，多个变量声明之间用逗号“,”分隔。参数列表声明了方法中参数的类型、顺序和个数。参数列表中声明的变量被称为形式参数(Formal Parameter)，简称形参(Parameter)。当方法被调用时，会给参数列表中的形参传递实际值，这个实际值被称为实际参数(Actual Parameter)，简称实参(Argument)。另外，方法的参数列表可以为空，表示没有形参。方法名和参数列表构成了一个方法的方法签名(Method Signature)。

(5) return 语句：如果方法返回值类型是 void，那么可以不用 return 语句，或者采用“return;”形式的 return 语句。如果方法有返回值，那么必须使用 return 语句返回相应数据类型的值，返回语句的一般形式为“return 返回值;”。

图 4-1 给出一个方法 min()的定义和调用示例。方法头是：public static in int min(int num1, int num2)。其中，public、static 是修饰符，表示公有静态方法，返回值类型是 int，方法名是 min，方法签名是 min(int num1, int num2)。方法 min()有两个整型形参，用于接收两个整数。在方法体中，首先定义了一个整型变量 minvl；然后采用 if-else 选择语句，让 minvl 保存 num1、num2 的较小值；最后通过 return 语句把 minvl 的值返回。在右侧，有一个方法调用示例，在调用方法 min()时，整型变量或整型值 a、b 被称为实参，它们的值按照先后顺序分别传递给 num1、num2。

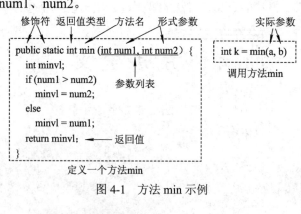

图 4-1　方法 min 示例

4.2　方法调用

方法是一个定义好的功能模块，为了使用方法完成相应的功能，必须调用它。方法调用就是传递参数给方法，然后执行方法中的代码。

根据方法是否存在返回值，将方法的调用分为以下两种方式：

(1) 对于带返回值方法的调用，方法调用可以被作为一个值来处理。

例如，对于图 4-1 中的方法调用：

```
int k = min(5, 8);
```

由于方法 min()返回一个 int 型值，所以其调用可以直接作为一个 int 型值来使用。

(2) 对于不存在返回值的方法调用，即 void 方法，方法调用必须是一条语句。

例如，方法 println()的返回值是 void，因此，对其调用是一条语句，如：

```
System.out.println("方法调用");
```

需要注意的是，对带返回值方法的调用也可以单独作为一条语句，忽略其返回值即可。这种用法很少用，但是也是允许的。

方法调用的过程为：当程序调用一个方法时，程序控制就转移到被调用方法。当执行完被调用方法的 return 语句或执行到表示方法结束的右括号时，被调用方法将程序控制返还给调用方法。

程序清单 4-1 给出了一个方法定义和调用的示例。

程序清单 4-1　TestMinMethod.java

```
1    public class TestMinMethod {
2        public static int min(int num1, int num2){
3            int minvl;
4            if (num1 > num2)
5                minvl = num2;
6            else
7                minvl = num1;
8            return minvl;
9        }
10       public static void main(String[] args) {
11           int i = 5;
12           int j = 8;
13           int k = min(i, j);
14           System.out.printf("%d 和%d 的最小值是:%d", i, j, k);
15       }
16   }
```

运行结果如下：

```
5 和 8 最小值是:5
```

程序清单 4-1 定义了两个方法：方法 min(第 2～9 行)和方法 main(第 10～15 行)。方法 min 返回两个数中的较小值，在方法 main 中被调用(第 13 行)，然后输出结果(第 14 行)。方法 min 是被调用方法，方法 main 是调用方法。方法 main 由 JVM 调用并启动程序的执行，是程序执行的入口。在同一个类中定义的 static 方法可以直接相互调用，如在方法 main 中直接调用方法 min。

方法 min 的调用—返回过程如图 4-2 所示。程序清单 4-1 所示程序从 main 方法开始执

行，当执行到第 13 行时，发生方法调用。这时，程序将变量 i 的值传递给方法 min 的形参
num1，将变量 j 的值传递给形参 num2，程序控制转移到方法 min。方法 min 在执行时，使
用的是形参 num1、num2 获得的值，与方法 main 中的变量 i、j 无关。当被调用方法 min
执行到 return 语句时，程序控制就会返还给调用方法 main。

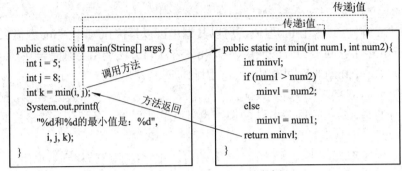

图 4-2   min 方法调用—返回过程

当一个方法被调用时，JVM 会在内存中为该方法创建一个活动记录，用于保存该方法
的参数和变量。活动记录存储在内存的一个区域中，也被称为调用栈(Call Stack)。当一个
方法 m1 调用另一方法 m2 时，调用方法 m1 的活动记录在内存中保持不变，同时创建一个
新的活动记录用于保存被调用方法 m2 的参数和变量。当被调用方法 m2 运行结束返回调用
方法 m1 时，方法 m2 对应的活动记录会被释放(或清除)，然后 JVM 读取方法 m1 的活动记
录，从方法调用中断的点继续执行。

调用栈是以先进后出的方式来管理方法的活动记录。具体来说，最后被调用的方法的
活动记录最早从调用栈中被清除，最早执行的方法的活动记录最晚被清除。例如，如果方
法 main 调用方法 m1，方法 m1 调用方法 m2，那么 JVM 首先创建方法 main 的活动记录，
置于调用栈的底部；接着在方法 main 调用方法 m1 时创建方法 m1 的活动记录，置于方法
main 的活动记录之上；然后在方法 m1 调用方法 m2 时创建方法 m2 的活动记录，置于方法
m1 的活动记录之上。当从方法 m2 返回到方法 m1 时，方法 m2 的活动记录被清除。当从
方法 m1 返回到方法 main 时，方法 m1 的活动记录被清除。当方法 main 结束时，方法 main
的活动记录被清除。

图 4-3 描述程序清单 4-1 所示程序在执行过程调用栈的变化情况。

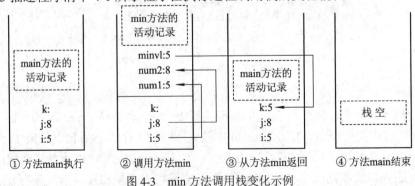

图 4-3   min 方法调用栈变化示例

图 4-3①是方法 main 开始执行直到方法调用前的活动记录。当发生方法调用时，进入
图 4-3②。方法 main 的活动记录保持不变，i、j 的值传递给方法 min。当方法 min 结束时，

其对应的活动记录被清除，返回值传递给方法 main 的变量 k，如图 4-3③所示。当方法 main 结束时，调用栈清空，如图 4-3④所示。

4.3 按 值 传 递

当调用一个方法时，需要提供与该方法参数列表中形参相匹配的实参：实参必须与方法签名中定义的形参在顺序上和数量上匹配，在类型上兼容。类型兼容是指实参的值不需要强制类型转换(可以隐式类型转换)就可以传递给形参。例如，形参是 double 类型，传递的实参既可以是 int 类型的值，也可以是 float 类型的值。

当调用一个带参数的方法时，将实参的值传递给形参的过程被称为按值传递(pass-by-value)。当方法的形参类型是基本数据类型时，实参既可以是类型兼容的字面值，也可以是类型兼容的变量。例如，当形参类型是 double 类型时，实参可以是字面值 2、2.5、3.5f 等，也可以是 int 型变量或 float 型变量或 double 型变量。当实参是变量时，实参的值会传递给形参。在方法执行过程中，无论形参是否发生改变，实参变量都不受影响。

本节仅介绍方法形参是基本数据类型的情况，后续章节会介绍方法形参是引用类型的情况。

程序清单 4-2 给出了一个方法形参是基本数据类型的示例。

程序清单 4-2　TestPassByValue.java

```
1    public class TestPassByValue {
2        public static void decrease(int i) {
3            i--;
4            System.out.println("方法内 i:" + i);
5        }
6        public static void swap(double d1, double d2) {
7            System.out.printf("方法内交换操作前:d1=%.2f,d2=%.2f\n",
8                    d1, d2);
9            double temp = d1;
10           d1 = d2;
11           d2 = temp;
12           System.out.printf("方法内交换操作后:d1=%.2f,d2=%.2f\n",
13                   d1, d2);
14       }
15       public static void main(String[] args) {
16           //方法 decrease 调用
17           System.out.println("---------decrease 方法调用---------");
18           int i = 5;
19           System.out.println("方法调用前 i:" + i);
20           decrease(i);
21           System.out.println("方法调用后 i:" + i);
22           //方法 swap 调用
```

```
23            System.out.println("--------swap 方法调用------------");
24            double k1 = 3.56, k2 = 7.24;
25            System.out.printf("swap 调用前:k1=%.2f,k2=%.2f\n",
26                    k1, k2);
27            swap(k1, k2);
28            System.out.printf("swap 调用后:k1=%.2f,k2=%.2f\n",
29                    k1, k2);
30            System.out.println("---------swap 方法类型兼容调用------");
31            //类型兼容的方法调用
32            swap(k1, i);
33            System.out.printf("调用 swap 后:i=%d, k1=%.2f\n",
34                    i, k1);
35            //字面值调用
36            System.out.println("---------swap 方法字面值调用1-------");
37            swap(3.5, 4.5);
38            System.out.println("---------swap 方法字面值调用2-------");
39            swap(1, 2);
40        }
```

运行结果如下：

```
--------decrease 方法调用---------
方法调用前 i:5
方法内 i:4
方法调用后 i:5
--------swap 方法调用------------
swap 调用前:k1=3.56,k2=7.24
方法内交换操作前:d1=3.56,d2=7.24
方法内交换操作后:d1=7.24,d2=3.56
swap 调用后:k1=3.56,k2=7.24
---------swap 方法类型兼容调用------
方法内交换操作前:d1=3.56,d2=5.00
方法内交换操作后:d1=5.00,d2=3.56
调用 swap 后:i=5, k1=3.56
---------swap 方法字面值调用1-------
方法内交换操作前:d1=3.50,d2=4.50
方法内交换操作后:d1=4.50,d2=3.50
---------swap 方法字面值调用2-------
方法内交换操作前:d1=1.00,d2=2.00
方法内交换操作后:d1=2.00,d2=1.00
```

程序清单 4-2 展示了方法调用时实参是变量、字面值的情况，也展示类型兼容的值传递。程序清单 4-2 第 2~5 行定义了带 1 个形参的方法 decrease，该方法将形参值减 1，并输出。第 17~21 行展示了对方法 decrease 的调用测试，方法 main 中定义的变量 i 与方法 decrease 中的形参 i 是两个独立不同的变量。第 20 行执行方法调用，将方法 main 中变量 i

的值传递给方法 decrease 中的形参 i。形参 i 的改变与 main 方法的实参 i 之间没有任何关系。调用 decrease 方法的调用栈变化情况，如图 4-4 所示，形参变量 i 和实参变量 i 位于不同的活动记录，相互不影响，运行结果也验证了这一点。

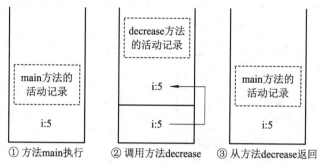

图 4-4　decrease 方法调用栈变化示例

程序清单 4-2 第 6～13 行定义一个带两个参数的 swap 方法，该方法交换两个参数的值。第 23～30 行展示了对 swap 方法的调用测试。第 27 行执行方法调用，将 main 方法中定义的变量 k1、k2 按顺序传递形参 d1、d2。从运行结果可以看出，k1、k2 在方法调用前后没有变化，形参 d1、d2 的值发生了交换。调用 swap 方法的调用栈变化情况，如图 4-5 所示，实参 k1、k2 与形参 d1、d2 位于不同的活动记录，相互不影响。

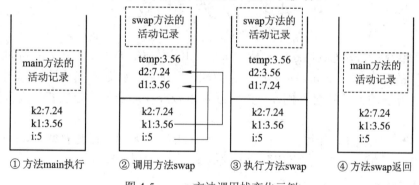

图 4-5　swap 方法调用栈变化示例

程序清单 4-2 第 32～34 行展示了类型兼容的 swap 方法调用测试，整型变量 i 可以作为实参传递给 double 型实参，此时，整型变量 i 的值 5 会隐式转换为 5.0，再赋值给形参 d2。

程序清单 4-2 第 36～39 行展示了给 swap 方法传递字面值实参的调用测试。其中，第 37 行以两个 double 类型字面值作为实参调用了 swap 方法，第 39 行以两个整型字面值作为实参调用了 swap 方法，这是类型兼容的参数传递。

在方法调用过程中，实参是按顺序匹配的，如果实参顺序不对，Java 编译器会报错。

程序清单 4-3 展示了一个实参按顺序匹配的示例。

程序清单 4-3　TestPassOrder.java

```
1    public class TestPassOrder {
2        public static void show(int n, String s) {
3            for(int i = 1; i <= n; i++)
```

```
4                System.out.print("" + ((i%5!=0)? s + "* ":s+"\n"));
5            }
6        public static void main(String[] args) {
7            show(12, "Java");
8            //show("Java", 12);//编译错误
9        }
10   }
```

运行结果如下：

```
Java* Java* Java* Java* Java
Java* Java* Java* Java* Java
Java* Java*
```

程序清单 4-3 第 2～5 行定义了一个方法 show，它具有一个 int 类型形参，位于第一个位置；有一个 String 类型形参，位于第二个位置。该方法将字符串 s 打印 n，每行打印 5 个并用*分隔。第 7 行对方法 show 进行调用，第一个实参 int 类型字面值，第二个实参是字符串字面值，能正确执行。第 8 行如果把第一个注释//去掉，执行方法调用 show("Java", 12)，那么 Java 编译器会报告编译错误。

4.4 方法重载

方法重载(Method Overloading)是指可以使用相同的方法名来定义不同的方法，只要这些方法的参数列表不同即可。换一种说法，方法重载就是定义方法名相同的一些方法，而这些方法的方法签名不同。方法重载可以减轻程序员的命名负担，提升程序的易读性。

假设编写一个程序，计算两个数值、三个数值的和，数值可以为整型、双精度浮点型，这时，可以通过方法重载，使用相同的方法名 sum，如程序清单 4-4 所示。

程序清单 4-4 SumMethodOverloading.java

```
1    public class SumMethodOverloading {
2        public static int sum(int num1, int num2){//方法 1
3            return num1 + num2;
4        }
5        public static double sum(double num1, double num2){//方法 2
6            return num1 + num2;
7        }
8        public static double sum(double num1, int num2){//方法 3
9            return num1 + num2;
10       }
11       public static double sum(double num1, double num2, double num3){//方法 4
12           return num1 + num2 + num3;
13       }
14       public static void main(String[] args) {
```

```
15              //匹配 sum(int num1, int num2)
16              System.out.printf("sum(2, 3) = %d\n", sum(2, 3));
17              //匹配 sum(double num1, double num2)
18              System.out.printf("sum(2.5, 3.5) = %.2f\n", sum(2.5, 3.5));
19              //匹配 sum(double num1, int num2)
20              System.out.printf("sum(2.5, 3) = %.2f\n", sum(2.5, 3));
21              //匹配 sum(double num1, double num2, double num3)
22              System.out.printf("sum(2.5, 3.5, 4.5) = %.2f\n",
23                      sum(2.5, 3.5, 4.5));
24          //类型兼容的匹配
25              //匹配 sum(double num1, double num2, double num3)
26              System.out.printf("sum(2, 3, 4) = %.2f\n",
27                      sum(2, 3, 4));
28              //匹配 sum(double num1, double num2)
29              System.out.printf("sum(2, 3.5) = %.2f\n",
30                      sum(2, 3.5));
31      }
32  }
```

运行结果如下：

```
sum(2, 3) = 5
sum(2.5, 3.5) = 6.00
sum(2.5, 3) = 5.50
sum(2.5, 3.5, 4.5) = 10.50
sum(2, 3, 4) = 9.00
sum(2, 3.5) = 5.50
```

程序清单 4-4 定义了 4 个 sum 方法，这些 sum 方法的参数列表各不相同。第 2～4 行定义了带两个 int 类型形参的 sum 方法 1，第 5～7 行定义了带两个 double 类型形参的 sum 方法 2，第 8～10 行定义了带一个 double 类型形参、一个 int 类型形参的 sum 方法 3，第 11～13 行定义了带三个 double 类型形参的 sum 方法 4。第 14～31 行是 main 方法，该方法测试了各重载方法，在注释中写明了方法调用时匹配的 sum 方法。其中，第 16～23 行是实参与形参类型一致的匹配，第 26～30 行是形参兼容实参的匹配。与类型兼容匹配相对的概念是精确匹配(Exactly Match)，即实参与参数列表中的形参在次序和数量上匹配，在类型上一致。Java 编译器在进行方法匹配时，优先考虑精确匹配，然后考虑类型兼容的方法匹配。

第 27 行的方法调用，传递了 3 个 int 类型字面值，Java 编译器首先会查找有无精确匹配的方法，由于没有找到精确匹配的方法，所以只能匹配类型兼容的 sum 方法 4。这时，Java 编译器会将 int 类型值自动转换为 double 类型，再传递给形参。

第 30 行的方法调用，有两个实参：一个是 int 类型值，一个是 double 类型值。Java 编译器首先寻找有无精确匹配的 sum 方法，由于没有找到精确匹配的方法，所以只能匹配类型兼容的 sum 方法 2。这时，Java 编译器会将第一个 int 类型值转换为 double 类型值再传递给形参。

假设程序清单 4-4 没有定义 sum 方法 1 和 sum 方法 3，程序能正常运行吗？答案是可以的，第 5 行、第 18 行的方法调用均匹配 sum 方法 2。

有时，调用一个方法，会有两个或更多可能的匹配，Java 编译器无法判断哪个匹配是更准确的匹配，这被称为歧义调用(Ambiguous Invoke)。存在歧义调用的程序会产生编译错误，无法运行。

程序清单 4-5 展示了一个存在歧义调用的程序，第 9 行会产生编译错误。这是因为第 9 行方法调用中，Java 编译器无法确定是匹配 sum 方法 1，还是匹配 sum 方法 2。如果匹配 sum 方法 1，第一个实参 2 会自动转换为 2.0，再传递给形参。如果匹配 sum 方法 2，第二个实参 3 会自动转换为 3.0。因此，这两个匹配都存在一个参数需要进行隐式类型转换的情形，Java 编译器无法确定哪个匹配更加准确。于是，Java 编译器会报告第 9 行出现了编译错误，产生了歧义调用。

程序清单 4-5　AmbiguousInvokeDemo.java

```
1    public class AmbiguousInvokeDemo {
2        public static double sum(double num1, int num2){//方法 1
3            return num1 + num2;
4        }
5        public static double sum(int num1, double num2){//方法 2
6            return num1 + num2;
7        }
8        public static void main(String[] args) {
9            System.out.printf("sum(2, 3) = %.2f\n", sum(2, 3)); //编译错误,歧义调用
10       }
11   }
```

方法重载还需要注意以下几点：

(1) 重载方法的区分与返回值类型无关，只与方法名和参数列表有关。

(2) 重载方法的参数列表必须不同，包括参数数量不同、参数类型不同和参数顺序不同。

(3) 重载方法的区分与形参名称无关。例如，sum(int num1, int num2)与 sum(int num3, int num4)在 Java 编译器看来是相同的方法，不能重复定义。

4.5　变量的作用域

一个变量的作用域是指该变量在程序中能被引用的范围。一个变量在其作用域之外被引用，Java 编译器会报告编译错误。

本节介绍局部变量的作用域。局部变量是在方法内部或语句块内部定义的变量。一个局部变量的作用域是从该变量声明的地方开始，直到包含该变量的语句块结束为止。局部变量在使用之前必须声明和初始化，局部变量没有默认赋值。

一个方法的形参也是一个局部变量，其作用域是整个方法，其初值由实参赋予，因此，在方法体中可被直接使用。

下面的一个示例展示方法形参、for 语句块中局部变量的作用域，如图 4-6 所示。

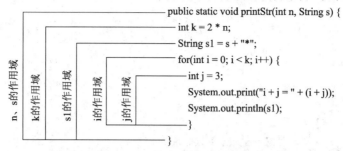

图 4-6 局部变量作用域示例

可以在一个方法的不同语句块中声明同名的局部变量，但是不能在嵌套块中或同一块中两次声明同一个局部变量，如图 4-7 所示。

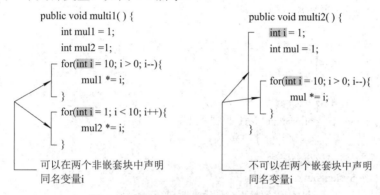

图 4-7 同名局部变量声明特殊情形举例

4.6 模块化编程

方法是模块化编程的重要构造，每个方法可以看成是一个模块。编程人员通过模块化，可以促进代码复用。

下面通过辗转相除法求最大公约数和最小公倍数的示例，体会模块化编程的好处。

程序清单 4-6 展示了一个没有模块化的代码，这段代码全部都在 main 方法中，main 方法臃肿，而且这段代码无法被复用。

程序清单 4-6 GCDTestDemo.java

```
1    public class GCDTestDemo {//great common divisior
2        public static void main(String[] args) {
3            Scanner input = new Scanner(System.in);
4            // 输入第一个整数
5            System.out.print("请输入第一个整数: ");
6            int n1 = input.nextInt();
7            // 输入第二个整数
8            System.out.print("请输入第二个整数: ");
```

```
9              int n2 = input.nextInt();
10             //n1 保存较大值,n2 保存较小值
11             if(n1<n2){
12                 int temp=n1;
13                 n1=n2;
14                 n2=temp;
15             }
16             /*辗转相除法:
17              * n 是较大数,m 是较小数,r 是余数
18              *  辗转相除后,n 是最大公约数
19              */
20             int n=n1,m=n2,r=-1;
21             while(m!=0){//辗转相除
22                 r=n%m;
23                 n=m;
24                 m=r;
25             }
26             //输出最大公约数
27             System.out.println(""+n1+"和"+ n2
28                         + "的最大公约数是:"+n);
29             //输出最小公倍数
30             System.out.println(""+n1+"和"+ n2
31                         + "的最小公倍数是:"+ n1*n2/n);
32         }
33     }
```

运行结果如下：

请输入第一个整数: 36
请输入第二个整数: 96
96 和 36 的最大公约数是:12
96 和 36 的最小公倍数是:288

下面对程序清单 4-6 的代码进行模块化，把求最大公约数的代码模块化为一个方法，求最小公倍数的代码也可以模块化为一个方法。

模块化后的代码如程序清单 4-7 所示，方法 getGCD、方法 getLCM 都是一个模块。程序清单 4-7 第 3～20 行定义了一个方法 getGCD，第 23～25 行定义了方法 getLCM。

程序清单 4-7   GCDMethodDemo.java

```
1    public class GCDMethodDemo {
2        //辗转相除法,求最大公约数(great common divisor)
3        public static int getGCD(int n1, int n2) {
4            if(n1<n2){
5                int temp=n1;
6                n1=n2;
7                n2=temp;
```

```
8          }
9          /*辗转相除法:
10         * n 是较大数,m 是较小数,r 是余数
11         * 辗转相除后,n 是最大公约数
12         */
13         int n=n1,m=n2,r=-1;
14         while(m!=0){//辗转相除
15             r=n%m;
16             n=m;
17             m=r;
18         }
19         return n;
20     }
21
22     //求两数最小公倍数(Least common multiple)
23     public static int getLCM(int n, int m) {
24         return n * m / getGCD(n, m);
25     }
26
27     public static void main(String[] args) {
28         Scanner input = new Scanner(System.in);
29         // 输入第一个整数
30         System.out.print("请输入第一个整数: ");
31         int n1 = input.nextInt();
32         // 输入第二个整数
33         System.out.print("请输入第二个整数: ");
34         int n2 = input.nextInt();
35
36         //输出最大公约数
37         System.out.println(""+n1+"和"+ n2
38                     +"的最大公约数是:"+ getGCD(n1, n2));
39         //输出最小公倍数
40         System.out.println(""+n1+"和"+ n2
41                     +"的最小公倍数是:"+ getLCM(n1, n2));
42     }
43 }
```

通过模块化,可以看出 main 方法变得更加简洁和清晰了,辗转相除法求最大公约数的代码被模块化到一个方法 getGCD。其他方法或其他程序都可以调用方法 getGCD 了。例如,方法 getLCM 就可以调用方法 getGCD。而且,程序清单 4-7 定义的方法 getGCD 和 getLCM 还可以被其他程序使用,促进代码复用。例如,程序清单 4-8 给出了几个使用方法 getGCD、方法 getLCM 的示例。在使用 public static 方法时,使用"类名.方法名(实参列表)"的形式进行调用。

程序清单 4-8   UseGCDMethodDemo.java

```
1   public class UseGCDMethodDemo {
2       public static void main(String[] args) {
3           System.out.println("{54, 126}的最大公约数是"+
4               GCDMethodDemo.getGCD(54, 126));
5           System.out.println("{98, 35}的最大公约数是"+
6               GCDMethodDemo.getGCD(98, 35));
7           System.out.println("{96, 32}的最小公倍数是"+
8               GCDMethodDemo.getLCM(96, 32));
9       }
10  }
```

运行结果如下：

{54, 126}的最大公约数是 18

{98, 35}的最大公约数是 7

{96, 32}的最小公倍数是 96

通过对方法进行模块化，程序清单 4-8 第 8 行直接调用求最小公倍数的方法 getLCM，无需再调用求最大公约数的方法。

通过程序清单 4-8 的示例可以看出，用户可以在不知道方法是如何实现的情况下，就使用方法。用户只需要知道方法的方法名、返回值、输入参数即可。方法具体的实现细节可封装在方法内，对使用该方法的用户是可以隐藏的，这称为信息隐藏，如图 4-8 所示。方法的实现对用户而言是一个"黑盒子"，用户只需要知道方

图 4-8   方法实现和使用分离

法的输入参数、返回值就可以使用它了。如果需要对方法的实现进行修改，只要不改变方法签名，用户的程序就不受影响。

通过使用方法进行模块化编程，能够更好地编写大型程序。当编写一个大型程序时，可以使用"分治"(Divid-and-conquer)的策略，也可以称为逐步求精(Stepwise Refinement)的思想，即将大问题分解成多个子问题，每个子问题用一个方法实现，形成一个个小的、容易管理的模块。这些模块相互协作组合，就形成了一个更大、更复杂、功能更强大的程序，从而解决复杂的大问题。

Java API 也提供了一些通用功能模块供程序员使用，例如，Math 类的数学函数方法。当程序员需要用到数学运算，其不需要再从零开始编写程序，直接调用相关方法即可。通过多个模块之间的相互调用或组装，就可以完成功能复杂的大程序了。

4.7 示 例 学 习

4.7.1 求 π 值

π 值的计算可以使用下面的近似值计算公式：

$$\frac{\pi}{4} \approx 1 - \frac{1}{3} + \frac{1}{5} - \frac{1}{7} + \cdots + \frac{(-1)^n}{2n+1}$$

当计算的项数 n 越多时，π 值越精确。

3.2.7 节采用方法 main 来计算 π 近似值。本示例要求采用方法进行模块化编程，指定计算的项数 $n(n \geqslant 0)$，求 π 值。

程序清单 4-9 给出了求 π 值的模块化方法，并测试了 n 为 20 万、40 万、60 万、80 万、100 万时求得的 π 近似值。

程序清单 4-9　ComputePIMethod.java

```
1    public class ComputePIMethod {
2        public static double calculatePI(int n) {
3            double pi = 0;
4            for(int i = 0; i <= n; i++)
5                pi += Math.pow(-1, i) / (2*i+1);
6            pi *= 4;
7            return pi;
8        }
9        public static void main(String[] args) {
10           for(int i = 200000; i <= 1000000; i += 200000)
11               System.out.printf("n=%d 时,PI=%.12f\n",
12                   i, calculatePI(i));
13       }
14   }
```

运行结果如下：

```
n=200000 时,PI=3.141597653565
n=400000 时,PI=3.141595153583
n=600000 时,PI=3.141594320254
n=800000 时,PI=3.141593903588
n=1000000 时,PI=3.141593653589
```

程序清单 4-9 第 2～8 行定义了计算 π 近似值的方法 calculatePI，参数 n 为指定项数。方法 calculatePI 采用一个 for 循环完成四分之一 π 近似值的计算，第 6 行乘以 4 得到 π 近似值，第 7 行返回 π 近似值。第 9～13 行是一个 main 方法，对方法 calculatePI 进行测试，输出了 n 为 20 万、40 万、60 万、80 万、100 万时求得的 π 近似值。

4.7.2　输出素数

在 3.2.9 节，输出素数的示例没有采用模块化编程，所有处理逻辑全部都处于 main 方法中，不便于代码复用。本节对 3.2.9 节的程序清单 3-14 进行模块化重写，提升程序的清晰性。

模块化后的代码如程序清单 4-10 所示。第 2～20 行定义了方法 showPrimeNubmers，输出由参数 numOfPrimes 指定数量的素数。第 22～28 行定义了方法 isPrime，判断一个数是否为素数。main 方法很简洁，只有两行代码：一行代码是提示信息，一行代码是方法调用。

程序清单 4-10   PrimeMethodDemo.java

```
1    public class PrimeMethodDemo {
2        public static void showPrimeNumbers(int numOfPrimes) {
3            final int NUM_OF_PER_LINE = 8;          //每行显示素数数量
4            int primeCounter = 0;                    //记录素数数量的计数器
5            int num = 2;                             //被测试是否为素数的整数
6            // 重复执行,找到指定数量的素数
7            while (primeCounter < numOfPrimes) {
8                // 找到素数时,计数器增 1,并输出
9                if (isPrime(num)) {
10                   primeCounter++;
11                   if (primeCounter % NUM_OF_PER_LINE == 0) {
12                       System.out.printf("%-5s\n", num);
13                   }
14                   else
15                       System.out.printf("%-5s", num);
16               }
17               // 测试下一个整数
18               num++;
19           }
20       }
21       /** 判断一个数是否素数 */
22       public static boolean isPrime(int num) {
23           for (int divisor = 2; divisor <= num / 2; divisor++) {
24               if (num % divisor == 0)              //能整除,不是素数
25                   return false;
26           }
27           return true;    //是素数
28       }
29
30       public static void main(String[] args) {
31           System.out.println("前 80 个素数是: ");
32           showPrimeNumbers(80);
33       }
34   }
```

运行结果如下:

前 80 个素数是:

2	3	5	7	11	13	17	19
23	29	31	37	41	43	47	53
59	61	67	71	73	79	83	89
97	101	103	107	109	113	127	131
137	139	149	151	157	163	167	173
179	181	191	193	197	199	211	223

227	229	233	239	241	251	257	263
269	271	277	281	283	293	307	311
313	317	331	337	347	349	353	359
367	373	379	383	389	397	401	409

4.7.3 十进制与十六进制相互转换

本节示例完成十进制数与十六进制数的相互转换，可以设计一个方法完成从十进制数向十六进制数的转换，还可以设计一个方法完成从十六进制数向十进制数的转换。那么，如何设计这种相互转换的方法？十进制与十六进制的相互转换可以查看 1.1.2 节的第 6 点。

为了更加清晰地说明算法，给定十六进制数 $h_n h_{n-1} \cdots h_2 h_1 h_0$，其对应的十进制数为 d，即
$$d = h_n \times 16^n + h_{n-1} \times 16^{n-1} + \cdots + h_2 \times 16^2 + h_1 \times 16^1 + h_0 \times 16^0$$

一方面，从十进制数向十六进制数转换时，$d\%16$ 可以得到 h_0；令 d 的值更新为 $d/16$，即为 $h_n h_{n-1} \cdots h_2 h_1$，去掉了 h_0，如果 d 不为零，$d\%16$ 可以得到 h_1；再和 h_0 拼接在一起，得到 $h_1 h_0$。继续更新 d 的值为 $d/16$，进一步去掉了 h_1，如果 d 不为零，$d\%16$ 可以得到 h_2；再和 $h_1 h_0$ 拼接在一起，得到 $h_2 h_1 h_0$。依次类推，当 d 的值为零时，就得到了整个十六进制字符串。

基于上述分析，算法可以描述如下：

(1) 首先确定算法的输入参数和算法返回值：输入参数是一个十进制数 d，返回值是一个 String 类型十六进制字符串。

(2) 其次确定算法的执行步骤如下：

① 定义一个 String 类型变量 hexStr，其初值是 " "，用于保存十六进制结果。

② 把 $d\%16$ 的值(0～15)转换为一个十六进制字符 ch(0～9，A～F)，并和 hexStr 连接在一起，即 hexStr = ch + hexStr。

③ $d = d / 16$，去掉一个低位的数字。

④ 当 $d != 0$ 时，执行步骤②。当 $d == 0$ 时，执行步骤⑤。

⑤ 返回结果字符串 hexStr。

另一方面，从十六进制数向十进制数转换时，可以对计算公式进行改写，如下所示：
$$h_n \times 16^n + h_{n-1} \times 16^{n-1} + \cdots + h_2 \times 16^2 + h_1 \times 16^1 + h_0 \times 16^0$$
$$= (\cdots(h_n \times 16 + h_{n-1}) \times 16 + h_{n-2}) \times 16 + \cdots + h_2) \times 16 + h_1) \times 16 + h_0$$

例如，EB5A 的计算如下所示：

$14 \times 16^3 + 11 \times 16^2 + 5 \times 16^1 + 10 \times 16^0 = ((14 \times 16 + 11) \times 16 + 5) \times 16 + 10 = 60\ 250$

基于上述计算过程，算法可以描述如下：

(1) 首先确定算法的输入参数和算法返回值：输入参数是一个 String 类型十六进制字符串 hexStr，返回值是一个十进制数。

(2) 其次确定算法的执行步骤：

① 定义一个 int 类型变量 d，其初值是 0，用于保存十进制结果。

② 从左往右依次取出 hexStr 中的十六进制字符，每取出一个十六进制字符，将其解析成十进制数 d_1，然后，将 d 值乘以 16，加上 d_1。

③ 返回 d 值。

算法步骤②举例说明，假如 hexStr 的值是 EB5A，其计算过程如表 4-1 所示。第一次取出的 hexStr[0]对应 h_3，将其转换为十进制数 14，第一次计算的 d 值是 14。第二次取出的 hexStr[1]对应 h_2，其转换为十进制数 11，第二次计算的 d 值是 14*16 + 11，对应于 $h_3 \times 16 + h_2$。第三次取出的 hexStr[2]对应 h_1，其转换为十进制数 5，第三次计算的 d 值是(14*16 + 11)*16 + 5，对应于 $(h_3 \times 16 + h_2) \times 16 + h_1$。第四次取出的 hexStr[3]对应 h_3，其转换为十进制数 11，第二次计算的 d 值是((14*16 + 11)*16 + 5)*16 + 10，对应于 $((h_3 \times 16 + h_2) \times 16 + h_1) \times 16 + h_0$。

表 4-1   十六进制转换为十进制举例说明

次数	i	hexStr[i]	d_1	d(初值为 0)
1	0	E	14	14
2	1	B	11	14*16 + 11
3	2	5	5	(14*16 + 11)*16 + 5
4	3	A	10	((14*16 + 11)*16 + 5)*16 + 10

为了体现代码复用，本示例将数值转换方法的实现与对方法的调用应用在不同的程序中。数值转换方法的实现位于类 DecHexConverter 中，如程序清单 4-11 所示。对这些数值转换方法的调用位于类 TestHexDecConverter 中，如程序清单 4-12 所示。

类 DecHexConverter 定义了 4 个 static 方法：

(1) static 方法 decToHex 将十进制数转换为十六进制字符串，如程序清单 4-11 第 3～11 行所示。该方法使用一个 do-while 循环，通过取余将 0～15 的十进制数转换为一个十六进制字符和除法等操作重复执行，得到转换后的十六进制字符串，最后返回得到的十六进制字符串。

(2) static 方法 decToHexch 将一个 0～15 的整数转换为对应的十六进制字符，如程序清单 4-11 第 13～18 行所示。第 15 行使用 int 类型和 char 类型的 Unicode 码做加法，再强制转换为 char。第 17 行将 0～9 数值转换为字符串"0"～"9"，然后，使用 charAt 方法取出转换后的字符。

(3) static 方法 hexToDec 将十六进制字符串转换为十进制数，如程序清单 4-11 第 20～27 行所示。第 23 行将取出的十六进制字符转换为十进制数，调用了 static 方法 hexChToDec。第 24 行计算每取一个十六进制字符后的值。最后，返回计算得到十进制数 d。

(4) static 方法 hexChToDec 将一个十六进制字符(0～9，A～F 或 a～f)转换为一个十进制数(0～15)，如程序清单 4-11 第 29～34 行所示。第 30 行无论 ch 是大写还是小写，统一将 ch 转换为大写。第 32 行、第 34 行均使用字符的 Unicode 码进行计算，得到相应的十进制数结果。

程序清单 4-11   DecHexConverter.java

```
1    public class DecHexConverter {
2        //十进制数 d 转换为十六进制数
3        public static String decToHex(int d) {
4            String hexStr = "";
```

```
5              do {
6                  char ch = decToHexCh(d % 16);
7                  hexStr = ch + hexStr;
8                  d = d / 16;
9              }while(d != 0);
10             return hexStr;
11         }
12     //十进制数 0～15 转换为十六进制字符
13     public static char decToHexCh(int num) {
14         if(num >=10 && num <= 15)
15             return (char)(num - 10 + 'A');
16         else
17             return (num+"").charAt(0);
18     }
19     //十六进制数转换为十进制数
20     public static int hexToDec(String hexStr) {
21         int d = 0;
22         for (int i = 0; i < hexStr.length(); i++) {
23             int d1 = hexChToDec(hexStr.charAt(i));
24             d = d * 16 + d1;
25         }
26         return d;
27     }
28     //十六进制字符转换为十进制数
29     public static int hexChToDec(char ch) {
30         ch = Character.toUpperCase(ch);//统一转换为大写
31         if (ch >= 'A' && ch <= 'F')
32             return 10 + ch - 'A';
33         else
34             return ch - '0';
35     }
36 }
```

程序清单 4-12　TestHexDecConverter.java

```
1   public class TestHexDecConverter {
2       public static void main(String[] args) {
3           Scanner input = new Scanner(System.in);
4           System.out.print("选项:\t1.十六进制->十进制;" +
5                   "\n\t2.十进制->十六进制." + "\n 请输入选项(1 或 2):");
6           int choice = input.nextInt();
7           if(choice == 1) {
8               System.out.print("请输入一个十六进制数:");
9               String str = input.next();
10              System.out.printf("%s 对应的十进制数:%d",
```

```
11                          str, DecHexConverter.hexToDec(str));
12                  }else if(choice == 2) {
13                      System.out.print("请输入一个十进制数:");
14                      int num = input.nextInt();
15                      System.out.printf("%d 对应的十六进制数:%s",
16                              num, DecHexConverter.decToHex(num));
17                  }else {
18                      System.out.println("输入选项不合法！");
19                  }
20              }
21          }
```

程序清单 4-12 所示测试类的运行结果如下：

选项：1.十六进制->十进制
　　　2.十进制->十六进制
请输入选项(1 或 2):1↵
请输入一个十六进制数:eb5a↵
eb5a 对应的十进制数:60250

选项：1.十六进制->十进制
　　　2.十进制->十六进制
请输入选项(1 或 2):2↵
请输入一个十进制数:60250↵
60250 对应的十六进制数:EB5A

选项：1.十六进制->十进制
　　　2.十进制->十六进制
请输入选项(1 或 2):5↵
输入选项不合法！

程序清单 4-12 根据用户的输入选择，执行十六进制转换为十进制或十进制转换为十六进制。第 11 行、第 16 行通过类名 DecHexConverter 分别调用了 static 方法 hexToDec、decToHex。这两个方法也可以在其他地方被程序员重复使用，且程序员无需知道这两个方法的实现细节。

习　　题

基础习题 4

编程习题 4

第 5 章　数组与字符串

 教学目标

(1) 理解数组引入的必要性及其概念。

(2) 掌握一维数组的声明、创建、初始化及访问的方法。

(3) 理解何时使用 foreach 访问数组，学会使用 foreach 访问一维数组。

(4) 能熟练应用一维数组的常用处理操作：使用输入值初始化数组、使用随机值初始化数组、对所有元素求和、找出最大(小)值及对应下标、随机打乱、向左(或右)移动元素、输出数组元素等。

(5) 理解一维数组作为方法参数、方法返回值，能编写数组作为参数及返回值的方法。

(6) 基于一维数组，掌握线性查找算法与折半查找算法。

(7) 基于一维数组，理解并掌握冒泡排序算法。

(8) 掌握 Arrays 的常用方法，能应用这些常用方法简化编程。

(9) 掌握一维数组复制的几种方式，根据需要选择合适的数组复制方式。

(10) 理解二维数组与一维数组的关系，掌握二维数组声明、创建、初始化及访问的方法。

(11) 理解锯齿二维数组。

(12) 能熟练应用二维数组的常用处理操作：初始化数组、输出所有数组元素、按列求和、按行求和、求所有元素的和、随机打乱等。

(13) 理解多维数组的概念，能声明、创建、初始化、访问多维数组。

(14) 理解数组应用示例：扑克牌混洗和发放、单选题测试评分、矩阵相加。

(15) 能使用 String 类创建字符串对象，理解字符串常量池。

(16) 能熟练应用字符串的常用处理操作：字符串比较、获取字符串长度、获取指定位置字符、字符数组与字符串相互转换、查找字符串、字符串拼接、获取子字符串、字符串转换等。

(17) 理解文本块的引入，能使用文本块。

(18) 理解正则表达式的概念，并掌握常用正则表达式的使用。

(19) 能结合正则表达式与 String 类的相关方法，完成字符串的匹配、字符串的拆分和字符串的替换。

(20) 掌握字符串应用示例：回文判断、词频统计、最长公共子串。

(21) 理解可变长参数列表，能定义和应用含有可变长参数的方法。

(22) 理解命令行参数，能给 Java 应用程序传递命令行参数。

在编程解决现实世界问题时，经常需要处理大量的数据。例如，选修 Java 程序设计课程的学生有 100 人，在考试之后计算他们的平均成绩。在没有学习数组之前，需要 100 个独立变量 score0，score1，…，score99，然后再求和计算平均成绩。显然，这种做法是笨拙且烦琐的。当数据量更大时，这种做法是不可行的。于是，Java 语言与其他一些高级程序设计语言均提供了数组来处理这种情况。数组用于存储数据类型相同、元素个数固定、有序数据集合等情况。本章首先介绍一维数组基础知识，包括数组声明、创建、初始化与访问，然后对一维数组的常见操作进行讲解，包括一维数组的复制、查找与排序。其次，介绍二维数组的基础概念和常见操作，进一步介绍三维数组和多维数组。然后，举例说明数组作为方法参数和返回值的用法，并对 Arrays 类使用进行介绍。最后，介绍可变长参数列表和命令行参数列表。

另一方面，现实世界经常要处理文本字符，Java 语言处理文本字符的数据类型是字符串。本章首先介绍字符串类型及其常用方法，包括字符串提取、查找、比较、替换和类型转换等操作方法。其次，介绍正则表达式及字符串的应用示例。

5.1　一　维　数　组

5.1.1　数组声明与创建

数组表示数据类型相同、元素个数固定的有序数据集合，是一种引用数据类型。为了在程序中使用数组，需要声明一个引用数组的引用变量，并指定数组元素的数据类型。一维数组声明的语法形式如下：

```
数据类型[] 数组变量名;    //形式 1，推荐形式
数据类型   数组变量名[];  //形式 2
```

形式 1 是推荐形式，易读性更好。数据类型既可以是基本数据类型，也可以是引用类型。其后接着一对方括号"[]"，"[]"是数组下标运算符。"数据类型[]"表示是某种数据类型的数组。接着是数组变量名，数组变量名是一个合法的标识符。形式 2 也是声明一个数组引用变量的正确形式，然而不推荐使用。

为了不引入复杂性，下面主要以基本数据类型数组进行举例。例如，声明一个 int 类型数组：

```
int[] firstArray;    //推荐形式
int firstArray[];
```

在声明一个数组后，仅仅是创建了一个对数组引用的变量，其值为 null，还没有为数组分配内存空间，无法存储数组元素。在数组变量声明后，可以使用 new 操作符创建一个数组，并把数组的引用赋给数组变量，创建一维数组的一般形式如下：

```
数组变量名= new  数据类型 [数组长度];
```

该语句首先使用"new 数据类型 [数组长度]"创建一个指定数组长度的数组，然后把这个数组的引用赋值给左侧的变量。其中，数组长度是一个整数值(整型字面量或整型常量)或是能计算出确定整数值的表达式。在创建数组时，必须指定数组长度。数组长度指定了该数组可存储的数组元素个数。例如，下面创建了一个具有 5 个元素的 int 类型数组：

```
firstArray = new int[5];
```

此时，firstArray 可以存储 5 个数组元素，每个数组元素是一个 int 类型数据。

注意： 数组长度通常是一个正整数。当数组长度不大于零时，Java 编译器不会报错，但会产生运行时错误。

声明数组变量、创建数组、数组引用赋给数组变量可以在一条语句中同时完成，一般形式如下：

```
数据类型[] 数组变量名= new 数据类型 [数组长度];    //形式 1
数据类型   数组变量名[] = new 数据类型 [数组长度];   //形式 2
```

例如，下面两条语句都是创建具有 5 个元素的 int 类型数组：

```
int[] firstArray = new int[5];      //或
int firstArray[] = new int[5];
```

5.1.2　数组初始化与访问

数组在创建之后，通常要进行初始化操作，给每个数组元素赋初值。对于一维数组，使用如下语法给数组元素赋值：

```
数组变量名[下标值] = 值;
```

例如，下面的语句初始化数组 firstArray：

```
firstArray[0] = 10;
firstArray[1] = 20;
firstArray[2] = 30;
firstArray[3] = 40;
firstArray[4] = 50;
```

图 5-1 展示了 firstArray 数组在初始化后的内存示意图。firstArray 是一个数组变量名，存储了一个对 int 类型数组的引用，基于该引用可以访问右侧的数组内存区域。数组内存区域有 5 个数组元素，对数组元素的操作，基于数组下标进行，下标从 0 开始，最大下标为 4。通过数组下标，既可以修改、设置数组元素的值，也可以访问数组元素的值。firstArray 数组的所有数组元素存储在一片连续的内存区域。由于 int 类型占用 4 个字节，因此 firstArray 数组内存区域要占用 20 个字节。

引用	firstArray[0]	10
firstArray	firstArray[1]	20
下标为 2 的数组元素	firstArray[2]	30
	firstArray[3]	40
	firstArray[4]	50

图 5-1　firstArray 数组内存示意图

在创建数组后，数组长度是固定的且不能被修改，可以使用"数组变量名.length"得到数组长度。例如，firstArray.length 的值是 5。

另外，数组在使用 new 关键字分配内存空间之后，数组元素被赋予默认值：

(1) 数组元素类型是整数类型(byte、short、int 和 long)时，默认值是 0。

(2) 数组元素类型是基本类型中的浮点类型(float、double)时，默认值是 0.0。

(3) 数组元素类型是基本类型中的字符类型(char)时，默认值是'\u0000'。

(4) 数组元素类型是基本类型中的布尔类型(boolean)时，默认值是 false。

(5) 数组元素类型是引用类型(类、接口和数组)时，默认值是 null。

数组声明、创建、初始化还可以一步完成，其语法形式如下：

```
数据类型[] 数组变量名 = {值 1,值 2,值 3, …, 值 n};  //或
```

> 数据类型　数组变量名[] = {值 1,值 2,值 3, …, 值 n};

其中，由一对花括号括起来的、多个逗号分隔的值的列表，称为初始化列表。例如，下面的语句通过初始化列表完成了前述一维整型数组 firstArray 的声明、创建和初始化：

> int[] firstArray = {10, 20, 30, 40, 50};

初始化列表允许在最后一个值之后多加一个逗号，不影响数组长度，但不能连续加多个逗号，例如：

> int[] array1 = {};　　　//合法，长度为零的数组
> int[] array2 = {,};　　　//合法，长度为零的数组
> int[] array3 = {2, 3};　　//合法，长度为 2 的数组
> int[] array4 = {2, 3, };　　//合法，长度为 2 的数组
> int[] array5 = {2, 3, ,};　　//不合法，Java 编译器报错

下面通过一个示例展示数组的声明、创建、初始化、访问等，如程序清单 5-1 所示。

程序清单 5-1　FirstArrayDemo.java

```
1    public class FirstArrayDemo {
2        public static void main(String[] args) {
3            int[] myArray = new int[5];
4            System.out.printf("myArray 的长度:%d\n", myArray.length);
5            System.out.print("myArray 默认值:");
6            for(int i = 0; i < myArray.length; i++)
7                System.out.printf("%-4d", myArray[i]);
8            //初始化数组
9            for(int i = 0; i < myArray.length; i++)
10               myArray[i] = i*i;
11           //输出初始化后的数组元素值
12           System.out.print("\nmyArray 初始化后:");
13           for(int i = 0; i < myArray.length; i++)
14               System.out.printf("%-4d", myArray[i]);
15           //初始化列表创建数组
16           int[] nextArray = {8, 3, 6, 17, 9, 15};
17           System.out.print("\nnextArray:");
18           for(int i = 0; i < nextArray.length; i++)
19               System.out.printf("%-4d", nextArray[i]);
20       }
21   }
```

运行结果如下：

```
myArray 默认值:   0   0   0   0   0
myArray 初始化后:   0   1   4   9   16
nextArray:   8   3   6   17   9   15
```

程序清单 5-1 第 3 行声明和创建了一个整型数组 myArray，第 4 行输出数组 myArray 的数组长度，第 5～7 行输出其默认值。然后，第 9、10 行通过一个循环，初始化数组没有 myArray。第 10 行通过下标运算符 "[]" 和下标变量 "i"，指定初始化具体的数组元素。

第 13、14 行输出数组 myArray 初始化后的值。第 16 行使用初始化列表创建了一个整型数组，第 18、19 行输出该数组的值。

在程序清单 5-1 的 for 循环语句中均使用了数组字段 length 控制循环，这样可以避免出现数组下标越界问题。

另外，当声明一个数组之后，创建和初始化也可以合并在一起完成，其一般形式如下：

```
数据类型[]  数组变量;
数组变量  = new  数据类型[]{值 1,值 2,…, 值 n};
```

程序清单 5-2 展示了数组声明与数组创建、初始化分开处理的一种新形式，以及对数组变量进行赋值修改的情况。

程序清单 5-2　TestArrayRef.java

```
1    public class TestArrayRef {
2        public static void main(String[] args) {
3            int[] ns;  // 声明一个 int 类型数组
4            //创建、初始化一步完成
5            ns = new int[] { 68, 79, 91, 85, 62 };
6            System.out.print("ns 第一次赋值后:");
7            for(int i = 0; i < ns.length; i++)
8                System.out.printf("%-4d", ns[i]);
9            //修改 ns
10            ns = new int[] { 1, 2, 3 };
11            System.out.print("\nns 第二次赋值后:");
12            for(int i = 0; i < ns.length; i++)
13                System.out.printf("%-4d", ns[i]);
14        }
15    }
```

运行结果如下：

```
ns 第一次赋值后:68   79   91   85   62
ns 第二次赋值后:1    2    3
```

程序清单 5-2 第 3 行声明了一个 int 类型数组 ns，只是创建了一个引用变量。第 5 行结合 new 操作符和初始化列表完成了一个数组的创建，并将其引用值赋值给 ns。第 7、8 行输出数组 ns 的值。第 10 行使用 new 操作符和初始化列表创建了一个新数组，具有 3 个元素，将该新数组的引用赋值给 ns。然后，第 12、13 行输出数组 ns 的值。从运行结果可以看出，数组变量 ns 在再次赋值以后，数组元素的数量和值都发生了变化。

第 10 行给数组变量 ns 再次赋值后，ns.length 的值由 5 变化为 3，这是否意味着数组长度发生了改变呢？但是，数组在创建之后，数组长度是不能被修改的，那么究竟是什么原因导致出现了这种情况？

如图 5-2 所示，ns.length 的值确实发生了改变，但是数组变量 ns 已经指向了不同的数组。在再次赋值之前，数组变量 ns 指向一个具有 5 个元素数组的内存区域，这片内存区域的大小不会再被改变。再次赋值之后，ns 指向一个具有 3 个元素数组的内存区域。原来具有 5 个元素数组的内存区域大小(即数组长度)是不会被改变的。此时这个内存区域没有引

用变量指向它，会被 JVM 自动回收。

图 5-2   数组 ns 再次赋值后内存变化示意图

5.1.3   foreach 循环

Java 语言提供了一种称为 foreach 循环的简洁 for 循环，可以用来按顺序遍历数组中的每个元素，而不必考虑数组下标值。

foreach 循环的一般语法形式如下：

```
for(数据类型    变量名:数组变量名){
    //循环体处理语句
}
```

这里的数据类型与数组中数组元素的数据类型相同。例如，下面的代码可以按顺序输出 myArray 数组的数组元素：

```
for(int e: myArray)    //可以读作:对数组 myArray 中的每个元素 e
    System.out.printf("%4d", e);
```

上述代码与程序清单 5-1 第 5、6 行代码对比，foreach 循环更加简洁，且不易出错，因为程序员不必考虑数组下标的起始值和终止值。

5.1.4   数组的常用操作

数组是具有同一数据类型、元素个数固定的数据结构，因此适合采用 for 循环进行处理。一维数组的常用操作有：使用输入值初始化数组、使用随机值初始化数组、对所有元素求和、找出最大(小)值及对应下标、随机打乱、向左(或右)移动元素、输出数组元素等。

程序清单 5-3 创建了两个测试数组，展示了数组的常用操作。

程序清单 5-3   HandleArrayDemo.java

```
1    public class HandleArrayDemo {
2        public static void main(String[] args) {
3            //创建两个测试数组
4            int[] intList = new int[5];
5            double[] dList = new double[10];
6            //1. 用输入值初始化数组
7            System.out.printf("请输入%d 个整数:", intList.length);
8            Scanner input = new Scanner(System.in);
9            for(int i = 0; i < intList.length; i++)
10               intList[i] = input.nextInt();
```

```
11          System.out.print("intList 的当前值:");
12          //2. 输出数组元素
13          for(int e: intList)
14              System.out.print(e + "        ");
15
16          //3. 使用随机值初始化数组
17          for(int i = 0; i < dList.length; i++)
18              dList[i] = 100 * Math.random();
19
20          System.out.println("\ndList 的当前值:");
21          //输出数组元素
22          for(double e: dList)
23              System.out.printf("%-6.2f",e);
24
25          //4. 对所有元素求和
26          double sum = 0.0;
27          for(double e: dList)
28              sum += e;
29          System.out.printf("\ndList 所有元素的和:%.2f\n", sum);
30
31          //5. 找出数组最大值
32          double max = dList[0];
33          for(double e: dList) {
34              if(e > max)
35                  max = e;
36          }
37          System.out.printf("dList 的最大值=%.2f\n", max);
38
39          //6. 找出数组最小值及其下标
40          double min = dList[0];
41          int minIndex = 0;
42          for(int i = 0; i < dList.length; i++) {
43              if(dList[i] < min) {
44                  min = dList[i];
45                  minIndex = i;
46              }
47          }
48          System.out.printf("dList 的最小值=%.2f,对应下标=%d\n", min, minIndex);
49
50          //7. 随机打乱
51          for(int i = 0; i < intList.length; i++) {
52              int k = (int)(Math.random()*intList.length);
53              int temp = intList[i];
```

```
54                    intList[i] = intList[k];
55                    intList[k] = temp;
56               }
57          System.out.print("intList 打乱后的值:");
58          for(int e: intList)
59               System.out.print(e + "        ");
60
61          //8. 向右移动一位元素，将最后一位元素移动到起始位置
62          int temp = intList[intList.length - 1];
63          for(int i = intList.length - 1; i >= 1; i--)
64               intList[i] = intList[i - 1];
65          intList[0] = temp;
66          System.out.print("\nintList 右移一位后:");
67          for(int e: intList)
68               System.out.print(e + "        ");
69     }
70 }
```

运行结果如下：

请输入 5 个整数:3 5 7 9 11

intList 的当前值:3   5   7   9   11

dList 的当前值:

6.05   33.99 42.33 65.65 47.53 61.72 81.83 43.41 89.64 45.44

dList 所有元素的和:517.59

dList 的最大值=89.64

dList 的最小值=6.05,对应下标=0

intList 打乱后的值:11   3   5   9   7

intList 右移一位后:7   11   3   5   9

程序清单 5-3 第 4、5 行创建了两个测试数组，按展示的基本操作分别加以说明：

(1) 使用输入值初始化数组：第 7～10 行使用输入值初始化数组 intList。

(2) 输出数组元素：第 13、14 行输出数组 intList 的所有元素。

(3) 使用随机值初始化数组：第 17、18 行使用随机值初始化数组 dList。

(4) 对所有数组元素求和：第 26～28 行求出数组 dList 所有数组元素的和。

(5) 找出数组最大值：第 32～36 行找出数组 dList 的最大值。其算法思想是：假设最大值是第一个数组元素的值，然后遍历整个数组，如果某个数组元素的值大于最大值，那么就更新最大值。

(6) 找出数组最小值及其下标：第 40～47 行找出数组 dList 的最小值及其对应的下标，因此，需要设置两个变量 min、minIndex，分别保存最小值和其对应的下标。其算法思想与找数组最大值类似。假设最小值为第一个数组元素的值，然后遍历整个数组，如果某个数组元素的值小于最小值，那么就同时更新最小值和对应的下标。

(7) 随机打乱：第 51～56 行将数组 intList 随机打乱。其算法思想是：按顺序遍历整个数组，对每个数组元素随机生成一个合法下标值 k，将该数组元素与下标 k 对应的元素进行交换。

(8) 移动数组元素：第 62～65 行将数组 intList 向右移动一位元素。其算法思想是：由于是向右移动，最后一个元素首先被保存下来；然后从数组下标最大值开始，依次将前一个数组元素赋值到下一个位置上；最后将保存的最终元素值赋值到下标为 0 的位置上。

5.1.5 数组与方法

数组类型既可用于声明方法的形参，也可用于声明方法的返回值类型。下面分别予以介绍。

1. 数组作为方法形参

当数组作为方法形参时，形参的数据类型是数组类型。例如，方法 main 的参数 String[] args 就是一个以字符串数组作为形参的例子。

又如，下面定义了输出一个 int 类型数组所有元素的方法 displayArray：

```java
public static void displayArray(int[] list){
    for(int e: list)
        System.out.printf("%d, ", e);
}
```

假如，有一个 int 类型数组：

```java
int[] list1 = {3, 5, 7};
```

那么，在方法 main 中可以如下调用方法 displayArray：

```java
displayArray(list1);    //输出 3, 5, 7,
```

调用方法时，只需要使用数组名就可以了。还有一种较为特殊的调用方式，如下所示：

```java
displayArray(new int[]{3, 5, 7});    //输出 3, 5, 7,
```

这种方式传递的是一个匿名数组，这里使用 new 操作符和初始化列表创建了一个数组，该数组没有显式的数组变量名引用它。

上述示例对实参的值没有任何改变，Java 语言在给方法传递实参时都是按值传递的，那么传递数组给方法是否与传递基本数据类型给方法一致，形参的任何改变都与实参无关呢？答案是否定的，当传递数组给方法时，形参的改变也能引起实参的改变。

无论给方法传递的是基本数据类型值还是数组引用类型值，都是将实参的值赋值给形参变量。然而，当把引用值传递给形参之后，形参和实参会引用同一个内存区域。因此，如果被调用方法通过形参改变了数组内存区域的值，那么通过实参也能看到变化。

程序清单 5-4 给出了一个传递基本数据类型和传递数组的示例。

程序清单 5-4　TestArrayMethod1.java

```java
1    public class TestArrayMethod1 {
2        public static void modify(int num,int[] list){
3            num = 0;
4            list[0] = -1;
5        }
6        public static void main(String[] args) {
7            int number = 9;
8            int[] list = {1, 3, 5};
```

```
9              System.out.printf("方法调用前,number=%d,ilist[0]=%d\n",
10                 num, list[0]);
11             modify(num, list);
12             System.out.printf("方法调用后,number=%d,ilist[0]=%d",
13                 num, list[0]);
14         }
15     }
```

运行结果如下：

方法调用前,number=9,ilist[0]=1

方法调用后,number=9,ilist[0]=-1

程序清单 5-4 第 2～5 行定义了一个方法 modify，它有两个形参：一个是 int 类型，一个是 int 类型数组。第 11 行调用 modify 方法传递了一个 int 类型变量 number 和一个 int 类型数组 ilist。最终的运行结果表明，实参 number 没有改变，实参 ilist 发生了改变。这是因为实参 ilist 和形参 list 引用了同一片内存区域，通过形参改变所引用的内存区域的内容，这个变化也会反映到实参中，如图 5-3 所示。当通过形参 list 操作右边的内存区域把 list[0] 变成 -1 时，后续实参 ilist 访问数组的第一个元素时，也会得到 -1。

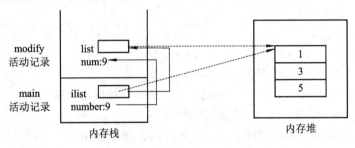

图 5-3   数组传递示例内存示意图

注意：方法的活动记录保存在内存栈中，具有后进先出的特点。而数组是一个引用类型，JVM 将数组的具体内容存储在称为内存堆的内存区域。内存堆用于动态分配内存。

程序清单 5-5 展示了另一个示例，可帮助读者加深理解传递基本数据类型值与传递数组变量给方法的不同。

程序清单 5-5 第 3～7 行定义了一个 swap 方法，形参是两个基本数据类型，其功能是交换两个形参的值。第 9～13 行定义了一个重载的 swap 方法，形参是一个整数数组，其功能是交换整数数组的首尾元素。第 15～19 行输出形参数组的所有数组元素。第 21 行在 main 方法中定义了一个整数数组 ilist，第 23、24 行输出数组 ilist 的初始值。第 26～28 行测试调用了 swap(int, int)方法后，ilist 的值有无变化。第 30～32 行测试调用了 swap(int[])方法后，ilist 的值是否发生变化。

程序清单 5-5   TestSwapTwoNums.java

```
1    public class TestSwapTwoNums {
2        //交换两个整数的值
3        public static void swap(int num1, int num2) {
4            int temp = num1;
5            num1 = num2;
```

```
6                num2 = temp;
7            }
8        //将一个整数数组的首尾元素的值进行交换
9        public static void swap(int[] nums) {
10           int temp = nums[0];
11           nums[0] = nums[nums.length-1];
12           nums[nums.length-1] = temp;
13       }
14       //输出数组
15       public static void showArray(int[] nums) {
16           System.out.print("数组元素:");
17           for(int e:nums)
18               System.out.print(" " + e);
19       }
20       public static void main(String[] args) {
21           int[] ilist = {1, 3, 5, 7};
22
23           System.out.println("在调用方法之前:");
24           showArray(ilist);
25
26           System.out.println("\n 在调用 swap(int,int)后:");
27           swap(ilist[0],ilist[ilist.length-1]);
28           showArray(ilist);
29
30           System.out.println("\n 在调用 swap(int[])后:");
31           swap(ilist);
32           showArray(ilist);
33       }
34   }
```

运行结果如下:

```
在调用方法之前:
数组元素:1 3 5 7
在调用 swap(int,int)后:
数组元素:1 3 5 7
在调用 swap(int[])后:
数组元素:7 3 5 1
```

从运行结果可以看出,在调用 swap(int,int)后,数组 ilist 所有数组元素没有发生改变。这是因为传递的是基本数据类型值,形参的任何改变与实参没有任何关系。然而,在调用 swap(int[])后,数组 ilist 的首尾元素确实交换了。这是因为形参 nums 和实参 ilist 的引用值相同,引用了同一片内存区域。如果通过形参 nums 修改了这片内存区域,那么在方法调用结束后,通过实参 ilist 访问这片内存区域时,就会看到被修改后的值。

2. 数组作为方法返回值类型

当方法的返回值类型是一个数组类型时,方法可以返回一个数组。方法返回一个数组,实际上返回的是一个数组的引用。

程序清单 5-6 展示了一个方法返回数组的示例。该示例对一个成绩单(用一个数组保存)进行处理，去除不及格的分数，将及格分数构成的成绩单保存到一个新的数组中。

程序清单 5-6　TestReturnArray.java

```
1    public class TestReturnArray {
2        public static int[] filterScore(int[] scores) {
3            int count = 0;
4            for(int e: scores)
5                if(e >= 60)
6                    count++;
7            int[] sList = new int[count];
8            int j = 0;
9            for(int i = 0; i < scores.length; i++)
10               if(scores[i] >= 60) {
11                   sList[j] = scores[i];
12                   j++;
13               }
14           return sList;
15       }
16       //输出数组
17       public static void showArray(int[] nums) {
18           for(int e:nums)
19               System.out.print(" " + e);
20       }
21       public static void main(String[] args) {
22           int[] scores = {55, 75, 65, 85, 45, 92, 58};
23           System.out.println("原始成绩单:");
24           showArray(scores);
25           //返回一个数组
26           int[] passList = filterScore(scores);
27           System.out.println("\n 去除不及格后的成绩单:");
28           showArray(passList);
29       }
30   }
```

运行结果如下:

```
原始成绩单:
 55 75 65 85 45 92 58
去除不及格后的成绩单:
 75 65 85 92
```

程序清单 5-6 第 2～15 行定义了方法 filterScore，返回值类型是 int 类型数组，形参也是一个 int 类型数组。第 17～20 行定义了方法 showArray，输出数组的所有元素。第 26 行调用 filterScore 方法返回了一个整数数组，此时返回的值是 filterScore 方法中数组 sList 的引用值。passList 与 sList 引用同一片内存区域。当方法 filterScore 的调用结束时，该方法的形参和局部变量均被清除。而方法 filterScore()在内存堆中创建的数组继续被 main 方法的数组变量 passList 引用。

5.1.6 数组查找

数组查找是程序设计中的常见任务。例如，判断某个人的名字是否在名单中，在购物中查找自己的订单等。在 5.1.4 节，介绍了查找数组的最大值和最小值。本小节介绍的数组查找，是指在数组中寻找特定元素的过程。本节基于 int 类型一维数组介绍两种常见的查找方法：线性查找(Linear Search)和折半查找(Half-interval Search)。

1. 线性查找

线性查找又被称为顺序查找，是一种最简单的查找方法。以处理 int 类型一维数组为例，线性查找算法的基本思想是：将要查找的关键字 key 值与数组中的元素依次逐个比较，直到找到与 key 值相等的元素，或者查找完数组没有找到与之相等的元素。如果找到与 key 值相等的元素，则返回该数组元素对应的下标值。否则，返回 −1。

程序清单 5-7 展示了线性查找算法及对其进行的测试。

程序清单 5-7　LinearSearch.java

```
1    public class LinearSearch {
2    //线性查找算法,在数组 nums 中查找与 key 相等的元素
3        public static int linearSearching(int[] nums, int key) {
4            for(int i = 0; i < nums.length; i++)
5                if(nums[i] == key)
6                    return i;
7            return -1;
8        }
9        public static void main(String[] args) {
10           int[] ilist = {1, 3, 3, 5, 5, 7, 9, 7};
11           System.out.println("查找 5,返回:" + linearSearching(ilist, 5));
12           System.out.println("查找 4,返回:" + linearSearching(ilist, 4));
13           System.out.println("查找 7,返回:" + linearSearching(ilist, 7));
14       }
15   }
```

运行结果如下：

```
查找 5,返回:3
查找 4,返回:-1
查找 7,返回:5
```

程序清单 5-7 第 3~8 行定义了线性查找方法 linearSearching，其中有两个形参：一个是 int 类型数组 nums、一个是 int 类型的待查找关键字 key。该线性查找算法从下标 0 开始往后查找，如果找到一个与 key 相等的元素，就返回对应的下标值；如果没有找到，就会遍历完数组，最后返回 −1。第 9~14 行是一个测试的 main 方法，测试了查找 5、4、7 的结果。

2. 折半查找

折半查找又称为二分查找(Binary Search)，是一种在有序数组中查找某一特定元素的搜索算法。使用折半查找的前提是数组中的元素必须是已经排好序的。假设一个 int 类型一维数组已经按升序排列，折半查找法首先让关键字 key 与数组的中间元素比较。此时，可能出现 3 种不同的情况：

(1) 如果关键字 key 等于中间元素值，则查找成功，返回中间元素对应的下标值；

(2) 如果关键字 key 小于中间元素值，则需要在数组的前一半元素中继续查找 key；

(3) 如果关键字 key 大于中间元素值，则需要在数组的后一半元素中继续查找 key。

在继续查找 key 时，从前一半或后一半元素中，再次取出其中间元素，与 key 进行比较。由此可以看出折半查找法在每次比较之后就排除了一半的数组元素。当把整个数组查找完时，还没有找到与 key 相等的元素，返回 −1。

为了便于描述折半查找过程，需设计 3 个下标变量，即 high、low 和 mid，它们分别表示当前待查找数组的最后一个元素的下标、第一个元素的下标和中间元素的下标。mid 的值为(high + low)/2。起始时，high = 数组.length − 1, low = 0。当 key 等于中间元素值时，返回 mid，查找结束。当 key 小于中间元素值时，查找数组的前半部分，此时数组前半部分的第一个元素下标 low 不变，high 变为 mid − 1，mid 继续基于公式(high + low)/2 进行更新。当 key 大于中间元素值时，查找数组的后半部分，此时数组后半部分的第一个元素下标 low 变为 mid + 1，high 不变，mid 的值更新。重复上述步骤，直到找到与 key 相等的元素或者等待数组查找完，即 high 小于等于 low。

下面通过示例图展示查找成功与查找失败的情况。假设整数数组 nums 有 10 个元素：{1, 3, 5, 9, 12, 23, 34, 39, 56, 78}。图 5-4 展示了查找 key 值为 56 的情况，通过 3 轮查找，成功找到匹配的数组元素，返回对应的下标 8。图 5-5 展示了查找 key 值为 2 的情况，通过 3 轮查找，查找完整个数组，没有找到匹配 key 值的数组元素，查找失败，返回 −1。

low				mid					high
下标 0	1	2	3	4	5	6	7	8	9
值 1	3	5	9	12	23	34	39	56	78

key = 56,   key > nums[4], low = mid +1=5

					low		mid		high
下标 0	1	2	3	4	5	6	7	8	9
值 1	3	5	9	12	23	34	39	56	78

key = 56,   key > nums[7], low = mid +1=8

								low(mid)	high
下标 0	1	2	3	4	5	6	7	8	9
值 1	3	5	9	12	23	34	39	56	78

key = 56, key == nums[8], 返回 8

图 5-4   折半查找示例——查找成功

	low				mid					high
下标	0	1	2	3	4	5	6	7	8	9
值	1	3	5	9	12	23	34	39	56	78

key = 2,　key < nums[4], high = mid - 1=3

	low	mid		high						
下标	0	1	2	3	4	5	6	7	8	9
值	1	3	5	9	12	23	34	39	56	78

key = 2,　key < nums[1], high = mid - 1= 0

	low(mid、high)									
下标	0	1	2	3	4	5	6	7	8	9
值	1	3	5	9	12	23	34	39	56	78

key =2, key != nums[0]，此时 low >= high，表示没找到

图 5-5　折半查找示例——查找失败

程序清单 5-8 展示了折半查找算法及对其进行的测试。

程序清单 5-8　HalfIntervalSearch.java

```
1   public class HalfIntervalSearch {
2       //折半查找方法
3       public static int halfSearch(int[] nums, int key) {
4           int low = 0;                         //第一个元素下标
5           int high = nums.length - 1;          //最后一个元素下标
6
7           //low >= high 时，表示查找完整个数组
8           while(low < high) {
9               int mid = (low + high) / 2;      //中间元素下标
10              if(key == nums[mid])
11                  return mid;                  //查找成功，返回 mid，方法结束
12              else if(key < nums[mid] )
13                  high = mid - 1;
14              else                             //key 大于中间元素值
15                  low = mid + 1;
16          }
17          return -1;                           //上述循环没有找到 key，返回 -1
18      }
19
20      public static void main(String[] args) {
21          int[] ilist = {1, 3, 5, 9, 12, 23, 34, 39, 56, 78};
22          System.out.println("查找 5,返回:" + halfSearch(ilist, 5));
23          System.out.println("查找 56,返回:" + halfSearch(ilist, 56));
24          System.out.println("查找 2,返回:" + halfSearch(ilist, 2));
25      }
26  }
```

运行结果如下：

查找 5,返回:2
查找 56,返回:8
查找 58,返回:-1

程序清单 5-8 第 3~18 行定义折半查找算法 halfSearch。第 4、5 行分别初始化下标变量 low、high。第 8~16 行通过一个 while 循环，查找数组。当循环执行完，执行到第 17 行的语句时，说明没有找到与 key 值相等的数组元素，返回 -1。第 20~25 行是 main 方法，对算法 halfsearch 进行了测试。第 21 行定义了一个有序的整数数组 ilist，第 22~24 行进行了 3 次方法调用测试。

5.1.7 数组排序

排序是程序设计中的一个常见任务，本节介绍一种简单的交换排序方法：冒泡排序。

以一个 int 类型数组要排序成升序为例，冒泡排序的基本思想是：从下标为 0 的元素开始，依次比较两个相邻的元素；如果前者大于后者，则交换这两个相邻元素的值。将上述这个两两比较的工作重复进行，直到没有相邻元素需要交换为止，就说明排序完成。

冒泡排序算法名字的由来是因为越小的元素会经由交换慢慢"浮"到数列的顶端(升序或降序排列)，就如同碳酸饮料中二氧化碳的气泡最终会上浮到顶端一样，故名为"冒泡排序"。

图 5-6 展示了采用冒泡排序方法对一个整数数组 a{14, 29, 17, 35, 26}进行冒泡排序的详细过程。第一趟比较是 5 个元素按顺序两两比较，比较 4 次，交换 2 次，找出最大值 35，置于最后一个位置。最后一个位置成为有序区域，下一趟不再参与比较。因此，第二趟比较只需要比较剩下的 4 个数，两两比较需要比较 3 次，找出次大值，置于倒数第二个位置，有序区域扩展到两个元素。因此，在冒泡排序中，下一趟比较比上一趟比较会减少比较次数，并找出无序区域的最大值。每一趟比较之后有序区域会增加一个元素，因此，冒泡排序对具有 n 个元素的一维数组进行比较，最多需要比较 $n-1$ 趟。

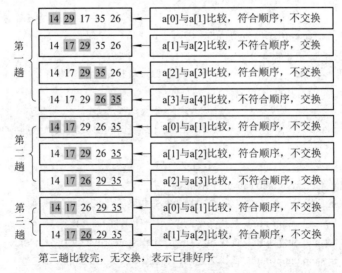

第三趟比较完，无交换，表示已排好序

图 5-6 冒泡排序示例

图 5-6 给出了示例，在比较完第三趟后就不存在交换了，说明已经是排好序的。因此，在设计冒泡排序算法时，可以给出一个标志变量，提前结束比较和交换操作。

程序清单 5-9 给出了冒泡排序算法的实现及对其进行的测试。

程序清单 5-9　BubbleSort.java

```
1    public class BubbleSort {
2        //冒泡排序算法实现
3        public static void bubbleSorting(int[] nums) {
4            for (int i = 0; i < nums.length - 1; i++) {        //最多 n-1 趟比较
5                boolean flag = false;    //有无交换发生的标志变量
6                for (int j = 0; j < nums.length - i - 1; j++) {
7                    //每趟两两比较完后，增大一个有序区域
8                    if (nums[j] > nums[j+1]) {
9                        int temp = nums[j];
10                       nums[j] = nums[j+1];
11                       nums[j+1] = temp;
12                       flag = true;    //交换发生，flag 置为 true
13                   }
14               }
15               if(!flag)    //当不存在交换时，结束比较
16                   return;
17           }
18       }
19       public static void showArray(int[] a) {
20           for(int e: a)
21               System.out.print(e + "      ");
22       }
23       public static void main(String[] args) {
24           int[] a = {14, 17, 29, 26, 35, 12, 24};
25           System.out.print("排序前:");
26           showArray(a);
27           //排序
28           bubbleSorting(a);
29           System.out.print("\n 排序后:");
30           showArray(a);
31       }
32   }
```

运行结果如下：

排序前:14	17	29	26	35	12	24
排序后:12	14	17	24	26	29	35

程序清单 5-9 第 3～18 行实现了冒泡排序算法：第 4 行的外层循环控制冒泡排序比较的趟数。第 5 行在每趟排序前设置了一个判断有无交换发生的标志变量 flag，初值为 false。第 6 行的内层循环控制数组元素两两比较的范围。接着，每当这一趟冒泡排序有交换发生时，第 12 行将 flag 置为 true。如果当某一趟做完两两比较后，没有交换发生，那么第 15、

16 行代码会结束冒泡排序。此时，整个序列是已经按升序排列好的。

第 23～31 行是一个 main 方法，对冒泡排序方法 bubbleSorting 进行了测试。

5.1.8 Arrays 类

java.utils.Arrays 类提供了对数组操作的一系列方法，使用这些方法可以简化开发过程，提高开发效率。

表 5-1 以 int 类型一维数组为例，列出了 Arrays 类的部分常用方法。

表 5-1 Arrays 类常用方法

方 法	描 述
static int binarySearch(int[] a, int key)	用二分查找算法在给定数组 a 中查找给定值 key，数组 a 在调用前必须是已经排序的。如果找到，则返回对应数组元素的下标值；如果在数组中找不到 key 值，则返回(-(插入点的下标值)-1)
static void fill(int[] a, int val)	将指定值 val 分配给指定数组 a 的每个元素
static void sort(int[] a)	对指定数组 a 按照升序排列其数组元素
static String toString(int[] a)	返回指定数组内容的字符串表示形式。字符串表示由一个数组元素列表组成，该列表用方括号("[]")括起来。相邻的元素由字符 "," (逗号后跟空格)分隔。元素通过 String.valueOf(int) 转换为字符串。如果 a 为 null，则返回 "null"
static boolean equals(int[] a, int[] a2)	如果两个指定的 int 类型数组彼此相等，则返回 true。如果两个数组是相等的，那么这两个数组包含相同数量、相同顺序、相同值的数组元素。另外，两个数组引用都是 null 时，被认为是相等的

java.util.Arrays 类提供的方法通常都是静态的，通过类名可以直接进行调用。

程序清单 5-10 展示了 Arrays 类常用方法的使用。

程序清单 5-10 ArraysDemo1.java

```
1     public class ArraysDemo1 {
2         public static void main(String[] args) {
3             int[] a = {24, 35, 21, 46, 18, 56, 42, 39};
4             int[] b =null, c=null;
5             System.out.println("数组 a 排序前:" + Arrays.toString(a));
6             //排序
7             Arrays.sort(a);
8             System.out.println("数组 a 排序后:" + Arrays.toString(a));
9             //查找
10            System.out.println("在数组 a 中,折半查找 42,返回:" +
11                    Arrays.binarySearch(a, 42));
12            System.out.println("在数组 a 中,折半查找 45,返回:" +
13                    Arrays.binarySearch(a, 45));
```

```
14              //比较两个数组
15              System.out.println("b == c ? " + Arrays.equals(b, c));
16
17              b = new int[5];
18              c = new int[5];
19              Arrays.fill(b, 1);
20              Arrays.fill(c, 2);
21              System.out.println("数组 b:" + Arrays.toString(b));
22              System.out.println("数组 c:" + Arrays.toString(c));
23              System.out.println("b == c ? " + Arrays.equals(b, c));
24      }
25  }
```

运行结果如下：

```
数组 a 排序前:[24, 35, 21, 46, 18, 56, 42, 39]
数组 a 排序后:[18, 21, 24, 35, 39, 42, 46, 56]
在数组 a 中,折半查找 42,返回:5
在数组 a 中,折半查找 45,返回:-7
b == c ? true
数组 b:[1, 1, 1, 1, 1]
数组 c:[2, 2, 2, 2, 2]
b == c ? false
```

程序清单 5-10 第 3 行定义了一个无序数组 a，第 4 行声明了两个数组引用变量，初值均为 null，第 5 行使用方法 Arrays.toString 输出，第 7 行对数组 a 进行排序，第 10～13 行对排序后的数组 a 进行折半查找，第 15 行测试了 Arrays.equals 方法。第 19、20 行测试了 Arrays.fill 方法。第 21、22 行输出数组 b、c。第 23 行再次测试了数组 b、c 是否相等。

本小节以 int 类型数组为例，介绍了 Arrays 类常用方法的使用。Arrays 类的常用方法也有针对其他类型数组的重载方法版本，包括 byte[]、short[]、char[]、float[]、double[]、Object[] 等。例如，针对 Arrays.sort() 方法，除了可以传递 int[] 数组，还可以传递 double[] 数组：

```
double[] list1 = {1.2, 4.5, 3.2, 8.9, 3.5};
Arrays.sort(list1);     //list1->{1.2, 3.2, 3.5, 4.5, 8.9}
```

5.1.9　数组复制

在 Java 语言中，数组复制可以分为深度复制和浅度复制，数组的深度复制是复制数组的内容，而浅度复制是复制数组的引用。图 5-7 给出了数组深度复制与浅度复制的示例，展示了两种复制的区别。在图 5-7(a) 中，数组变量 a 的引用赋值给数组变量 b，a 和 b 指向同一片内存区域。在图 5-7(b) 中，数组变量 b 指向一片新的内存区域，然后通过一个循环逐个把数组 a 的数组元素值赋值到数组 b 的相应位置上。

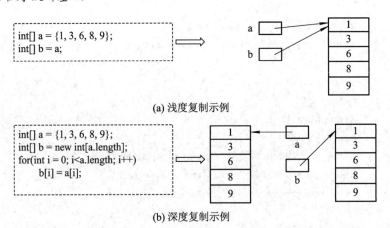

(a) 浅度复制示例

(b) 深度复制示例

图 5-7   数组深度复制与浅度复制示例

Java 类库提供了数组深度复制的方法：Arrays 类的 copyOf()方法和 copyOfRange()方法以及 System 类的 arraycopy()方法。

下面以 int 类型一维数组为例说明 Arrays 的 copyOf()方法和 copyOfRange()方法。

(1) public static int[] copyOf(int[] original, int newLength)：复制指定的数组 original，截断或填充零(如有必要)，使副本具有指定的长度 newLength。对于在原始数组和副本中都有效的所有索引，这两个数组将包含相同的值。对于在副本中有效但在原始索引中无效的任何索引，副本将包含 0。当且仅当指定的长度大于原始数组的长度时，才会存在这样的索引。

(2) public static int[] copyOfRange(int[] original, int from, int to)：将指定数组 original 的指定范围复制到新数组中。范围的初始索引(From)必须介于零和 original.length 之间，包括零和 orional.length。original [from]处的值被放置到副本的初始元素中(除非 from == original. length 或 from==to)。在 original 数组中后续元素的值将被放置到副本中的后续元素中。范围的最终索引(to)必须大于或等于 from，也有可能大于 original.length，在这种情况下，将 0 放置在索引大于或等于 original.length-from 的副本的所有元素中，返回数组的长度为(to - from)。

Arrays 的 copyOf()方法和 copyOfRange()方法也适用于其他数值型(byte、short、long、float、double)一维数组、字符型一维数组和 Object 一维数组。

下面说明 System 类的 arraycopy()方法。

(3) public static void arraycopy(Object src, int srcPos, Object dest, int destPos, int length)：从指定源数组 src 的指定位置 srcPos 开始，将数组复制到目标数组 dest 的指定位置 destPos。数组元素的子序列从 src 引用的源数组复制到 dest 引用的目标数组。复制的数组元素数量等于长度参数 length。在源数组 src 中从位置 srcPos 到 srcPos + length − 1 处的数组元素被分别复制到目标数组 dest 的位置 destPos 到 destPos + length − 1。

如果 src 和 dest 参数引用相同的数组对象，则在执行复制时，首先将位置 srcPos 到 srcPos + length - 1 的数组元素复制到具有相同长度的临时数组，再将临时数组的内容复制到目标数组的位置 destPos 到 destPos + length − 1。

System 类的 arraycopy()方法的形参是 Object 类型，因此，该方法可以处理任意类型的数组。

程序清单 5-11 给出了一个示例，展示了对上述 3 个方法的使用。

程序清单 5-11　TestArrayCopy.java

```
1    public class TestArrayCopy {
2        public static void main(String[] args) {
3            int[] a = {2, 6, 3, 8, 9, 12, 35, 21};
4            int[] b = Arrays.copyOf(a, 6);
5            int[] c = Arrays.copyOf(a, 10);
6            int[] d = Arrays.copyOfRange(a, 3, 6);
7            System.out.println("数组 a:" + Arrays.toString(a));
8            System.out.println("数组 b:" +Arrays.toString(b));
9            System.out.println("数组 c:" +Arrays.toString(c));
10           System.out.println("数组 d:" +Arrays.toString(d));
11
12           int[] a1 = new int[3];
13           int[] a2 = new int[a.length];
14           System.arraycopy(a, 1, a1, 0, 3);
15           System.arraycopy(a, 0, a2, 0, a.length);
16           System.out.println("数组 a1:" +Arrays.toString(a1));
17           System.out.println("数组 a2:" +Arrays.toString(a2));
18       }
19   }
```

运行结果如下：

```
数组 a:[2, 6, 3, 8, 9, 12, 35, 21]
数组 b:[2, 6, 3, 8, 9, 12]
数组 c:[2, 6, 3, 8, 9, 12, 35, 21, 0, 0]
数组 d:[8, 9, 12]
数组 a1:[6, 3, 8]
数组 a2：[2, 6, 3, 8, 9, 12, 35, 21]
```

程序清单 5-11 第 4～6 行展示了 Arrays 类的复制方法，第 7～10 行分别输出了 4 个数组 a、b、c、d 的所有数组元素。第 14、15 行展示了 System.arraycopy()方法，第 16、17 行输出复制的数组 a1、a2。

5.2　二　维　数　组

二维数组是具有行下标和列下标的数组，可以用来存储表或矩阵。例如，图 5-8(a)给出了一个表用二维数组表示的例子，表是 3 行 3 列，表示 3 个学生的语文、数学、英语的成绩，对应的二维数组 scores 也是 3 行 3 列。图 5-8(b)给出了一个矩阵用二维数组表示的例子，矩阵也是 3 行 3 列，对应的二维数组 matrixs 也是 3 行 3 列。图 5-8 给出的两个示例数组都是 3 行 3 列，行下标和列下标都是从 0 开始，最大值是 2。

学号	语文	数学	英语
2023001	78	89	95
2023002	87	98	89
2023003	82	95	92

⟹ int[][] scores = {{78, 89, 95},
　　　　　　　　　　{87, 98, 89},
　　　　　　　　　　{82, 95, 92}};

$$\begin{bmatrix} 3 & 6 & 9 \\ 4 & 5 & 7 \\ 2 & 8 & 1 \end{bmatrix}$$ ⟹ int[][] matrixs = {{3, 6, 9},
　　　　　　　　　　　　{4, 5, 7},
　　　　　　　　　　　　{2, 8, 1}};

(a) 表用二维数组表示　　　　　　　　　　(b) 矩阵用二维数组表示

图 5-8　二维数组表示表和矩阵示例

Java 语言把二维数组看作是由多个一维数组构成的数组。例如，图 5-8 给出的 scores 数组可看作是由 3 个一维数组构成的，第一个一维数组表示学号为"2023001"的学生的语文、数学、英语成绩，第二个一维数组表示学号为"2023002"的学生的语文、数学、英语成绩，第三个一维数组表示学号为"2023003"的学生的语文、数学、英语成绩。

5.2.1　二维数组声明与创建

声明二维数组的语法格式如下：

数据类型[][] 变量名;　//推荐形式
数据类型 变量名[][];　//另一种合法形式

例如：

int[][] matrixs;或 int matrixs[][];

创建二维数组的语法格式如下：

变量名=new 数据类型[m][n];　//m、n 通常是正整数值

例如

matrixs = new int[3][3];

与一维数组一样，二维数组声明和创建也可以一步完成。

数据类型[][] 变量名=new 数据类型[m][n];　//m、n 通常是正整数值

或者

数据类型　变量名[][] = new 数据类型[m][n];　//m、n 通常是正整数值

例如：

int[][] matrixs = new int[3][3];

或者

int matrixs[][] = new int[3][3];

5.2.2　二维数组初始化与访问

与一维数组一样，二维数组在创建之后，也具有默认值，默认值规则与一维数组一样。而且，二维数组也可以采用初始化列表进行初始化，其一般形式如下：

数据类型[][] 变量名 = 二维数组初始化列表;

二维数组的初始化列表形式如下：

二维数组初始化列表= {一维数组初始化列表 1，一维数组初始化列表 2，…，一维数组初始化列表 n};

例如：

int[][] scores = {{78, 89, 95}, {87, 98, 89}, {82, 95, 92}};

等价于如下代码：

int[][] scores = new int[3][3]; scores[0][0] = 78; scores[0][1] = 89; scores[0][2] = 95; scores[1][0] = 87; scores[1][1] = 98; scores[1][2] = 89; scores[2][0] = 82; scores[2][1] = 95; scores[2][2] = 92;

与一维数组一样，二维数组的声明与创建和初始化分开成两步，例如：

int[][] scores;
scores = new int[][]{ {78, 89, 95}, {87, 98, 89}, {82, 95, 92} };

二维数组的每一个元素是一个一维数组。二维数组的长度表示其包含多少个一维数组。例如，二维数组 scores 包含 3 个一维数组，因此，scores.length 的值为 3。元素 scores[0]代表一维数组{78, 89, 95}，scores[1]代表一维数组{87, 98, 89}，scores[2]代表一维数组{82, 95, 92}。图 5-9 给出了 scores 二维数组内存示意图。3 个一维数组的长度可分别由 scores[0].length、scores[1].length、scores[2].length 获取。可通过行下标、列下标访问具体的数组元素。例如，scores[1][1]对应的值是 98，scores[2][0]对应的值是 82。

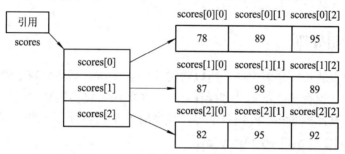

图 5-9　scores 二维数组内存示意图

5.2.3　锯齿二维数组

Java 语言的二维数组是由多个一维数组构成的，各个一维数组的长度可以不相同。这种数组可以称为锯齿二维数组，还可以称为不规则二维数组。锯齿数组也可以扩展到多维数组。

图 5-10 给出一个锯齿二维数组的示例。其中，xList.length 的值是 4，表示二维数组 xList 包含 4 个一维数组。xList[0].length 的值是 5，表示第一个一维数组的长度是 5。xList[1].length 的值是 2，表示第二个一维数组长度是 2。xList[2].length 的值是 4，表示第三个一维数组长度是 4。xList[3].length 的值是 1，表示第四个一维数组长度是 1。因此，4 个一维数组长度不相同，像锯齿一样，从而被称为锯齿数组。

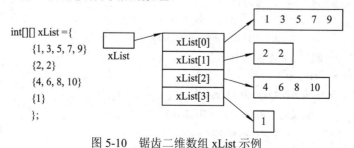

图 5-10　锯齿二维数组 xList 示例

访问锯齿二维数组，也需要指定行下标和列下标。例如，xList[0][0]访问数组元素的值 1，xList[0][1]访问数组元素的值 3，xList[2][1]访问数组元素的值 6，xList[3][0]访问数组元素的值 1。

如果不知道锯齿二维数组的初始值，但知道其中各个一维数组的长度，那么可以结合 new 操作符使用如下语法创建锯齿数组(以图 5-10 所示的二维数组 xList 为例)：

```
int[][] xList = new int[4][];
xList[0] = new int[5];
xList[1] = new int[2];
xList[2] = new int[4];
xList[3] = new int[1];
```

上述语句创建的 xList 具有默认的初值，如 xList[0][0]的默认值是 0。如果希望用别的初始值初始化各个数组元素，可以如下赋值：

```
xList[0][0] = 1;xList[0][1] = 3;xList[0][2] = 5;xList[0][3] = 7;xList[0][4] = 9;
```

上述赋值就初始化了 xList[0]一维数组。

5.2.4　二维数组处理

由于二维数组的长度是固定的，所以常常使用嵌套 for 循环处理二维数组。与一维数组类似，二维数组也有一些常见处理操作：初始化数组、输出所有数组元素、按列求和、按行求和、求所有元素的和、随机打乱等。程序清单 5-12 演示了这些常见处理操作。

程序清单 5-12　TestTwoDArray.java

```
1    public class TestTwoDArray {
2        public static void main(String[] args) {
3            int[][] matrix1 = new int[5][5];
4            int[][] matrix2 = new int[2][2];
5            //1.使用随机值初始化数组
6            for(int i = 0; i < matrix1.length; i++)
7                for(int j = 0; j < matrix1[i].length; j++)
8                    matrix1[i][j] = (int)(Math.random()*100);
9            //2.使用输入值初始化数组
10           Scanner input = new Scanner(System.in);
11           System.out.println("请输入" + matrix2.length + "行"
12                   + matrix2[0].length + "列整数: ");
13           for(int i = 0; i < matrix2.length; i++)
14               for(int j = 0; j < matrix2[i].length; j++)
15                   matrix2[i][j] = input.nextInt();
16           //3.输出二维数组所有元素
17           System.out.println("matrix1:");
18           for(int i = 0; i < matrix1.length; i++) {
19               for(int j = 0; j < matrix1[i].length; j++)
20                   System.out.print(matrix1[i][j] + " ");
21               System.out.println();
```

```
22              }
23              System.out.println("matrix2:");
24              for(int i = 0; i < matrix2.length; i++) {
25                  for(int j = 0; j < matrix2[i].length; j++)
26                      System.out.print(matrix2[i][j] + " ");
27                  System.out.println();
28              }
29              //4.按列求和
30              for(int j = 0; j < matrix1[0].length; j++) {
31                  int total = 0;
32                  for(int i = 0; i < matrix1.length; i++)
33                      total += matrix1[i][j];
34                  System.out.printf("matrix1 第%d 列的和是%d\n", j, total);
35              }
36              //5.按行求和,并输出哪一行和最大
37              int maxRow = 0;
38              int indexOfMaxRow = 0;
39              for(int i = 0; i < matrix1[0].length; i++) {
42                  int total = 0;
41                  for(int j = 0; j < matrix1.length; j++)
42                      total += matrix1[i][j];
43                  if(total > maxRow) {
44                      maxRow = total;
45                      indexOfMaxRow = i;
46                  }
47              }
48              System.out.printf("matrix1 第%d 行的和最大,和是%d\n",
49                          indexOfMaxRow, maxRow);
50              //6.求二维数组所有元素的和
51              int sum = 0;
52              for(int i = 0; i < matrix1.length; i++)
53                  for(int j = 0; j < matrix1[i].length; j++)
54                      sum += matrix1[i][j];
55              System.out.printf("matrix1 所有元素的和是%d\n", sum);
56              //7.随机打乱
57              for(int i = 0; i < matrix1.length; i++)
58                  for(int j = 0; j < matrix1[i].length; j++) {
59                      int i1 = (int)(Math.random()*matrix1.length);
60                      int j1 = (int)(Math.random()*matrix1[i].length);
61                      //随机下标 i1、j1 指定元素与 i、j 指定元素交换
62                      int temp = matrix1[i][j];
63                      matrix1[i][j] = matrix1[i1][j1];
64                      matrix1[i1][j1] = temp;
```

```
65                    }
66              //输出随机打乱后的数组
67              System.out.println("随机打乱后 matrix1:");
68              for(int i = 0; i < matrix1.length; i++) {
69                  for(int j = 0; j < matrix1[i].length; j++)
70                      System.out.print(matrix1[i][j] + " ");
71                  System.out.println();
72              }
73          }
74      }
```

运行结果如下：

请输入 2 行 2 列整数：

3 4↙

5 6↙

matrix1:

49 36 26 53 77

93 79 30 61 95

35 92 94 23 3

51 97 10 83 7

51 77 6 49 60

matrix2:

3 4↙

5 6↙

matrix1 第 0 列的和是 279

matrix1 第 1 列的和是 381

matrix1 第 2 列的和是 166

matrix1 第 3 列的和是 269

matrix1 第 4 列的和是 242

matrix1 第 1 行的和最大,和是 358

matrix1 所有元素的和是 1337

随机打乱后 matrix1:

60 83 30 53 92

7 51 3 77 95

77 10 61 26 23

51 49 93 94 36

35 97 49 79 6

5.3 多 维 数 组

Java 语言把一个二维数组看作是由多个一维数组构成的数组，而一个三维数组是由多个二维数组构成的数组，每个二维数组又是由多个一维数组构成的数组。一个四维数组是由多个三维数组构成的数组。因此，可以总结为：一个 $n(n \geq 2)$ 维数组可以看作是由多个 $n-1$ 维数组构成的数组。

在声明和创建多维数组时，可以借鉴二维数组的声明与创建。例如，假如有 5 个考生，参与专业技能选拔考核，考核 Java 语言、数据结构、数据库 3 门课，考核成绩分为笔试(50 分)和机试(50 分)两部分，公示每个考生的总分，并录取总分最高的考生。为了展示考生的考试成绩信息，可以使用一个三维数组：

```java
int[][][] grades = new int[5][3][2];   //5 个考生、3 门课、两种考试(笔试、机试)
```

和二维数组一样，也可以采用初始化列表进行初始化，例如：

```java
int[][][] grades = {
    {{45, 40}, {35, 38}, {45, 42}},//第 1 个考生，Java 语言、数据结构、数据库 3 门课成绩
    {{42, 45}, {38, 40}, {47, 48}},//第 2 个考生，Java 语言、数据结构、数据库 3 门课成绩
    {{39, 42}, {45, 45}, {42, 40}},//第 3 个考生，Java 语言、数据结构、数据库 3 门课成绩
    {{35, 38}, {45, 47}, {48, 45}},//第 4 个考生，Java 语言、数据结构、数据库 3 门课成绩
    {{50, 48}, {45, 46}, {47, 42}},//第 5 个考生，Java 语言、数据结构、数据库 3 门课成绩
};
```

对于三维数组 grades，可以看作是由 5 个二维数组构成，每个二维数组可以看作是由 3 个一维数组构成。于是，grades.length 的值为 5，表示该三维数组由 5 个二维数组构成；grades[0].length 的值为 3，表示二维数组 grades[0]由 3 个一维数组构成；grades[0][0].length 的值为 2，表示一维数组 grades[0][0]长度为 2。grades[0][0][0]的值为 45，为第 1 个考生 Java 语言的笔试成绩，grades[0][0][1]的值为 40，为第 1 个考生 Java 语言的机试成绩。grades[0][1][0]的值为 35，为第 1 个考生数据结构的笔试成绩，grades[0][1][1]的值为 38，为第 1 个考生数据结构的机试成绩。grades[0][2][0]的值为 45，为第 1 个考生数据库的笔试成绩，grades[0][2][1]的值为 42，为第 1 个考生数据库的机试成绩。

程序清单 5-13 给出了上述三维数组应用的示例，找出了总分最高的考生。

程序清单 5-13 TestThreeDArray.java

```java
1   public class TestThreeDArray {
2       public static void main(String[] args) {
3           int[][][] grades = {
4                   {{45, 40}, {35, 38}, {45, 42}},
5                   {{42, 45}, {38, 40}, {47, 48}},
6                   {{39, 42}, {45, 45}, {42, 40}},
7                   {{35, 38}, {45, 47}, {48, 45}},
8                   {{50, 48}, {45, 46}, {47, 42}},
9           };
10          int[] total = new int[grades.length];    //保存 5 个考生的总成绩
11          for(int i = 0; i < grades.length; i++)
12              for(int j = 0; j < grades[i].length; j++)
13                  for(int k = 0; k < grades[i][j].length; k++)
14                      total[i] += grades[i][j][k];
15          for(int i = 0; i < total.length; i++)
16              System.out.printf("第%d 个考生的总分是:%d\n",
```

```
17                       i+1, total[i]);
18              //找出总分最高的考生
19              int maxTotal = total[0];
20              int maxIndex = 0;
21              for(int i = 1; i < total.length; i++) {
22                  if(maxTotal < total[i]) {
23                      maxTotal = total[i];
24                      maxIndex = i;
25                  }
26              }
27              System.out.printf("被录取的是第%d 个考生,总分为:%d",
28                      maxIndex+1, total[maxIndex]);
29          }
30      }
```

运行结果如下：

```
第 1 个考生的总分是:245
第 2 个考生的总分是:260
第 3 个考生的总分是:253
第 4 个考生的总分是:258
第 5 个考生的总分是:278
被录取的是第 5 个考生,总分为:278
```

程序清单 5-13 第 10～14 行通过一个三重嵌套循环遍历了三维数组中的每个数组元素，计算出每个考生的总分。

5.4 数组应用示例

5.4.1 扑克牌混洗和发放

假设 3 个玩家在玩扑克牌，如何混洗扑克牌，并给 3 个玩家发放扑克呢？该玩法不需要大王、小王两张牌，初始时只需要给每个玩家随机发放 5 张牌。

一副扑克牌在去掉大王、小王两张扑克牌后，剩下 52 张，由黑桃、红桃、梅花、方块 4 种花色构成，每种花色的牌有 13 张。可以用一维数组存储表示 52 张扑克牌，并设计好数组下标与扑克牌之间的映射关系。

可设计一个一维的 int 类型数组 cards 存储所有的牌，如下所示：

```
int[] cards = new int[52];
//初始化数组
for(int i = 0; i < cards.length; i++)
    cards[i] =i;
```

数组 cards 的初始值 0～51 对应 4 种花色共 52 张扑克牌。给定数组元素的一个值

cardValue，可将其转换为对应的扑克牌牌面值。图 5-11 给出了这种映射关系。

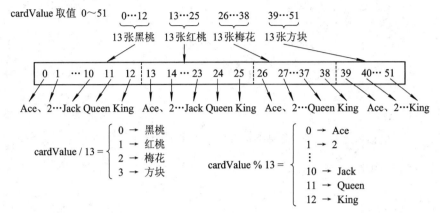

图 5-11　数组和扑克牌映射关系

从图 5-11 中可以看出，cardValue / 13 的值为 0、1、2、3，分别对应于 4 种花色黑桃、红桃、梅花、方块，cardValue % 13 的值为 0～12，值 0 对应于扑克牌牌面值 Ace，值 1 对应于扑克牌牌面值 2，以此类推，值 12 对应于扑克牌牌面值 King。

程序清单 5-14 给出混洗扑克牌，并给 3 个玩家各发放 5 张扑克牌的示例。

程序清单 5-14　TestPlayingCards

```
1    public class TestPlayingCards {
2        public static void main(String[] args) {
3            int[] cards = new int[52];
4            String[] kinds = {"黑桃", "红桃", "梅花", "方块"};
5            String[] values = {"Ace", "2", "3", "4", "5", "6", "7", "8", "9",
6                "10", "Jack", "Queen", "King"};
7            // 初始化数组
8            for (int i = 0; i < cards.length; i++)
9                cards[i] = i;
10           // 混洗扑克牌
11           for (int i = 0; i < cards.length; i++) {
12               int index = (int)(Math.random() * cards.length);
13               int temp = cards[i];
14               cards[i] = cards[index];
15               cards[index] = temp;
16           }
17           // 给 3 个选手各发 5 张牌
18           int[][] playerCards= new int[3][5];
19           int a=0, b=0, c=0;
20           for (int i = 0; i < 15; i++) {
21               switch(i % 3) {
22                   case 0: {
23                       playerCards[0][a] = cards[i];
24                       a++;
```

```
25                            break;
26                        }
27                    case 1: {
28                            playerCards[1][b] = cards[i];
29                            b++;
30                            break;
31                        }
32                    case 2: {
33                            playerCards[2][c] = cards[i];
34                            c++;
35                            break;
36                        }
37                }
38            }
39            //输出每个玩家手中的牌
40            for(int i = 0; i < playerCards.length; i++) {
41                System.out.printf("玩家%d 的牌:", (i+1));
42                for(int j = 0; j < playerCards[i].length; j++) {
43                    String kind = kinds[playerCards[i][j]/13];
44                    String value = values[playerCards[i][j] % 13];
45                    System.out.print(kind + value + "    ");
46                }
47                System.out.println();
48            }
49        }
50    }
```

一次运行结果如下(由于程序有随机处理，多次运行结果不相同)：

玩家 1 的牌:0→黑桃 Ace　22→红桃 10　51→方块 King　19→红桃 7　38→梅花 King

玩家 2 的牌:33→梅花 8　36→梅花 Jack　42→方块 4　27→梅花 2　10→黑桃 Jack

玩家 3 的牌:31→梅花 6　37→梅花 Queen　49→方块 Jack　23→红桃 Jack　44→方块 6

程序清单 5-14 第 3 行定义了一个一维数组 cards，用来存储 52 张牌。第 4 行定义了一个字符串数组 kinds，表示 4 种花色。第 5 行定义了一个字符串数组 values，表示扑克牌牌面值。第 8、9 行是初始化数组 cards。第 11～16 行混洗扑克牌。第 18 行定义了一个二维数组 playerCards，用于存储 3 个玩家初始时拿到的 5 张扑克牌。第 19～38 行通过一个循环给 playerCards 赋值，也是给 3 个玩家发牌。第 40～48 行通过一个嵌套循环把二维数组 playerCards 按行输出，即显示每个玩家手中的 5 张牌。

5.4.2　单选题测试评分

假设在某门课程教学过程中进行一个阶段小测验，布置了 10 道单选题进行测试，每道单选题 2 分，本次测试满分 20 分。学生提交的答题表按学号顺序排列。最后，通过自动阅卷，记录并显示学生的成绩。10 道选择题的正确答案为 1～5 题 ABACC，6～10 题 DBCBA。

学生成绩表如表 5-2 所示。

表 5-2　学 生 成 绩 表

学号	0	1	2	3	4	5	6	7	8	9
202301	A	B	A	C	D	D	B	B	B	A
202302	A	B	A	B	C	B	B	D	A	B
202303	A	A	C	B	A	A	C	A	B	A
202304	B	B	C	C	C	A	B	B	C	A
202305	A	B	A	C	C	D	A	C	B	D
202306	B	B	A	C	C	D	B	C	B	A
202307	A	B	A	C	C	D	C	C	B	B
202308	A	B	A	C	B	D	B	B	C	A
202309	A	B	B	C	B	D	B	C	B	A
202310	B	B	B	C	D	D	B	C	B	A

学生答题表可以用一个二维数组表示，正确答案可用一个一维数组表示，每个学生的学号用一个一维数组表示，每个学生的成绩也用一个一维数组表示。每次从表中取出一行，与正确答案进行比对，如果正确，那么成绩加 2 分。

程序清单 5-15 给出了解决该问题的程序。

程序清单 5-15　PhaseExam.java

```
1    public class PhaseExam {
2        public static void main(String[] args) {
3            char[] answers = {'A', 'B','A','C','C',
4                    'D','B','C','B','A'};                //存储正确答案
5            String[] stuIDs = new String[10];            //存储学号
6            char[][] stuAnswers = {                      //存储每个学生的答题表
7                    {'A','B','A','C','D','D','B','B','B','A'},
8                    {'A','B','A','B','C','B','B','D','A','B'},
9                    {'A','A','C','B','A','A','C','A','B','A'},
10                   {'B','B','C','C','C','A','B','B','C','A'},
11                   {'A','B','A','C','C','D','A','C','B','D'},
12                   {'B','B','A','C','C','D','B','C','B','A'},
13                   {'A','B','A','C','C','D','C','C','B','B'},
14                   {'A','B','A','C','B','D','B','B','C','A'},
15                   {'A','B','B','C','B','D','B','C','B','A'},
16                   {'B','B','B','C','D','D','B','C','B','A'} };
17           int[] scores = new int[stuIDs.length];       //存储成绩
18           //初始化学号数组
19           for(int i = 0; i < stuIDs.length - 1; i++)
20               stuIDs[i] = "20230" + (i+1);
21           stuIDs[9] = "202310";
```

```
22              //阅卷评分,并输出结果
23              for(int i = 0; i < stuAnswers.length; i++) {
24                  for(int j = 0; j < stuAnswers[i].length; j++)
25                      if(stuAnswers[i][j] == answers[j])    //答案正确，分值+2
26                          scores[i] += 2;
27                  System.out.printf("学号:%s,成绩:%d\n",
28                          stuIDs[i], scores[i]);
29              }
30          }
31      }
```

运行结果如下：

```
学号:202301,成绩:16
学号:202302,成绩:10
学号:202303,成绩:6
学号:202304,成绩:10
学号:202305,成绩:16
学号:202306,成绩:18
学号:202307,成绩:16
学号:202308,成绩:14
学号:202309,成绩:16
学号:202310,成绩:14
```

程序清单 5-15 第 3、4 行定义了一个一维数组存储 10 道单选题的正确答案，第 5 行定义了一个一维数组存储学号，第 6～16 行定义了 10 个学生的答题情况，第 7～16 行中每一行表示一个学生的所有答题。第 17 行定义了一个一维数组存储每个学生的分数。第 19～21 行初始化学号数组，第 23～29 行通过一个嵌套的 for 循环进行自动阅卷，将每个学生的成绩记录到一维数组 scores，然后显示每个学生的成绩。

5.4.3　矩阵相加

矩阵相加运算要求两个矩阵必须具备相同的维数。假设两个矩阵 A、B 具有相同的维数，矩阵元素都是 double 类型的值，矩阵 $C = A + B$，那么矩阵 C 的每个元素 $C_{ij} = A_{ij} + B_{ij}$。例如，给定两个 2 行 3 列的矩阵 A、B，其相加结果矩阵 C 的计算公式如下：

$$\begin{bmatrix} A_{11} & A_{12} & A_{13} \\ A_{21} & A_{22} & A_{23} \end{bmatrix} + \begin{bmatrix} B_{11} & B_{12} & B_{13} \\ B_{21} & B_{22} & B_{23} \end{bmatrix} = \begin{bmatrix} A_{11}+B_{11} & A_{12}+B_{12} & A_{13}+B_{13} \\ A_{21}+B_{21} & A_{22}+B_{22} & A_{23}+B_{23} \end{bmatrix}$$

$$= \begin{bmatrix} C_{11} & C_{12} & C_{13} \\ C_{21} & C_{21} & C_{23} \end{bmatrix}$$

编写一个程序，完成矩阵相加的运算，最后显示矩阵相加的结果，程序清单 5-16 给出了该程序的示例。

程序清单 5-16 MatrixAddDemo

```
1    public class MatrixAddDemo {
2        public static double[][] matrixAdd(double[][] a, double[][] b){
3            double[][] c = new double[a.length][a[0].length];
4            for(int i = 0; i < a.length; i++)
5                for(int j = 0; j < a[i].length; j++)
6                    c[i][j] = a[i][j] + b[i][j];
7            return c;
8        }
9        public static void main(String[] args) {
10           final int ROW = 2;
11           final int COLUMN = 3;
12           double[][] matrix1 = new double[ROW][COLUMN];
13           double[][] matrix2 = new double[ROW][COLUMN];
14
15           System.out.printf("请输入矩阵 1 的%d 个数:", ROW * COLUMN);
16           Scanner input = new Scanner(System.in);
17           for(int i = 0; i < ROW; i++)
18               for(int j = 0; j < COLUMN; j++)
19                   matrix1[i][j] = input.nextDouble();
20           System.out.printf("请输入矩阵 2 的%d 个数:", ROW * COLUMN);
21           for(int i = 0; i < ROW; i++)
22               for(int j = 0; j < COLUMN; j++)
23                   matrix2[i][j] = input.nextDouble();
24
25           double[][] results = matrixAdd(matrix1, matrix2);
26           //输出结果
27           for(int i = 0; i < ROW; i++) {
28               for(int j = 0; j < COLUMN; j++)
29                   System.out.printf("%.2f ", matrix1[i][j]);
30               if(i == 0)
31                   System.out.print("   +   ");
32               else
33                   System.out.print("       ");
34               for(int j = 0; j < COLUMN; j++)
35                   System.out.printf("%.2f ", matrix2[i][j]);
36               if(i == 0)
37                   System.out.print("   =   ");
38               else
39                   System.out.print("       ");
40               for(int j = 0; j < COLUMN; j++)
41                   System.out.printf("%.2f ", results[i][j]);
```

```
42                    System.out.println();
43              }
44         }
45    }
```

运行结果如下：

请输入矩阵 1 的 6 个数:1.5 2.5 3.5 4.55 6.55 7.65↵
请输入矩阵 2 的 6 个数:3.7 3.6 7.4 5.65 7.76 8.76↵

1.50	2.50	3.50	+	3.70	3.60	7.40	=	5.20	6.10	10.90
4.55	6.55	7.65		5.65	7.76	8.76		10.20	14.31	16.41

程序清单 5-16 第 2～8 行定义了一个方法完成两个矩阵相加的运算。第 10、11 行分别定义了两个常量 ROW、COLUMN，表示矩阵的行维度和列维度，本示例仅展示了 2 行 3 列的矩阵。如果要展示其他维度的矩阵，那就直接修改这两个常量值即可。第 15～23 行输入两个矩阵的值。第 25 行调用矩阵相加的方法 matrixAdd。第 27～43 行通过嵌套 for 循环输出相加的矩阵和及矩阵。在嵌套循环的内层，通过 3 个并列的 for 循环输出 3 个矩阵。

5.5 字 符 串

在本节之前，本书的一些示例已经使用了字符串字面量和 String 类。在 Java 语言中，字符串是由一对双引号括起来的 Unicode 字符序列。字符串字面量如"Hello world!"就是一个 String 类的对象，本节主要介绍 String 类及字符串的一些常见处理。

5.5.1 String 类基础

Java 语言提供了 String 类来创建和操作字符串，例如，下面的代码就是用 String 创建了一个 greeting 变量，其值是"Hello world!"：

```
String greeting ="Hello world!";
```

String 类是引用类型，greeting 也是一个引用变量，它引用一个内容为"Hello world!"的字符串对象。引用类型和对象的概念将在第 6 章详细介绍。

通过 String 类还可以采用如下形式创建字符串：

```
Strings1 = new String("Hello world!");    //采用构造方法形式创建一个字符串对象
String s2 = new String(new char[] {'H', 'e', 'l', 'l', 'o', '!'});    //通过字符数组创建一个字符串对象
byte[] bytes = {97, 98, 99, 100};
String s3 = new String(bytes);    //通过字节数组创建一个字符串对象
```

在 Java 语言中，字符串使用频率高且是不可变的，因此，JVM 为了提高效率并节约内存，对具有相同 Unicode 字符序列的字面量使用同一个实例。JVM 为字符串字面量维护了一个字符串常量池(String Constant Pool)，每当代码中出现一个字符串字面量时，JVM 首先会查询字符串常量池。如果字符串已经在常量池中，就将该字符串的引用返回给字符串引用变量；否则，就创建一个字符串并放置于常量池中。

程序清单 5-17 展示了使用字符串常量池与不使用字符串常量池的区别。

程序清单 5-17　TestStringConstantPool.java

```
1    public class TestStringConstantPool {
2        public static void main(String[] args) {
3            String str1 = "Hello world";
4            String str2 = "Hello world";
5            String str3 = new String("Hello world");
6            String str4 = new String("Hello world");
7            System.out.println("str1==str2?" + (str1==str2));
8            System.out.println("str3==str4?" + (str3==str4));
9            System.out.println("str1==str3?" + (str1==str3));
10           System.out.println("str1==str4?" + (str1==str4));
11       }
12   }
```

运行结果如下：

```
str1==str2?true
str3==str4?false
str1==str3?false
str1==str4?false
```

程序清单 5-17 第 3、4 行均采用相同字符串字面量定义字符串引用变量 str1、str2。在第 7 行测试时，str1 与 str2 相等，为 true，这是因为 str1 与 str2 引用同一片内存区域。第 5、6 行通过构造方法采用相同的字符串字面量定义了字符串引用变量 str3、str4。在后续测试中，str3 与 str4 不相等，str1 与 str3、str4 均不相等，这说明 str3、str4 引用不同的内存区域，str1 与 str3、str4 引用的内存区域也不同。str1、str2、str3、str4 的内存分配示意图如图 5-12 所示。

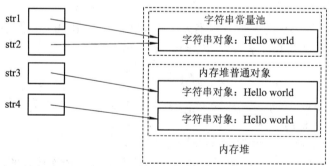

图 5-12　字符串字面量内存分配示例示意图

从图 5-12 中可以看出，使用字符串字面量(New String)创建字符串对象，总是在内存堆中创建一个新的对象，相比于直接用字符串字面量赋值的方式效率要低。因此，在创建字符串对象时，建议使用 Strings = 字符串字面量。

5.5.2　字符串处理

字符串处理的常见处理包括：字符串比较、获取字符串长度、获取指定位置字符、字符数组与字符串相互转换、查找字符串、字符串拼接、获取子字符串、字符串转换等。

1. 字符串比较

在比较两个字符串时，如果想比较两个字符串内容是否相等，那么需要使用 equals() 方法。如果想比较两个字符串是否为同一个对象，可以使用==运算符。例如，下面的代码展示了两种情况：

```
String s1 = "hello";
String s2 = "hello";
Strings3 = new String("hello");
System.out.println("s1 == s2:" + (s1 == s2));                   // true
System.out.println("s1 与 s2 内容是否相等:" + s1.equals(s2));      // true
System.out.println("s1 与 s3 内容是否相等:" + s1.equals(s3));      // true
```

s1 与 s2 不仅引用同一个字符串对象，而且字符串对象的内容相等。s1 与 s3 内容相等，但引用不同的字符串对象。

Java 语言是大小写敏感的语言，当需要忽略字母大小写进行比较时，可以使用 equalsIgnoreCase()方法。例如，下面的代码在比较字符串时忽略了字母大小写：

```
String str1 = "abc";
String str2 = "ABC";
System.out.println(str1.equalsIgnoreCase(str2));     // 输出 true
```

在有些编程场景中，如排序，比较两个字符串需要知道谁大谁小，而不仅仅是知道两个字符串是否相等。Java 语言提供了 compareTo()方法按字典序比较两个字符串，确定谁大、谁小或相等。compareTo()方法的使用形式如下：

```
str.compareTo(cmpStr);                    //返回值是一个整数
```

str 调用 compareTo 方法，是比较操作的第一个字符串对象，cmpStr 是比较操作的第二个字符串对象。在比较时，按字典顺序从左往右将 str 表示的字符序列与 cmpStr 参数表示的字符序列逐个进行比较。如果返回值是 0，那么 str 和 cmpStr 的字符串内容相等；如果返回值是正整数，那么 str 的字符串内容大于 cmpStr 的字符串内容；如果返回值是负整数，那么 str 的字符串内容小于 cmpStr 的字符串内容。例如：

```
String str1 = "Ad";
String str2 = "ab";
System.out.println(str1.compareTo(str2));     //输出: −32
System.out.println(str2.compareTo(str1));     //输出: 32
System.out.println(str2.compareTo("ab"));     //输出: 0
```

上面的代码在比较两个字符串时，是按从左往右的顺序依次比较的，当比较到第一个不等字符时就计算结果，并停止比较。例如，str1 的第一个字符是 A，str2 的第一个字符是 a，由于小写字母 a 的 Unicode 值比大写字母 A 的大 32，所以 str1. compareTo(str2)的返回值是 −32，而 str2.compareTo(str1)是 32。当比较完整个字符串，没有发现不相等的字符时，就返回 0。例如，str2.compareTo("ab")会比较完整个字符串，返回 0 值。

2. 获取字符串长度

String 类获取字符串长度的方法是 length()，返回字符串对象包含的字符数。

```
String strl = "Hello";
System.out.println(strl.length());            //输出 5
```

3. 获取指定位置字符

String 类的方法 public char charAt(int index)返回字符串指定位置 index 的字符(index 从 0 开始，最大值为：字符串长度 - 1)。

```
String str = "mystr";
System.out.println(str. charAt (0));   //输出 m
```

4. 字符数组与字符串相互转换

String 类的方法 public char[] toCharArray()可以基于字符串的内容生成一个字符数组并返回。例如，下面的代码基于一个字符串生成一个字符数组，并输出：

```
String strchar = "String2022";
char[] chars = strchar.toCharArray();
for (int i = 0; i < chars.length ; i++) {   //输出:S t r i n g 2 0 2 2
    System.out.print(chars[i]+" ");
}
```

字符数组转换为字符串，可以使用 String 类的构造方法，例如：

```
String str = new String(new char[]{'A', 'B', 'C', 'D'});
```

5. 查找字符串

String 类提供了一些字符串查找方法如表 5-3 所示。

表 5-3　String 类查找方法

方　　法	描　　述
public boolean contains(String s)	判断此字符串是否包含子字符串 s，若包含则返回 true，否则返回 false
public int indexOf(String str)	在此字符串中，从左向右查找指定字符串的位置，若找不到则返回 −1
public int indexOf(int ch)	返回此字符串中指定字符第一次出现的索引，若找不到则返回 −1
public int indexOf(int ch, int fromIndex)	返回此字符串中指定字符第一次出现的索引，从指定索引 fromIndex 处开始搜索，若找不到则返回 −1
public int indexOf(String str, int fromIndex)	在此字符串中，从指定位置从左向右查找指定字符串的位置，若找不到则返回 −1
public int lastIndexOf(String str)	在此字符串中，从右向左查找指定字符串的位置，若找不到则返回 −1
public int lastIndexOf(String str,int fromIndex)	在此字符串中，从指定位置从右向左查找指定字符串的位置，若找不到则返回 −1
public boolean startsWith(String prefix)	判断此字符串是否以指定的字符串开头，若是，则返回 true，否则返回 false
public boolean startsWith(String prefix, int offset)	从指定位置 offset 判断此字符串是否以指定的字符串开头，若是，则返回 true，否则返回 false
public boolean endsWith(String suffix)	判断此字符串是否以指定的字符串 suffix 结尾，若是，则返回 true，否则返回 false

下面的代码展示了字符串查找方法。

```
String s ="We are students";
int index1 = s.indexOf('a');                //index1 = 3
int index2= s.indexOf("are");               // index2 = 3
int index3 = s.indexOf('a', 5);             // index3 = -1
System.out.println("中国电子".contains("中电"));    //输出 false
System.out.println("中国电子".contains("电子"));    //输出 true
String[] str = {"tst..test", "guetjava@sa@2 ", "@test#javademo!!"};
int index4 = str[0].indexOf("java");        // index4 = -1
int index5 = str[1].indexOf("java");        // index5 = 4
int index6 = str[1].indexOf("@", 3);        // index6 = 8
int index7 = str[1].lastIndexOf("@");       // index7 = 11
boolean isPre = str[2].startsWith("@");     // isPre = true
boolean isEnd = str[2].endsWith("!!");      // isEnd = true
```

6. 字符串拼接

Java 编译器为方便字符串操作，允许使用运算符"+"连接任意字符串和其他数据类型值，这样极大地方便了字符串的处理。例如，下面使用"+"连接多个字符串：

```
String s1 = "Hello";
String s2 = "world";
String s = s1 + " " + s2 + "!";
System.out.println(s);              //输出:Helloworld！
```

如果用"+"连接字符串和其他数据类型值，会将其他数据类型值先自动转换为字符串，再连接。例如，下面的代码会先把 double 类型值转换字符串，再连接：

```
int age = 25;
String s = "age is " +age;
System.out.println(s);              //输出:age is 25
```

String 类有一个方法 public String concat(String str)，其作用是连接多个字符串，例如：

```
"care".concat("less")           //返回字符串:"careless"
"to".concat("get").concat("her")  //连续调用，返回字符串:"together"
```

如果需要将多个字符串连接在一起，并用一个界定符分隔，可以使用 String 类的静态方法 join()，例如：

```
String str = String.join("#","C","Java","Python");     //str: C#Java#Python
```

从 Java SE 11 开始，Java 语言提供了 repeat 方法，对相同字符串重复连接：

```
String s = "hello".repeat(3);      //s: hellohellohello
```

字符串连接使用"+"运算符是很方便的，但是有些特殊情况也值得注意，例如：

```
String s1="hello";
String s2="hellohello";
String s3="hello"+"hello";
String s4="hello".repeat(2);
String s5=s1+s1;
String s6=s1.repeat(2);
```

```
System.out.println(s2==s3);    //输出 true
System.out.println(s2==s4);    //输出 false
System.out.println(s2==s5);    //输出 false
System.out.println(s2==s6);    //输出 false
```

上述字符串连接的结果，只有字符串字面值直接连接的结果才能使用字符串常量池中的字符串对象，其他情况下，通过变量名称的连接或方法的连接都需要创建新的字符串对象。

7. 获取子字符串

获取子字符串可以通过 String 类的 substring()方法，如表 5-4 所示。

表 5-4　String 类包含获取子串的方法

方　　法	描　　述
public String substring(int beginIndex)	返回一个字符串，其内容是此字符串的子字符串。子字符串以指定索引处的字符开始，并延伸到此字符串的末尾
public String substring(int beginIndex, int endIndex)	返回一个字符串，其内容是此字符串的子字符串。子字符串从指定的 beginIndex 开始，并扩展到索引 endIndex - 1 处的字符。因此，子字符串的长度是 endIndex - beginIndex

下面的代码给出了两个使用示例：

```
String str1 = "Hello word";
String substr1 = str.substring(3);        //获取子字符串，substr1 值为 lo word
String str2 = "Hello word";
String substr2 = str.substring(0, 3);     //substr 的值为 hel
```

下面的代码给出了一个手机号隐藏中间 4 位换成*号的示例：

```
String str3 = "18734560988";
String sub_str1 = str2.substring(0, 3);
String sub_str2 = str2.substring(7);
String str4 = sub_str1 + "****" + sub_str2;    //str4:187****0988
```

8. 从控制台读取字符串

从控制台读取字符串可使用 Scanner 类的 next()方法或者 nextLine()方法。例如，下面的代码可以从控制台读取一个字符串：

```
Scanner input = new Scanner(System.in);
String str = input.next();                //从控制台读取一个字符串
```

Scanner 类的 next()方法从控制台读取字符串时，如果字符串中包含空格，只会获取第一个空格之前的子串作为读取的字符串。例如，针对上面的示例片段，输入：

```
hello I am a coder!↵
```

读取的字符串是 hello，str 的值是 hello，在第一个空格之后的字符序列会被忽略。在输入时，空格字符可由 Tab 键、Space 键、Enter 键输入。

Scanner 类的 nextLine()方法从控制台读取字符串时，字符串中可以包含空格，遇到回车符才结束。例如：

```
StringstrNew = input.nextLine();
```

输入：

```
hello I am a coder!↩
```

读取的字符串是整行字符串，strNew 的值是 hello I am a coder!。

9. 去除空格

字符串首尾存在的多个空格一般情况下是没有意义的，如字符串 "hello"，这时需要去掉这些空格，可以使用 String 类的 public String trim()方法。trim()方法返回一个字符串，该字符串的值为此字符串，去掉所有的前导和尾部空格。例如，下面的代码去掉了去掉字符串 "hello" 的前导和尾部空格：

```
String str = "   hello   ";
String strNew = str.trim();    // strNew 为 hello
```

10. 大小写转换

String 类大小写转换方法是 public String toLowerCase()和 public String toUpperCase()。toLowerCase()将此字符串中的字符全部转换为小写，生成一个新字符串返回；toUpperCase()将此字符串中的字符全部转换成大写，生成一个新字符串返回。中文汉字字符和数字字符无大小写区分，在上述两个方法调用时，原字符返回。例如，下面的代码展示了两个方法的使用：

```
String str1 = "ABCDefg";
String str2 = "abcDEFG";
String lowerStr = str1.toLowerCase();    //lowerStr 为 abcdefg
String upperStr = str2.toUpperCase();    //upperStr 为 ABCDEFG
```

11. 基本类型转换字符串

当需要把基本类型值转换为字符串时，可以使用 String 类的静态方法 public static String valueOf(基本数据类型 变量名)。方法 valueOf()是一个重载方法，Java 编译器会根据参数的数据类型匹配合适的方法。例如，下面的代码把基本类型值转换为字符串：

```
String.valueOf(123);          // "123"
String.valueOf(45.67);        // "45.67"
String.valueOf(45.67f);       // "45.67"
String.valueOf(true);         // "true"
String.valueOf('A');          // "A"
```

5.5.3 文本块

文本块(Text Blocks)首次是以预览功能在 Java SE 13 中出现的，然后在 Java SE 14 中又被预览了一次，终于在 Java SE 15 中被确定下来成为正式功能。

文本块是一种多行字符串文字，它以 3 个双引号字符(" " ")开始，以 3 个双引号字符(" " ")结束。下面介绍文本块和传统双引号字符串的区别。

例如，一段 HTML 文本，如果用传统双引号字符串表示，需要进行连接，并使用转义字符，其形式如下：

```
String html = "<html>\n" +
    "    <body>\n" +
        "        <p>Hello, world</p>\n" +
```

```
"        </body>\n" +
"</html>\n";
```

如果用文本块进行定义，则其形式如下：

```
String html2 = """
        <html>
          <body>
            <p>Hello, world</p>
          </body>
        </html>
        """;
```

采用文本块形式定义一段 HTML 文本，省略了转义序列，缩进保留，可读性更好。因此，文本块避免了大多数转义序列的需要，以一种可预测的方式自动设置字符串的格式，并在需要时使开发人员可以控制格式，简化编写 Java 程序的任务。

利用 Java 编程时，在字符串文字中嵌入 HTML、XML、SQL 或 JSON 片段时，通常需要先进行转义和串联的大量编辑，然后才能编译包含该片段的代码。该代码段通常难以阅读且难以维护，因此，如果具有一种机制，可以比多行文字更直观地表示字符串，同时跨越多行，并且不会出现转义的视觉混乱，那么这将提高 Java 程序的可读性和可写性。这就是文本块引入的主要原因。

文本块使用需要注意以下几点：

(1) 文本块以 3 个双引号 """ 开始和结束，开始的 3 个双引号 """ 必须单独成一行。

(2) 文本块可以在 3 个双引号 """ 内插入任何字符，包括换行符。

(3) 文本块可以使用转义字符来插入双引号或其他特殊字符。

(4) 文本块支持缩进，提升阅读的清晰性；Java 编译器在处理文本块缩进时会自动删除不需要的缩进：每行结尾的空格都会删除；每行开始的共有的空格会自动删除；只保留相对缩进。

需要注意的是，文本块开始的 3 个双引号 """ 必须单独成行。例如，下面就是编译错误的代码例子：

```
String htmlStr = """ html """;      // 编译错误，开始的 3 个双引号 """ 未单独成行
```

程序清单 5-18 给出了一个文本块的使用示例。

程序清单 5-18 TestTextBlock.java

```
1    public class TestTextBlock {
2        public static void main(String[] args) {
3            String htmlStr = """
4                    <html>
5                      <body>
6                        <p>Hello, world</p>
7                      </body>
8                    </html>
9                    ------------------------""";
10           System.out.println(htmlStr);
```

```
11              //测试缩进与转义序列
12              String tbStr = """
13                      line1\'
14                          line2\'
15                              line3""";
16              System.out.println(tbStr);
17          }
18      }
```

运行结果如下：

```
<html>
    <body>
        <p>Hello, world</p>
    </body>
</html>
-------------------------
line1'
    line2'
        line3
```

程序清单 5-18 第 3～9 行定义了一个文本块 htmlStr，第 10 行输出文本块 htmlStr，相对缩进在输出结果中保持不变。第 12～15 行定义了第二个文本块 tbStr，进行了相对缩进，并加了转义序列，第 16 行输出 tbStr。

5.6 正则表达式

一些应用程序具有验证用户输入的需求。例如，一个应用程序要求用户输入一个手机号，那么该程序就应该要验证输入的字符是否为数字，是否为 11 位。如何编写代码来验证用户的输入呢？通常，一个有效的做法就是使用正则表达式(Regular Expression，简写为 regex)。

正则表达式是由普通字符以及特殊符号组成的一个字符串，用来描述匹配一个字符串集合的模式。对于字符串处理而言，正则表达式也是一个强大的工具，用于匹配、替换或拆分字符串。表 5-5 给出了常用正则表达式的符号和示例。

表 5-5 常用正则表达式的符号和示例

符号	含 义	示 例	解 释
.	匹配除\n 以外的任何字符	a..b	以 a 开头，b 结尾，中间包括 2 个任意字符的长度为 4 的字符串
\d	匹配单个数字字符，相当于[0-9]	\d{3}(\d)?	包含 3 个或 4 个数字的字符串
\D	匹配单个非数字字符，相当于[^0-9]	\D(\d)*	以单个非数字字符开头，后接任意个数字字符串
\w	匹配单个数字、大小写字母字符，相当于[0-9a-zA-Z]	\d{3}\w{4}	以 3 个数字字符开头的长度为 7 的数字字母字符串

续表

符号	含　义	示　例	解　释
\W	匹配单个非数字、大小写字母字符，相当于[^0-9a-zA-Z]	\W+\d{2}	以至少 1 个非数字字母字符开头，2 个数字字符结尾
\p{P}	一个标点字符!"# $%&'()+,-./:<>= ?@[\]^_{}|~	java\p{P}	以 java 开头，后接任意一个标点符号的字符串，如 java#、java$、…
[ ]	可接收的字符列表	[efgh]	e、f、g、h 中的任意 1 个字符
[^]	不接收的字符列表	[^abc]	除 a、b、c 之外的任意 1 个字符，包括数字和特殊符号
|	匹配 "|" 之前或之后的表达式	ab|cd	ab 或者 cd
( )	将子表达式分组	(abc)	将字符串 abc 作为一组
-	连字符	A-Z	任意单个大写字母
*	指定字符重复 0 次或 n 次	(abc)*	仅包含任意个 abc 的字符串，等效于\w*
+	指定字符重复 1 次或 n 次	m+(abc)*	以至少 1 个 m 开头，后接任意个 abc 的字符串
?	指定字符重复 0 次或 1 次	m+abc?	以至少 1 个 m 开头，后接 ab 或 abc 的字符串
{n}	只能输入 n 个字符	[abcd]{3}	由 abcd 中字母组成的任意长度为 3 的字符串
{n,}	指定至少 n 个匹配	[abcd]{3,}	由 abcd 中字母组成的任意长度不小于 3 的字符串
{n,m}	指定至少 n 个但不多于 m 个匹配	[abcd]{3,5}	由 abcd 中字母组成的任意长度不小于 3，不大于 5 的字符串
^	指定起始字符	^[0-9]+[a-z]*	以至少 1 个数字开头，后接任意个小写字母的字符串
$	指定结束字符	^[0-9]\-[a-z]+$	以 1 个数字开头后接连字符 "–"，并以至少 1 个小写字母结尾的字符串

例如，正则表达式 "java-\\d" 可以匹配的字符串集合为 java-0、java-1、java-2、…、java-9。

又如，正则表达式 "1\\d{10}" 可以匹配 11 位的移动手机号码：以数字 1 开头，后接 10 个数字。

注意：正则表达式中\d，在字符串的双引号内表示时，需要使用两个反斜杠，例如，"\\d"。

5.6.1　字符串匹配

String 类的 matches 方法 public boolean matches(String regex)用于表示此字符串是否匹配给定的正则表达式 regex。

例如，下面的一段代码测试了 matches 方法的使用：

```
String regex1 = "java-\d";
System.out.println("java-1".matches(regex1));      //输出 true
System.out.println("java-2".matches(regex1));      //输出 true
System.out.println("java-10".matches(regex1));     //输出 false
```

下面用正则表达式来判断字符串是否符合手机号码规则，以数字 1 开头，后接 10 个数字，其代码如下：

```
String regex2 = "1\\d{10}";
System.out.println("13978308333".matches(regex2));  //输出 true
System.out.println("03978308333".matches(regex2));  //输出 false
```

5.6.2　字符串拆分

使用 String 类的 split()方法结合正则表达式，可以对一个字符串进行拆分，如表 5-6 所示。

表 5-6　字符串分割方法

方　法	描　　述
String[] split(String regex)	基于给定正则表达式的匹配项对字符串进行拆分，返回字符串数组
String[] split(String regex, int limit)	基于给定正则表达式的匹配项对字符串进行拆分，返回字符串数组，limit 参数确定模式匹配多少次，最后返回的字符串数组长度由 limit 决定

下面一段代码使用 split(regex)方法对字符串进行拆分，得到一个字符串数组，代码如下：

```
String str = "192,34?56!8";
String[] strList = str.split("\\p{P}");
for (int i = 0; i < strList.length; i++) {
    System.out.print(strList[i] + "   ");
}
```

上述代码的输出结果为：192　34　56　8。字符串 str 经过拆分产生了一个字符串数组 strList，其长度是 4。

针对 split(regex, limit)版本，如果 limit<=0, split(regex, limit)等同于 split(regex)。如果 limit> 0，模式匹配次数最多为 limit － 1 次。例如，下面给出了一些示例：

```
String str = "192,34?56!8";
String[] strList1 = str.split("\\p{P}", -1);      //strList1: 192 34 56 8，4 个元素
String[] strList2 = str.split("\\p{P}", 0);       //strList2: 192 34 56 8，4 个元素
String[] strList3 = str.split("\\p{P}", 1);       //strList3: 192,34?56!8，1 个元素
String[] strList4 = str.split("\\p{P}", 2);       //strList4: 192 34?56!8，2 个元素
String[] strList5 = str.split("\\p{P}", 3);       //strList5: 192 34 56!8，3 个元素
```

5.6.3　字符串替换

String 类的 replaceAll、replaceFirst 可以和正则表达式一起使用，如表 5-7 所示。

表 5-7 String 类的替换方法

方　法	描　述
String replace(CharSequence target, CharSequence replacement)	将目标字符序列替换成第二个参数位置上的字符序列，返回新的字符串，不支持正则表达式
String replaceAll(String regex, String replacement)	将目标字符子串或者匹配正则表达式的子串替换成第二个参数位置上的字符序列，返回新的字符串
String replaceFirst(String regex, String replacement)	将目标字符子串或者匹配正则表达式的第一个符合条件的子串替换成第二个参数位置上的字符序列，返回新的字符串，支持正则表达式

下面的代码演示了字符串各种替换方法的应用：

```
//不使用正则表达式的替换
String str1 = "北京:海淀:中关村";
System.out.println(str1.replace(":",","));              //输出:北京,海淀,中关村
String str2 = "My Java String and Matrix";
System.out.println(str2.replaceAll("a","*"));           //输出:My J*v* String *nd M*trix
System.out.println(str2.replaceFirst("a","*"));         //输出:My J*va String and Matrix
//使用正则表达式的替换
System.out.println(str1.replaceAll("\\p{P}","#"));      //输出:北京#海淀#中关村
System.out.println(str1.replaceFirst("\\p{P}","#"));    //输出:北京#海淀:中关村
```

下面是使用正则表达式将手机号中间 4 位替换成*进行脱敏处理：

```
String str3 = "18723490456";
String reg1 = "(\\d{3})(\\d{4})(\\d{4})";              //数字分成 3 组
System.out.println(str3.replaceAll(reg1, "$1****$3"));  //输出:187****0456
```

这里，$1、$2、$3 分别对应正则表达式 3 个部分\\d{3}、\\d{4}、\\d{4}，在 replaceAll 方法中，"$1****$3"表示第一个部分、第三个部分保持不变，中间部分用****替换。

5.7　字符串应用示例

5.7.1　回文判断

一个字符串如果从左向右读和从右向左读是一样的，则这个字符串被称为回文 (Palindrome)。例如，"level""noon""dad""mom"都是回文，而"text""this"不是回文。

下面给定一个字符串数组，判断字符串数组中的每个字符串是否为回文。要解决该问题，可以设计一个方法进行回文判断：public static boolean isPalindrome(String s)。在实现回文判断时，可以通过一个循环来完成。首先比较字符串的第一个字符是否与最后一个字符相等，如果相等，就进行下一次循环；下一次循环比较字符串的第二个字符是否与倒数第二个字符相等，如果相等，就进行下一次循环；持续这个过程，直到找到一对不相等的字

符，或者直到对字符串中的所有字符都进行了比较(如果字符串长度是奇数，中间字符无须进行比较)，未发现不相等的。如果找到一对不相等的字符，那么该字符串就不是回文。如果对字符串中的所有字符都进行了比较而未发现不相等的，那么该字符串就是回文。

如果字符串长度为 length，那么比较次数就是 length/2(整数除法)。当 length 是奇数时，中间字符无须比较。程序清单 5-19 给出了解决该问题的代码。

程序清单 5-19　TestPalindrome.java

```
1    public class TestPalindrome {
2        //回文判断方法
3        public static boolean isPalindrome(String s) {
4            int length = s.length();
5            for (int i = 0; i < length / 2; i++)
6                if (s.charAt(i) != s.charAt(length - 1 - i))
7                    return false;
8            return true;
9        }
10       public static void main(String[] args) {
11           String[] strs = {"dad","noon","level",
12                    "abccba","hello","text-text"};
13           for(String e: strs)
14               if(isPalindrome(e))
15                   System.out.printf("%s 是回文\n", e);
16               else
17                   System.out.printf("%s 不是回文\n", e);
18       }
19   }
```

运行结果如下：

```
dad 是回文
noon 是回文
level 是回文
abccba 是回文
hello 不是回文
text-text 不是回文
```

程序清单 5-19 第 3～9 行定义了一个方法 isPalindrome()判断一个字符串是否回文。第 4 行定义了一个局部变量 length，保存字符串长度，因为该长度在下面两个地方使用。第 5～7 行定义了一个循环完成字符比较过程，只要碰到一个不相等的，就从方法返回 false，表示字符串 s 不是回文。如果循环执行完，即比较完所有字符，那么第 8 行就返回 true，表示字符串 s 是回文。第 10～18 行是 main 方法的定义，完成字符串数组 strs 中所有字符串是否回文的判断。

5.7.2　词频统计

在字符串处理过程中，有时候需要统计某些单词在一篇文章中出现的次数。程序清单

5-20 给出了解决该问题的程序。

程序清单 5-20 WordFrequencyStatic.java

```
1    public class WordFrequency {
2        public static void main(String[] args) {
3            String text = """
4                    MySQL is the most popular open source
5                    database. MySQL can cost-effectively
6                    help you deliver high performance,
7                    scalable database applications. MySQL
8                    is widely used.""";
9            //找出所有的单词
10           String[] textArray = text.split("\\p{P}\\s|[\\s]+|\\p{P}");
11           //对字符串数组进行排序
12           Arrays.sort(textArray);
13           for(int i = 0; i < textArray.length; i++) {
14               if((i+1) % 5 != 0)
15                   System.out.print(textArray[i] + "     ");
16               else
17                   System.out.println(textArray[i]);
18           }
19           //统计有多少个不同的字符串,排序好的字符串,每当产生
20           //一次变化,计数器增 1
21           int count = 0;
22           for(int i = 0; i< textArray.length - 1 ; i++)
23               if(!textArray[i].equals(textArray[i+1]))
24                   count++;
25           //词频统计数组 counters
26           int[] counters = new int[count + 1];
27           //不同的字符串至少出现 1 次
28           for(int i = 0; i < counters.length; i++)
29               counters[i] = 1;
30           //统计不同字符串频数
31           int index = 0;
32           for(int i = 0; i< textArray.length - 1 ; i++) {
33               //每当前一项与后一项相等，相应频数加 1
34               if(textArray[i].equals(textArray[i+1])) {
35                   counters[index]++;
36               }else { //当前一项与后一项不等时,对下一项进行计数
37                   index++;
38               }
39           }
40           //输出词频统计结果
```

```
41              index=0;
42              System.out.println("\n 词频统计结果如下:");
43              for(int i = 0; i< textArray.length - 1 ; i++) {
44                  if(!textArray[i].equals(textArray[i+1])) {
45                      System.out.print(textArray[i]+ ":"
46                              + counters[index] + "   ");
47                      index++;
48                      if(index % 5 == 0)
49                          System.out.println();
50                  }
51              }
52              //输出最后一项
53              System.out.print(textArray[textArray.length - 1]+ ":"
54                      + counters[index]);
55          }
56      }
```

运行结果如下:

```
MySQL   MySQL   MySQL   applications   can
cost   database   database   deliver   effectively
help   high   is   is   most
open   performance   popular   scalable   source
the   used   widely   you
词频统计结果如下:
MySQL:3   applications:1   can:1   cost:1   database:2
deliver:1   effectively:1   help:1   high:1   is:2
most:1   open:1   performance:1   popular:1   scalable:1
source:1   the:1   used:1   widely:1   you:1
```

程序清单 5-20 第 3～8 行使用文本块定义了一个字符串,保存一篇测试的文章。第 10 行使用正则表达式将文章分解为一个个单词,去掉了标点符号和空格。第 12 行对字符串数组进行排序,将相同的单词放在一起,便于后续的统计。第 13～18 行输出排序后的字符串数组。第 21～24 行统计有多少个不同的单词,n 个不同的单词会产生 $n-1$ 次变化。于是第 26 行定义了词频统计数组 counters。第 28、29 行对 counters 进行了初始化。第 31～39 行统计了不同字符串频数。第 41～54 行输出了词频统计结果。

5.7.3 最长公共子串

最长公共子串问题是一个经典的编程问题:给定两个字符串,输出它们最长公共子串的长度。例如,给定两个字符串 str1 = "abcde"和 str2 = "bcd",显然,str1 和 str2 的最长公共子串是 "bcd",返回长度值是 3。最长公共子串要求子串在原字符串中是连续的,如字符串 "bab"和"bcaba",其中 "ba" 或者 "ab" 是公共子串,而 "bab" 不是公共子串。

最长公共子串问题的一个解决思路就是穷举法求解,其解决步骤如下:

(1) 让两个字符串中较长的字符串保存到 str1 中,较短的字符串保存到 str2 中。

(2) 通过一个双重循环，结合 subString 方法，取出 str2 的所有连续子串。针对 str2 的所有连续子串，在 str1 中查找是否存在该子串。如果在 str1 中找到了 str2 的子串，并且比之前找到的子串还要长，那么就更新最长公共子串。否则，将不更新最长公共子串。

程序清单 5-21 给出了穷举法求解的程序。

程序清单 5-21　FindMaxCommonStr.java

```
1   public class FindMaxCommonStr {
2       //穷举法求解两个字符串的最长公共子串
3       public static String maxCommonStr(String str1, String str2) {
4           int length1 = str1.length();
5           int length2 = str2.length();
6           //str1 保存较长字符串,str2 保存较短字符串
7           if(length1 < length2) {
8               String temp = str1;
9               str1 = str2;
10              str2 = temp;
11          }
12          //commonStr 保存最长公共子串,初值是空串
13          String commonStr = "";
14          for(int i = 0; i < length1-1; i++) {
15              for(int j = i + 1; j <= length1; j++) {
16                  //str2 所有长度的子串
17                  String subStr = str2.substring(i, j);
18                  if(Str1.contains(sub str) &&
19                          commonStr.length() < subStr.length() )
20
21                      commonStr = subStr;
22              }
23          }
24          return commonStr;
25      }
26      public static void main(String[] args) {
27          String s1 = "ecabcabacd";
28          String s2 = "acabae";
29          String s3 = "world";
30          String maxSubStr1 = maxCommonStr(s1,s2);
31          String maxSubStr2 = maxCommonStr(s2,s3);
32          //输出结果
33          System.out.print(s1 + "与" + s2);
34          System.out.println((maxSubStr1 == "")?"无公共子串":
35                  "最长公共子串:" + maxSubStr1 + ", 长度为:"
36                  + maxSubStr1.length());
37          System.out.print(s2 + "与" + s3);
```

```
38              System.out.println((maxSubStr2 == "")?"无公共子串":
39                  "最长公共子串:" + maxSubStr2 + ", 长度为:"
40                  + maxSubStr2.length());
41          }
42      }
```

运行结果如下：

ecabcabacd 与 acabae 最长公共子串:caba, 长度为:4

acabae 与 world 无公共子串

程序清单 5-21 第 3～24 行定义了方法 maxCommonStr()，两个形参是待处理的两个字符串，返回值是最长公共子串。第 7～11 行让较长的字符串保存到 str1，较短的字符串保存到 str2。第 13～22 行通过一个两层嵌套 for 循环穷举 str2 的所有子串，在 str1 中判断是否存在以及是否比之前找到的最长公共子串要长，最后完成找到最长公共子串的功能。第 23 行返回找到的最长公共子串。第 25～41 行在 main 方法中对方法 maxCommonStr()进行了测试。第 26～28 行定义了 3 个字符串，第 29 行调用方法 maxCommonStr()寻找 s1、s2 的最长公共子串，第 30 行寻找 s2、s3 的最长公共子串。第 32～39 行输出寻找最长公共子串的结果。

5.8 可变长参数列表

Java 语言在定义方法时，允许方法有且仅有一个可变长参数，并且可变长参数是该方法的最后一个参数。可变长参数的声明形式如下：

数据类型 … 形参名

可变长参数声明是放在方法头中参数列表的最后一项，在数据类型后紧跟省略号(…)表示该参数是可变长参数。可变长参数可以接收一个数组或个数不定的参数，被 Java 语言作为一个数组来处理。当传递个数不定的参数调用方法时，Java 编译器会创建一个数组来容纳这些参数，然后将创建的数组传递给形参。

程序清单 5-22 给出了一个示例，根据给定的个数不定的列表找出最小值并输出。

程序清单 5-22   VaryParamsMethod.java

```
1   public class VaryParamsMethod {
2       //可变长参数方法
3       public static void printMin(double... nums){
4           if(nums.length==0){
5               System.out.println("未传递参数,无最小值！");
6               return;
7           }
8           double min = nums[0];
9           for (int i = 0; i < nums.length; i++)
10              if (nums[i] < min)
11                  min = nums[i];
```

```
12              System.out.println("最小值是:" + min);
13          }
14      public static void main(String[] args){
15          printMin();                            //传递 0 个参数
16          printMin(9, 10, 4);                     //传递 3 个参数
17          printMin(9.5, 10.7, 4.2);               //传递 3 个参数
18          printMin(12, 41, 23.5, 6, 7);           //传递 5 个参数
19          printMin(new double[]{5, 2, 3, 7, 9});  //传递 1 个数组
20          }
21      }
```

运行结果如下：

```
未传递参数,无最小值!
最小值是:4.0
最小值是:4.2
最小值是:6.0
最小值是:2.0
```

程序清单 5-22 第 3～13 行定义了一个含有可变长参数的方法 printMin()，其形参是 double ⋯ nums，表示一个可变长参数。在处理可变长参数 nums 时，可将其看作一个数组。第 15～18 行分别传递了 0 个参数、3 个参数、3 个参数、5 个参数调用方法 printMin()，相当于给方法 printMin()传递了数组长度分别是 0、3、5 的 double 类型数组。第 19 行传递了一个 double 类型数组调用方法 printMin()。当给方法 printMin()传递一个 double 类型数组时，可以传递数组长度不等的 double 类型数组。

如果在程序清单 5-22 中再定义一个重载方法 printMin()，方法头如下：

```
public static void printMin(double[] nums)
```

这样是否可以呢？答案是不可以，Java 编译器会报错。虽然 double⋯与 double[]看似不一样，但 Java 编译器把它们看作是一样的，都是 double 类型数组。

5.9　命令行参数

Java 应用程序执行的入口方法是 main 方法，它具有一个 String[]类型的形参 args，是一个字符串数组。在前述学习过程中，main 方法始终是调用其他方法的。那么 main 方法是可以像带参数的普通方法一样被调用呢？当然是可以的。程序清单 5-23、程序清单 5-24 给出了一个示例。

程序清单 5-23　TestMain.java

```
1   public class TestMain {
2       public static void main(String[] args) {
3           String[] strList = {"泰山","嵩山","华山",
4                   "衡山", "恒山"};
5           PrintStr.main(strList);
```

```
6        }
7    }
```

程序清单 5-24   PrintStr.java

```
1    public class PrintStr{
2        public static void main(String[] args) {
3            for(String s: args)
4                System.out.print(s + "   ");
5        }
6    }
```

运行 TestMain，结果如下：

泰山 嵩山 华山 衡山 恒山

程序清单 5-23 第 5 行如调用普通方法一样调用 PrintStr 类的 main 方法，打印了五岳山名。然而，Java 语言设计 main 方法带有一个字符串数组的参数，是为了从命令行传递参数给 main 方法。例如，在执行程序时，传递 3 个字符串参数 arg0、arg1、arg1 给 PrintStr：

java PrintStr arg0 arg1 arg2

这 3 个参数被收集到字符串数组 args 中，args[0]存储 arg0，args[1]存储 arg1，args[2]存储 arg2。命令行中的字符串参数通常是不需要双引号的，如果一个字符串中包含空格，那么这个字符串必须加双引号，例如，

java PrintStr   "one apple" John "two apples" Tom "three apples" Linda 3

该行命令传递了 7 个参数给字符串数组 args，args[0]存储"one apple"，args[1]存储"John"，依此存储，直到 args[6]存储"3"。

在 Eclipse 中执行时，可以在运行配置(Run Configuration)窗口中选中 Arguments 选项卡，在 Program arguments 文本域中输入"泰山 嵩山 华山 衡山 恒山"，如图 5-13 所示。

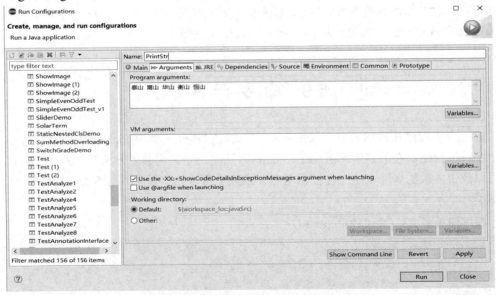

图 5-13   Eclipse 中命令行参数配置示例 1

下面给出一个命令行执行的计算器示例，完成 +、-、*、\、%运算，程序如程序清单

5-25 所示。

程序清单 5-25 CmdLineCalculator.java

```java
public class CmdLineCalculator {
    public static void main(String[] args) {
        if (args.length != 3) {
            System.out.println("用法: java CmdLineCalculator  数 1 运算符数 2\n"
                    + "运算符有:+(加)、-(减)、·(乘)、/(除)、%(取余)");
            System.exit(0);
        }
        //保存运算结果
        int result = 0;
        //根据参数确定运算符,然后计算
        switch (args[1].charAt(0)) {
            case '+': result = Integer.parseInt(args[0]) +
                            Integer.parseInt(args[2]);
                break;
            case '-': result = Integer.parseInt(args[0]) -
                            Integer.parseInt(args[2]);
                break;
            case '·': result = Integer.parseInt(args[0]) *
                            Integer.parseInt(args[2]);
                break;
            case '/': result = Integer.parseInt(args[0]) /
                            Integer.parseInt(args[2]);
                break;
            case '%': result = Integer.parseInt(args[0]) %
                            Integer.parseInt(args[2]);
                break;
            default: System.out.println("运算符错误");
                System.exit(1);
        }
        System.out.println(args[0] + ' ' + args[1] + ' ' + args[2]
                + " = " + result);
    }
}
```

运行结果为:

3 . 5 = 15

在执行之前，以 Eclipse 为例，配置命令行参数，如图 5-14 所示。

程序清单 5-25 第 3～7 行判断参数的数量是否足够，如果足够，就取出 3 个参数进行运算。args[1]是表示运算符，Integer.parseInt(args[0])用于将字符串 args[0]转换为 int 类型，作为运算的第一个操作数，Integer.parseInt(args[2])用于将字符串 args[2]转换为 int 类型，作为运算的第二个操作数。

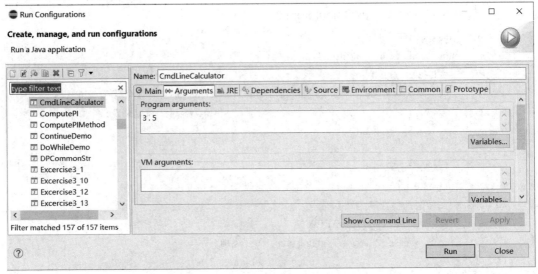

图 5-14　Eclipse 中命令行参数配置示例 2

习　　题

基础习题 5

编程习题 5

第 6 章　面向对象程序设计(上)

教学目标

(1) 理解面向过程抽象与面向对象抽象。

(2) 理解面向对象的三大特征。

(3) 理解类与对象的关系，能够定义类、创建对象和访问对象成员。

(4) 理解 UML 类图。

(5) 理解静态成员概念，学会使用静态成员。

(6) 理解模块、包、public、private 等对访问权限的影响。

(7) 理解数据域封装。

(8) 理解变量作用域。

(9) 理解和应用对象作为方法参数和方法返回值，学会使用 var 定义局部变量。

(10) 理解对象数组，学会使用对象数组。

(11) 理解 this 关键字的含义，学会使用 this 引用隐藏数据域和调用构造方法。

(12) 学会使用基本数据类型包装类、BigInteger 类、BigDecimal 类、Date 类。

面向对象方法是一种软件开发方法，也是一种程序设计范式，面向对象的程序设计方法比早期的面向过程方法具有明显的优势。面向对象程序设计的主要思想是把构成问题的各个事物抽象成一个个对象，通过对象之间的通信和协作解决问题。面向对象程序设计涉及的主要概念包括对象、类、封装、继承、多态性、动态绑定、抽象类、接口等。Java 语言是 C++ 语言之后出现的一种面向对象程序设计语言，它实现了面向对象程序设计的主要概念。

本章主要围绕类和对象展开介绍，介绍类的定义、对象的创建与使用、静态成员、模块和包、可见性修饰符 public 和 private、数据域封装、变量作用域、对象与方法、对象数组、this 引用等内容，并介绍了几个 Java 常用类。

6.1　面向对象概述

面向对象(Object Oriented，OO)是一种软件开发方法，也是一种编程范式，还是一种对现实世界进行理解和抽象的方法，是计算机软件技术发展到一定阶段所产生的。面向对象方法相比于早期的面向过程方法，更加符合人类的思维模式，具有明显的优势。它能把相关的数据和方法封装成一个整体，以更加自然的方式对现实世界进行建模。面向对象程序设计具有三大基本特征：封装、继承和多态。

6.1.1　面向过程与面向对象的抽象

抽象(Abstract)是透过事物的表面现象抽取事物本质特征，同时舍弃事物非本质特征的过程。当现实世界问题被映射到信息世界进行解决时，分析人员需要通过抽象抓住现实世界问题的本质特征。

早期面向过程的抽象方式是把现实世界的问题分解为一个个过程，数据和过程是分离的。而面向对象方法的抽象方式是把现实世界的问题分解为一个个对象，对象将数据和过程封装在一起。

1. 面向过程抽象

面向过程抽象是基于功能分解、逐步精化的方式进行的。图 6-1 展示了面向过程抽象的程序结构。现实世界问题域按照功能分解，分解为一个个过程，每个过程对应一个子功能，每个子功能在程序实现时有其对应的子程序模块。每个子程序模块要从数据域中取得自己所需要的数据。

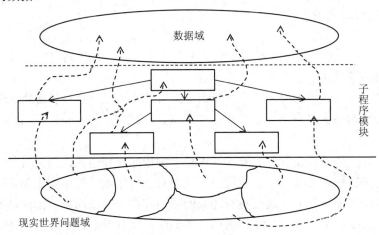

图 6-1　面向过程抽象程序结构

从图 6-1 中可以看出，面向过程抽象的一个重要特点是功能分解，数据和过程(子程序模块)是分离的。数据和过程的关联关系要由程序员来维护，这对于规模小的程序，不存在太大问题。而当程序规模较大时，程序员维护这种关联关系是很费劲的。而且，当需要修改某个子程序模块或某个数据时，要寻找受此次修改影响的所有数据或子程序模块也比较麻烦。因此，面向过程抽象是不利于大规模程序的分解和维护的。

2. 面向对象抽象

面向对象抽象是一种符合人类习惯的抽象方式。人类观察现实世界时，会把现实世界的事物分为一个个实体，每个实体能做什么，它和其他实体协作做了什么，从而理解现实世界的运作。面向对象抽象也是按照这种思维方式，从现实世界问题域抽象出一个个相互独立的对象，表示现实世界的实体，弄清楚每个实体具有什么属性，具有哪些动态特征，会与哪些实体进行交互等。面向对象抽象的程序结构如图 6-2 所示。首先，从现实世界问题域中抽象出一个个独立的对象，并确定对象拥有的数据和操作，还要确定对象之间的相互协作关系,这也是人类观察现实世界的思维方式。然后,程序员用面向对象程序设计语言实现各个对象以及对象之间的协作。由于面向对象抽象将数据和操作封装到一个个能动的对象中,数据和操作之间的对应关系不再由程序员来维护,而是由系统自动维护。因此,在面对大规模软件系统开发时,采用面向对象方法能减轻程序员的负担,有利于提升软件开发和维护的效率。

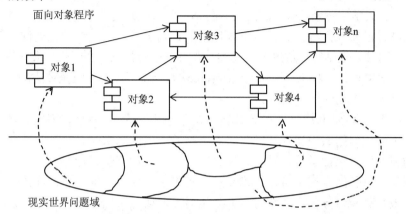

图 6-2　面向对象抽象程序结构

在面向对象系统中,一些独立的对象会依据某种构造结合在一起,形成新的、特有的属性和功能,可以成为一个更大更复杂的对象。这个更大更复杂的对象也可以成为另外一个更大对象的一个组成部分,从而构造出一个更为庞大的系统,这也是面向对象抽象能应对复杂性的原理。这种思维方式,与人类生产复杂实体的思维是一样的。例如,一辆汽车一般由发动机、底盘、车身、电气设备等组成,而一个发动机、一个底盘、一个车身、一个电气设备等本身也是一个对象,它们装配在一起可以形成更为复杂、具有独特功能的一个汽车对象。在面向对象方法中,多个对象结合在一起形成一个新的对象,被称为聚合。

基于面向对象方法对问题求解,抽象出来的一个个对象可表现出如下三个特征。第一个是封装性,从对象的外部来看,除了它用来与外界进行交互的接口之外,对象内部就是一个黑匣子,外部看不到对象的实现细节,这就是封装。例如,一个发动机对象的内部是一个黑匣子,汽车整车生产商无需了解发动机的内部实现细节,它仅需要知道发动机提供的装配接口,就可以在生产线上装配出一辆汽车了。这样也降低了汽车生产商制造汽车的难度。第二个是继承性,对象可以衍生出后代,后代对象将拥有父辈的全部能力,这就是继承。例如,一辆汽车对象可以继承交通工具对象的全部能力。第三个是多态性,一个对象变量在程序运行的不同时刻可以具有多种不同形态,即指向不同类型的对象,从而具有不同的功能,这就是多态。例如,一个交通工具对象,在程序运行的某个时刻,成为一辆汽车对象,表现出汽车的能力;在另外一个时刻,它变成一艘轮船对象,表现出轮船的能力。

6.1.2　封装

在面向对象程序设计语言中,封装(Encapsulation)就是把从现实世界中抽象出来的客观实体封装成类,并且类可以隐藏自己内部的实现细节,让外界不可见,并把需要提供给外界的接口，向外发布。因此，封装体现了信息隐藏(Information Hiding)，面向对象程序设计语言一般提供了公有(public)、私有(private)、保护(protected)等访问权限来实现信息隐藏。

在程序设计中，类(Class)是创建对象的模板，是一组对象公共属性和行为的抽象。例如，张三、李四都是大学生对象，那么可以抽象出一个大学生类，定义一组大学生对象的公共属性和行为。大学生对象的公共属性可以包括：学号、姓名、年龄、籍贯、入学年份、专业、学分成绩、已修课程等，其行为可以包括：查询学号、查询专业、查询学分成绩、转专业、选课、退课、退学等。通过大学生类，既可以创建张三、李四两个大学生对象，也可以创建其他大学生对象。对象也称为实例(Instance)，一个类的实例就是该类的一个对象。例如，张三就是大学生类的一个实例。

在抽象一组对象(属于某一类)的公共属性和行为时，要考虑现实世界问题域。例如，大学生对象在不同的问题域中属性和行为是不一样的。当问题域是高校教务管理系统时，大学生对象的属性可以包括学号、姓名、年龄、籍贯、入学年份、专业、学分成绩、已修课程等，其行为可以包括查询学号、查询专业、查询学分成绩、转专业、选课、退课、退学等。当问题域是高校财务管理系统时，大学生对象的属性可以包括：学号、姓名、当前应缴费用、是否缴纳、历史缴费记录等，其行为可以包括：查询应缴费用清单、查询缴费状态、查询历史缴费记录、生成当前缴费收据等。

6.1.3　继承

继承(Inheritance)是指一个类可以无需重新编写现有类的代码而具备现有类的所有功能，并在此基础上可以扩展。通过继承所创建的新类被称为"派生类""子类""扩展类"，被继承的类被称为"基类""父类""超类"。本书为了直观简洁，采用"父类""子类"术语进行表述。

继承体现了现实世界的分类体系，表达了"是一种"关系，符合人类的思维方式。例如，交通工具可以分为陆地交通工具、水上交通工具、空中交通工具。陆地交通工具、水上交通工具、空中交通工具还可以进一步划分，如图 6-3 所示。这种分类体系也构成了"是一种"关系，也反映了继承体系。交通工具类是父类，陆地交通工具类、水上交通工具类、空中交通工具类都是交通工具类的子类，并继承了交通工具类的属性和行为。陆地交通工具对于下一层分类而言，也是父类，火车类、汽车类、水陆两栖车类都是陆地交通工具类的子类，并继承了陆地交通工具类的属性和行为。

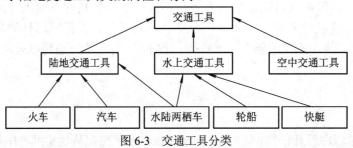

图 6-3　交通工具分类

继承可以分为单继承和多继承。单继承就是一个类只有一个直接父类。而多继承是指一个类有多个直接父类。例如,图 6-3 所示火车类只有一个直接父类,就是单继承的情况。而水陆两栖车有两个直接父类,这是多继承的情况。有的面向对象程序设计语言支持多继承,如 C++ 语言。而有的面向对象程序设计语言是单继承的,如 Java 语言。支持多继承的语言被称为多继承语言,只支持单继承不支持多继承的语言被称为单继承语言。

6.1.4 多态

多态(Polymorphism)是指一个对象引用变量在程序运行的不同时刻具有多种形态,具体来讲,就是一个父类类型的引用变量能够指向其任何不同子类的一个实例,从而表现出相应子类实例的行为。多态机制使具有不同内部结构的对象可以共享相同的外部接口。例如,以图 6-3 所示的类为例,假设定义了一个引用变量 vehicle 指向一个交通工具类,该引用变量可以在程序运行的某个时刻指向陆地交通工具类的一个实例,也可以指向水上交通工具类或空中交通工具类的一个实例,还可以指向火车类、汽车类等的一个实例。这样,父类引用变量 vehicle 可以在程序运行的不同时刻,具备多种不同的形态。当一个方法的形式参数是交通工具类对象时,那么该方法可以接受的实际参数可以是其任一子类的对象。这样,相同的方法可以接受不同类型的参数,表现出不同的行为。换句话说,这就是同一操作作用于不同类的实例,产生不同的执行结果。这也是多态性的一种外在表现。

6.2 类 与 对 象

6.2.1 类的定义

在面向对象程序设计语言中,每个对象代表现实世界问题域中可以明确标识的实体,既可以是客观存在的事物,如一个学生、一辆汽车、一个苹果,也可以是抽象的事件,如一场球赛、一次会议。每个对象都有自己独特的标识、属性和行为。

(1) 对象标识:也称为对象 ID,是程序中唯一标识一个对象的有效标识符。

(2) 对象属性:也称为对象的状态或特征,是由具有当前值的数据域来表示的。例如,一个矩形对象的数据域:宽度(width)为 5.5 和高度(height)为 7.5,它们描述了该矩形对象的当前属性或状态。

(3) 对象行为:也称为对象操作。对象操作体现了对象的能动性和功能,在程序设计语言中,对象操作由方法(或函数)来定义。要求一个对象完成一个操作就是调用该对象的一个方法。例如,可以为矩形对象定义计算面积的操作——方法 getArea( ),计算周长的操作——方法 getPerimeter( ),还可以定义设置宽度和高度的操作——方法 setWidth( )、setHeight( )。于是,一个矩形对象(width = 5.5, height = 7.5)要完成计算其面积的操作,可以调用方法 getArea( ),还可以通过调用方法 getPerimeter( )完成计算其周长的操作。另外,还可以通过调用方法 setWidth( )、setHeight( )完成设置其宽度和高度的操作。

　　一个类定义了同一类型对象的共同属性和行为。类是创建对象的模板，可以通过类创建很多具体的对象。一个类的一个实例(Instance)就是该类的一个对象。在面向对象方法中，对象和实例经常可以互换使用。创建对象的过程被称为实例化(Instantiation)。

　　在 Java 语言中，对象的属性(数据域)用变量来定义，对象的行为(操作)用方法来定义。另外，类还提供了一种称为构造方法(Constructor)的特殊类型方法。一个新对象的创建必须调用相应的构造方法。构造方法虽然也能完成其他操作，但是设计构造方法的目的是实例化对象，完成对象属性的初始化工作。因此，类的组成包括三个部分：数据域定义部分、构造方法定义部分和方法定义部分。

　　类声明的一般形式是：

```
[修饰符] class  类名{
    //数据域定义部分
    //构造方法定义部分
    //方法定义部分
}
```

　　关键字 class 在定义类时是必不可少的，其前面既可以不加修饰符，也可以加修饰符。例如，加上修饰符 public，一个类就成为公有类，一个 Java 源文件只能有一个公有类。在关键字 class 前面还可以加其他修饰符在后续章节介绍。关键字 class 之后是类名，类名要求是一个合法的标识符。类名之后接着的是一对花括号，这对花括号之间的内容是类体。类体一般由三个部分的定义组成，即数据域定义部分、构造方法定义部分、方法定义部分。数据域定义部分刻画了一类对象共有的属性，方法定义部分描述了一类对象共有的行为，构造方法定义部分主要提供如何初始化对象的描述(也可以有其他操作，但不是构造方法机制的主要目的)。数据域部分和方法部分都是类的成员，数据域部分是类的数据成员，包括成员变量和成员常量，方法部分是类的成员方法。

　　例如，下面定义一个矩形类 SimpleRect，其数据域有宽度(Width)和高度(Height)，其方法有：计算面积方法 getArea、计算周长方法 getPerimeter、设置宽度方法 setWidth、设置高度方法 setHeight。

　　矩形类的代码如程序清单 6-1 所示。第 3、4 行定义了数据域：width、height。第 7～12 行定了两个构造方法。第 15～26 行定义了 4 个方法：setWidth、setHeight、getArea、getPerimeter。

程序清单 6-1　SimpleRect.java

```
1    public class SimpleRect {
2        //数据域定义
3        double width;
4        double height;
5
6        //构造方法定义
7        SimpleRect(){
8        }
9        SimpleRect(double w, double h){
```

```
10              width = w;
11              height = h;
12          }
13
14          //方法定义
15          void setWidth(double w){
16              width = w;
17          }
18          void setHeight(double h){
19              height = h;
20          }
21          double getArea(){
22              return width * height;
23          }
24          double getPerimeter(){
25          return 2 * (width + height);
26          }
27      }
```

在面向对象分析和设计过程中，程序员可以使用统一建模语言(Unified Modelling Language，UML)的图形符号进行建模，协助程序员进行可视化分析。对于程序清单 6-1 所示的类 SimpleRect，在 UML 中，可以使用类图对其建模，如图 6-4 所示。UML 类图包括 3 个部分：类名、数据域(属性)、构造方法和方法(操作)。其中，数据域的表示形式为：

数据域名:数据类型

构造方法的表示形式为：

类名(参数名 1: 数据类型 1,参数名 2: 数据类型 2, …)

方法的表示形式为：

方法名(参数名 1: 数据类型 1,参数名 2: 数据类型 2, …): 返回值类型

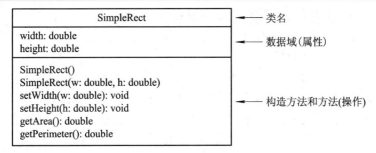

图 6-4 UML 类图：SimpleRect

补充：后续内容会介绍 public、protected、private 访问权限，这三个访问权限在 UML 类图中对应符号分别是 +、#、-，还有一个包私有访问权限，不需任何符号。

6.2.2 对象创建

对象可以先声明后创建，声明的一般形式是：

类名　对象名;

创建对象的一般形式是:

对象名 =new 类名(实参列表);

对象的声明和创建也可以结合在一起,其一般形式是:

类名　对象名 = new 类名(实参列表);

在对象创建时,对象名是一个合法的标识符,并且要使用关键字 new,它是专用于创建对象的。关键字 new 之后是构造方法,"类名(实参列表)"就是表示构造方法。例如,下面的两行语句:

SimpleRect rect1;

rect1 = new SimpleRect(3.5, 4.5);

等价于下面一行语句:

SimpleRect rect1 = new SimpleRect(3.5, 4.5);

上面的语句都是创建了一个矩形对象,对象名是 rect1,调用了 SimpleRect 类有两个参数的构造方法,rect1 的数据域初始化为:宽是 3.5,高是 4.5。

对象的创建涉及引用类型、构造方法、数据域默认值,下面分别进行介绍。

1. 引用类型

用户定义的类是一种用户自定义的数据类型,也是一种引用类型(Reference Type)。一个引用类型的变量可以引用该类型的一个实例(对象)。引用类型的变量是一个合法的标识符,被称为对象引用变量(Refferrence Variable),也被称为对象名。对象引用变量引用一个对象实体。下面通过示例引入对象实体的概念,深入理解引用类型。例如,rect1 就是一个对象引用变量,它引用一个矩形对象,其内存示意图如图 6-5 所示。new SimpleRect(3.5, 4.5) 会在内存堆中为新创建的对象分配一块内存并初始化该对象的数据域,这个初始化之后的内存块可以被称为对象实体。假设该对象实体在内存堆中的地址值是 0xEFEC,那么对象引用变量 rect1 的内存位置所存储的值就是对象实体的地址值 0xEFEC。rect1 通过这个地址引用对象实体。对象实体的地址值在 Java 语言中也被称为引用值。换句话说,对象名 rect1 存储的是对象实体的引用值。

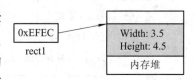

图 6-5　rect1 对象内存示意图

在程序设计语言中,每个变量都代表了一个存储某个值的内存位置。图 6-5 展示了引用类型变量的内存示意图,引用类型变量代表的内存位置存储的值是一个引用值。然而,基本数据类型变量代表的内存位置存储的值是基本类型的值。例如,下面语句:

int i = 2;

变量 i 所表示的内存位置存储的值就是 2,如图 6-6 所示。

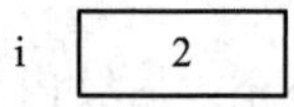

将一个基本数据类型变量 a 赋给另一个基本数据类型变量 b

时,即 b = a,可以直接将 a 的值赋给 b。例如,假设已知 i 为 2,

图 6-6　变量 i 的内存示意图

i　　2

j 为 0,执行 j = i,这时,直接将 i 的值 2 赋给 j,j 也变为 2。然

而,将一个引用类型变量 ref1 赋值给另一引用类型变量 ref2 时,即 ref2 = ref1,仅仅将 ref1 的引用值赋给 ref2,让 ref2 与 ref1 引用同一个对象实体,而不修改被赋值引用变量的对象

实体内容。例如，假设 rect2 也是一个矩形对象，赋值语句 rect2 = rect1 是将 rect1 的引用赋给 rect2，然后，rect1、rect2 同时指向一个对象，如图 6-7 所示。

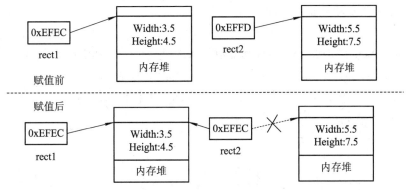

图 6-7　rect2 = rect1 内存变化示意图

注意：rect2 原来的对象实体没有引用变量指向它，JVM 就会认为这个对象实体是垃圾(garbage)。JVM 会检测垃圾并自动回收垃圾所占据的内存空间，这个过程被称为垃圾回收(garbage collection)。

2. 构造方法

构造方法是一种特殊方法，有 3 个特殊之处：

(1) 构造方法必须与所在类同名，大小写一致。

(2) 构造方法没有返回值类型，也不能加 void 关键字。

(3) 构造方法只能在创建一个对象时由关键字 new 调用。

一个初学者可能会犯的错误，就是在构造方法定义时使用 void，例如：

```
public void SimpleRect( ){

}
```

在这种情况下，SimpleRect( )就变成一个普通的成员方法，而不是构造方法了。

构造方法允许重载，可以有多个同名但是方法签名不一样的构造方法。例如，在程序清单 6-1 所示的源程序中，第 7、8 行是一个构造方法定义，第 9～12 行是另一个构造方法定义。

通常，一个类会提供一个没有形式参数的构造方法(如 SimpleRect( ))，这样的构造方法被称为无参构造方法。

另外，一个类可能没有定义构造方法。在这种情况下，我们还能不能创建该类的对象呢？

答案是肯定的。这是因为 Java 编译器对源程序进行编译后，会给一个没有明确定义任何构造方法的类自动提供一个默认构造方法(Default Constructor)。默认构造方法是一个方法体为空的无参构造方法。当一个类明确定义了一个或多个构造方法时，默认构造方法就不再被自动提供。

3. 数据域默认值

当一个类通过默认构造方法(方法体为空)创建对象时，该类的数据域是如何初始化的？

程序清单 6-1 所示的源程序所提供的无参构造方法与默认构造方法形式一样，不仅无形式参数，而且方法体也为空。下面通过这个无参构造方法来构建一个矩形对象 rect2，如下所示：

```
SimpleRect rect2 = new SimpleRect( );
```

那么，rect2 的宽和高是多少呢？

在 Java 语言中，一个类的数据域是有默认值的。数值类型数据域的默认值是零值，布尔类型数据域的默认值是 false，字符类型数据域的默认值是 '\u0000'，引用类型数据域的默认值是 null。于是，前面问题的答案是：rect2 的宽和高都是 0.0。

下面通过一个示例演示一个类的默认构造方法和数据域的默认值，该示例的代码如程序清单 6-2、程序清单 6-3 所示。

程序清单 6-2　Person.java

```
1    public class Person {
2        String name;            //一个人的姓名
3        int age;                //一个人的年龄
4        double height;          //一个人的身高
5        char 血型;              //一个人的血型
6        boolean isHealth;       //一个人是否处于健康状态
7    }
```

程序清单 6-3　TestPerson.java

```
1    public class TestPerson {
2        public static void main(String[] args) {
3            //默认构造方法创建一个对象
4            Person person = new Person();
5            System.out.println("姓名:" + person.name);
6            System.out.println("年龄:" + person.age);
7            System.out.println("身高:" + person.height);
8            System.out.println("血型:" + person.血型);
9            System.out.println("是否健康:" + person.isHealth);
10       }
11   }
```

运行结果如下：

```
姓名:null
年龄:0
身高:0.0
血型:
是否健康:false
```

运行结果验证了数据域的默认值取值情况。

程序清单 6-2 给出 Person 类的定义，Person 类的定义中只有数据域部分，没有构造方法定义和方法定义。这并不表示 Person 类没有构造方法和方法。Person 类的构造方法和方法均由 Java 编译器提供。首先，Java 编译器会为 Person 类提供一个默认构造方法。其次，Person 类默认继承 Object 类(详细描述见 7.6 节)，因此，Person 类拥有从 Object 类继承而来的方法。

程序清单 6-3 给出了一个测试类 TestPerson。程序清单 6-3 第 4 行使用默认构造方法创建了一个 person 对象。由于默认构造方法体为空，所以默认构造方法没有修改数据域的值。因此，person 对象的数据域保持为默认值。然后，第 5～9 行，使用点操作符(.)，也称为对象成员访问操作符(Object Member Access Operator)，通过"对象名.成员变量"的方式访问 person 对象的各个数据域，得到其默认值。

6.2.3　对象访问

在对象被创建之后，每个对象具有自己的数据域，可以通过对象成员访问操作符来访问对象自身的数据域和调用方法，对象成员访问操作符使用的一般形式是：

对象引用变量.数据域；

对象引用变量.方法(实参列表)；

下面的示例是对类 SimpleRect 的使用，代码如程序清单 6-4 所示。

程序清单 6-4 TestSimpleRect.java

```
1    public class TestSimpleRect {
2        public static void main(String[] args) {
3            //创建对象
4            SimpleRect rect1 = new SimpleRect();
5            SimpleRect rect2 = new SimpleRect(3, 4);
6
7            System.out.printf("%-8s%-8s%-8s%-8s%-8s\n","矩形","宽","高","面积","周长");
8            System.out.printf("%-8s%-8.2f%-8.2f%-8.2f%-8.2f\n","矩形 1", rect1.width,
9                    rect1.height, rect1.getArea(),rect1.getPerimeter());
10           System.out.printf("%-8s%-8.2f%-8.2f%-8.2f%-8.2f\n","矩形 2", rect2.width,
11                   rect2.height, rect2.getArea(),rect2.getPerimeter());
12
13           rect1.setHeight(2.5);
14           rect1.setWidth(5.5);
15           System.out.println("矩形 1 在修改宽和高之后---------");
16           System.out.printf("%-8s%-8.2f%-8.2f%-8.2f%-8.2f\n","矩形 1", rect1.width,
17                   rect1.height, rect1.getArea(),rect1.getPerimeter());
18       }
19   }
```

运行结果如下：

矩形	宽	高	面积	周长
矩形 1	0.00	0.00	0.00	0.00
矩形 2	3.00	4.00	12.00	14.00
矩形 1 在修改宽和高之后---------				
矩形 1	5.50	2.50	13.75	16.00

程序清单 6-4 第 4、5 行分别创建了两个对象，第 7 行是表格化输出的表头。第 8、9 行通过对象引用变量 rect1 引用自己的数据域和方法，显示对象 rect1 的数据域、面积、周

长。因为对象 rect1 是调用无参构造方法创建，其数据域都是默认值，即零值。于是，rect1 的面积和周长均为 0.00，运行结果也验证了这一点。第 10、11 行通过对象引用变量 rect2 引用自己的数据域和方法，显示对象 rect1 的数据域、面积、周长。第 13、14 行修改了对象 rect1 的高度和宽度，第 15、16 行显示修改对象 rect1 的数据域、面积、周长。

从该示例中可以看出，数据域 width、height 的值是依赖于某个具体实例的。数据域 width、height 都是 SimpleRect 类的实例成员变量(简称实例变量)。而成员方法 getArea、getPerimeter，也只能被具体的实例所调用，并能使用具体实例的数据域。这些成员方法被称为实例成员方法(简称实例方法)。调用实例方法的对象被称为调用对象。例如，rect1.getArea()的调用对象是 rect1，rect1 的数据域被方法 getArea 使用；rect2.getArea()的调用对象是 rect2，rect2 的数据域被方法 getArea 使用。一个类的实例变量与实例方法都是该类的实例成员。

6.3　静 态 成 员

6.2 节介绍的实例成员都是与一个类的某个实例关联在一起的。在访问实例成员时，需要使用某个具体的实例。然而，在有些场景中，有些信息需要被一个类的所有实例共享，或者在调用成员方法时，直接使用类名调用。在这些场景中，类的静态成员需要被使用。

静态成员分为静态成员变量(简称静态变量，又称类变量)，静态成员常量(静态常量)和静态成员方法(静态方法，又称类方法)。一个类的静态变量是将变量值放在一个该类所有对象都能访问的公共内存位置中的。静态变量既可通过类名进行修改，也可以通过类的某个实例进行修改。静态常量的访问特性与静态变量一样，不单独阐述。一个类的静态方法是无须创建该类的实例就可以被调用的成员方法。例如，Math.sqrt()就是使用类名 Math 调用求平方根运算的方法 sqrt( )，不必创建任何实例。

一个类的静态成员是随着该类被加载到 JVM 时同时加载的。例如，Java 程序执行的入口方法 main 方法是静态方法，当包含 main 方法的类被 JVM 加载时，main 方法也被加载了，从而无须创建任何实例就可以运行 main 方法。

Java 语言在定义静态成员时，使用关键字 static 修饰变量或方法。关键字 static 修饰变量时，通常放置在数据类型之前，一般形式如下：

static 数据类型　变量名;

例如：

static int count;

当关键字 static 修饰方法时，通常放置在返回值类型之前，一般形式如下：

[其他修饰符] static 返回值类型　方法名(形参列表);

例如：

public static void main(String[] args);

下面引入一个使用静态变量和静态成员的场景示例。假设有一个对平面几何形状进行认知和计数的小游戏，游戏开始时随机生产一定数量的平面几何形状(如矩形、圆形、三角形)在屏幕上，这些几何形状可以被增加、移动或涂色，让小孩子进行辨认和计数。

该游戏软件有一个功能就是游戏本身要能统计每种平面几何形状的数量。为了实现这种统计功能，使用静态变量和静态方法较为便捷。其策略如下：

(1) 设计一个静态的计数器变量，初值为零。

(2) 每当创建一个形状对象时，静态的计数器变量自动加 1。

(3) 再设计一个返回静态变量值的静态方法。

下面以矩形类 RectStaticDemo 为例说明如何使用静态成员完成上述策略，该游戏软件的其他功能描述从略。

矩形类 RectStaticDemo 的代码如程序清单 6-5 所示。

程序清单 6-5　RectStaticDemo.java

```
1    public class RectStaticDemo {
2        /**矩形的宽和高 */
3        double width, height;
4        /**统计对象数量的静态计数器变量*/
5        static int numOfObject;
6        /**以初值 2、1 创建一个矩形对象
7         * 计数器变量自增 1 */
8        RectStaticDemo(){
9            width = 2;
10           height = 1;
11           numOfObject++;
12       }
13       /**以指定的值 w、h 创建一个矩形对象
14        * 计数器变量自增 1 */
15       RectStaticDemo(double w, double h){
16           width = w;
17           height = h;
18           numOfObject++;
19       }
20       /**返回静态计数器变量的值 */
21       static int getNumOfObject(){
22           return numOfObject;
23       }
24       /**返回矩形的面积*/
25       double getArea(){
26           return width * height;
27       }
28       //其他部分略
29   }
```

程序清单 6-5 第 5 行定义了一个静态的计数器变量，其具有默认初始值 0。第 11、18 行在构造方法中静态的计数器变量执行自增 1 的操作，这就表示每当调用构造方法创建对象时，该计数器变量就加 1，从而自动完成对象统计功能。第 21~23 行定义了一个静态方

法 getNumOfObject()，返回静态计数器变量的值。

程序清单 6-6 所示的测试类 TestCircleStaticDemo 对静态变量和静态方法的使用进行了演示，运行结果表明静态的计数器变量正确地统计了被创建对象的数量。

程序清单 6-6　TestRectStaticDemo.java

```
1    public class TestRectStaticDemo {
2        public static void main(String[] args) {
3            //访问静态变量初始值
4            System.out.println("----在创建对象之前----");
5            System.out.println("矩形对象的数量(通过静态方法):"
6                            + RectStaticDemo.getNumOfObject());
7            System.out.println("矩形对象的数量(通过静态变量):"
8                            + RectStaticDemo.numOfObject);
9            //创建对象 rect1
10           RectStaticDemo rect1 = new RectStaticDemo();
11           System.out.println("----在创建对象 rect1 之后----");
12           System.out.printf("矩形对象 rect1 的宽:%.1f,高: %.1f\n", rect1.width, rect1.height);
13           System.out.println("矩形对象的数量:" + rect1.numOfObject);
14
15           //创建对象 rect2
16           RectStaticDemo rect2 = new RectStaticDemo(3, 4);
17           //修改对象 rect1
18           rect1.width = 2.5;
19           rect1.height = 3.5;
20
21           System.out.println("---在创建对象 rect2 和修改对象 rect1 之后---");
22           System.out.printf("矩形对象 rect2 的宽:%.1f,高:%.1f\n", rect2.width, rect2.height);
23           System.out.printf("矩形对象 rect1 的宽:%.1f,高:%.1f\n", rect1.width, rect1.height);
24           System.out.println("矩形对象的数量(通过 rect2 访问):" + rect2.numOfObject);
25           System.out.println("矩形对象的数量(通过 rect1 访问):" + rect1.getNumOfObject());
26           System.out.println("矩形对象的数量(通过类名访问):"
27                            + RectStaticDemo.numOfObject);
28       }
29   }
```

运行结果如下：

```
----在创建对象之前----
矩形对象的数量(通过静态方法):0
矩形对象的数量(通过静态变量):0
----在创建对象 rect1 之后----
矩形对象 rect1 的宽:2.0,高:1.0
矩形对象的数量:1
---在创建对象 rect2 和修改对象 rect1 之后---
矩形对象 rect2 的宽:3.0,高:4.0
```

矩形对象 rect1 的宽:2.5,高:3.5

矩形对象的数量(通过 rect2 访问):2

矩形对象的数量(通过 rect1 访问):2

矩形对象的数量(通过类名访问):2

程序清单 6-6 第 4～6 行的代码表明在没有创建任何对象之前,静态成员可以由类名直接访问。第 6 行和第 8 行分别通过类名调用静态方法和类名引用静态变量对静态变量进行访问。第 10 行创建了一个矩形对象 rect1,第 11～13 行访问了对象 rect1 的信息。第 13 行通过对象 rect1 访问静态变量,与通过类名访问一样。

程序清单 6-6 第 16 行创建了一个矩形对象 rect2,指定其宽为 3.0,其高为 4.0。第 18、19 行修改了矩形对象 rect1 的数据域,其宽变为 2.5,其高变为 3.5。矩形对象 rect1 与 rect2 的实例变量是相互独立、互不干扰的。静态变量 numOfObject 是被这两个对象共享的。第 22、23 行显示了矩形对象 rect1 与 rect2 的实例数据成员。第 24～26 行分别通过 3 种不同方式访问了静态变量 numOfObject 的值,验证了静态变量 numOfObject 是被该类的所有对象共享的。在创建完矩形对象 rect2 和修改矩形对象 rect1 之后,本示例实例变量和静态变量的内存示意图如图 6-8 所示。

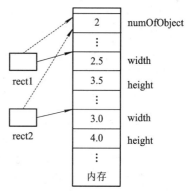

图 6-8　示例的静态变量与实例变量内存示意图

注意: 虽然通过对象名也能访问静态变量,但是不建议这么使用,可以避免引起阅读上的混淆。而且,Java 编译器会产生警告错误。静态方法也一样,通过对象名可以访问,但也有编译警告错误。因此,静态成员最好用类名来访问,即使用"类名.静态变量"的方式访问静态变量,使用"类名.静态方法(实际参数列表)"的方式访问静态方法。这不仅可以避免编译警告错误,而且可以很容易地识别出类中的静态成员。

静态成员和实例成员的访问关系如图 6-9 所示。一个类的实例方法可以访问该类的实例数据域和静态数据域,也可以调用该类的实例方法和静态方法。而一个类的静态方法只能访问该类的静态数据域和调用该类的静态方法,不能访问该类的实例数据域和调用该类的实例方法。因为,静态成员不属于某个特定的对象。

如果在静态方法中直接访问实例变量和调用实例方法,Java 编译器则会报告编译错误。例如,下面的代码就会产生编译错误。

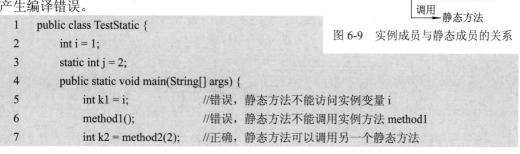

图 6-9　实例成员与静态成员的关系

```
1    public class TestStatic {
2        int i = 1;
3        static int j = 2;
4        public static void main(String[] args) {
5            int k1 = i;              //错误,静态方法不能访问实例变量 i
6            method1();               //错误,静态方法不能调用实例方法 method1
7            int k2 = method2(2);     //正确,静态方法可以调用另一个静态方法
```

```
8          }
9          //实例方法可以访问静态变量和静态方法
10         public void method1(){
11             i = i + j + method2(i);
12         }
13         //静态方法可以访问静态变量
14         public static int method2(int k){
15             return k * j;
16         }
17     }
```

由于 main 方法是静态方法，它不能访问实例变量和调用实例方法。因此，第 5 行访问实例变量 i 是错误的，第 6 行调用实例方法也是错误的。实例方法访问实例成员和静态成员都是没有问题的，如第 11 行所示。

如果一个类的某个静态方法需要访问该类的实例方法，那么该静态方法必须创建一个对象并通过该对象来访问实例成员。例如，如果要把上面示例 TestStatic 的程序修改成正确的程序，就要在 main 方法中创建一个对象，然后通过对象名来访问实例数据域和调用实例方法。修改后的代码(第 5 行至第 7 行)如下所示。

```
1      public class TestStatic {
2          int i = 1;
3          static int j = 2;
4          public static void main(String[] args) {
5              TestStatic obj = new TestStatic ();
6              int k1 = obj.i;          //正确，静态方法访问的是对象 obj 的实例变量 i
7              obj.method1();           //正确，静态方法调用的是对象 obj 的实例方法 method1
8              int k2 = method2(2);     //正确，静态方法可以调用另一个静态方法
9          }
10         //实例方法可以访问静态变量和静态方法
11         public void method1(){
12             i = i + j + method2(i);
13         }
14         //静态方法可以访问静态变量
15         public static int method2(int k){
16             return k * j;
17         }
18     }
```

第 5 行在静态方法 main 中创建了一个对象 obj，第 6 行通过对象名 obj 访问了实例变量 i，第 7 行通过对象名调用了实例方法 method1。

6.4　可见性修饰符

可见性修饰符是指确定一个类及其成员可见性的符号，可见性决定了一个类及其成员

的可访问性。在 Java 语言中，可见性修饰符有三个：公有(Public)、私有(Private)、保护(Protected)，可见性修饰符放置在类及其成员之前。可见性修饰符决定了 3 种可访问权限：公有访问权限、私有访问权限、保护访问权限。如果一个类及其成员没有使用可见性修饰符，那么该类可以被同一个包中的任何一个类访问。这种默认访问权限被称为包私有(Package-Private)访问权限或包访问(Package-Access)权限。

自 Java SE 9 开始，程序新增了一个访问控制：模块(Module)。

6.4.1　包

包(Package)可以将一组相关的类或接口(见 7.11 节)组织在一起。当一个应用程序所包含的类较多时，程序员通常会把这些源代码分组放置到不同的包中，从而可以更好地管理已经开发的源代码。每个包具有一个独一无二的包名，形成自己的命名空间，有助于防止命名冲突。具体来讲，在两个不同包中出现类名相同的类，是不会产生冲突的。

在创建包或将新定义的类、接口放置于某个包中时，需要使用包声明语句。包声明语句是程序要求的第一条非注释和非空白行的语句，而且必须是某源文件的第一条语句，其使用关键字 package，语法形式如下：

```
package packageName;
```

包名(packageName)既可以是由一个合法标识符确定的名称，也可以是由多个合法标识符用 "." (点号)连接而成的一个名称。

如果一个类在定义时没有声明包，那么表示该类被放在默认包中。

一个包的成员包括类、接口、子包。其中，一个包的类和接口在该包的编译单元中，而一个包的子包拥有自己的编译单元和子包。需要注意的是，包与子包是两个独立的编译单元。在导入语句中，导入一个包，并不表示导入了其子包。例如，导入语句：

```
import javafx.scene.*;
```

可以导入javafx.scene包中的类和接口，但是不能导入javafx.scene的子包javafx.scene.layout中的类和接口，因此，不能代替如下导入语句：

```
import javafx.scene.layout.*;
```

一个包中不能包含两个具有相同名字的成员。即，一个包内的类名、接口名、子包名不能重复出现。例如，包 java.awt 有一个子包 image，所以它不能包含一个以 image 命名的类或接口。又如，如果一个命名为 chapter6 的包，拥有一个接口 Print，那么就不能定义一个包名为 chapter6.Print 或 chapter6.Print.doc 的包。

下面以 Eclipse 集成开发环境为例，说明包的创建与使用过程。在 Eclipse 集成开发环境中，完成如下任务：创建一个包，包名为 chapter6；在该包中创建一个类 Hello，一个接口 Print，一个子包 chapter6.temp，在子包中创建一个类 Hello。

首先，创建一个包 chapter6，所在项目名称为 JavaSrc，创建过程如图 6-10 所示。第一步，鼠标移动到项目名上，右键点击项目名，弹出子菜单，依次在子菜单上左键点击选择 new 和 package，如图 6-10(a)。第二步，在弹出对话框后，可在 Name 对应的编辑框输入包名：chapter6。点击按钮 Finish，完成包 chapter6 的创建，如图 6-10(b)。创建完成后，Package explore 窗口中会出现新增的包 chapter6。

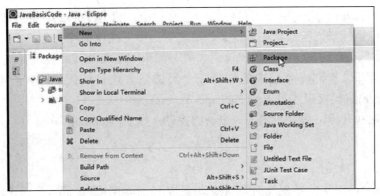

(a) 在项目名上鼠标右键菜单选择 new->package

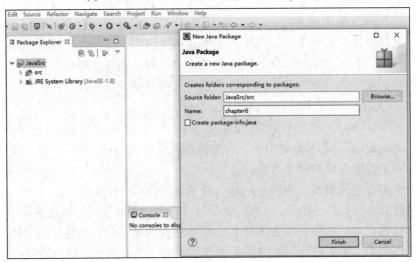

(b) 在弹出菜单上给包命名 chapter6

图 6-10　创建包 chapter6

　　接下来，在包 chapter6 创建一个类 Hello，如图 6-11 所示。第一步，右击"包名 chapter6"，弹出子菜单，在子菜单上依次单击"New"和"Class"按钮，如图 6-11(a)所示。第二步，在创建类的对话框中，输入类名 Hello，如图 6-11(b)所示。然后，弹出类 Hello 创建成功之后的界面，如图 6-11(c)所示。从图 6-11 中可以看出，自动生成代码的第一行语句为包声明语句"package chapter6;"，并且在 chapter6 包中增加了一个类 Hello。

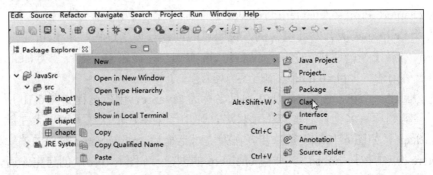

(a) 右击子菜单选择 New->Class

(b) 创建类的对话框，输入类名 Hello

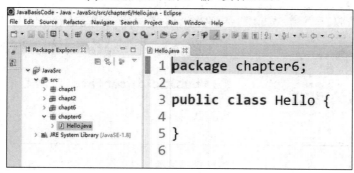

(c) 创建完 Hello 类后

图 6-11　在包 chapter6 中创建类 Hello

接着，在包 chapter6 中创建一个接口 Print，如图 6-12 所示。第一步，右击"包 chapter6"，依次单击"New"和"Interface"，如图 6-12(a)所示。第二步，在弹出的创建结构对话框中，输入接口名称：Print，单击"Finish"按钮，如图 6-12(b)所示。然后，接口 Print 成功创建的界面出现，如图 6-12(c)所示。接口 Print 的自动生成代码的第一行也是包声明语句：

package chapter6;

并且，包 chapter6 中增加了一个接口 Print。

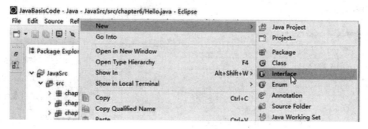

(a) 右击包名，在弹出子菜单中依次单击"New"和"Interface"

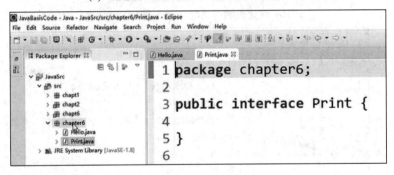

(b) 创建接口的对话框，输入接口名：Print

(c) 接口 Print 创建后的界面

图 6-12   在包 chapter6 中创建一个接口 Print

  然后，在包 chapter6 下创建一个子包 temp，如图 6-13 所示。第一步，右击"包 chapter6"，在弹出的子菜单中，依次单击"New"和"Package"按钮。第二步，在弹出的创建包的对话框上输入包名：chapter6.temp，表示 temp 包是 chapter6 的子包，如图 6-13(a)所示。创建子包成功之后，在 package explore 窗口可以看到如图 6-13(b)所示的界面，其子包也是一个单独的包，可用来组织类、接口。

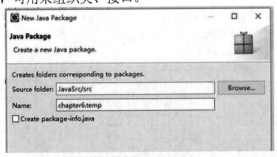

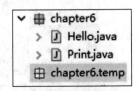

(a) 创建子包 chapter6.temp   (b) 子包创建成功

图 6-13   在包 chapter6 中创建子包 temp

最后，在包 chapter6.temp 下创建一个类 Hello，如图 6-14 所示。第一步，右击"包 chapter6.temp"，在弹出的子菜单中依次单击"New"和"Class"，如图 6-14(a)所示。第二步，在弹出的创建类的对话框中输入类名 Hello，再单击"Finish"按钮，如图 6-14(b)所示。最后，创建类 Hello 成功的界面如图 6-14(c)所示。类 Hello 的第一行代码是包声明语句："package chapter6.temp;"。并且，包 chapter6.temp 增加了一个类 Hello。

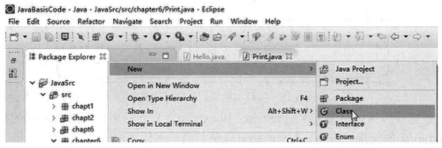

(a) 右击"chapter6.temp"，再依次单击子菜单中的"New"和"Class"

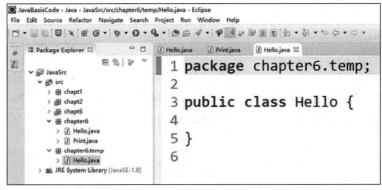

(b) 创建类的对话框，输入类名 Hello

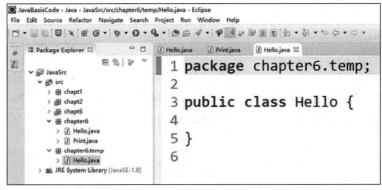

(c) 创建类 Hello 成功之后的界面

图 6-14　在包 chapter6.temp 中创建类 Hello

6.4.2 模块

模块(Module)用于组织一组相关包。如果一些包具有较强的相关性,那么可以将这些包分组为一个模块。项目、模块、包之间的关系如图 6-15 所示。一个项目可以包括多个模块,每个模块可以包括多个包,模块可以看作包的集合。

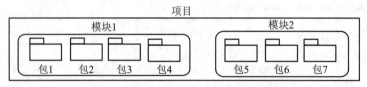

图 6-15   项目、模块、包之间的关系

一个模块能够通过两个关键字 requires 和 exports,对自身所依赖(Requires)的模块和自身导出(Exports)的包进行声明。一个模块只能使用其他模块导出(Exports)的包,其他模块也只能使用该模块导出的包。一个模块能将它的部分包或全部包分类为 exported,这意味着这些被导出包的类和接口可以通过模块外部的代码访问。如果一个模块的某个包没有被该模块导出,那么只有模块内部的代码可以访问该包的类和接口。如果一个模块中的代码想要访问另一个模块导出的包,那么第一个模块必须显式依赖于第二个模块。

模块的引入,进一步增强了代码的封装性。一个模块可以显式选择向其他模块只暴露需要的类或接口,隐藏其内部实现的细节及其他内部成员,从而实现更强的封装。

创建模块需要如下几个步骤:

(1) 创建一个文件夹,通常是一个包名,如 edu.guet.module。

(2) 在该文件夹(如 edu.guet.module)下创建一个 module-info.java 文件,这个文件被称为模块描述符文件。

(3) 在模块描述符文件的同级别上创建一个 Java 包。

(4) 最后,在创建的包下可以创建多个 Java 类文件。

创建模块需要遵守如下几个规则:

(1) 模块名称必须是唯一的。

(2) 一个模块必须要有模块描述符文件 module-info.java,且仅有一个。

(3) 包名称必须是唯一的。即使在不同的模块中,包名也不能相同。

(4) 每个模块将创建一个 jar 文件。

模块描述性文件的格式如下:

```
module  模块名{}
```

模块名一般是两个单词以上,并用“.”(点号)隔开,例如,模块名为 edu.guet.java。默认情况下,模块里的所有包都是私有的,即使被外部依赖也无法访问。例如,edu.guet.java 模块下有两个非空包 edu.guet.java.basic 和 edu.guet.java.second,并且希望向外界公开,那么代码如下:

```
module edu.guet.java{
    exports edu.guet.java.basic;        //导出包 edu.guet.java.basic
    exports edu.guet.java.second;       //导出包 exports edu.guet.java.second
}
```

exports 语句只能导出非空包，不能导出具体的类。

exports 还支持定向导出包，即导出的包仅仅向特定模块公开，其语法如下：

```
exports <包名> to <目标模块 1>,<目标模块 2>,<目标模块 3>, …
```

假如希望将包 edu.guet.java.basic 仅仅导出给模块 edu.guet.test 及模块 edu.guet.teaching，而 edu.guet.java.second 仅仅导出给 edu.guet.test，那么代码如下：

```
module edu.guet.java{
    exports edu.guet.java.basic to edu.guet.java.test, edu.guet.teaching;
    exports edu.guet.java.second to edu.guet.java.test;
}
```

如果一个模块要访问其他模块导出的包，那么该模块必须使用 requires 关键字导入要访问的包所在的模块。例如，如果模块 edu.guet.compuer 想要访问模块 edu.guet.java 中的两个非空包 edu.guet.java.basic 和 edu.guet.java.second，那么模块 edu.guet.java 的声明中需使用 requires 语句，如下所示：

```
module edu.guet.computer{
    exports edu.guet.computer.basic;     //导出包 edu.guet.computer.basic
    requires edu.guet.java;              //可以访问模块 edu.guet.java 导出的包
}
```

通常，新版本的集成开发环境(如 Eclipse、Intellij IDEA 等)在创建一个 Java 项目时，均可选择创建一个模块及其模块描述文件 module-info.java。为了不引入复杂性，本书后续的内容和示例不讨论模块的使用以及模块对访问特性的影响。

6.4.3　public、private、包私有访问权限

可见性修饰符 public 可以放置在类、方法和数据域前，表示这些类、方法和数据域可以被任何类访问。

可见性修饰符 private 可以放置在方法、数据域前，表示这些方法、数据域只能被它们所在的类访问，不能被其他的类访问。此外，private 不能用来修饰类。

图 6-16 的例子说明了 private 的访问特性。当 private 修饰类的成员时，这些类的私有成员在该类的外部是不能被访问的。

```
public class Cls1{
    public static void main(String[ ] args){
        Cls1 c = new Cls1();
        System.out.println(c.x);
        System.out.println(c.f1());
    }
    private int x;
    private int f1( ){
        return ++x;
    }
}
```

```
public class Cls2{
    public static void main(String[ ] args){
        Cls1 c = new Cls1();
        System.out.println(c.x);      //错误
        System.out.println(c.f1());   //错误
    }
}
```

图 6-16　private 访问权限

如图 6-16 所示，类 Cls1 的私有成员是整型变量 x 和方法 f1()，它们只能在该类的内部被访问。因此，类 Cls1 的 main 方法创建一个类 Cls1 的对象 c，然后，通过对象 c 访问这

些私有成员是允许的。然而，在类 Cls1 的外部(如类 Cls2)，类 Cls1 的私有成员在类 Cls1 的外部是不可见的，也是不能被访问的。因此，类 Cls2 的 main 方法创建一个类 Cls1 的对象 c，然后，通过对象 c 访问类 Cls1 的私有成员是不允许的，Java 编译器会报告编译错误。

如果没有使用可见性修饰符放置在类、方法和数据域前，那么这些类、方法、数据域默认将具有包私有访问权限，可以被同一个包中的成员访问，但是不能被其他包中的成员访问。

一个类的方法和数据域无论使用哪个可见性修饰符，该类总是可以访问自身所有的数据域和方法。因此，可见性修饰符用于指明一个类的数据域和方法是否能在该类之外被访问。

图 6-17 的示例说明了可见性修饰符修饰数据域和方法时的可访问情况。从图 6-17 可以看出，类 Cls1、Cls2、Cls3 都是公有类，类 Cls1 和类 Cls2 处于同一包 pkg1 中，类 Cls2 处于另一个包 pkg2 中，包 pkg1、pkg2 处于同一模块中(避免模块带来的复杂性)。在同一个包中的类 Cls2 可以访问类 Cls1 的公有数据域和方法，也可以访问类 Cls1 的包私有数据域和方法，但不能访问类 Cls1 的私有数据域和方法。在不同包中的类 Cls3 只能访问类 Cls1 的公有数据域和方法，不能访问私有或包私有的数据域和方法。

```
package pkg1;                  package pkg1;                  package pkg2;
public class Cls1{            public class Cls2{            public class Cls3{
    private int x;                void f( ){                    void f( ){
    int y;                           Cls1 c1=new Cls1( );          Cls1 c1=new Cls1( );
    public int z;                    不可访问c1.x;                  不可访问c1.x;
    private void f1( ){ }            可访问c1.y;                    不可访问c1.y;
    void f2( ){ }                    可访问c1.z;                    可访问c1.z;
    public void f3( ){ }             不能调用c1.f1();               不能调用c1.f1();
}                                    能调用c1.f2();                 不能调用c1.f2();
                                     能调用c1.f3();                 能调用c1.f3();
                                  }                             }
                              }                             }
```

图 6-17 可见修饰符修饰类的成员

图 6-18 的示例说明了可见性修饰符修饰类时的可访问情况。关键字 class 前面只能使用 public 修饰或无可见性修饰符修饰，不能使用 private 修饰。在这个例子中，类 Cls1 不是公有类，只能被包 pkg1 的其他类(如类 Cls2)访问，但是不能被其他包的类(如类 Cls3)访问。类 Cls2 是公有类，既能被同一包的其他类(如类 Cls1)访问，也能被不同包的类(如类 Cls3)访问。

```
package pkg1;                  package pkg1;                  package pkg2;
class Cls1{                    public class Cls2{            public class Cls3{
    能访问Cls2                     能访问Cls1                    不能访问Cls1
    能访问Cls3                  }                                能访问Cls2
}                                                           }
```

图 6-18 可见修饰符修饰类

6.5 数据域封装

在程序清单 6-2 中定义了一个类 Person，其数据域(姓名 name、年龄 age、身高 height、血型、健康否 isHealth 等)都是包私有访问权限。在同一包中的其他类可以直接修改这些数据域。如果数据域是公有访问权限，则这些数据域被修改的可能性会扩展到其他任何类。这有可能导致如下两个问题。

(1) 非私有的数据域可以被其他类篡改。例如，Person 类的数据域在其他类中可以直接被修改。假设一个类 Test，可以将某个 Person 对象的 age 修改 -10，这明显是不合理的。

(2) 程序的可维护性变差。由于一个类的非私有数据域可能被其他多个类直接修改，使得对程序的维护变得困难。例如，想要限制类 Person 的属性 age 是非负整数，身高 height 也是非负整数，即使类 Person 进行了相关的设置以限制这两个属性是非负数，但是由于这两个属性是非私有的，其他类也可以直接修改这两个属性为负数，从而绕过类 Person 所做的限制。

为了避免外部其他类对一个类的数据域进行直接修改，可以使用 private 修饰符将数据域声明为私有的，这被称为数据域封装。将数据域设置为私有的，可以保护数据不被外部其他类直接修改，使得程序更容易维护。

私有数据域在类的外部不能直接被访问，为了访问私有数据域的值，可以提供公有的访问方法供外部其他类调用。为了获取私有数据域的值，可以提供一个获取方法(Getter)返回数据域的值。为了修改私有数据域的值，可以提供一个设置方法(Setter)为数据域设置新值。

获取方法的签名一般形式如下：

public 返回值类型 getPropertyName( )

如果返回值类型是 boolean 类型，一般如下定义获取方法：

pulibc boolean isPropertyName( )

设置方法的签名如下：

public void setPropertyName(数据类型 propertyValue)

现在创建一个新的矩形类 Rect_v1，将其数据域：宽和高，设置为私有的，并提供获取方法和设置方法，矩形类的代码如程序清单 6-7 所示。

程序清单 6-7　Rect_v1.java

```
1    public class Rect_v1 {
2        //私有数据域定义
3        private double width;
4        private double height;
5
6        //构造方法定义
7        public Rect_v1(){
8        }
9        public Rect_v1(double w, double h){
10           setWidth(w);
11           setHeight(h);
12       }
13
14       //私有数据域的设置方法和获取方法
```

```
15          public void setWidth(double w){
16              if(w > 0)
17                  width = w;
18              else
19                  width = 0;
20          }
21          public double getWidth(){
22              return width;
23          }
24          public void setHeight(double h){
25              if(h > 0)
26                  height = h;
27              else
28                  height = 0;
29          }
30          public double getHeight() {
31              return height;
32          }
33          //求面积和周长方法
34          double getArea(){
35              return getWidth() * getHeight();
36          }
37          double getPerimeter(){
38              return 2 * (getWidth() + getHeight());
39          }
40      }
```

两个设置方法 setWidth()(第 15~20 行)、setHeight()(第 24~29 行)在代码中对矩形的宽、高的值进行了限定，不允许设置为负值。两个获取方法 getWidth()(第 21~23 行)、getHeight()(第 30~32 行)可以分别返回矩形的宽、高值。于是，私有数据域的设置方法和获取方法是设置和获取私有数据域的唯一途径。如果需要调整对私有数据域的限制，可以修改类 Rect_v1，与其他类无关，这使得程序更容易维护。

注意：除非有特殊要求，在设计一个类时，应该将其所有的数据域设置为私有的，其所有的构造方法应该被声明为公有的。

6.6　变量作用域

类的实例变量和静态变量都是类的成员变量(Class Variable)。无论类的成员变量在类的何处声明，其作用域都是整个类。类的成员变量和成员方法可以在类中以任意顺序出现，如图 6-19(a)所示。然而，当类的一个成员变量基于类的另一个成员变量进行初始化时，另一个成员变量必须先声明，如图 6-19(b)所示。

```
public class Cls1{
    public int add( ){
        return x + y;
    }
    private int x;
    private int y;
}
```

(a) 数据域 x、y 和方法 add 以任意顺序声明

```
public class Cls2{
    private int x;
    private int y = x * x;
    …
}
```

(b) x 必须在 y 之前声明

图 6-19　类的成员变量的作用域

在方法内定义的变量被称为局部变量。局部变量作用域是从声明的地方开始有效，直到包含它的块结束。如果一个局部变量和类的成员变量同名，那么局部变量优先，而同名的类的成员变量将被隐藏(Hidden)，这被称为变量隐藏。例如，图 6-20(a)展示了类 Cls1 中实例变量 y 被方法 m1 的局部变量 y 隐藏的情形。图 6-20(b)展示了运行测试的情况。在这个例子中，数据域 y 被方法 m1 的局部变量 y 隐藏。在运行测试时，首先创建了一个对象 c，其数据域 x、y 均为零。然后，执行 c.m1()，输出实例变量 x 的值 0，以及局部变量 y 的值 5。

```
public class Cls1{
    public void m1(){
        int y = 5;
        System.out.println("x=" + x);
        System.out.println("y=" + y);
    }
    private int x;
    private int y;
}
```

(a) 类的成员变量被隐藏

```
public class Test{
    public static void main(String[] args){
        Cls1 c = new Cls1();
        c.m1();
    }
}
```

```
运行结果:
x = 0
y = 5
```

(b) 运行测试

图 6-20　局部变量隐藏类的成员变量

6.7　对象与方法

对象是一种引用类型，一个对象既可以作为一个方法的形参，也可以作为一个方法的返回值类型，还可以在方法中创建一个对象作为局部变量。

6.7.1　对象作为方法的形参

当对象作为方法的形参时，实参将自己的引用值传递给形参，形参和实参会引用同一片内存区域，因此形参对内存区域的改变也会影响到实参。

在 Java 语言中，参数传递本质上仅有一种方式，即值传递。无论一个方法的形参是基本数据类型或是引用数据类型，实参传递给形参的都是实参的值。然而，传递基本数据类型实参与传递引用类型实参是有区别的。当传递基本数据类型实参时，形参的操作对实参无任何影响；而当传递引用数据类型实参时，形参修改实参引用的内容。

程序清单 6-8 中的程序展示了传递基本数据类型实参和传递引用数据类型实参的区别。该示例使用了类 Rect_v1，类 Rect_v1 的代码，其如程序清单 6-7 所示。

程序清单 6-8   TestPassValue.java

```
1    public class TestPassValue {
2        public static void main(String[] args) {
3            Rect_v1 r1 = new Rect_v1(2.0, 3.0);
4            System.out.printf("Before Invoking, Rect Area:%.2f; height=%.2f",
5                    r1.getArea(), r1.getHeight());
6
7            int count = 5;
8            printRect(r1, count);
9
10           System.out.printf("\nAfter Invoking, Rect Area:%.2f; height=%.2f",
11                   r1.getArea(), r1.getHeight());
12           System.out.println("\ncount = " + count);
13       }
14       //n>=1
15       public static void printRect(Rect_v1 r, int n){
16           System.out.println("\nWidth \t Height \t Area");
17           for(int i = 0;i < n; i++){
18               System.out.printf("%6.2f \t %6.2f \t %.2f\n", r.getWidth(),
19                       r.getHeight(), r.getArea());
20               r.setHeight(r.getHeight() + 1);
21           }
22       }
23   }
```

运行结果如下：

```
Before Invoking, Rect Area:6.00; height=3.00

Width    Height    Area
2.00     3.00      6.00
2.00     4.00      8.00
2.00     5.00      10.00
2.00     6.00      12.00
2.00     7.00      14.00

After Invoking, Rect Area:16.00; height=8.00
count = 5
```

程序清单 6-8 第 15～22 行定义了一个方法 printRect，它需要两个形参，一个是引用类型 Rect_v1，另一个是基本数据类型 n。第 8 行的代码调用了 printRect 方法。执行第 8 行代码后，运行结果中输出了 5 次矩形对象变化的情况。执行第 10～12 行，运行结果展示方法调用结束后，矩形对象发生了变化，而基本数据类型 count 的值没有改变。为什么同样是值传递，传递基本数据类型时，实参不会变化。而传递引用数据类型时，实参会变化。这与基本数据类型、引用数据类型的内存模型有关。

图 6-21 展示了执行程序中方法 printRect 时的内存模型。在传递基本数据类型时，实参

count 的值 5 传递给形参 n，形参 n 的值也变为 5，形参 n 的任何改变均与实参 count 无关。在传递引用数据类型，实参 r1 的引用值 X 传递形参 r，r 的引用值也是 X。于是，实参 r1 与形参 r 均指向同一个对象。这样，当 printRect 方法执行完之后，其占用的栈空间被系统收回，形参 n、r 会消失。然而，通过形参 r 操作的内存堆中的矩形对象不会消失，形参 r 对内存堆中矩形对象的修改都被保存下来。于是，当传递引用数据类型时，形参可以操作实参引用的内存空间，从而带来改变。

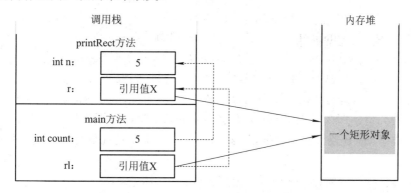

图 6-21　方法 printRect 调用时的内存模型

6.7.2　对象作为方法的返回值

当一个对象类型作为方法返回值，需要使用类名作为方法的返回值类型。下面通过一个示例进行说明，该示例也使用了类 Rect_v1。首先创建一个矩形对象，然后根据该矩形对象的宽和高，创建一个交换了宽和高的新矩形对象，其代码如程序清单 6-9 所示。

程序清单 6-9　TestCreateRect.java

```
1   public class TestCreateRect {
2       public static void main(String[] args) {
3           Rect_v1 rect1 = new Rect_v1(3, 5);
4           Rect_v1 rect2 = reverseRect(rect1);
5           //输出两个矩形对象的信息
6           System.out.printf("rect1: width = %.2f, height = %.2f\n", rect1.getWidth(),
7                   rect1.getHeight());
8           System.out.printf("rect2: width = %.2f, height = %.2f\n", rect2.getWidth(),
9                   rect2.getHeight());
10      }
11      //创建一个交换宽和高的矩形对象
12      public static Rect_v1 reverseRect(Rect_v1 rect){
13          Rect_v1 rct;
14          rct = new Rect_v1(rect.getHeight(),rect.getWidth());
15          return rct;
16      }
17  }
```

运行结果如下：

```
rect1: width = 3.00, height = 5.00
rect2: width = 5.00, height = 3.00
```

程序清单 6-9 第 12 行定义了一个方法 reverseRect，其返回值类型是 Rect_v1，表示该方法返回一个 Rect_v1 类型的对象。

6.7.3 var 声明对象作为方法的局部变量

在方法中声明一个对象作为局部变量，有两种方式，例如：

```
Rect_v1    rect1 = new Rect_v1(3.0, 5.0);        //方式 1：常规方式
var rect2 = new Rect_v1(3.0, 5.0);               //方式 2：var 声明方式
```

var 声明方式可以使用关键字 var 替代类名，使得代码更简洁。局部变量的类型通过赋值语句右边的表达式进行推断。该声明方式从 Java 10 开始出现，如果可以从变量的初始值推导出它们的类型，那么可以用 var 关键字声明局部变量，而无需指定其类型。

使用关键字 var 还需注意：关键字 var 只能用于方法中的局部变量定义，不能用于形式参数声明。

在如下情况使用关键字 var 会发生编译错误：

(1) 多个变量声明在一起。

(2) 变量声明时没有进行初始化。

(3) 变量声明时，赋值操作符左边存在一个或多个方括号对。

(4) 变量初始化是一个数组初始化列表。

(5) 变量声明在初始化时包含一个对自身的引用。

下面在 JShell 中验证一下 var 的使用。

(1) 合法声明示例。

```
jshell> var a = 1
a ==> 1
```

(2) 多个变量声明在一起的错误示例。

```
jshell> var b = 2, c = 5
  错误:
  'var' 不允许在复合声明中使用
  var b = 2, c = 5;
```

(3) 变量声明没有进行初始化的错误示例。

```
jshell> var e
  错误:
  无法推断本地变量 e 的类型
    (无法在不带初始化程序的变量上使用 'var')
  var e;
```

(4) 合法声明数组示例。

```
jshell> var d = new int[4]
d ==> int[4] { 0, 0, 0, 0 }
```

(5) 变量声明时，赋值操作符左边存在一个或多个方括号对的错误示例。

```
jshell> var d[] = new int[4]
  错误:
  'var' 不允许用作数组的元素类型
  var d[] = new int[4];
```

(6) 变量初始化是一个数组初始化列表的错误示例。

```
jshell> var f = {3, 4}
  错误:
  无法推断本地变量 f 的类型
    (数组初始化程序需要显式目标类型)
  var f = {3, 4};
```

(7) 变量声明在初始化时包含一个对自身的引用的错误示例。

```
jshell> var k = (k = 8)
  错误:
  无法推断本地变量 k 的类型
    (无法在自引用变量上使用 'var')
  var k = (k = 8);
```

(8) 引用类型赋值为 null，无法确定类型，也会产生错误，示例如下。

```
jshell> var obj = null
  错误:
  无法推断本地变量 obj 的类型
    (变量初始化程序为 'null')
  var obj = null;
```

6.8 对 象 数 组

当数组元素是某种类型的对象时，这样的数组可被称为对象数组。例如，下面的语句声明并创建具有 5 个矩形对象的数组：

```
Rect_v1[ ] rects = new Rect_v1[5];
```

该语句创建了一个一维对象数组 rects，其数组元素是一个矩形对象。数组 rects 包含 5 个矩形对象，每个矩形对象的默认值是 null。为了给每个数组元素赋初值，可以使用如下的 for 循环语句：

```
for(int i = 0; i < rects.length; i++)
    rects[i] = new Rect_v1( );
```

在初始化之后，对象数组 rects 的内存模型示意图如图 6-22 所示。

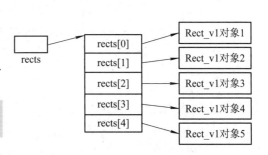

图 6-22　对象数组 rects 的内存模型

访问对象数组的数组元素时，系统会执行两个层次的引用。例如，当访问数组元素

rects[0]时，系统会进行两个层次的引用。第一个层次的引用是对数组的引用，通过 rects 引用整个数组，找到下标为 0 的对象 rects[0]。第二个层次的引用是对具体对象的引用，通过rects[0][0]引用 Rect_v1 对象 1。

程序清单 6-10 展示了一个使用对象数组的例子，对象数组既可以作为方法参数，也可以作为返回值。

程序清单 6-10　CalMultiRectArea.java

```
1    public class CalMultiRectArea {
2        public static void main(String[] args) {
3            Rect_v1[] rects = createRects();
4            printRects(rects);
5        }
6        //返回值类型是对象数组,创建一个对象数组
7        public static Rect_v1[] createRects(){
8            Rect_v1[] rects = new Rect_v1[5];
9            for(int i = 0; i < rects.length; i++){
10               rects[i] = new Rect_v1(Math.random()*50, Math.random()*50);
11           }
12           return rects;
13       }
14       //形参是对象数组,计算数组所有元素的面积和
15       public static double sumArea(Rect_v1[] rects){
16           double totalArea = 0;
17           for(int i = 0; i < rects.length; i++)
18               totalArea += rects[i].getArea();
19           return totalArea;
20       }
21       //形参是对象数组,打印所有数组元素的信息和面积和
22       public static void printRects(Rect_v1[] rects){
23           System.out.printf("%-10s%-10s%-10s\n","Width","Height","Area");
24           for(int i = 0; i < rects.length; i++)
25               System.out.printf("%-10.2f%-10.2f%-10.2f\n", rects[i].getWidth(),
26                       rects[i].getHeight(), rects[i].getArea());
27
28           System.out.printf("The total Area:%.2f", sumArea(rects));
29       }
30   }
```

运行结果如下：

Width	Height	Area
15.87	36.17	573.97
2.36	23.38	55.06
11.04	1.53	16.84
17.38	17.35	301.61

49.64　　23.15　　1149.45
The total Area：2096.93

程序清单 6-10 第 3 行调用方法 createRects()，创建了一个由 5 个矩形对象构成的对象数组。方法 createRects()的定义在第 7～13 行，其返回值类型是矩形对象数组 Rect_v1[]。第 8 行创建了一个对象数组 rects，第 10 行调用 Math.random()方法随机生成矩形对象的宽、高值。主方法第 4 行以 rects 对象数组作为实参调用方法 printRects()，打印出 rects 数组所有数组元素(矩形对象)的信息，并打印出这些矩形对象的面积和。方法 printRects()的定义在第 22～29 行，形参是矩形对象数组 Rect_v1[]。第 28 行以对象数组 rects 作为实参调用了方法 sumArea()，计算了对象数组 rects 所有数组元素的面积和。方法 sumArea()的形参是矩形对象数组(第 15～20 行)，返回值是所有数组元素的面积之和(double 类型)。

6.9　ArrayList

对象数组的长度是固定的，如果用于存储个数不定的对象，就会出现问题。要么由于对象数组长度不够而不能存储所有对象，要么由于对象数组长度太大而浪费存储空间。为了避免上述问题，Java 语言提供了一个数组列表类 ArrayList(位于 java.util 包中)，用来存储不限定个数的某类对象。

ArrayList 是一种泛型类，具有一个泛型类型 E，泛型类的详细讲解见 9.1 节。在创建一个 ArrayList 对象时，可以用一个具体的引用类型来替代 E。例如，下面的语句创建了一个 ArrayList 对象 nameOfUniversities，可用于存储数量不定的大学名称：

```
ArrayList<String> nameOfUniversities = new ArrayList<String>();
```

从 Java SE 7 版本开始，ArrayList 的构造方法中不再要求给出具体引用类型的名称，具体的语句如下：

```
ArrayList<具体引用类型> nameOfUniversities = new ArrayList<具体引用类型>();
```

可以简化为：

```
ArrayList<具体引用类型> nameOfUniversities = new ArrayList<>();
```

因此，对于上面 nameOfUniversities 对象的创建，还可以进一步简化为：

```
ArrayList<String> nameOfUniversities = new ArrayList<>();
```

数组列表类 ArrayList 有三个构造方法：

(1) 无参构造方法：ArrayList()，创建一个初始容量为 10 的数组列表对象。例如，数组列表对象 nameOfUniversities 的初始容量为 10，能容纳 10 个字符串对象。

(2) 指定初始容量的构造方法：ArrayList(int initialCapacity)，创建一个指定初始容量的数组列表对象。

(3) 从其他集合对象创建的构造方法：ArrayList(Collection<? Extends E> c)，创建一个数组列表对象容纳指定集(Collection)对象 c，这个构造方法的形参，可在学习完 9.1 再回顾。

数组列表类 ArrayList 对象在创建时具备初始容量，一个 ArrayList 对象实际上就是一个能够容纳多个同类对象的列表。当一个列表中存储的对象数量快要超过其初始容量时，列表会自动扩充容量。

数组列表类 ArrayList 的一些常用方法如表 6-1 所示。

表 6-1   ArrayList 常用方法

常用方法	描　　述
public boolean add(E e)	将指定的元素 e 追加到当前列表的末尾
public void add(int index, E element)	在当前列表中的指定位置 index 插入指定的元素。将当前位于该位置的元素(如果有)和任何后续元素向右移动(在其索引中添加一个)
public E set(int index, E element)	用指定的元素 element 替换当前列表中指定位置 index 的元素
public int size()	获取当前列表中的元素个数
public E get(int index)	返回当前列表中指定位置 index 的元素
public boolean contains(Object o)	如果当前列表包含指定的元素 o，那么返回 true。否则，返回 false
public int indexOf(Object o)	返回当前列表中指定元素 o 第一次出现的索引值，如果当前列表不包含该元素 o，则返回 -1
public int lastIndexOf(Object o)	返回当前列表中指定元素 o 最后一次出现的索引值，如果当前列表不包含该元素 o，则返回 -1
public E remove(int index)	删除当前列表中指定位置 index 的元素。将任何后续元素向左移动(从其索引中减去 1)
public boolean remove(Object o)	从当前列表中删除指定元素 o 的第一个出现(如果存在)。如果列表中不包含该元素，则该列表将保持不变。如果列表包含指定元素，返回 true，否则返回 false
public void clear()	删除当前列表的所有元素
public boolean isEmpty()	如果当前列表没有元素，返回 true，否则返回 false

程序清单 6-11 给出了一个示例，演示了 ArrayList 各种常用方法的使用。

程序清单 6-11   ArrayListDemo1.java

```
1    import java.util.ArrayList;
2    public class ArrayListDemo1 {
3        public static void main(String[] args) {
4            //创建一个列表存储历史人物名称
5            ArrayList<String> names = new ArrayList<>();
6            names.add("刘备");
7            names.add("关羽");
8            names.add("张飞");
9            names.add("诸葛亮");
10           names.add("庞统");
11           names.add("赵云");
12           //测试常用方法，并输出结果
13           System.out.println("三国-蜀人物:"+names);
14           System.out.println("列表大小:" + names.size());
```

```
15          System.out.println(names.contains("张飞")?"张飞在列表":"张飞不在列表");
16          System.out.println("张飞的索引值:"+names.indexOf("张飞"));
17          System.out.println("马超的索引值:"+names.indexOf("马超"));
18          System.out.println("列表是否为空:" + names.isEmpty());
19          System.out.println("取索引为 3 的值:" + names.get(3));
20          //变更列表
21          System.out.println("列表中人物变更:");
22          //移除庞统,列表变为[刘备, 关羽, 张飞, 诸葛亮, 赵云]
23          names.remove("庞统");
24          //增加法正,[刘备, 关羽, 张飞, 诸葛亮, 法正, 赵云]
25          names.add(4, "法正");
26          //通过索引值 2,移除张飞,[刘备, 关羽, 诸葛亮, 法正, 赵云]
27          names.remove(2);
28          //通过循环输出列表
29          for(int i = 0; i < names.size(); i++)
30              System.out.printf("%-4s", names.get(i));
31          //再次调整列表
32          System.out.println("列表中人物再次变更:");
33          //修改指定位置 0 的元素,[刘禅, 关羽, 诸葛亮, 法正, 赵云]
34          names.set(0, "刘禅");
35          System.out.println("取索引为 0 的值:" + names.get(0));
36          //修改指定位置 3 的元素,[刘禅, 关羽, 诸葛亮, 魏延, 赵云]
37          第 names.set(3,"魏延");
38          //通过 foreach 循环输出列表
39          for(String s: names)
40              System.out.printf("%-4s", s);
41
42          //使用列表存储自定义类 Rect_v1 对象
43          ArrayList<Rect_v1>   rectList = new ArrayList<>();
44          //增加两个矩形对象
45          rectList.add(new Rect_v1());
46          rectList.add(new Rect_v1(2.5, 3.5));
47          //输出索引值为 1 的矩形对象周长
48          System.out.println("\n 一个矩形的周长:" +
49              rectList.get(1).getPerimeter());
50      }
51  }
```

运行结果如下:

三国-蜀人物:[刘备, 关羽, 张飞, 诸葛亮, 庞统, 赵云]
列表大小:6
张飞在列表
张飞的索引值:2
马超的索引值:-1

列表是否为空:false

取索引为 3 的值:诸葛亮

列表中人物变更:

刘备 关羽 诸葛亮 法正 赵云 列表中人物再次变更:

取索引为 0 的值:刘禅

刘禅 关羽 诸葛亮 魏延 赵云

一个矩形的周长:12.0

程序清单 6-11 第 1 行导入 ArrayList，第 6 行创建了一个列表 names 存储表示历史人物姓名的字符串对象，第 6~11 行连续在列表末尾追加字符串对象，第 13 行打印列表 names 的内容。第 14~19 行测试了 ArrayList 的几个常用方法。第 23 行测试 remove 方法，第 25 行测试了另一种形式的 add 方法，第 27 行测试了另一种形式 remove 方法。第 29、30 行通过 for 循环输入 ArrayList 的内容。第 34 行、第 37 行测试了 set 方法，第 39、40 行通过 foreach 循环输出列表的值。第 43~49 行，演示了用自定义类来替代泛型类型 E，并进行了相关操作。

另外，有时候需要从一个对象数组创建一个列表，或者相反。虽然可以通过循环实现，但是代码不够简洁，可以使用 Java 语言提供的 API 更加容易地实现。

首先，使用方法 Arrays.asList()可以实现从一个对象数组创建一个数组列表对象，例如：

```
String[] nameArray = { "法正", "郭嘉", "诸葛亮"};
ArrayList<String> nameList = new ArrayList<>(Arrays.asList(nameArray));
```

其次，使用 ArrayList 的实例方法 toArray()可以实现从一个数组列表对象创建一个对象数组，例如：

```
String[] nameArray1 = new String[nameList.size()];
nameList.toArray(nameArray1);
```

6.10 this 引用

关键字 this 用于一个对象引用自身。可以通过关键字 this 引用对象的实例成员。通常，关键字 this 是被隐式使用的。例如，图 6-23 所示的例子，子图(a)的代码与子图(b)的代码是等价的。在子图(b)中，关键字 this 显式引用了对象的实例成员 width、height。程序员编码时，为了简洁通常是按子图(a)的形式编码。基于子图(a)的代码，Java 编译器会生成子图(b)所示的具有关键字 this 的代码。

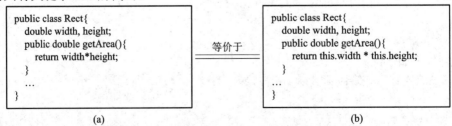

图 6-23 this 引用隐式使用

然而，this 引用在两种情况下是必须显式使用的：① 需要引用被方法或构造方法的参数所隐藏的数据域时；② 需要调用一个重载的构造方法时。

6.10.1　this 引用被隐藏数据域

通常，使用数据域作为构造方法或设置方法的参数是一个好方法，这可以使得代码易于阅读，并且避免创建不必要的名字。然而，由于参数与数据域同名，在构造方法或设置方法中，需要显式使用关键字 this 来引用被隐藏的数据域名称。图 6-24 展示了显式使用 this 引用数据域的情况，在构造方法 Rect 中，两个形参与数据域中实例变量 width、height 同名。为了区分形参与数据域中的实例变量，必须显式使用关键字 this。同样地，在设置方法 setWidth 中，形参 width 与数据域中的实例变量 width 同名，这种情况也必须使用 this 关键字。

```java
public class Rect{
    double width, height;
    public Rect(double width, double height){
        this.width = width;
        this.height = height;
    }
    public void setWidth(double width){
        this.width = width;
    }
    …
}
```

图 6-24　关键字 this 显式使用

被隐藏的实例变量可以通过 this 引用来访问。被隐藏的静态变量可以通过类名来访问。其访问形式为：类名.静态变量。例如，图 6-25 展示了隐藏实例变量、静态变量的示例，包括关键字 this 引用被隐藏的实例变量 i，类名引用被隐藏的静态变量 j。

```java
public class Cls{
    private int i = 1;
    private static int j = 0;
    public void setI(int i){
        this.i = i;
    }
    public static void setJ(int j){
        Cls.j = j;
    }
    …
}
```

假定 c1、c2 是类 Cls 的两个对象；

调用 c1.setI(15) 时，执行 this.i =15，this 指向 c1，修改 c1 的数据域 i 的值为 15；
调用 c1.setI(25) 时，执行 this.i = 25，this 指向 c2，修改 c2 的数据域 i 的值为 25；

对于静态方法 setJ()，调用 Cls.setJ(30) 时，执行 Cls.j =30，修改静态数据域 j 的值为 30，j 是被类 Cls 的所有对象所共享的。

图 6-25　隐藏实例变量、静态变量示例

6.10.2　this 调用构造方法

关键字 this 可以在一个类的构造方法中使用，用于调用该类的另一个构造方法。如图 6-26 所示，类 Rect 有两个构造方法，第二个无参构造方法通过关键字 this 调用了第一个构造方法。需要注意的是，在一个构造方法使用 this 调用其他构造方法时，this 调用其他构造方法的语句应该是该构造方法的第一条语句。

建议：当一个类有多个构造方法时，尽可能使用 this(参数列表) 的方式实现它们，这样做常常可以简化代码。

```java
public class Rect{
    double width, height;
    public Rect(double width, double height){
        this.width = width;
        this.height = height;
    }
    public Rect( ){
        this(1.0, 1.0); //关键字this调用构造方法
    }
    …
}
```

图 6-26　关键字 this 调用构造方法

6.11 Java 常用类

6.11.1 基本数据类型的包装类

Java 语言的所有基本类型都有其对应的包装类。即针对 8 个基本数据类型(byte、short、int、long、float、double、char、boolean),Java 提供了对应 8 个包装类(Byte、Short、Integer、Long、Float、Double、Character、Boolean)。在 Java 语言中,为什么既提供基本数据类型,又提供对应的包装类呢? 一方面,Java 语言提供基本数据类型是为了性能,如果把基本数据类型作为对象使用,那么处理对象时,Java 语言是需要额外的系统开销的。另一方面,Java 语言提供的一些数据结构和方法需要将引用类型作为参数,于是,为了让这些数据结构和方法能对基本数据类型的值进行处理,因此,Java 语言提供了基本类型对应的包装类。例如,ArrayList<E>是一个动态的对象数组,如果要让该数据结构存储整数,那么必须将整数转化成对应的整数类类型。

数值包装类(Byte、Short、Integer、Long、Float、Double)的使用与数据类型类非常相似,都具有方法:byteValue( )、shortValue( )、intValue( )、longValue( )、floatValue( )、doubleValue( )。这些方法可将对象转化为基本数据类型值。

下面通过 Integer 类、Double 类介绍基本数据类型包装类。Integer 类和 Double 类的数据域、构造方法、常用方法分别如表 6-2、表 6-3 所示。

表 6-2 Integer 类说明

数 据 域	说　　明
private int value	当前 Integer 对象对应的 int 值
static final double MAX_VALUE	正的最大 double 值,$(2 - 2^{-52}) \cdot 2^{1023}$
static final double MIN_VALUE	正的最小 double 值,2^{-1074}
构 造 方 法	说　　明
Integer(int value)	以指定值 value 构建一个 Integer 对象。从 Java 9 版本开始,这个构造方法将成为过时的方法。静态方法 valueOf(int)是一个更好的选择,具有更好的空间和时间性能
Integer(String s)	以字符串表示的浮点值构建一个 Integer 对象。从 Java 9 版本开始,这个构造方法将成为过时的方法。使用静态方法 parseInteger(String)将 String 转换为 int 值,或使用静态方法 valueOf(String)将一个 String 对象转换成一个 Integer 对象
常 用 方 法	说　　明
byte byteValue()	返回当前 Integer 对象的 byte 值
short shortValue()	返回当前 Integer 对象的 short 值

常 用 方 法	说　明
int intValue()	返回当前 Integer 对象的 int 值
long longValue()	返回当前 Integer 对象的 long 值
float floatValue()	返回当前 Integer 对象的 float 值
double doubleValue()	返回当前 Integer 对象的 double 值
static Integer valueOf(int i)	基于给定的 int 值返回一个 Integer 对象
static Integer valueOf(String s)	返回一个 Integer 对象,参数 s 是该对象拥有的 int 值的字符串表示
static Integer valueOf(String s, int radix)	返回一个 Integer 对象,该对象保存从指定字符串中提取的值,解析指定字符串 s 时,使用第二个参数给定的基数
static int parseInt(String s)	返回一个新的有符号十进制 int 值,该值通过解析指定字符串 s 获得
static int parseInt(String s, int radix)	返回一个新的有符号 int 值,该值通过解析指定字符串 s 获得,解析字符串 s 时,使用第二个参数给定的基数
static int parseUnsignedInt(String s)	自 Java 8 版本开始提供该方法,把字符串 s 解析为无符号十进制整数,并返回该整数值
static int parseUnsignedInt(String s, int radix)	自 Java 8 版本开始提供该方法,把字符串 s 解析为以第二个参数为基数的无符号整数,并返回该整数值
static Integer valueOf(String s, int radix)	基于第二个参数给定的基数,把字符串 s 解析为无符号整数,并返回该整数值
static String toString(int i)	基于十进制,返回一个 int 值 i 的字符串表示
static String toBinaryString(int i)	返回整数参数 i 的字符串表示,这个字符串表示是参数 i 对应的以 2 为基数的无符号整数
static String toOctalString(int i)	返回整数参数 i 的字符串表示,这个字符串表示是参数 i 对应的以 8 为基数的无符号整数
static String toHexString(int i)	返回整数参数 i 的字符串表示,这个字符串表示是参数 i 对应的以 16 为基数的无符号整数
static String toUnsignedString(int i)	自 Java 8 版本开始提供该方法,返回参数 i 的字符串表示,这个字符串表示是参数 i 对应的十进制无符号数
static long toUnsignedLong(int x)	将参数 x 转换为无符号的 long 类型值
String toString()	返回当前 Integer 对象的字符串表示
int compareTo(Integer anotherInteger)	当前 Integer 对象与给定的 Integer 对象 anotherInteger 进行比较,比较两个对象包含的数值,当前者大于、等于、小于后者时,分别返回 1、0、−1

表 6-3   Double 类说明

数 据 域	说　　明
private double value	Double 对象对应的 double 值
static final double MAX_VALUE	正的最大 double 值，$(2 - 2^{-52}) \cdot 2^{1023}$
static final double MIN_VALUE	正的最小 double 值，2^{-1074}
构 造 方 法	说　　明
Double(double value)	以指定值 value 构建一个 Double 对象。从 Java 9 版本开始，这个构造方法将成为过时的方法。静态方法 valueOf(double)是一个更好的选择，具有更好的空间和时间性能
Double(String s)	以字符串表示的浮点值构建一个 Double 对象。从 Java 9 版本开始，这个构造方法将成为过时的方法。使用静态方法 parseDouble(String)将一个 String 转化为一个 double 值，或使用静态方法 valueOf(String)将一个 String 对象转换成一个 Double 对象
常 用 方 法	说　　明
byte byteValue()	返回当前 Double 对象的 byte 值
short shortValue()	返回当前 Double 对象的 short 值
int intValue()	返回当前 Double 对象的 int 值
long longValue()	返回当前 Double 对象的 long 值
float floatValue()	返回当前 Double 对象的 float 值
double doubleValue()	返回当前 Double 对象的 double 值
static Double valueOf(double d)	基于给定的 double 值返回一个 Double 对象
static Double valueOf(String s)	返回一个 Double 对象，参数 s 是该对象拥有的 double 值的字符串表示
static double parseDouble(String s)	返回一个新的 double 值，该值由指定字符串 s 表示
static String toString(double d)	返回一个 double 值 d 的字符串表示
static String toHexString(double d)	返回一个 double 值 d 的十六进制字符串表示
public String toString()	返回当前 Double 对象字符串表示
int compareTo(Double anotherDouble)	当前 Double 对象与给定的 Double 对象 anotherDouble 进行比较，比较两个对象包含的数值，当前者大于、等于、小于后者时，分别返回 1、0、-1

　　基本数据类型包装类都是最终类(7.4 节介绍)，意味着所有包装类的实例一旦创建，就都是不可变的，即包装类实例包含的值就不能再改变了。

　　所有基本数据类型包装类的构造方法从 Java 9 开始成为过去式，在未来的版本中会被移除。为了提升性能，构建基本数据类型包装类对象，建议采用静态的工厂方法 valueOf(工厂模式是一种设计模式，这里不展开介绍)进行创建。这种创建方式具有更好的空间和时间性能。例如，图 6-27 展示了一个例子：在 JShell 中通过数值创建 Integer 对象和 Double 对象。图 6-28 展示了一个例子：在 JShell 中通过字符串创建 Integer 对象和 Double 对象。这两个例子验证过时的构造方法以及创建对象的推荐方式。

```
jshell> Integer i1 = new Integer(10)
|  警告:
|  java.lang.Integer 中的 Integer(int) 已过时, 且标记为待删除
|  Integer i1 = new Integer(10);
|                   ^-------------^
i1 ==> 10

jshell> Integer i2 = Integer.valueOf(10)
i2 ==> 10

jshell> Double d1 = new Double(12.5)
|  警告:
|  java.lang.Double 中的 Double(double) 已过时, 且标记为待删除
|  Double d1 = new Double(12.5);
|                  ^------------^
d1 ==> 12.5

jshell> Double d2 = Double.valueOf(12.5)
d2 ==> 12.5
```

图 6-27　通过数值创建 Integer 和 Double 对象示例

```
jshell> Integer i3 = Integer.valueOf("12")
i3 ==> 12

jshell> Double d3 = Double.valueOf("12.53")
d3 ==> 12.53

jshell> Integer i4 = new Integer("12")
|  警告:
|  java.lang.Integer 中的 Integer(java.lang.String) 已过时, 且标记为待删除
|  Integer i4 = new Integer("12");
|                   ^----------------^
i4 ==> 12

jshell> Double d4 = new Double("12.53")
|  警告:
|  java.lang.Double 中的 Double(java.lang.String) 已过时, 且标记为待删除
|  Double d4 = new Double("12.53");
|                  ^----------------^
d4 ==> 12.53
```

图 6-28　通过字符串创建 Integer 和 Double 对象示例

每一个数值包装类都有常量 MAX_VALUE 和 MIN_VALUE。常量 MAX_VALUE 表示对应的基本数据类型的最大值。对于 Byte、Short、Integer 和 Long 而言，常量 MIN_VALUE 表示对应的基本数据类型的最小值。然而，对于 Float、Double 而言，常量 MIN_VALUE 表示 float 类型和 double 类型的最小正值。在 JShell 中，对各数据类型的最大值和最小值进行验证，结果如图 6-29 所示。

```
jshell> Byte.MAX_VALUE              jshell> Long.MAX_VALUE
$1 ==> 127                          $7 ==> 9223372036854775807

jshell> Byte.MIN_VALUE              jshell> Long.MIN_VALUE
$2 ==> -128                         $8 ==> -9223372036854775808

jshell> Short.MAX_VALUE             jshell> Float.MAX_VALUE
$3 ==> 32767                        $9 ==> 3.4028235E38

jshell> Short.MIN_VALUE             jshell> Float.MIN_VALUE
$4 ==> -32768                       $10 ==> 1.4E-45

jshell> Integer.MAX_VALUE           jshell> Double.MAX_VALUE
$5 ==> 2147483647                   $11 ==> 1.7976931348623157E308

jshell> Integer.MIN_VALUE           jshell> Double.MIN_VALUE
$6 ==> -2147483648                  $12 ==> 4.9E-324
```

图 6-29　基本数据类型最大值、最小值

每个数值包装类包含一些共有方法：doubleValue( )、floatValue( )、longValue( )、intValue( )、shortValue( )、byteValue( )。这些方法返回包装类对象对应的 double、float、long、int、short、byte 值。例如，Double.valueOf(24.4)创建了一个 Double 对象，然后调用各方法，其结果如图 6-30 所示。

```
jshell> Double.valueOf(24.4).byteValue()
$13 ==> 24

jshell> Double.valueOf(24.4).shortValue()
$14 ==> 24

jshell> Double.valueOf(24.4).intValue()
$15 ==> 24

jshell> Double.valueOf(24.4).longValue()
$16 ==> 24

jshell> Double.valueOf(24.4).floatValue()
$17 ==> 24.4

jshell> Double.valueOf(24.4).doubleValue()
$18 ==> 24.4
```

图 6-30   数值包装类共有方法调用

数值包装类都有一个 compareTo 方法，用于比较两个数值，如果当前对象包含的数值大于、等于、小于另一个对象包含的数值时，分别返回 1、0、-1。图 6-31 展示了两个 Integer 对象比较的例子。

```
jshell> Integer.valueOf(12).compareTo(Integer.valueOf(20))
$19 ==> -1

jshell> Integer.valueOf(12).compareTo(Integer.valueOf(12))
$20 ==> 0

jshell> Integer.valueOf(12).compareTo(Integer.valueOf(9))
$21 ==> 1
```

图 6-31   Integer 类 compareTo 方法调用

每个数值包装类都提供了相应的静态解析方法 parseXXX(String s)(XXX 代表 Byte、Short、Int、Long、Float、Double 中的任意一个)，将字符串转换成相应的基本数据类型。例如，Integer 类的 parseInt 方法将一个数值字符串解析成一个 int 值，Double 类的 parseDouble 可以将一个数值字符串解析成一个 double 值。

对于整数包装类，Java 还提供了一个重载的解析方法 parseXXX(String s, int radix)，提供第 2 个参数(radix)指定基数为 2、8、16，可将数值字符串解析为以指定值为基数的数值。图 6-32 展示了方法 parseInt(String s, int radix)的调用示例。方法 parseInt(String s, int radix)的第一个参数的字符串必须是合法的相应进制数的字符串，否则，会产生运行时错误。例如，示例中 Integer.parInt("12", 2)就产生了运行时错误，因为二进制数的合法字符只能是"0"和"1"，而这里使用了字符"2"。方法 parseInt(String s, int radix)的第 2 个参数可用于指定二进制、八进制、十进制、十六进制等，当然也可以指定其他基数。图 6-32 示例展示了把第一个参数指定的数值字符串按第二个参数指定的基数进行转换，得到一个十进制的整数值的过程。

```
jshell> Integer.parseInt("101",2)
$1 ==> 5

jshell> Integer.parseInt("17",8)
$2 ==> 15

jshell> Integer.parseInt("17",10)
$3 ==> 17

jshell> Integer.parseInt("2B",16)
$4 ==> 43

jshell> Integer.parseInt("12",2)
|  异常错误 java.lang.NumberFormatException: For input string: "12" under radix 2
|        at NumberFormatException.forInputString (NumberFormatException.java:67)
|        at Integer.parseInt (Integer.java:668)
|        at (#5:1)
```

图 6-32　Integer.parseInt 方法调用示例

图 6-33 展示了 Double、Float 的解析方法 parseXXX 的使用。对于浮点类型，合法的字符串既可以是一个整数数值字符串表示，如"12"，也可以是浮点数值数字字符串表示，如"12.5"。

数值包装类还有静态方法 toString 和实例方法 toString，用于将相应的数据类型值转换成字符串表示。图 6-34 展示了 Integer、Double 类 toString 系列方法的使用示例。Integer 类的 toString 系列方法可以得到十进制整数值的二进制、八进制、十进制、十六进制的字符串表示，Double 类的 toString 系列方法可以得到十进制浮点类型值的十进制、十六进制的字符串表示。double 类型值的十六进制表示不再展开叙述。

```
jshell> Integer.toString(12)
$1 ==> "12"

jshell> Integer.toBinaryString(12)
$2 ==> "1100"

jshell> Integer.toOctalString(12)
$3 ==> "14"

jshell> Integer.toHexString(12)
$4 ==> "c"

jshell> Integer.valueOf(12).toString()
$5 ==> "12"

jshell> Double.toString(12)
$6 ==> "12.0"

jshell> Double.toString(12.5)
$7 ==> "12.5"

jshell> Double.valueOf(12.5).toString()
$8 ==> "12.5"

jshell> Double.toHexString(12.5)
$9 ==> "0x1.9p3"
```

```
jshell> Double.parseDouble("12")
$1 ==> 12.0

jshell> Double.parseDouble("12.5")
$2 ==> 12.5

jshell> Float.parseFloat("12")
$3 ==> 12.0

jshell> Float.parseFloat("12.5")
$4 ==> 12.5
```

图 6-33　Double、Float 的解析方法调用示例　　　图 6-34　Integer、Double 的 toString 系列方法示例

基本数据类型和其包装类类型之间可以自动转换。基本数据类型值被转换为包装类对象的过程被称为装箱(Boxing)，与之相反的过程被称为拆箱(Unboxing)。如果一个基本数据类型值出现在需要使用对象的上下文环境中，Java 编译器会对基本数据类型值进行自动装箱。如果一个包装类对象出现在需要使用基本数据类型值的上下文环境中，Java 编译器会对包装类对象进行自动拆箱。这就是基本数据类型和其包装类之间的自动装箱和自动拆箱。

例如，语句 Integer i1 = Integer.valueOf(3);可以简化为：

Integer i1 = 3;   //Java 编译器会对赋值语句右边的数值 3 进行自动装箱

又如,

int i2 = i1 + 1;   //在这个上下文中, Integer 对象 i1 被自动拆箱成 int 值参与运算

JShell 对上述语句进行验证, 如下所示。

```
jshell> Integer i1 = 3;
i1 ==> 3

jshell> int i2 = i1 + 1;
i2 ==> 4
```

由于基本数据类型和其包装类类型之间可以自动进行转换, 所以使用 ArrayList 类可以创建存储不定个数的数值(整数或浮点数等)列表。例如, 下面创建一个存储整数的列表, 并对列表进行操作, 代码如下:

```
ArrayList<Integer> intList = new ArrayList<>();
intList.add(4);            //整数 4 自动转换为 Integer 对象
intList.add(5);            //整数 5 自动转换为 Integer 对象
int i1 = intList.get(0);   //索引为 0 的 Integer 对象自动转换为整数 4
int i2 = intList.get(1);   //索引为 1 的 Integer 对象自动转换为整数 5
```

虽然基本数据类型和其包装类类型之间可以自动转换, 但是这并不表示在创建 ArrayList 对象时能用基本类型代替包装类。例如, 下面的语句是错误的:

```
ArrayList<int> intList = new ArrayList<>();
```

这是因为泛型类型 E 必须是引用类型, int 是基本数据类型。

程序清单 6-12 的示例展示了 ArrayList 存储不定个数浮点数的情况, 模拟了一个购物结算场景。

程序清单 6-12   ArrayListDemo2.java

```
1     public class ArrayListDemo2 {
2         public static void main(String[] args) {
3             //创建一个价格列表
4             ArrayList<Double> prices = new ArrayList<>();
5             Scanner input = new Scanner(System.in);
6             System.out.println("请输入购物篮中商品价格(输入 0 或负数结束):");
7             double price = 0;
8             do {
9                 price = input.nextDouble();
10                if(price > 0)
11                    prices.add(price);    //double 自动装箱成 Double
12            }while(price > 0);
13
14            double sum = 0;
15            for(Double d:prices)
16                sum+=d;    //Double 对象自动拆箱为 double
17            System.out.println("商品总价格:" + sum);
18            System.out.print("各商品价格:");
```

```
19              for(double d:prices)//Double 对象自动拆箱为 double
20                  System.out.printf("%6.1f", d);
21          }
22      }
```

假定用户购买了 3 件商品，价格分别是 5.5、9.2、14.8，其运行结果如下：

请输入购物篮中商品价格(输入 0 或负数结束)：

5.5 9.2 14.8 0

商品总价格:29.5

各商品价格: 5.5   9.2   14.8

假定用户购买了五件商品，价格分别是 3、4、12.5、23.1、18.5，其运行结果如下：

请输入购物篮中商品价格(输入 0 或负数结束)：

3 4 12.5 23.1 18.5 -3

商品总价格:61.1

各商品价格: 3.0   4.0   12.5   23.1   18.5

程序清单 6-12 第 4 行使用 ArrayList 创建了一个价格列表，这里必须使用包装类 Double，不能使用基本类型 double。第 8～12 行通过一个循环输入浮点类型的价格值，第 11 行将输入的基本类型 double 值自动装箱成 Double 对象。第 15、16 行是一个循环计算所有商品价格之和，第 16 行将 Double 对象 d 自动拆箱成基本类型 double 值进行加法运算。第 19、20 行输出个商品价格，第 19 行将 Double 对象拆箱成基本类型值 d，然后在第 20 行输出 d 值。

假如在程序清单 6-12 第 13 行空行加一条语句是否正确，语句如下：

```
prices.add(100);
```

这时 Java 编译器会报错。其原因在于 100 是 int 型值不能自动装箱为 Double 对象。此时，也会有人提出一个疑问，程序清单 6-12 所示程序在执行时用户输入数据也输入了整数 3、4，为什么程序没有报错呢？这是因为 int 型值可以自动转换为 double 型值，第 9 行的代码会把 int 型值自动转换 double 型值，然后 double 型值会自动装箱成 Double 对象。

6.11.2　BigInteger 类和 BigDecimal 类

java.math 包中提供了 BigInteger 类和 BigDecimal 类。它们都是最终类，可以分别用于表示任意大小和精度的整数和十进制数，从而支持非常大的数的计算或者高精度浮点值的计算。

BigInteger 类具有如下一些常量，如表 6-4 所示。BigInteger 类的部分构造方法与常用方法如表 6-5 所示。

表 6-4　BigInteger 类的 public static final BigInteger 数据域

数 据 域	说　　明
ZERO	BigInteger 常量 0
ONE	BigInteger 常量 1
TWO	BigInteger 常量 2
TEN	BigInteger 常量 10

表 6-5 BigInteger 类的部分构造方法和常用方法

方　法	说　明
BigInteger(String val)	将一个 BigInteger 的十进制字符串表示翻译成一个 BigInteger 对象
BigInteger(String val, int radix)	将一个 BigInteger、以指定基数 radix 的字符串表示翻译成一个 BigInteger 对象
BigInteger add(BigInteger val)	返回当前对象与给定对象 val 的和
BigInteger subtract(BigInteger val)	返回当前对象减去给定对象 val 的差
BigInteger multiply(BigInteger val)	返回当前对象与给定对象 val 的乘积
BigInteger divide(BigInteger val)	返回当前对象除以给定对象 val 的商
BigInteger remainder(BigInteger val)	返回当前对象除以给定对象 val 的余数
BigInteger pow(int exponent)	返回当前对象的 exponent 次幂
BigInteger sqrt()	返回当前对象的平方根
BigInteger gcd(BigInteger val)	返回当前对象与给定对象 val 的最大公约数
BigInteger abs()	返回一个 BigInteger 对象，其值是当前 BigInteger 对象的绝对值
BigInteger negate()	返回一个 BigInteger 对象，其值是对当前 BigInteger 对象取反(-this)

图 6-35 的示例展示了 BigInteger 类对象的创建与使用。

```
jshell> BigInteger bigI1 = new BigInteger("12344988870988780098098")
bigI1 ==> 12344988870988780098098

jshell> BigInteger bigI2 = new BigInteger("ABCD2344988870988780098098",16)
bigI2 ==> 850718928330682589977483247768

jshell> BigInteger bigI3 = bigI1.add(bigI2)
bigI3 ==> 850718929565181477076361345866

jshell> BigInteger bigI4 = bigI1.subtract(bigI2)
bigI4 ==> -850718927096183702878605149670

jshell> BigInteger bigI5 = bigI1.multiply(bigI2)
bigI5 ==> 10502115702581778949267870889458355343999955943545264

jshell> BigInteger bigI6 = bigI2.divide(bigI1)
bigI6 ==> 689120854
```

图 6-35 BigInteger 使用示例

BigDecimal 类的 public static final BigInteger 数据域如表 6-6 所示。

表 6-6 BigDecimal 类的 public static final BigInteger 数据域

数　据　域	说　明
ZERO	BigDecimal 常量 0，scale 为 0
ONE	BigDecimal 常量 1，scale 为 0
TEN	BigDecimal 常量 10，scale 为 0

BigDecimal 类的部分构造方法和常用方法如表 6-7 所示。

表 6-7　BigDecimal 类的部分构造方法和常用方法

方　　法	说　　明
BigDecimal(String val)	将一个 BigDecimal 的字符串表示翻译成一个 BigDecimal 对象
BigDecimal(BigInteger val)	将一个 BigInteger 翻译成一个 BigDecimal 对象, 其 scale 为 0
BigDecimal(double val)	将双精度值 val 转换为一个 BigDecimal 对象, 该对象是双精度二进制浮点值的精确十进制表示
BigDecimal(long val)	将一个 long 类型值 val 翻译成一个 BigDecimal 对象, 其 scale 为 0
BigDecimal(int val)	将一个 int 类型值 val 翻译成一个 BigDecimal 对象, 其 scale 为 0
BigDecimal add(BigDecimal val)	返回当前对象与给定对象 val 的和
BigDecimal subtract(BigDecimal val)	返回当前对象减去给定对象 val 的差
BigDecimal multiply(BigDecimal val)	返回当前对象与给定对象 val 的乘积
BigDecimal divide(BigDecimal val)	返回当前对象除以给定对象 val 的商
BigDecimal remainder(BigDecimal val)	返回当前对象除以给定对象 val 的余数
BigDecimal pow(int n)	返回当前对象的 n 次幂
BigDecimal sqrt()	返回当前对象的平方根
BigDecimal abs()	返回一个 BigDecimal 对象, 其值是当前 BigDecimal 对象的绝对值

构造方法 public BigDecimal(String val)的字符串形式可以有多种形式, 下面是一些示例(对于左侧的每个字符串, 结果表示[BigInteger, scale]显示在右侧):

```
"0"          [0, 0]
"0.00"       [0, 2]
"123"        [123, 0]
"-123"       [-123, 0]
"1.23E3"     [123, -1]
"1.23E+3"    [123, -1]
"12.3E+7"    [123, -6]
"12.0"       [120, 1]
"12.3"       [123, 1]
"0.00123"    [123, 5]
"-1.23E-12"  [-123, 14]
"1234.5E-4"  [12345, 5]
"0E+7"       [0, -7]
"-0"         [0, 0]
```

这里的 scale 是指浮点数指数的部分值取反, 例如, "12.3E+7", 取出整数部分为 123, 指数部分是 10 的 6 次幂, scale 的值是 −6。

图 6-36 的示例展示了 BigDecimal 类对象的创建和使用。其中, 方法 divide 被调用时, 如果不能终止运行, 就会抛出 ArithmeticException 异常。

```
jshell> BigDecimal bigD1 = new BigDecimal("334.456E26")
bigD1 ==> 3.34456E+28

jshell> BigDecimal bigD2 = new BigDecimal(2343465445642133.345345637667)
bigD2 ==> 2343465445642133.5

jshell> BigDecimal bigD3 = bigD1.add(bigD2)
bigD3 ==> 33445600000002343465445642133.5

jshell> BigDecimal bigD4 = bigD1.subtract(bigD2)
bigD4 ==> 33445599999997656534554357866.5

jshell> BigDecimal bigD5 = bigD1.multiply(bigD2)
bigD5 ==> 7.83786079087685401876 0E+43

jshell> BigDecimal bigD6 = bigD1.divide(bigD2)
! 异常错误 java.lang.ArithmeticException: Non-terminating decimal expansion;
!  no exact representable decimal result.
!       at BigDecimal.divide (BigDecimal.java:1766)
!       at (#11:1)
```

图 6-36   BigDecimal 使用示例

6.11.3   Random 类

Java 语言提供了几种产生随机数的方法。2.7.3 节介绍了 Math.random()，它可以产生一个 0.0 到 1.0(不包括 1.0)之间的随机 double 类型值。另一种产生随机数的方法就是使用 java.util.Random 类，Random 类不仅可以产生随机 double 类型值，还可以产生 int、long、float、boolean 类型的随机值。表 6-8 展示了 Random 类的构造方法与常用方法。

表 6-8   Random 类构造方法与常用方法

方　　法	说　　明
Random()	基于 System.nanoTime()返回的纳秒时间值构建的种子创建一个 Random 对象
Random(long seed)	以一个 long 型值 seed 作为种子创建一个 Random 对象
int nextInt()	返回一个随机的 int 值
int nextInt(int m)	返回一个 0 到 m(不包括 m)之间的随机 int 值
long nextLong()	返回一个随机的 long 值
double nextDouble()	返回一个 0.0 到 1.0(不包括 1.0)之间的随机 double 值
float nextFloat()	返回一个 0.0f 到 1.0f(不包括 1.0f)之间的随机 float 值
boolean nextBoolean()	返回一个随机的 boolean 值
void setSeed(long seed)	以指定 seed 值设置随机数生成器的种子

当创建一个 Random 对象时，必须设置种子或者使用默认的种子。种子是一个用于初始化随机数生成器的数字。如果 Random 的两个实例是采用相同的种子创建的，那么这两个实例会产生相同的随机数列。程序清单 6-13 展示的代码用相同的种子 5 产生了两个 Random 对象，这两个 Random 对象生成了相同的随机数列。

程序清单 6-13   TestRandom.java

```
1    public class TestRandom {
2        public static void main(String[] args) {
3            Random random1 = new Random(5);
```

```
4            System.out.print("From random1: ");
5            for (int i = 0; i < 10; i++)
6                System.out.print(random1.nextInt(100) + " ");
7            Random random2 = new Random(5);
8            System.out.print("\nFrom random2: ");
9            for (int i = 0; i < 10; i++)
10                System.out.print(random2.nextInt(100) + " ");
11        }
12    }
```

运行结果如下：

From random1: 87 92 74 24 6 5 54 91 22 21
From random2: 87 92 74 24 6 5 54 91 22 21

从运行结果可以看出，两个随机对象产生 0～100(不包括 100)之间的随机整数，通过循环产生的两个随机数序列完全一样。

6.11.4　Date 类

Java 语言提供了与系统无关的对日期和时间的封装类 java.util.Date，它表示以毫秒为单位的具体时刻。在 JDK1.1 版本之前，Date 类有两个额外的功能。它允许将日期解释为年、月、日、小时、分钟和秒值。它还允许格式化和解析日期字符串。然而，这些功能的 API 不适合国际化。从 JDK1.1 版本开始，Calendar 类应用于在日期和时间字段之间进行转换，DateFormat 类应用于格式化和解析日期字符串。Date 中的相应方法已被弃用。Date 类的构造方法和常用方法如表 6-9 所示。

表 6-9　Date 类构造方法和常用方法

构造方法或方法	说　　明
Date()	以当前时间创建一个以毫秒为单位的时间值创建一个 Date 对象
Date(long date)	以从格林尼治时间 1970 年 1 月 1 日 00:00:00 至当前时刻流逝的以毫秒为单位的时间值，创建一个 Date 对象
String toString()	返回日期对象的字符串表示
long getTime()	返回从格林尼治时间 1970 年 1 月 1 日 00:00:00 至当前时刻流逝的以毫秒为单位的时间值
void setTime(long time)	为当前 Date 对象设置一个以毫秒为单位的、自格林威治时间 1970 年 1 月 1 日 00:00:00 起开始的流逝时间

其中 toString 方法，返回日期对象的字符串表示，其格式如下：

```
dow mon dd hh:mm:ss zzz yyyy
```

其中，dow 表示一周的星期几，可取值为：Sun、Mon、Tue、Wed、Thu、Fri、Sat。mon 表示月份，可取值为：Jan、Feb、Mar、Apr、May、Jun、Jul、Aug、Sep、Oct、Nov、Dec。dd 表示每月的第几天，取值为 01～31，是一个两位十进制数。hh 表示小时数，取值为 00～23(24 小时制)，也是一个两位十进制数。mm 表示分钟数，取值为 00～59，也是一个两位十进制数。ss 表示秒数，取值为 00～59，也是一个两位十进制数。zzz 表时区，如果时区信息不可获得，那么 zzz 就是空值。yyyy 是一个四位数字表示的年份。

表 6-9 中出现的时间：1970 年 1 月 1 日零时零分零秒，在 Java 语言中被称为 Unix 时间戳(Unix Epoch)。1970 年是操作系统 Unix 正式发布的时间。Unix 时间戳是 Java 语言时间系统的一个基准时间。

下面通过一个示例展示 Date 类的使用，其代码如程序清单 6-14 所示。

程序清单 6-14　TestDate.java

```
1    public class TestDate {
2        public static void main(String[] args) {
3            java.util.Date date = new java.util.Date();
4            System.out.println("自 1970 年 1 月 1 日起, 消逝的时间为:" +
5            date.getTime() + "毫秒");
6            System.out.println(date.toString());
7
8            date.setTime(60000);
9            System.out.println("自 1970 年 1 月 1 日起消逝 60 秒后的时间:"
10               + date.toString());
11
12           System.out.println("自 1970 年 1 月 1 日起,消逝的时间:"
13               + System.currentTimeMillis() + "毫秒");
14       }
15   }
```

运行结果如下：

自 1970 年 1 月 1 日起,消逝的时间为:1674007257486 毫秒
Wed Jan 18 10:00:57 CST 2023
自 1970 年 1 月 1 日起消逝 60 秒后的时间:Thu Jan 01 08:01:00 CST 1970
自 1970 年 1 月 1 日起,消逝的时间:1674007257553 毫秒

程序清单 6-14 第 3 行创建了一个 Date 对象 date，第 4、5 行显示了 date 对应的毫秒数，第 6 行显示对象 date 的字符串表示形式，CST 表示 China Standard Time UT+8:00。接下来，第 8 行设置流逝时间是 60 秒，正好 1 分钟，第 9、10 行显示了流逝一分钟后的时间。最后，第 11、12 行使用 System 类的静态方法 currentTimeMillis()获取从格林威治时间 1970 年 1 月 1 日 00:00:00 至当前时刻流逝的以毫秒为单位的时间值。根据运行结果，从创建 Date 对象到最后一行输出，流逝时间的毫秒数为：1674007257553 − 1674007257486 = 67 ms。

习　题

基础习题 6

编程习题 6

第 7 章　面向对象程序设计(下)

教学目标

(1) 理解父类和子类的关系，使用关键字 extends 扩展一个类。

(2) 理解 protected 访问权限，应用访问修饰符实现更好的信息隐藏。

(3) 理解子类构造方法的执行，掌握 super 的用法。

(4) 理解在子类中重写父类方法，能应用方法重写。

(5) 使用 final 关键字防止类的继承和方法重写。

(6) 理解密封类的定义和用途。

(7) 理解 Object 类，能应用和重写其常用方法 toString()、equals()。

(8) 掌握多态和动态绑定。

(9) 掌握对象的类型转换。

(10) 掌握抽象类的概念和应用，理解抽象类示例。

(11) 掌握接口的概念，掌握接口的声明和使用。

(12) 掌握父接口、子接口、默认方法及其冲突的解决。

(13) 理解密封接口和注解接口。

(14) 理解接口的示例。

(15) 理解抽象类与接口的区别。

(16) 理解面向对象程序设计的 5 个原则。

随着软件越来越复杂、软件规模越来越庞大，软件重用(Software Reuse)越来越受到重视。"不要重复发明轮子(Stop trying to reinvent the wheel)"，可能是每个程序员入行被告知的一条准则。使用已经造好的轮子，而不是从零开始开发，就是体现了软件重用的思想。软件重用既能降低软件开发的工作量和成本，也能提高软件的可靠性。

继承机制就是面向对象技术提供的一种软件重用方式，即在定义一个新的类时，可以考虑把一个或多个已有类的功能全部包含进来，然后，增加新功能的代码或者重新定义已有功能的代码。继承机制不需要修改已有软件代码，是一种基于源代码的重用机制。

在一个继承体系中，不同层次的类具有相似功能的不同方法需要使用同一名称来实现，从而可以使用相同的调用方式来调用这些具有不同功能的同名方法，这就需要引入多态性的概念，解决类的功能和行为在继承体系中的再抽象问题。

本章主要围绕继承和多态展开介绍，介绍了如何扩展一个类、protected 修饰符、super 关键字、方法重写、final 关键字、密封类、Object 类及其常用方法、多态和动态绑定、对象转换、抽象类和接口。最后，简要介绍了面向对象程序设计原则。

7.1 继 承

7.1.1 父类与子类

Java 语言是一种单继承的语言，在父类的基础上定义其子类的一般语法形式为：

```
public class  子类名  extends 父类名  {
    子类的新成员
}
```

需要说明的是：

(1) 子类名是一个合法的标识符，由用户自己定义。

(2) 关键字 extends 用在子类名之后，指定父类名，父类只允许有一个。

(3) 父类名必须是程序中已有的一个类的类名。

(4) 父类名之后是子类的类体，由一对花括号{}括起来，这对花括号中的内容是子类新定义的成员。

下面以简化的银行账户类为例来理解面向对象的技术继承机制。

一个银行账户类 Account 需要记录：用户身份证号(ID)、用户姓名(Name)、账户的账号(accID)、开户日期(dateCreated)、开户银行信息(createBankInfo)等信息，具备设置和获取账户基本信息的功能。一个银行账户可以分为借记卡账户 DebitCardAccount(不允许透支，具有余额)和信用卡账户 CreditCardAccount(允许透支，但有限额)，这两种账户都共享银行账户类 Account 的共同特征，并有新增功能。

借记卡账户有余额 balance、年利率 annualIntrstRate(每月 1 日根据余额计算利息，加入到 balance 中)等信息，还具备存款 deposit、取款 withdraw、计算月利率 getMonthIntrstRate、计算月利息 getMonthIntrst 等功能。

信用卡账户具有透支额度 creditLine、当前负债 debt、还款日期 dateRepayment、记账日期 dateBook、逾期利率 overdueIntrstRate，还具备支出 expend、还款 repayment 等功能。

这三个类的类图如图 7-1 所示，这幅图表示了 3 个类之间的关系，借记卡账户类 DebitCardAccount 和信用卡账户类 CreditCardAccount 是银行账户类 Account 的子类，空心三角形箭头指向父类 Account。在 UML 类图中，私有(Private)访问权限、公有(Public)访问权限、保护(Protected)访问权限分别用"−"、"+"、"#"在类的成员名称前标注，而包私有访问权限无需标注符号。

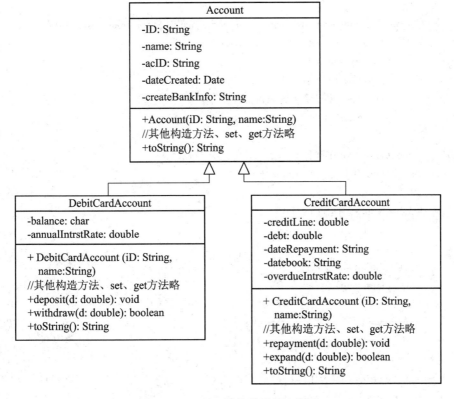

图 7-1　Account 类的继承层次类图

　　银行账户类 Account、借记卡账户类 DebitCardAccount、信用卡账户类 CreditCard Account 的源代码分别在程序清单 7-1、程序清单 7-2、程序清单 7-3 中给出。借记卡账户类 DebitCardAccount 使用关键字 extends 继承了银行账户类 Account，新增 balance(余额)、annualIntrstRate(年利率)属性。信用卡账户类 CreditCardAccount 使用关键字 extends 继承了银行账户类 Account，新增 credit line(透支额度)、debt(负债)、dateRepayment(还款日)等属性。银行账户类 Account 的方法 toString，在两个子类中也被重新定义。在重新定义的方法前面都加了一个标注@Override，表示方法重写，方法重写在 7.3 节详述。

程序清单 7-1　Account.java

```
1    public class Account {
2        private String ID;              //用户身份证号:18 位
3        private String name;            //用户姓名
4        private String accID;           //账户的账号:19 位
5        private Date dateCreated;        //开户日期
6        private String createBankInfo;   //开户银行信息
7        public Account(String iD, String name) {
8            this(iD, name, null, null);
9        }
10       public Account(String iD, String name, String accID) {
11           this(iD, name, accID, null);
```

```
12          }
13          public Account(String iD, String name, String accID, String createBankInfo) {
14                  ID = iD;
15                  this.name = name;
16                  this.accID = accID;
17                  this.dateCreated = new Date();
18                  this.createBankInfo = createBankInfo;
19          }
20          public String getID() {
21                  return ID;
22          }
23          public void setID(String iD) {
24                  ID = iD;
25          }
26          public String getName() {
27                  return name;
28          }
29          public void setName(String name) {
30                  this.name = name;
31          }
32          public String getAccID() {
33                  return accID;
34          }
35          public void setAccID(String accID) {
36                  this.accID = accID;
37          }
38          public Date getDateCreated() {
39                  return dateCreated;
40          }
41          public void setDateCreated(Date dateCreated) {
42                  this.dateCreated = dateCreated;
43          }
44          public String getCreateBankInfo() {
45                  return createBankInfo;
46          }
47          public void setCreateBankInfo(String createBankInfo) {
48                  this.createBankInfo = createBankInfo;
49          }
50          public String toString(){
51                  return "账户姓名:" + name + "\n 账户账号:" + accID +
52                          "\n 创建时间:" + dateCreated + "\n 开户行:" + createBankInfo;
53          }
54  }
```

程序清单 7-2　DebitCardAccount.java

```java
1    public class DebitCardAccount extends Account {
2        private double balance;              //借记卡账户余额
3        private double annualIntrstRate;     //借记卡账户年利率
4        public DebitCardAccount(String iD, String name) {
5            super(iD, name);
6        }
7        public DebitCardAccount(String iD, String name, double balance) {
8            super(iD, name);
9            this.balance = balance;
10       }
11       public DebitCardAccount(String iD, String name, double balance,
12                       double annualIntrstRate) {
13           super(iD, name);
14           this.balance = balance;
15           this.annualIntrstRate = annualIntrstRate;
16       }
17       public double getBalance() {
18           return balance;
19       }
20       public void setBalance(double balance) {
21           this.balance = balance;
22       }
23       public double getAnnualIntrstRate() {
24           return annualIntrstRate;
25       }
26       public void setAnnualIntrstRate(double annualIntrstRate) {
27           this.annualIntrstRate = annualIntrstRate;
28       }
29       //存款
30       public void deposit(double d){
31           balance += d;
32       }
33       //取款
34       public boolean withdraw(double d){
35           if(balance < d)
36               return false;
37           balance -= d;
38           return true;
39       }
40       //获取月利率
41       public double getMonthIntrRate(){
42           return annualIntrstRate / 12;
```

```
43              }
44              //获取月利息
45              public double getMonthIntr(){
46                  return this.getAnnualIntrstRate() * balance;
47              }
48              @Override
49              public String toString(){
50                  return super.toString() + "\n 账户类型:借记卡" +
51                          "\n 账户余额:" + balance +
52                          "\n 年利率:" + annualIntrstRate;
53              }
54      }
```

程序清单 7-3　CreditCardAccount.java

```
1       public class CreditCardAccount extends Account {
2           private double creditLine;                  //透支额度
3           //负债，正值表示信用卡账户有余额，负值表示欠款
4           private double debt;
5           private String dateRepayment;               //还款日期,如:"每月 20 日"
6           private String dateBook;                     //记账日期,如:"每月 10 日"
7           private double overdueIntrstRate = 0.03;  //逾期利率
8           public CreditCardAccount(String iD, String name) {
9               super(iD, name);
10          }
11          public CreditCardAccount(String iD, String name, double creditLine,
12                  String dateRepayment, String dateBook) {
13              this(iD, name, creditLine, 0, null, null, 0.03);
14          }
15          public CreditCardAccount(String iD, String name, double creditLine, double debt,
16                  String dateRepayment, String dateBook, double overdueIntrstRate) {
17              super(iD, name);
18              this.creditLine = creditLine;
19              this.debt = debt;
20              this.dateRepayment = dateRepayment;
21              this.dateBook = dateBook;
22              this.overdueIntrstRate = overdueIntrstRate;
23          }
24          public double getCreditLine() {
25              return creditLine;
26          }
27          public void setCreditLine(double creditLine) {
28              this.creditLine = creditLine;
29          }
30          public double getDebt() {
```

```
31              return debt;
32          }
33          public void setDebt(double debt) {
34              this.debt = debt;
35          }
36          public String getDateRepayment() {
37              return dateRepayment;
38          }
39          public void setDateRepayment(String dateRepayment) {
40              this.dateRepayment = dateRepayment;
41          }
42          public String getDateBook() {
43              return dateBook;
44          }
45          public void setDateBook(String dateBook) {
46              this.dateBook = dateBook;
47          }
48          public double getOverdueIntrstRate() {
49              return overdueIntrstRate;
50          }
51          public void setOverdueIntrstRate(double overdueIntrstRate) {
52              this.overdueIntrstRate = overdueIntrstRate;
53          }
54          //支出
55          public boolean expand(double d){
56              if(Math.abs(debt - d) > creditLine)
57                  return false;
58              debt -= d;
59              return true;
60          }
61          //还款
62          public void repayment(double d){
63              debt += d;
64          }
65          @Override
66          public String toString(){
67              return super.toString() + "\n 账户类型:信用卡" +
68                      "\n 信用额度:" + creditLine + "\n 负债:" + debt +
69                      "\n 还款日期:" + dateRepayment;
70          }
71      }
```

在程序清单 7-1 给出的源代码中，几个构造方法都使用了 this 关键字，简化了重载构造方法的编写。由于不允许不提供用户姓名和身份证号的账户对象存在，因此，Account

类未提供无参构造方法。

在程序清单 7-2 和程序清单 7-3 给出的源代码中，子类的构造方法使用了关键字 super 调用父类构造方法。子类在重写的方法 toString()中，也使用了关键字 super 调用父类的方法。关键字 super 表示指向所在类的直接父类，其使用详情在 7.2 节详述。

程序清单 7-4 给出的源代码对借记卡账户类 DebitCardAccount 和信用卡账户类 CreditCardAccount 进行了测试。

程序清单 7-4　TestCreditDebitAccount.java

```java
1    public class TestDebitCreditAccount {
2        public static void main(String[] args) {
3            String name1 = "张三";
4            String ID1 = "450309200010100019";
5            String accID1 = "6220028898837993323";
6            DebitCardAccount acc1 = new DebitCardAccount(ID1, name1);
7            acc1.setAccID(accID1);
8            acc1.setCreateBankInfo("交通银行桂林分行");
9            acc1.setBalance(50000);
10           acc1.withdraw(5000);
11           acc1.setAnnualIntrstRate(0.015);
12           System.out.println("账户姓名:" + acc1.getName() +
13                   "\n 账户账号:" + acc1.getAccID() +
14                   "\n 账户余额:" + acc1.getBalance());
15
16           String name2 = "小红";
17           String ID2 = "450552200212210027";
18           String accID2 = "6283028898837993323";
19           CreditCardAccount acc2 = new CreditCardAccount(ID2, name2);
20           acc2.setAccID(accID2);
21           acc2.setCreateBankInfo("中国银行桂林分行");
22           acc2.setCreditLine(50000);
23           acc2.setDebt(-40000);
24           acc2.expand(5000);
25           acc2.setDateRepayment("每月 20 日");
26           System.out.println("---------------");
27           System.out.println("账户姓名:" + acc2.getName() +
28                   "\n 账户账号:" + acc2.getAccID() +
29                   "\n 账户负债:" + acc2.getDebt());
30           System.out.println("***************");
31           System.out.println(acc1.toString());
32           System.out.println("---------------");
33           System.out.println(acc2.toString());
34       }
35   }
```

其运行结果如下：

```
账户姓名:张三
账户账号:6220028898837993323
账户余额:45000.0
---------------
账户姓名:小红
账户账号:6283028898837993323
账户负债:-45000.0
***************
账户姓名:张三
账户账号:6220028898837993323
创建时间:Fri Jan 27 14:09:22 CST 2023
开户行:交通银行桂林分行
账户类型:借记卡
账户余额:45000.0
年利率:0.015
---------------
账户姓名:小红
账户账号:6283028898837993323
创建时间:Fri Jan 27 14:09:22 CST 2023
开户行:中国银行桂林分行
账户类型:信用卡
信用额度:50000.0
负债:-45000.0
还款日期:每月 20 日
```

程序清单 7-4 的第 6 行创建了借记卡账户类对象 acc1。在第 7、8 行，对象 acc1 分别调用了继承的方法 setAccID、setCreateBankInfo，设置对象 acc1 账号和开户行信息。第 9～11 行，对象 acc1 分别调用了新增的方法 setBalance()、withdraw()、setAnnualIntrstRate()。第 12～14 行是一条输出语句，显示对象 acc1 的姓名、账号和账户余额。接着，第 19 行创建了信用卡账户类型对象 acc2。在第 20、21 行，对象 acc2 分别调用了继承的方法 setAccID、setCreateBankInfo，设置对象 acc2 账号和开户行信息。在第 22～25 行，对象 acc2 分别调用了新增的方法 setCreditLine、setDebt、expand、setDateRepayment。第 26 行输出一条分隔线。第 27～29 行是一条输出语句，显示对象 acc2 的姓名、账号和负债。第 30～33 行输出对象 acc1、acc2 的信息。

基于上述示例，Java 语言的继承机制需要注意的是：

(1) Java 语言是一种单继承语言，即子类继承父类，在使用关键字 extends 时，extends 之后只能有一个父类名。

(2) 子类继承父类的内容，还可以新增内容和重写继承的内容。因此，子类不是父类的子集。

(3) 据 Java 语言官方文档，子类继承了父类中所有可被访问的成员(数据域和方法)，但是构造方法不属于这类成员，父类构造方法不被能子类继承。然而，父类构造方法可以被子类调用，用于完成子类的初始化工作。例如，程序清单 7-2 第 20 行就是父类构造方法调用。

　　(4) 据 Java 语言官方文档，子类既不能继承父类的私有成员，也不能直接访问这些私有成员。如果父类定义了访问私有成员的公有或保护方法，那么子类可以通过这些父类的公有或保护方法间接访问这些私有成员。

　　注意：关于父类私有成员的继承问题辨析。从内存分配上讲，子类确实是继承父类的私有成员。因为在实例化一个子类对象时，系统先为父类中定义的数据域(包括私有成员)分配内存，再为子类中定义的数据域分配内存，所有这些数据域都是属于这个新创建的对象，只不过子类对象不能直接访问其父类的私有成员。为了较为形象地说明这种情况，可以说子类"隐蔽"继承了父类的私有成员。因此，从继承的物理实现上讲，子类继承了其父类的所有成员，包括私有成员。这个说法，有助于我们理解为什么子类构造方法会先调用父类构造方法，父类构造方法是用于初始化父类自身的私有数据域。虽然父类私有数据域不能被子类直接访问，但是也被子类继承了。因此，在创建子类对象时，必须先调用父类构造方法初始化父类的私有数据域。然而，Java 语言官方文档说明了子类不能继承父类的私有成员，这个说法可从可访问性上来理解。由于父类私有成员不能像子类自身的私有成员一样被访问，所以父类私有成员可以被看作未被继承。这两个说法都可以接受。为了避免混淆，本书采纳了 Java 语言官方文档的说明。然而，程序员也应理解，从继承的物理实现(内存分配)上来讲，子类确实继承了父类的私有成员。

　　(5) 不是所有"是一种(is a kind of)"关系都应该用继承来建模。例如，正方形是一种矩形，但是不应该定义一个正方形类继承自矩形类。

7.1.2　protected 数据和方法

　　本节学习 protected 修饰符，在 6.4.2 节学习了 public、private 和包私有访问权限。在引入继承概念后，一些编程场景常常需要允许一个子类(无论是否与其父类处于同一包中)访问定义在其父类中的数据域或方法，但不允许处于不同包中的非子类的类访问这些数据域或方法。这种情况就需要使用 protected 关键字。父类中被 protected 修饰的成员被称为受保护的成员。无论父类与其子类是否在同一包中，父类的受保护成员可以在它的子类中被访问。

　　可见性修饰符 public、protected、private，指定了类和类的成员的可见性(或可访问性)。这些修饰符的可见性按下面顺序递增，如图 7-2 所示。

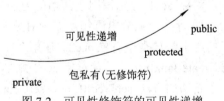

图 7-2　可见性修饰符的可见性递增

　　表 7-1 展示了在不同修饰符修饰一个 public 类(公有类)的成员时类中成员的可访问性，符号"√"表示能被访问，符号"×"表示不能被访问。当 public 修饰符修饰一个 public 类的成员时，这些成员成为该类的公有成员。这些公有成员可以被任何类直接访问。当 protected 修饰符修饰一个 public 类的成员时，这些成员成为该类的保护成员，这些保护成员可以被该类内部、同一包中的其他类、在不同包中的子类直接访问。当包私有(无修饰符)修饰一个 public 类的成员时，这些成员成为该类的包私有成员。这些包私有成员能够被该类自身以及同一包中的其他任何类直接访问。当 private 修饰符修饰一个 public 类的数据域

或方法时，这些成员是该类的私有成员。这些私有成员只能在该类内部被直接访问，不能被任何其他类直接访问。

表 7-1　数据域和方法的可见性

一个类的成员的修饰符	在该类内部	在同一个包中的其他类	在不同包中的子类	在不同包中的类(非子类)
public	√	√	√	√
protected	√	√	√	×
包私有(无修饰符)	√	√	×	×
private	√	×	×	×

关键字 protected 和 private 只能用于修饰类的成员，而关键字 public 既能用于修饰类的成员，也能用于修饰类。另外，当这些可见性修饰符修饰一个非 public 类(包私有类)的成员时，这些成员的可访问性就受限于一个包的范围。具体来讲，一个包私有类的公有成员、保护成员、包私有成员具有相同的可访问性：可被该类自身直接访问，也可被同一包中的其他任何类直接访问。但是，这些成员都不能被不同包中的任何类直接访问。

图 7-3 举例说明了可见性修饰符的使用。类 C3 和类 C4 均继承 C1，因此，类 C1 的公有成员、保护成员在类 C3、C4 中可以被直接访问。类 C3 由于和父类 C1 处于同一包中，也能访问类 C1 的包私有成员，而类 C4 就不能访问类 C1 的包私有成员。类 C2 是一个非 public 类，在包 p2 中是不可见的，包 p2 的类 T2 不能访问类 C2，不能用类 C2 创建一个对象。类 C2 内部的公有成员、保护成员实际上退化成包私有访问权限，只能在同一包中被访问。

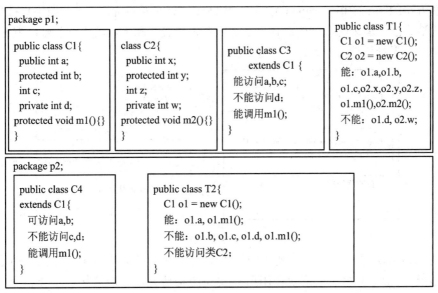

图 7-3　可见性修饰符使用示例

在继承机制下，为了实现更好的信息隐藏，最好是在父类中使用可见性修饰符 protected。在父类中使用 protected 声明的成员，被继承后在子类中就像公有成员一样，可由子类方法直接访问。然而，在子类之外，父类的保护成员在其他包的类看来则像私有成员一样，不能被直接访问，从而实现了更好的信息隐藏。

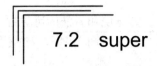

7.2　super

关键字 super 主要用在继承机制中，它指向 super 所在类的直接父类，主要有两种使用方式：一是在子类构造方法中调用父类的构造方法；二是直接调用父类的普通方法。

7.2.1　调用父类构造方法

在继承机制中，子类构造方法必须调用父类构造方法以完成父类数据域的初始化工作。调用父类构造方法有两种形式：显式调用和隐式调用。

显式调用父类构造方法的语法是：

```
super( );                //无参构造方法
super(实际参数列表);      //带参数构造方法
```

而且，super( )或 super(实际参数列表)必须出现在子类构造方法的第一行。这是显式调用父类构造方法的唯一形式。例如，程序清单 7-2 中第 5、8、13 行代码和程序清单 7-3 中第 9、17 行代码都是对父类构造方法的显式调用。

如果子类构造方法没有显式调用父类构造方法，那么编译器将自动放置 super( )作为构造方法的第一条语句。如图 7-4 所示，一个子类 SubClass 的构造方法没有显式调用其直接父类的构造方法，编译器会自动加上 super( )作为其构造方法的第一条语句。在这种情况下，子类构造方法的第一条语句 super( )会调用其直接父类的无参构造方法。如果直接父类不存在无参构造方法，那么就会产生编译错误。因此，一般情况下，设计一个可以被继承的类，最好提供一个无参构造方法，避免产生错误。

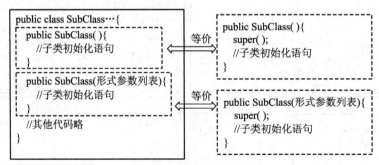

图 7-4　隐式调用父类构造方法

子类构造方法在构建一个子类实例时被调用执行。子类构造方法在执行时会沿着继承链从根类 Object 出发向下依次调用所有父类的构造方法，最后执行子类自身的初始化语句。

下面举例说明，假设 ClsA、ClsB、ClsC、ClsD 的继承体系如图 7-5 所示。类 ClsD 是类 ClsC 的子类，类 ClsC 是类 ClsB 的子类，类 ClsB 是类 ClsA 的子类，而类 ClsA 默认继承类 Object。在 Java 语言中，类 Object 是所有类的父类。如果一个类没有明确指定其父类，那么该类的直接父类默认就是类 Object。图 7-5 所示继承链的示例代码如程序清单 7-5 所示。

程序清单 7-5　ClsD.java

```
1    public class ClsD extends ClsC {
2        public static void main(String[] args) {
3            new ClsD();
4        }
5        public ClsD(){
6            System.out.println("ClsD 的构造方法执行！");
7        }
8    }
9    class ClsC extends ClsB {
10       public ClsC(){
11           this("ClsC 的构造方法执行!");
12       }
13       public ClsC(String s){
14           System.out.println(s);
15       }
16   }
17   class ClsB extends ClsA {
18       public ClsB(){
19           System.out.println("ClsB 的构造方法执行！");
20       }
21   }
22   class ClsA {
23       public ClsA(){
24           System.out.println("ClsA 的构造方法执行！");
25       }
26   }
```

图 7-5　继承链

其运行结果如下:

```
ClsA 的构造方法执行!
ClsB 的构造方法执行!
ClsC 的构造方法执行!
ClsD 的构造方法执行!
```

程序清单 7-5 第 3 行在构造子类 ClsD 的实例时，会沿着继承链往上追溯到类 Object。接着，调用类 Object 的构造方法(无任何输出)。然后，沿着继承链向下依次顺序调用 ClsA、ClsB、ClsC、ClsD 的构造方法。在程序清单 7-5 中，子类使用隐式调用方式调用其直接父类的构造方法，即 Java 编译器在子类构造方法中默认增加一条语句为: super( )。

7.2.2　调用父类普通方法

子类可以使用关键字 super 调用父类的普通方法，其语法形式如下:

> super.方法名( );　　　　　　　//调用父类无参数的普通方法
> super.方法名(实际参数列表);　　//调用父类有参数的普通方法

例如，程序清单 7-2 的第 50 行和程序清单 7-3 的第 67 行均使用了 super.toString()，调用父类的方法 toString()，如图 7-6 所示。图 7-6 的代码段 1 还使用 super.getBalance()调用父类的方法 getBalance()方法，这里的 super 关键字也可以省略。因为 getBalance()是被子类继承的方法，可以直接调用。图 7-6 代码段 1、2 均使用了标注@Override，该标注表示方法重写，将在下一节进行讲解。

```
@Override                                              代码段1
public String toString(){
    return super.toString() + "\n用户类型：" + type
            +"\n余额："+ super.getBalance();
}
```

```
@Override                                              代码段2
public String toString(){
    return super.toString() + "\n信用额度:" + creditLine
            + "\n负债:" + debt;
}
```

图 7-6　super 关键字调用父类普通方法

7.3　方法重写

子类不仅可以继承父类的方法，还可以根据自己的需要重新定义从父类继承而来的方法。子类重新定义从父类继承而来的方法，称为方法重写或方法覆盖(Method Overriding)。图 7-6 所示的代码段 1 或代码段 2 就是方法重写的例子。方法 toString()在类 Account 中有定义，然后在子类 DebitCardAccount 和子类 CreditCardAccount 中又被重新定义。在图 7-6 中还可以看到@Override 符号，这个符号被称为重写标注。在子类的一个实例方法前放置一个重写标注，这表示被标注的方法必须重写父类的某个方法。如果被标注方法没有重写父类的某个方法，那么编译器就会报告一个错误。这样可以避免一些拼写错误。例如，子类 DebitCardAccount 在重写方法 toString()时使用了重写标注，而 toString 被错误地输入为 toSting，不小心漏掉一个字母，那么编译器将会报告一个错误。如果没有使用重写标注，那么编译器不会报告错误。

在方法重写时，需要注意以下几点：

(1) 子类中重写的方法必须和父类中被重写的方法具有相同的方法签名，具有一样或兼容的返回类型。兼容的含义是指子类中重写方法的返回类型可以是父类中被重写方法的返回类型的子类型。

(2) 仅当父类的一个实例方法可以被子类访问时，该实例方法才能被重写。因此，父类的私有方法不能被子类重写。这是因为父类的私有方法只在父类内部可访问。如果子类定义了一个方法签名与父类私有方法一样的成员方法，那么这两个方法之间没有任何关系。

(3) 重写方法时不能降低方法的可访问性。具体来说，父类中被重写方法的可见性修饰符是 public，那么子类中重写方法的可见性修饰符必须是 public。父类中被重写方法的可见性修饰符是 protected，那么子类中重写方法的可见性修饰符可以是 protected 或 public。

(4) 静态方法能够被继承，但不能被重写。如果子类重新定义父类中的静态方法，那么父类的静态方法会被隐藏。如果需要调用父类被隐藏的静态方法，可以使用语法"父类名.静态方法名(实际参数列表)"调用。

(5) 方法重写与方法重载的区别：方法重写发生在具有继承关系的不同类中；方法重载既可以发生在同一个类中，也可以发生在不同类中。方法重写要求方法签名相同，而方法重载要求方法名相同而方法签名不同。

7.4　final

关键字 final 既可用于定义一个常量，也可以在继承机制中用于防止继承和方法重写。

如果一个类 ClsA 不能被其他类继承时，那么可以使用关键字 final 修饰类 ClsA。此时，类 ClsA 就是一个最终类，不允许被继承，类 ClsA 的定义如下所示：

```
public final class ClsA{
    …
}
```

由于一个最终类没有子类，所以最终类中定义的方法是不会被重写的。

如果一个方法是最终的(该方法被关键字 final 修饰)，那么这个方法就不能被子类重写。例如，下面的示例代码中，方法 m1()就是最终方法，不能被类 ClsB 的子类重写。如果类 ClsB 的子类对方法 m1()进行重写，就会产生编译错误。

```
public class ClsB{
    //…
    public final void m1(){
        //…
    }
}
```

7.5　密　封　类

Java 17 的新特性之一是正式引入了密封类(Sealed classes)。密封类概念在其他语言中早就存在了。例如，C# 语言中的密封类表示该类是最终类(不可被继承)。又如，在 Kotlin 语言(一个基于 JVM 的新编程语言)，密封类要求其子类只能在当前源文件中定义。

为什么引入密封类呢？这是为了对继承能力进行限制。在面向对象程序设计语言中，继承可以用来实现代码复用。然而，有时候我们不希望继承被滥用，不希望一个类被继承后去做一些不可预知的扩展，或者不希望一个类任意被扩展(一个类的子类可能需要限于其开发者所知的那些子类)。

Java 语言在没有引入密封类之前，也有一些限制继承的方式：一是使用 final 修饰一个类，避免该类被继承；二是包私有类，该类只能被同一个包中的类继承。这两种限制方法比较粗糙，不够精细。于是，Java 语言引入密封类加强对继承的限制。

如果一个类被声明为密封类，那么该类的所有直接子类都是已知的，并且不能再有其他直接子类。这种方式对一个类的所有直接子类进行显式和详尽的控制。直接子类也可以被声明为密封的，以进一步控制类的层次结构。因此，密封类有助于在继承中创建有限且可确定的类层次结构。通过使用密封类，一个父类的开发者能够明确表示该父类是与一组给定的子类共同开发的，这样既可以让阅读者知晓意图，也可以让 Java 编译器强制处理。同时，密封父类也没有过分约束其子类。

Java 语言使用 sealed 关键字声明密封类，使用 permit 关键字声明哪个类可以是直接子类。而继承密封类的子类必须被声明为 sealed 或 non-sealed 或 final。

下面以一个示例来说明密封类的声明。该示例有一个抽象形状类 Shape，是密封类。允许 Shape 类 3 个子类(圆类 Circle、矩形类 Rect、三角形 Triangle)，不允许有其他子类。

密封的抽象父类 Shape 的声明如下所示：

```
package edu.example.Chapter 7;
public abstract sealed class Shape
    permits Circle, Rect, Triangle{
        …
}
```

本示例的 permits 关键字指定了子类所在的位置：是在同一个模块的同一个包中。

如果 Shape 类的子类位于同一命名模块的不同包中，那么在 permits 之后要指明子类的完整路径。例如：

```
package edu.example.Chapter 7;
public abstract sealed class Shape
    permits edu.example.geometry.Circle,
            edu.example.shape1.Rect,
            edu.exmaple.shape2.Triangle{
        …
}
```

当一个密封类与其数量不多的子类声明在相同的源文件时，可以省略 permits 语句，Java 编译器会从源文件的声明中推断出 permits 的子类。例如，密封的抽象父类为 ClsRoot，其有 3 个子类，源文件的文件名为 ClsRoot.java，如下所示：

```
public abstract sealed class ClsRoot{
    …
    final class ClsA extends ClsRoot{…}
    final class ClsB extends ClsRoot{…}
    final class ClsC extends ClsRoot{…}
}
```

此时，Java 编译器可以推断出密封类 ClsRoot 只有 3 个允许的子类。

密封类对其允许的子类有 3 个约束：

(1) 密封类及其允许的子类必须属于同一个模块。另外，如果密封类及其允许的子类在未命名的模块中声明，那么它们必须属于同一个包。

(2) 每个允许的子类都必须直接继承密封类。

(3) 每个允许的子类都必须使用 3 个修饰符(final、sealed、non-sealed)之一来描述它如何传播由其父类发起的密封。具体如下：

① 允许的子类可以被声明为 final，以防止其在类层次结构中的一部分被进一步扩展(允许的子类无法再扩展)。

② 允许的子类可以再次被声明为密封类(sealed)，这样允许的子类能以一种受限制的方式进一步扩展。

③ 允许的子类可以声明为非密封的(non-sealed)，这样允许的子类可以被任意扩展(未知的子类也可以被扩展)。密封类不能阻止其允许的子类声明为 non-sealed。

下面对前面的示例进行扩充和改写来展示子类修饰符的使用，如下所示：

```
package edu.example.Chapter 7;
public abstract sealed class Shape
        permits Circle, Rect, Triangle, OddShape{ … }
public final class Circle extends Shape { … }
public sealed class Rect extends Shape permits FilledRect, TransparentRect { … }
public final class FilledRect extends Rect{ … }
public final class TransparentRect extends Rect{ …}
public non-sealed class OddShape extends Shape { … }
```

上面这段代码,声明了 Shape 类(第 2 行)、Shape 类的 4 个直接子类(Circle, Rect, Triangle, OddShape)、Rect 类的两个直接子类(FilledRect, TransparentRect)。其中，Shape 类(第 2 行)、Circle 类(第 3 行)、Rect 类(第 4 行)、FilledRect 类(第 5 行)、TransparentRect 类(第 6 行)不能再被扩展，具体来说，它们的子类已经确定或者是最终类，不再允许有其他子类了。而 OddShape 类(第 7 行)的修饰符是 non-sealed(非密封的)，表示 OddSahpe 类对未知子类的扩展是开放的。

需要注意的是，一个允许的子类只能使用三个修饰符(final、sealed、non-sealed)中的一个来进行修饰，不能同时使用多个进行修饰。例如，一个允许的子类不能既是密封的又是最终的，或者不能既是非密封的又是最终的，或者不能既是密封的又是非密封的。

7.6　Object 类

在 Java 语言中，类 Object(java.lang.Object)是所有其他类的父类(或祖先类)。如果一个类在定义时没有明确指定父类，那么该类默认地继承类 Object，类 Object 是其默认父类。例如，图 7-7 所示的两段代码是一样的。因此，凡是没有明确指定父类的类，都是类 Object 的隐含子类。

图 7-7　默认继承 Object

类 Object 提供了一个无参构造方法：public Object()。类 Object 的子类的构造方法会默认调用类 Object 的无参构造方法。类 Object 的常用方法如表 7-2 所示。

表 7-2　类 Object 的方法

方　法	描　述
protected Object clone( )	创建并返回一个对象的拷贝
public boolean equals(Object obj)	比较两个对象是否相等
protected void finalize()	当 GC(垃圾回收器)确定不存在对该对象有更多引用时，由对象的垃圾回收器调用此方法
public Class<?> getClass()	获取对象的运行时对象的类
public int hashCode()	获取对象的 hash 值
public void notify()	唤醒在该对象上等待的某个线程
public void notifyAll()	唤醒在该对象上等待的所有线程
public String toString()	返回对象的字符串表示形式
public void wait()	让当前线程进入等待状态，直到其他线程调用此对象的 notify()方法或 notifyAll()方法
public void wait(long timeout)	让当前线程处于等待(阻塞)状态，直到其他线程调用此对象的 notify()方法或 notifyAll()方法，或者超过参数设置的 timeout 超时时间
public void wait(long timeout, int nanos)	与 wait(long timeout)方法类似，多了一个 nanos 参数，该参数表示额外时间(以纳秒为单位，范围是 0~999999)，超时时间还需要加上 nanos ns

在 Java 语言中，由于类 Object 是所有其他类的父类，所以类 Object 的所有公有方法或保护方法能被其子类继承和使用。其中，两个常用方法会经常被子类所使用：一是方法 toString( )，一是方法 equals( )。

7.6.1　方法 toString( )

类 Object 的方法 toString()的方法头是：

```
public String toString( )
```

其功能是以字符串形式显示一个对象的信息。默认情况下，一个对象的信息由三个部分组成：该对象所属的类名、at 符号(@)、十六进制形式表示的该对象的内存地址。例如，程序清单 7-6 定义一个圆类(SimpleCircle)，其有一个属性：半径。SimpleCircle 类没有明确指明继承，默认地继承了 Object 类，因此，可以直接使用继承来的方法 toString。

程序清单 7-6　SimpleCircle.java

```
1    package chapter7;
2    public class SimpleCircle {
3        private double radius;
4        public static void main(String[] args) {
5            SimpleCircle circle = new SimpleCircle();
6            System.out.println(circle.toString());
7        }
8    }
```

其运行结果为：

```
chapter7.SimpleCircle@15db9742
```

通常，这样的对象信息不是很有用。因此，一些子类继承 Object 类的 toString 方法时，会进行方法重写。例如，类 SimpleCircle 可以提供一个重写的 toString 方法，如程序清单 7-7 所示(为了便于展示，创建了一个新的类 SimpleCircle1)。程序清单 7-7 的第 3～6 行展示了重写的 toString()方法。

程序清单 7-7　SimpleCircle1.java

```
1     public class SimpleCircle1 {
2         private double radius;
3         @Override
4         public String toString(){
5             return "半径:" + radius + ";周长:" + 2 * 3.14 * radius;
6         }
7         public static void main(String[] args) {
8             SimpleCircle1 circle = new SimpleCircle1();
9             circle.radius = 2;
10            System.out.println("对象 circle 信息:\n" + circle);
11        }
12    }
```

其运行结果如下：

```
圆对象 circle 信息:
圆半径:2.0;圆周长:12.56
```

程序清单 7-7 第 10 行的输出语句，等价于调用：System.out.println("对象 circle 信息：\n" + circle.toString( ))。当一个字符串和一个对象进行连接时，这个对象会自动调用自己的 toString()方法，得到自己的字符串表示形式。

7.6.2　方法 equals( )

类 Object 的方法 equals()的方法头是：

```
public boolean equals(Object obj)
```

其功能是测试两个对象是否相等。调用该方法的一般形式是：

```
object1.equals(object2);          //对象 object1 与 object2 进行相等比较
```

类 Object 的 equals 方法的默认实现形式如下：

```
public boolean equals(Objectobj){
    return (this == obj)
}
```

这个默认实现是使用==(相等比较运算符)判断两个引用变量是否指向同一个对象。因此，默认实现的功能与==运算符的功能是一样的。

方法 equals()在 Java API 的许多类中被重写，其功能不再是比较两个引用变量是否指向同一个对象，而是比较两个对象的内容是否相同。例如，java.lang.String 对方法 equals()进行了重写，用于比较两个字符串对象的内容是否相等。

下面举例说明字符串对象调用方法 equals() 的情况，首先创建 3 个字符串对象，如下所示：

```
String s1 = new String("Hello");
String s2 = "Hello";
String s3 = "Hello";
```

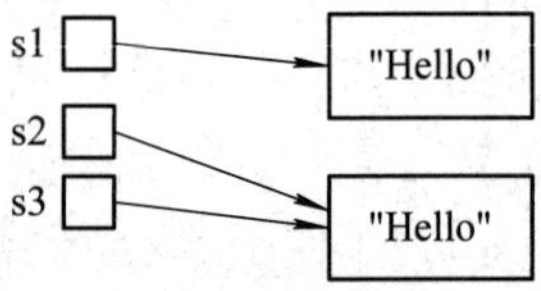

这 3 个字符串对象的内存模型如图 7-8 所示。对象 s1 通过 new 进行关键字创建，其指向一个字符串对象实体，而对象 s2、s3 都是通过赋值运算符，指向同一个字符串常量对象"Hello"。由于 == 运算符比较的是对象引用，所以，s1 == s2、s1 == s3 为 false，s2 ==

图 7-8　字符串(s1, s2, s3)内存模型

s3 为 true。然而，方法 equals() 比较的是字符串内容，因此，s1.equals(s2)、s1.equals(s3)、s2.equals(s3) 结果均为 true。

下面以圆类(Circle1)为例说明，重写方法 equals() 基于圆的半径比较两个圆是否相等，代码如程序清单 7-8 所示。

程序清单 7-8　Circle1.java

```
1    public class Circle1 {
2        private double radius;
3        @Override
4        public boolean equals(Object obj){
5            //instanceof 运算符，判断一个对象是否某个类的实例
6            if(obj instanceof Circle1)
7                return radius == ((Circle1)obj).radius;
8            else
9                return false;
10       }
11       @Override
12       public String toString(){
13           return "圆半径:" + radius;
14       }
15       public static void main(String[] args) {
16           Circle1 c1 = new Circle1();
17           c1.radius = 3;
18           Circle1 c2 = new Circle1();
19           c2.radius = 3;
20           //等价于 System.out.println("c1" + c1.toString())
21           System.out.println("c1" + c1);
22           System.out.println("c2" + c2);
23           System.out.println("c1 与 c2 相等:" + c1.equals(c2));
24           //修改 c2 的圆半径为 5
25           c2.radius = 5;
26           System.out.println("c2" + c2);
27           System.out.println("c1 与 c2 相等:" + c1.equals(c2));
28       }
29   }
```

其运行结果如下：

```
c1 圆半径:3.0
c2 圆半径:3.0
c1 与 c2 相等:true
c2 圆半径:5.0
c1 与 c2 相等:false
```

程序清单 7-8 的第 3～11 行是重写的 equals 方法。为了安全性，在第 7 行，程序判断了 obj 是否 Circle1 类的实例。如果是，第 8 行就可以进行强制类型转换了。

7.7　多 态 性

在 Java 语言中，继承的出现使得父类引用变量可以是多态性的。具体来讲，一个父类引用变量既可以引用一个父类类型的对象，又可以引用其任何一个子类类型的对象。因此，父类引用变量是具有多种形态的。

多态性存在的 3 个必要条件是：第一要有继承；第二要有方法重写；第三父类引用变量指向其子类对象。首先，只有继承存在，才会有方法重写、父类引用变量、子类对象。其次，只有存在方法重写，相同的方法调用才会根据父类引用变量引用对象的不同表现出不同的行为。

下面通过一个示例对多态性进行展示。该示例有形状类 Shape，其有两个子类：一个是圆类 Circle，一个是矩形类 Rect。这几个类的继承关系如图 7-9 所示。形状类 Shape 默认继承了 Object 类，类 Circle 与类 Rect 均继承类 Shape。在这个继承体系中，两个方法被重写，即方法 toString 和方法 getArea。该示例还有一个测试类 TestShapes。测试类 TestShapes 定义了一个方法 display(Shapes)，该方法的形式参数是父类引用变量，可以向其传递子类对象。程序清单 7-9、程序清单 7-10、程序清单 7-11、程序清单 7-12 分别展示 Shape、Circle、Rect、TestShapes 的代码。

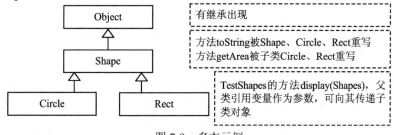

图 7-9　多态示例

程序清单 7-9　Shape.java

```
1    public class Shape {
2        private String strokedColor = "Black";
3        private String filledColor = "White";
4        private Date timeCreated;
5        public Shape(){
6            timeCreated = new Date();
```

```
7          }
8      public Shape(String sColor, String fColor){
9          strokedColor = sColor;
10         filledColor = fColor;
11     }
12     public double getArea(){
13         return 0.0;
14     }
15     @Override
16     public String toString(){
17         return "创建于:" + timeCreated + ";画线颜色:"
18                 + strokedColor + ";填充颜色:" + filledColor;
19     }
20     public String getStrokedColor() {
21         return strokedColor;
22     }
23     public void setStrokedColor(String strokedColor) {
24         this.strokedColor = strokedColor;
25     }
26     public String getFilledColor() {
27         return filledColor;
28     }
29     public void setFilledColor(String filledColor) {
30         this.filledColor = filledColor;
31     }
32     public Date getTimeCreated() {
33         return timeCreated;
34     }
35     public void setTimeCreated(Date timeCreated) {
36         this.timeCreated = timeCreated;
37     }
38 }
```

程序清单 7-10　Circle.java

```
1  public class Circle extends Shape {
2      private double radius;
3      final static double PI = 3.14;
4      public Circle(){
5          this(1.0);
6      }
7      public Circle(double r){
8          setRadius(r);
9      }
10     @Override
```

```
11          public double getArea(){
12              return PI * getRadius() * getRadius();
13          }
14          @Override
15          public String toString(){
16              return super.toString() + "\n 半径:" + getRadius();
17          }
18          public double getRadius() {
19              return radius;
20          }
21          public void setRadius(double radius) {
22              this.radius = radius;
23          }
24      }
```

程序清单 7-11   Rect.java

```
1    public class Rect extends Shape {
2        private double length;//矩形长
3        private double width;//矩形宽
4        public Rect(){
5            this(1, 1);
6        }
7        public Rect(double width, double length){
8            this.setWidth(width);
9            this.setLength(length);
10       }
11       @Override
12       public double getArea(){
13           return getWidth() * getLength();
14       }
15       @Override
16       public String toString(){
17           return super.toString() + "\n 长:" + getLength() +
18                   ";宽:" + getWidth();
19       }
20       public double getLength() {
21           return length;
22       }
23       public void setLength(double length) {
24           this.length = length;
25       }
```

```
26        public double getWidth() {
27            return width;
28        }
29        public void setWidth(double width) {
30            this.width = width;
31        }
32    }
```

程序清单 7-12　TestShapes.java

```
1    public class TestShapes {
2        public static void display(Shape s){
3            System.out.println(s.toString() + ". 面积:"+ s.getArea());
4        }
5        public static void main(String[] args) {
6            Circle c = new Circle(5.5);
7            Rect r = new Rect(3.5, 4.5);
8            Shape s = c;
9            display(s);     //s 指向一个圆对象 c
10           s = r;
11           display(s);     //s 指向一个矩形对象 r
12       }
13   }
```

测试类 TestShapes 的运行结果如下：

创建于:Sat Jan 07 09:07:34 CST 2023;画线颜色:Black;填充颜色:White
半径:5.5. 面积:94.985
创建于:Sat Jan 07 09:07:34 CST 2023;画线颜色:Black;填充颜色:White
长:4.5;宽:3.5. 面积:15.75

　　程序清单 7-12 的第 2～4 行定义了方法 display，该方法只有一条输出语句，该输出语句调用了两个方法：toString、getArea。在继承体系中，方法 toString 与方法 getArea 均被重写了。程序清单 7-12 的第 8 行声明了一个父类引用变量 s，并让父类引用变量 s 指向子类对象 c。第 9 行调用方法 display，输出圆对象 c 的信息(运行结果前两行)。第 10 行让父类引用变量 s 指向子类对象 r。第 11 行调用方法 display，输出矩形对象 r 的信息(运行结果后两行)。虽然第 9 行和第 11 行代码完全一样，但是两行代码表现出来的功能是不一样的。第 9 行代码中的父类引用变量 s 指向一个圆对象 c，因而在后续执行方法 toString 和方法 getArea 时，均调用了类 Circle 的方法实现。而第 11 行代码中的父类引用变量 s 指向一个矩形对象 r，因而在后续执行方法 toString 和方法 getArea 时，均调用了类 Rect 的方法实现。

7.8　动 态 绑 定

　　动态绑定(Dynamic Binding)是实现多态性的关键技术，是指在运行期间判断所引用对

象的实际类型，根据其实际类型来调用相应的方法。例如，在 7.6 节的示例中，程序清单
7-12 中的方法 display 根据父类引用变量 s 所引用的实际类型，调用相应的方法。

```
public static void display(Shape s){
    System.out.println(s.toString() + ". 面积:"+ s.getArea());
}
```

当父类引用变量 s 指向圆对象 c 时，被调用的方法是类 Circle 的方法 toString 和方法
getArea。当父类引用变量 s 指向矩形对象 r 时，被调用的方法是类 Rect 的方法 toString 和
方法 getArea。

为了更好地理解动态绑定的概念，我们引入两个概念：声明类型和实际类型。一个变
量在定义时，首先要声明其数据类型，这个数据类型就是变量的声明类型。例如，Shape s;
就声明了一个 Shape 类型的变量 s。一个变量的实际类型是该变量引用的对象的实际类型。
例如，程序清单 7-12 的第 8 行(Shape s = c;)，表示变量 s 的声明类型为 Shape，而 s 实际类
型为 Circle。s.toString()、s.getArea()调用哪个类的方法，由 s 的实际类型决定。

动态绑定的工作原理通过下面一个示例进行讲解。首先，假设 C_1 类是 Object 类的直接
子类，C_2 类是 C_1 类的直接子类，C_3 类是 C_2 类的直接子类，依次类推，C_n 是 C_{n-1} 的直接子
类，如图 7-10 所示。其次，假设对象 obj 的声明类型是 Object 类，那么对象 obj 的实际类
型可以是类 C_1、C_2、…、C_n 中的任何一个。这时，如果对象 obj 调用了一个方法 func()，那
么在编译阶段，编译器根据对象 obj 的声明类型匹配方法的签名，从而完成编译，这个过
程也被称为方法匹配。在运行阶段，JVM 会根据对象 obj 的实际类型绑定具体的方法实现。

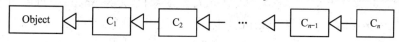

图 7-10 继承链-动态绑定

下面分两种情况进行说明。

第一种情况是方法 func()在 Object 的所有子类中进行了重写，那么在运行阶段，JVM
会根据对象 obj 的实际类型 C_i 绑定 C_i 类的方法实现。

第二种情况是方法 func()只是在部分子类中进行了重写，那么 JVM 在进行方法绑定时，
会从对象 obj 的实际类型 C_i 开始，沿着继承链向 Object 方向寻找一个最近的方法实现。例
如，假设对象 obj 的实际类型是 C_n，C_n、C_{n-1}、C_{n-2} 没有对方法 p 进行重写，而 C_{n-3}、…、
C_2、C_1 对方法 func()进行了重写，那么在进行方法绑定时，会绑定 C_{n-3} 类的方法实现。

下面通过程序清单 7-13 的示例展示上面所说的第 2 种情况，程序清单 7-13 定义了一
个长方体类，继承了 Rect 类，增加了一个数据域——长方体的高。Cuboid 没有对方法
toString、getArea 进行重写。

程序清单 7-13 Cuboid.java

```
1    public class Cuboid extends Rect {
2        private double height; //长方体的高
3        public Cuboid(){
4            this(1,1,1);
5        }
6        public Cuboid(double l, double w, double h){
```

```
7              super(l,w);
8              height = h;
9          }
10      public static void main(String[] args){
11          Cuboid cuboid = new Cuboid();
12          TestShapes.display(cuboid);
13      }
14  }
```

其运行结果如下：

创建于:Sat Jan 07 11:30:30 CST 2023;画线颜色:Black;填充颜色:White
长:1.0;宽:1.0. 面积:1.0

程序清单 7-13 第 12 行把长方体对象 Cuboid 传递给方法 display 时,调用的方法 toString 和方法 getArea 都是继承链中离类 Cuboid 最近的父类 Rect 的方法实现。

7.9　对象转换

对象转换是指一类对象的引用可以类型转换为另一类对象的引用。程序清单 7-12 的第 8 行(Shape s = c;)是一种隐式类型转换(implicit casting)。这是因为类 Circle 的实例 c 也是类 Shape 的实例。从语义上来看,子类对象(Circle 类对象)是父类(Shape 类)的一个实例,换句话说,一个圆(Circle)是一个形状(Shape)。因此,总是可以把一个子类的对象转换成一个父类引用变量,这称为向上转换(upcasting)。向上转换可以采用隐式转换形式。

然而,反过来赋值：

Circle c2 = s;   //子类引用变量指向父类对象

编译器会报告编译错误。这是因为所有的 Circle 类实例都是 Shape 类的实例,而 Shape 类的实例不一定是 Circle 类的实例,某一个 Shape 类的实例可能是 Rect 类的实例或其他几何形状类的实例。如果父类引用变量 s 确实是一个圆类 Circle 的实例,那么需要使用显式转换(explicit casting)语法来完成对象转换。其语法形式与基本数据类型转换的语法形式相同,用圆括号把目标对象的类型括起来,然后放置到需要转换的对象前面。例如,已知父类引用变量 s 指向一个圆类 Circle 的实例,那么可以如下进行赋值：

Circle c2 = (Circle)s;   //显式转换

这种显式转换,把一个父类引用变量转换成它的子类引用变量,被称为向下转换(downcasting)。向下转换必须采用显式转换的形式,而且必须确保要转换的父类引用变量所指向的实例是其相应子类的一个实例。如果父类引用变量所指向的对象不是相应子类的一个实例,那么程序在运行时会抛出一个运行时异常 ClassCastException。例如,假如父类引用变量 s 指向一个子类对象 c(Circle 类的实例),那么 s 的实际类型是子类 Circle 对象。这时,如果将父类引用变量 s 向下转换为 Rect 类的对象,就会出现运行时错误。例如：

Shape s = new Circle();   //合法正确,s 指向一个 Circle 的实例
Rect r2 = (Rect)s;   //产生运行时错误

上述语句在编译时是正确的。然而在执行时,会抛出一个运行时异常 ClassCastException。

在进行向下转换时，为了避免编译时正确而运行时出现错误，一个好的、惯用的做法是在进行向下转换之前，利用 instanceof 运算符判断父类引用变量的实际类型。例如，下面的一段代码改写方法 display 的实现：

```
void display(Shape s){
    if(s instanceof Circle)    //判断 s 是否指向类 Circle 的一个实例
        System.out.println("这是一个圆,半径为:" + ((Circle)s).getRadius());
    …
}
```

上述代码首先判断 s 是否是 Circle 的实例，如果是，则在输出语句中进行向下转换为 Circle 对象，调用类 Circle 才有的方法 getRadius。在这个例子中，类 Shape 没有方法 getRadius，只有类 Circle 有 getRadius()，因此，如果没有将 s 向下转换指向一个圆对象，那么使用 s.getRadius()会引起编译错误。通过向下转换，s 被转换成 Circle 的一个实例，再调用方法 getRadius 就没有问题了。

补充：instanceof 运算符是二元运算符，左边的操作元是一个对象，右边是一个类。当左边的对象是右边的类或子类创建的对象时，instanceof 运算的结果是 true，否则是 false。instanceof 运算优先级介于比较运算符之间，低于不等比较运算符(<, <=, >, >=)，高于相等与否比较运算符(==, !=)。

为什么在定义一些方法时用父类引用变量作为形式参数，不用具体的子类引用变量作为形式参数呢？这主要是为了增强一个方法的通用性，也是实现多态性的条件之一。当父类引用变量作为一个方法的形式参数时，该方法被调用时可以接收该父类的对象，也可以接收该父类的所有子类对象。例如，程序清单 7-12 的第 2～4 行定义的方法 display，既可以接收 Shape 对象作为方法参数，也可以接收 Shape 的子类 Circle 和子类 Rect 的对象作为方法参数，具有通用性。

7.10　抽　象　类

在现实世界中，一些高层概念是抽象的和通用的，这些概念是没有对应的具体实例的。例如，动物、植物、交通工具、水果、蔬菜等概念都是较抽象的高层概念，没有具体的实例。这样的概念用面向对象方法建模表示时，可以使用抽象类(Abstract Class)来表示。抽象类是没有具体实例的类，在 Java 语言中，使用关键字 abstract 修饰抽象类的定义。例如，定义一个公有抽象类的一般形式如下：

```
public abstract class 类名{…}    //一个公有抽象类的定义
```

针对 7.6 节的示例，类 Shape 表示几何形状类，由于几何形状是一个抽象概念，没有具体的实例，因此，类 Shape 可被重新设计为抽象类。进一步，对抽象类 Shape 进行重构(Refactor)，将 getArea(计算面积)、getPerimeter(计算周长)等方法设计为抽象方法(Abstract Method)。这是因为不同的几何形状计算面积和计算周长的方式都不一样，没有通用的计算方式，因此，这些方法可被设计为抽象的。抽象方法是没有具体实现的方法，即无需定义方法体。定义抽象方法时，需要在方法头的返回值类型之前使用关键字 abstract 进行修饰。

例如，定义一个公有抽象方法的一般形式如下：

public abstract 返回值类型　方法名(形式参数列表);　//一个公有抽象方法定义

为了和 7.6 节示例有所区别，对 Shape 类、Circle 类、Rect 类、TestShapes 类的类名进行修改，分别改为 ShapeObj 类、CircleObj 类、RectObj 类、TestShapeObjs 类。这些类的代码分别如程序清单 7-14、程序清单 7-15、程序清单 7-16、程序清单 7-17 所示。

程序清单 7-14　ShapeObj.java

```
1    public abstract class ShapeObj {    //抽象类定义
2        private String strokedColor = "Black";
3        private String filledColor = "White";
4        private Date timeCreated;
5        public ShapeObj(){
6            setTimeCreated(new Date());
7        }
8        public ShapeObj(String sColor, String fColor){
9            setStrokedColor(sColor);
10           setFilledColor(fColor);
11       }
12       public abstract double getArea();        //抽象方法定义,无方法体
13       public abstract double getPerimeter();     //抽象方法定义,无方法体
14       @Override
15       public String toString(){
16           return "创建于:" + getTimeCreated() + ";画线颜色:"
17                   + getStrokedColor() + ";填充颜色:" + getFilledColor();
18       }
19       public String getStrokedColor() {
20           return strokedColor;
21       }
22       public void setStrokedColor(String strokedColor) {
23           this.strokedColor = strokedColor;
24       }
25       public String getFilledColor() {
26           return filledColor;
27       }
28       public void setFilledColor(String filledColor) {
29           this.filledColor = filledColor;
30       }
31       public Date getTimeCreated() {
32           return timeCreated;
33       }
34       public void setTimeCreated(Date timeCreated) {
35           this.timeCreated = timeCreated;
36       }
37   }
```

程序清单 7-15　CircleObj.java

```java
1    public class CircleObj extends ShapeObj {
2        private double radius;
3        final static double PI = 3.14;
4        public CircleObj(){
5            this(1.0);
6        }
7        public CircleObj(double r){
8            setRadius(r);
9        }
10       @Override
11       public double getArea(){
12           return PI * getRadius() * getRadius();
13       }
14       @Override
15       public double getPerimeter(){
16           return 2 * PI * getRadius();
17   }
18       @Override
19       public String toString(){
20           return super.toString() + "\n 半径:" + getRadius();
21       }
22       public double getRadius() {
23           return radius;
24       }
25       public void setRadius(double radius) {
26           this.radius = radius;
27       }
28   }
```

程序清单 7-16　RectObj.java

```java
1    public class RectObj extends ShapeObj {
2        private double length;//矩形长
3        private double width; //矩形宽
4        public RectObj(){
5            this(1, 1);
6        }
7        public RectObj(double width, double length){
8            this.setWidth(width);
9            this.setLength(length);
10       }
11       @Override
```

```
12          public double getArea(){
13              return getWidth() * getLength();
14          }
15          @Override
16          public double getPerimeter(){
17              return 2 * getWidth() * getLength();
18          }
19          @Override
20          public String toString(){
21              return super.toString() + "\n 长:" + getLength() +
22                      ";宽:" + getWidth();
23          }
24          public double getLength() {
25              return length;
26          }
27          public void setLength(double length) {
28              this.length = length;
29          }
30          public double getWidth() {
31              return width;
32          }
33          public void setWidth(double width) {
34              this.width = width;
35          }
36      }
```

程序清单 7-17   TestShapeObjs.java

```
1   public class TestShapeObjs {
2       public static void displayObj(ShapeObj sObj){
3           System.out.println(sObj);
4           System.out.println("面积:"+sObj.getArea());
5           System.out.println("周长:"+sObj.getPerimeter());
6       }
7       public static boolean equalsArea(ShapeObj sObj1, ShapeObj sObj2){
8           return sObj1.getArea() == sObj2.getArea();
9       }
10      public static void main(String[] args) {
11          CircleObj c = new CircleObj(4.5);
12          RectObj    r = new RectObj(3, 4);
13          displayObj(c);
14          displayObj(r);
```

```
15        System.out.println("形状 c 和形状 r 具有相同面积? " + equalsArea(c, r));
16        ShapeObj sObj = new CircleObj(3);
17        sObj.setFilledColor("Red");
18        sObj.setStrokedColor("Blue");
19        displayObj(sObj);
20    }
21  }
```

其运行结果如下：

```
创建于:Sun Jan 08 14:18:40 CST 2023;画线颜色:Black;填充颜色:White
半径:4.5
面积:63.585
周长:28.26
创建于:Sun Jan 08 14:18:40 CST 2023;画线颜色:Black;填充颜色:White
长:4.0;宽:3.0
面积:12.0
周长:24.0
```

程序清单 7-14 定义了抽象类 ShapeObj，该抽象类定义了两个抽象方法：getArea 方法和 getPerimeter 方法。程序清单 7-15、程序清单 7-16 分别定义了子类 CircleObj、RectObj，这两个子类实现了父类 ShapeObj 的两个抽象方法。

程序清单 7-17 定义了测试类 TestShapeObjs，测试类定义了两个方法：displayObj 方法和 equalsArea 方法。方法 displayObj 以抽象父类类型变量作为方法参数，调用具体对象的 toString 方法、getArea 方法、getPerimeter 方法，显示对象相关信息。equalsArea 方法也是以抽象父类类型变量作为方法参数，调用具体对象的 getArea 方法计算面积，并进行比较，判断两个形状是否具有相同的面积。

通过抽象父类引用变量调用抽象方法，这种做法是正确的，不会产生编译错误。由于在抽象类 ShapeObj 中定义了抽象方法 getArea 和 getPerimeter，所以在实现 displayObj 方法和 equalsArea 方法时，可以直接使用抽象父类引用变量调用 getArea 方法和 getPerimeter 方法。如果抽象父类 ShapeObj 中没有声明 getArea 抽象方法和 getPerimeter 抽象方法，就不能通过抽象父类引用变量调用 getArea 方法和 getPerimeter 方法了。

关于抽象类，下面几点需要注意：

(1) 抽象类定义时，使用 abstract 关键字修饰类的定义。

(2) 抽象类不能使用 new 关键字创建自己的实例，例如，抽象类 ShapeObj 类不能创建自己的实例。具体来说，下面语句：

```
ShapeObj obj = new ShapeObj();
```

在编译时，会产生编译错误：cannot instantiate the type shapeObj，即不能实例化 Shapeobj 类型。但是，可以声明一个 ShapeObj 类型的引用变量，让其指向一个子类实例，如下所示：

```
ShapeObj sObj = new CircleObj(3);   //抽象父类变量 sObj 指向一个子类实例
```

还可以使用 new 关键字定义抽象类的数组，如下所示：

```
ShapeObj[] shapes = new ShapeObj[10];
```

该语句使用 new 关键字并没有创建抽象类实例，而是创建了一个具有 10 个元素的对象数组，每个数组元素是一个 ShapeObj 类型的引用变量，初始值为 null。这些 ShapeObj 类型的引用变量可以指向其子类的实例，例如：

```
shapes[0] = new Rect(2, 3);    //第一个数组元素 shapes[0]指向一个矩形对象
```

(3) 通常，抽象类的构造方法应被设计成 protected 权限，仅被其子类调用。具体地，当创建一个具体子类的实例时，抽象父类的构造方法仅可被该具体子类的构造方法调用，用于初始化抽象父类中定义的数据域。

(4) 抽象方法没有方法体的定义，在方法头中使用 abstract 关键字。例如，程序清单 7-14 的第 11、12 行声明了两个抽象方法，这两个抽象方法均无方法体。

(5) 一个具体子类继承了抽象类，该具体子类必须实现抽象父类中定义的所有抽象方法。例如，CircleObj、RectObj 均实现了两个抽象方法。

(6) 如果一个类继承了抽象类，但没有实现抽象父类中定义的所有抽象方法，那么该类也会成为一个抽象类。

(7) 含有抽象方法的类必须被定义为抽象类，然而，一个抽象类可以没有抽象方法。

(8) 抽象方法是非静态的。静态方法不能被定义为抽象的。这是因为抽象方法是没有实现的，而静态方法在一个类加载到 JVM 时，就可以被调用和使用，静态方法是必须要有方法实现的。

(9) 子类可以重写父类的方法并将它们定义为抽象的，在这种情况下，子类由于存在抽象方法，所以必须被定义为抽象类。这种做法虽然很少见，但是在希望父类的某个方法实现在子类中变得无效时，这种做法还是有用的。

7.11 抽象类示例

7.11.1 抽象类 Calendar 和子类 GregorianCalendar

java.util.Calendar 是一个抽象类，可用于表示详细的日历信息，例如，年、月、日、时、分、秒等。Calendar 类的具体子类可以实现特定的日历系统。例如，公历(Gregorian Calendar)、农历(Lunar Calendar)和犹太历(Jewish Calendar)。我国通常使用公历和农历。目前，Java 语言内建支持公历日历系统的实现，提供了公历类 java.util.GreGorianCalendar。然而，Java 语言没有提供农历日历系统的实现。

注解：公历也称为格里高利历，是由意大利医生兼哲学家里利乌斯(Aloysius Lilius)改革儒略历制定的历法，由教皇格列高利(Gregorian)十三世在 1582 年颁行。

农历是反映农时之历，与公历相比，更为复杂。其年份分为平年和闰年，平年为 12 个月，闰年为十三个月，月份分为大月和小月，大月 30 天，小月 29 天，其平均历月等于一个朔望月。农历是以月亮圆缺变化的周期为依据，一个朔望月为一个月，约 29.53 天，全年一般是 354 天或 355 天，比公历年(也称回归年、太阳年)的 365 天或 366 天少了 11 天。

抽象类 Calendar 的常量数据域，如表 7-3 所示。这些常量数据域可以用来提取一个日历对象的信息，如年、月、日等信息。

表 7-3　抽象类 Calendar 的 public static final int 数据域

数据域	说　明
ERA	纪元，可赋值为 AD(Anno Domini)或 BC(Before Christ)
YEAR	日历的年份
MONTH	日历的月份
DATE	日历的日期
HOUR	日历的小时(12 小时制，取值：0~11)
HOUR_OF_DAY	日历的小时(24 小时制，取值：0~23)
MINUTE	日历的分钟
SECOND	日历的秒钟
DAY_OF_WEEK	1 周的天数，星期日是整数 1，这个数据域可以取值 SUNDAY, MONDAY, TUESDAY, WEDNESDAY, THURSDAY, FRIDAY 和 SATURDAY
DAY_OF_MONTH	日历的日期，和 DATE 一样
DAY_OF_YEAR	当前年的天数，一年的第一天是 1
WEEK_OF_YEAR	当前年的周数，该年的第一周是 1
WEEK_OF_MONTH	当月的周数，该月的第一周是 1
AM_PM	上午或下午(0—AM 表示上午、1—PM 表示下午)

抽象类 Calendar 的构造方法与部分常用成员方法，如表 7-4 所示。

表 7-4　抽象类 Calendar 的构造方法与常用方法

构造方法或方法	说　明
protected Calendar( )	构造方法，以默认时区和默认区域的格式，创建一个默认的日历对象
protected Calendar(TimeZone zone, Locale aLocale)	构造方法，以指定时区和区域格式，创建一个日历对象
static Calendar getInstance()	返回一个使用默认时区和默认区域设置的日历对象。这个日历对象是基于默认时区的当前时间和默认区域的格式设置
static Calendar getInstance(TimeZone zone)	返回一个使用指定时区和默认区域设置的日历对象
static Calendar getInstance(Locale aLocale)	返回一个使用默认时区和指定区域设置的日历对象
static Calendar getInstance (TimeZone zone, Locale aLocale)	返回一个使用指定时区和指定区域设置的日历对象

构造方法或方法	说　明
static Locale[] getAvailableLocales()	返回一个所有getInstance方法可以获取的Locale实例的数组，该数组必须包含一个等于Locale.US的Locale实例
final Date getTime()	返回一个表示当前日历时间值(从UNIX元年以来的以毫秒为单位的偏移量)的Date对象
final void setTime(Date date)	用给定的日期对象设置日历的时间
long getTimeInMillis()	以毫秒为单位，返回这个日历对象从UNIX元年开始的时间值
void setTimeInMillis(long millis)	基于给定的值millis设置当前日历对象的时间，millis是从UNIX元年开始毫秒数
int get(int field)	返回一个给定日历域的值
void set(int field, int value)	对给定的日历域field，设置指定值value
final void set(int year, int month, int date)	设置日历域：YEAR、MONTH、DAY_OF_MONTH。日历域MONTH是基于0，即，0表示一月，1表示二月，依次类推
final void set(int year, int month, int date, int hourOfDay, int minute)	设置日历域：YEAR、MONTH、DAY_OF_MONTH、HOUR_OF_DAY、MINUTE
final void set(int year, int month, int date, int hourOfDay, int minute, int second)	设置日历域：YEAR、MONTH、DAY_OF_MONTH、HOUR_OF_DAY、MINUTE、SECOND
final void clear()	将日历对象的日历域和时间值设为未定义的
final boolean isSet(int field)	确定一个日历对象的指定域field是否被设置，如果被设置则返回true，否则返回false
String getDisplayName(int field, int style, Locale locale)	以指定的风格style、区域locale，返回日历域field的字符串表示
abstract void add(int field, int amount)	对给定的日历域增加或者减去指定数量的时间
abstract int getMaximum(int field)	返回当前日历对象指定日历域的最大值
abstract int getMinimum(int field)	返回当前日历对象指定日历域的最小值
int getWeeksInWeekYear()	返回当前日历对象表示的周年中的周数
void setFirstDayOfWeek(int value)	设置每周的第一天,如,在美国是SUNDAY,在法国是MONDAY
int getFirstDayOfWeek()	返回每周的第一天,如,在美国是SUNDAY,在法国是MONDAY

公历类 java.util.GreGorianCalendar 继承抽象类 Calendar，其数据域的默认值如表 7-5 所示。

表 7-5　GreGorianCalendar 数据域默认值

日　历　域	默　认　值
ERA	AD
YEAR	1970
MONTH	JANUARY
DAY_OF_MONTH	1
DAY_OF_WEEK	一个星期的第一天
WEEK_OF_MONTH	0
DAY_OF_WEEK_IN_MONTH	1
AM_PM	AM
HOUR, HOUR_OF_DAY, MINUTE, SECOND, MILLISECOND	0

公历类 java.util.GreGorianCalendar 的构造方法和常用方法如表 7-6 所示。它提供了 7 个构造方法，支持多种形式的初始化。

表 7-6　GreGorianCalendar 的构造方法及常用方法

构造方法或方法	说　　明
GregorianCalendar()	使用默认时区和默认区域格式，基于当前时间创建一个默认的公历对象
GregorianCalendar(TimeZone zone)	使用指定时区和默认区域格式，基于当前时间创建一个默认的公历对象
GregorianCalendar(Locale aLocale)	使用默认时区和指定区域格式，基于当前时间创建一个默认的公历对象
GregorianCalendar(TimeZone zone, Locale aLocale)	使用指定时区和指定区域格式，基于当前时间创建一个默认的公历对象
GregorianCalendar(int year, int month, int dayOfMonth)	使用默认时区和默认区域格式，基于指定的年、月、日，创建一个默认的公历对象
GregorianCalendar(int year, int month, int dayOfMonth, int hourOfDay, int minute)	使用默认时区和默认区域格式，基于指定的年、月、日、小时、分钟，创建一个默认的公历对象
GregorianCalendar(int year, int month, int dayOfMonth, int hourOfDay, int minute, int second)	使用默认时区和默认区域格式，基于指定的年、月、日、小时、分钟、秒，创建一个默认的公历对象
final Date getGregorianChange()	获取公历更改日期，这是从儒略日期切换到公历日期的时刻，默认值为 1582 年 10 月 15 日(公历)。在此之前，日期将在儒略历中
boolean isLeapYear(int year)	判断给定年是否闰年，如果是闰年，则返回 true，否则返回 false

构造方法或方法	说　明
boolean equals(Object obj)	比较两个公历对象的时间值是否相等，如果相等，则返回 true，否则返回 false
void add(int field, int amount)	根据日历的规则，将指定(已签名)的时间量添加到给定的日历字段 添加规则 1。方法调用后的字段值减去调用前的字段值即为 amount，对字段中发生的任何溢出进行模运算。当字段值超出其范围时，会发生溢出，因此，下一个较大的字段会递增或递减，并且字段值会调整回其范围 添加规则 2。如果较小的字段预期不变，但由于字段更改后其最小值或最大值发生变化，因此不可能等于其先前值，则将其值调整为尽可能接近其预期值。较小的字段表示较小的时间单位。例如，HOUR 是一个比 DAY_OF_MONTH 小的字段。不需要对预计不会保持不变的较小字段进行调整

下面给出一个例子，显示当前的日期和时间信息，以及 1949 年 10 月 1 日的相关信息，其源代码如程序清单 7-18 所示。

程序清单 7-18　TestCalendar.java

```
1   public class TestCalendar {
2     public static void main(String[] args) {
3       //以当前时间创建一个日历对象
4       Calendar calendar = new GregorianCalendar();
5       System.out.println("当前时间:" + new Date());
6       System.out.println("年:\t" + calendar.get(Calendar.YEAR));
7       System.out.println("月:\t" + monthName(calendar.get(Calendar.MONTH)));
8       System.out.println("日:\t" + calendar.get(Calendar.DATE));
9       System.out.println("时(12 小时制):\t" + calendar.get(Calendar.HOUR));
10      System.out.println("时(24 小时制):\t" +
11          calendar.get(Calendar.HOUR_OF_DAY));
12      System.out.println("分:\t" + calendar.get(Calendar.MINUTE));
13      System.out.println("秒:\t" + calendar.get(Calendar.SECOND));
14      System.out.println("星期几:\t" +
15          calendar.get(Calendar.DAY_OF_WEEK));
16      System.out.println("当月的日数:\t" +
17          calendar. getMaximum (Calendar.DAY_OF_MONTH));
18      System.out.println("当年的天数:\t" +
19          calendar.get(Calendar.DAY_OF_YEAR));
20      System.out.println("当月的周数:\t" +
21          calendar.get(Calendar.WEEK_OF_MONTH));
22      System.out.println("当年的周数:\t" +
23          calendar.get(Calendar.WEEK_OF_YEAR));
24      System.out.println("上午或下午:\t" + calendar.get(Calendar.AM_PM));
25
```

```
26          //以指定时间创建一个日历对象,时间为 1949 年 10 月 1 日
27          Calendar calendar1 = new GregorianCalendar(1949, 9, 1);
28          System.out.println("1949 年 10 月 1 日的日历信息:");
29          System.out.println("星期几:\t" +
30                  dayNameOfWeek(calendar1.get(Calendar.DAY_OF_WEEK)));
31          System.out.println("当年的周数:\t" +
32                  calendar1.get(Calendar.WEEK_OF_YEAR));
33          System.out.println("当月的周数:\t" +
34                  calendar1.get(Calendar.WEEK_OF_MONTH));
35
36          //设置日期域为 10,并增加 5 天
37          calendar1.set(Calendar.DATE, 10);
38          calendar1.add(Calendar.DATE, 5);
39          System.out.println("-----修改之后-----");
40          System.out.println("年:\t" + calendar1.get(Calendar.YEAR));
41          System.out.println("月:\t" + monthName(calendar1.get(Calendar.MONTH)));
42          System.out.println("日:\t" + calendar1.get(Calendar.DATE));
43      }
44      public static String monthName(int month){
45          switch (month) {
46              case 0: return "一月";
47              case 1: return "二月";
48              case 2: return "三月";
49              case 3: return "四月";
50              case 4: return "五月";
51              case 5: return "六月";
52              case 6: return "七月";
53              case 7: return "八月";
54              case 8: return "九月";
55              case 9: return "十月";
56              case 10: return "十一月";
57              case 11: return "十二月";
58              default: return null;
59          }
60      }
61      public static String dayNameOfWeek(int dayOfWeek) {
62          switch (dayOfWeek) {
63              case 1: return "SUNDAY(星期日)";
64              case 2: return "Monday(星期一)";
65              case 3: return "Tuesday(星期二)";
66              case 4: return "Wednesday(星期三)";
67              case 5: return "Thursday(星期四)";
68              case 6: return "Friday(星期五)";
```

```
69                case 7: return "Saturday(星期六)";
70                default: return null;
71            }
72        }  }
```

其运行结果如下：

```
当前时间:Thu May 04 11:47:17 CST 2023
年:2023
月:五月
日:4
时(12 小时制):11
时(24 小时制):11
分:47
秒:17
星期几:5
当月的日数:31
当年的天数:124
当月的周数:1
当年的周数:18
上午或下午:0
1949 年 10 月 1 日的日历信息:
星期几:Saturday(星期六)
当年的周数:40
当月的周数:1
-----修改之后-----
年:1949
月:十月
日:15
```

　　程序清单 7-18 第 4 行以当前时间创建一个公历对象，然后显示当前时间的各种信息。
其中，第 17 行通过方法 getMaximum(Calendar. DAY_OF_MONTH)获得当月的实际天数。
第 27 行根据指定时间创建一个公历对象，然后显示指定时间的各种信息。接着，第 37～
38 行对公历对象进行了设置，然后显示调整后的时间信息。第 44～60 行提供了一个静态
方法 dayNameOfWeek()，将数据域 Calendar.DAY_OF_WEEK 的数值转换成名称（"星期
几"）。第 61～72 行提供了一个静态方法 monthName()，将数据域 Calendar.MONTH 的数
值转成月份的名称。

7.11.2　抽象类 Number 及其子类

　　Java 语言提供了 java.lang.Number 抽象类，它是数值包装类(Byte、Short、Integer、Long、
Float、Double)、BigInteger 类、BigDecimal 类的抽象父类。这些类共有的方法有：byteValue()、
shortValue()、intValue()、longValue()、floatValue()、doubleValue()。这些共有的方法在抽象
父类 Number 中定义。这些方法可被子类对象调用，返回子类对象对应的 byte、short、int、
long、float、double 值。上述 6 个共有方法，除了 byteValue()、shortValue()方法外，其他 4

个方法都是抽象方法。这 4 个抽象方法需要在各个子类中进行实现。而方法 byteValue()和 shortValue 都是由方法 intValue()得到的，如下所示：

```
public byte byteValue(){
    return (byte)intValue();
}
public short short Value(){
    return (short)intValue();
}
```

下面通过一个例子展示使用抽象类 Number 进行通用程序设计，该示例的代码如程序清单 7-19 所示。这个例子定义了一个 Number 对象数组，容纳数值包装类类型、BigInteger 类型、BigDecimal 类型的对象。然后，在数组中找寻找值最小的对象。

程序清单 7-19　TestNumberClasses.java

```
1   public class TestNumberClasses {
2       public static void main(String[] args) {
3           Number[] nums = {10, 12.5, 23.5, 45,
4                   new BigInteger("9738743232"),
5                   new BigDecimal("1234.32434532432")};
6           System.out.println("最小的数是:" + getMinNum(nums));
7       }
8       public static Number getMinNum(Number[] nums){
9           Number min = nums[0];
10          for(int i = 1; i < nums.length; i++)
11              if(min.doubleValue() > nums[i].doubleValue())
12                  min = nums[i];
13          return min;
14      }
15  }
```

其运行结果如下：

最小的数是:10

程序清单 7-19 第 3～5 行创建了一个 Number 对象数组，初始化列表中基本类型值会自动转换成对应的数值包装类对象。第 4 行创建了一个匿名的 BigInteger 对象，第 5 行创建了一个匿名的 BigDecimal 对象。第 8～13 行定义了一个通用方法 getMinNum(Number[ ] nums)，适用于所有数值类型，返回数值对象数组 nums 中的值最小的对象。因为 Number 的所有子类均实现了方法 doubleValue()，所以在定义方法 getMinNum (Number[ ] nums)时，通过比较所有数组元素的 double 值，以找到最小值。

7.12　接　　口

在 Java 语言中，接口(Interface)可以用来提供一些相关类或不相关类具有的共同行为，但不提供这些行为的具体实现。接口是一种与类相似的构造，定义了一种新的数据类型。

　　然而，接口不是类，具有不一样的特性。一个类只能继承一个类，而一个接口可以继承一个或多个接口。另外，一个类可以实现(Implement)一个或多个接口。另一方面，接口的数据域都是常量，接口的方法是抽象方法(在 Java 8 版本之后允许有默认实现)。而类没有这样的要求。

　　Java 语言有两种类型的接口声明：普通接口声明(Normal Interface Declarations)、注解接口声明(Annotation Interface Declarations)。

7.12.1　普通接口声明

　　为了避免引入复杂性，首先学习普通接口声明的简单形式，如下所示：

```
[接口修饰符] interface  接口名{
    /**常量声明*/
    /**抽象方法声明*/
}
```

　　接口的定义需要使用关键字 interface，其后接一个接口名。接口名是一个合法标识符，通常命名为形容词，表示该接口提供的一种能力，例如，可比较的(Comparable)、可串行化的(Serializable)、可计算的(Computable)。如果不用形容词命名，接口名就应该用名词命名。通常情况下，接口修饰符使用关键字 public。接口的定义体中通常包含常量的声明和抽象方法的声明。

　　例如，下面定义了一个接口 Computable：

```
public interface Computable{
    final int MAX = 1000;
    final int MIN = 1;
    void add(Computable obj);
    void substract(Computable obj);
}
```

　　该接口具有公有访问权限，能被任何包中的任何类使用。该接口声明了两个常量：MAX和 MIN，声明了两个抽象方法：add 方法和 substract 方法。

　　接口体中定义的常量，都是公有的 static 常量，允许省略 public、final、static 修饰符。接口体中定义的方法全部都是公有的抽象方法，允许省略 public、abstract 修饰符。例如，下面的两段代码是等价的。

```
public interface Computable{          public interface Computable{
    int MAX = 1000;          等价      public static final int MAX = 1000;
    void add(Computable obj);          public abstract void add(Computable obj);
    void substract(Computable obj);    public abstract void substract(Computable obj);
}                                     }
```

7.12.2　接口实现

　　接口抽象了一些类的共同行为，但不提供这些行为的具体实现。这些共同行为的实现由实现了该接口的类提供。接口与实现该接口的类之间的关系称为接口实现或接口继承。Java 语言是一种单继承语言，一个类只能有一个父类。然而，一个类可以实现多个接口。

通过接口机制，Java 语言也能实现多继承的效果。

接口实现使用关键字 implements，其一般形式如下：

[修饰符] class 类名[extends 父类名] implements 接口 1[, 接口 2][, 接口 3][, …] {
　　…
}

一个类可根据需要在 implements 关键字后接任意多个接口名。这时，该类需要实现这些接口中的所有抽象方法。如果有某一个接口的抽象方法未被实现，Java 编译器会报告错误。此时，有两种处理方法：一是将未实现的抽象方法加以实现；二是将该类修改成抽象类。

虽然接口不是类，但是 Java 语言把接口看作一种特殊的类。与类一样，每个接口被编译为独立的字节码文件。接口在某些方面类似于抽象类，虽然不能使用 new 关键字创建接口的实例，但可以使用接口声明变量。而且，一个接口类型的变量可以指向任何实现(或继承)了该接口的类的实例。

下面通过一个例子，理解普通接口的声明、实现和使用。

现实生活中，不仅水果(苹果、橙子、葡萄等)是可以被人食用的，蔬菜(茄子、苦瓜、白菜等)也是可以被食用的，还有鱼类(鲈鱼、草鱼等)也是可以被食用的。水果、蔬菜、鱼类是一些不相关类，通过一个接口 Eatable 可以关联在一起。为了便于说明问题，本例子定义了接口 Eatable、抽象类 Fruit、苹果类 Apple、橙子类 Orange、鲈鱼类 Bass、白菜类 Cabbage，它们的关系如图 7-11 所示。

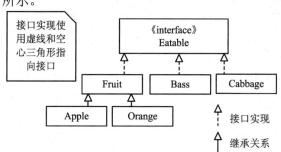

图 7-11　接口 Eatable 实现的继承体系

抽象类可用于把一组相关类组织在一起。例如，抽象类 Fruit 将 Apple 类和 Orange 组织在一起，从概念上讲，Apple 和 Orange 是相关的，都属于水果。

接口可将一组不相关的类组织在一起。例如，水果类 Fruit、鲈鱼类 Bass、白菜类 Cabbage，从概念上讲，是不相关的，但是通过接口 Eatable 可以组织在一起。

上述这些类的代码分别如程序清单 7-20、程序清单 7-21、程序清单 7-22、程序清单 7-23、程序清单 7-24、程序清单 7-25、程序清单 7-26 所示。

程序清单 7-20　Eatable.java

```
1    public interface Eatable {
2        String eatMethod();
3    }
```

程序清单 7-21　Fruit.java

```
1    public abstract class Fruit implements Eatable {
2    }
```

程序清单 7-22　Apple.java

```
1    public class Apple extends Fruit {
2        @Override
3        public String eatMethod() {
4            return "苹果:做苹果沙拉";
5        }
6    }
```

程序清单 7-23　Orange.java

```
1    public class Orange extends Fruit {
2        @Override
3        public String eatMethod() {
4            return "橙子:榨汁喝";
5        }
6    }
```

程序清单 7-24　Bass.java

```
1    public class Bass implements Eatable {
2        @Override
3        public String eatMethod() {
4            return "鲈鱼:清蒸";
5        }
6    }
```

程序清单 7-25　Cabbage.java

```
1    public class Cabbage implements Eatable {
2        @Override
3        public String eatMethod() {
4            return "白菜:素炒";
5        }
6    }
```

程序清单 7-26　TestEatable

```
1    public class TestEatable {
2        public static String eatInfo(Eatable obj){
3            return obj.eatMethod();
4        }
5        public static void main(String[] args) {
6            Eatable[] objs = {new Apple(), new Orange(), new Bass(), new Cabbage()};
7            for(Eatable obj: objs)
8                System.out.println(eatInfo(obj));
9        }
10   }
```

其运行结果如下：

苹果:做苹果沙拉

橙子:榨汁喝

鲈鱼:清蒸

白菜:素炒

程序清单 7-20 定义了接口 Eatable，该接口只有一个抽象方法 eatMethod。

程序清单 7-21 定义了抽象类 Fruit，它实现了接口 Eatable，它的类体为空，但是它继承了接口 Eatable 的抽象方法 eatMethod。

程序清单 7-22 定义了 Fruit 的子类 Apple，Apple 实现了抽象方法 eatMethod。类似地，程序清单 7-23 定义了 Fruit 的子类 Orange，Orange 也实现了抽象方法 eatMethod。

程序清单 7-24、程序清单 7-25 分别定义鲈鱼类 Bass、白菜类 Cabbage，这两个类实现了接口 Eatable，并实现了接口中的抽象方法 eatMethod。

程序清单 7-26 定义了一个测试类 TestEatable，第 2～4 行定义了一个静态方法 eatInfo。方法 eatInfo 的形式参数是接口 Eatable 类型的变量 obj，方法体中通过接口类型变量 obj 调用接口中声明的方法 eatMethod。第 5～9 行定义 main 方法，第 6 行定义了一个对象数组，这个对象数组的 4 个元素分别指向 4 个具体的子类对象。第 7、8 行通过一个循环语句，调用静态方法 eatInfo。而静态方法 eatInfo 会调用接口 Eatable 的方法 eatMethod。几个具体子类都有自己对抽象方法 eatMethod 的实现。最终执行方法 eatMethod 的哪个版本，取决于传递给接口类型变量的对象的实际类型。如果传递给接口类型变量的对象是苹果类 Apple 的实例，即接口类型变量的实际类型是苹果类 Apple，那么就调用苹果类 Apple 的 eatMethod 方法实现。如果传递给接口类型变量的对象是白菜类 Cabbage 实例，即接口类型变量的实际类型是白菜类 Cabbage，那么就调用白菜类 Cabbage 的 eatMethod 方法实现。

从上面示例中可以看出，当传递给接口类型变量的对象的实际类型不同时，就会回调不同类实现的接口方法，这也被称为接口回调。接口回调也是一种多态性的体现，即相同的方法调用产生不同的行为，其本质是接口类型变量可以指向实现了接口的不同具体类的对象。

7.12.3　父接口与子接口

一个接口可以通过关键字 extends 扩展多个接口，一般形式如下：

```
public interface 接口名 extends 接口名 1[, 接口名 2] [, …] [,接口名 n]{
    …
}
```

声明的接口可以扩展(或继承)多个指定的接口，但不能扩展类。被声明的接口是子接口，被扩展的接口是父接口(或超级接口)。子接口会继承所有父接口的成员。一个实现了某个接口的类必须实现该接口及其所有父接口中定义的抽象方法。

例如，下面一段代码：

```
public interface I1 extends I2, I3{ … }
I1 obj1;
```

接口 I1 是 I2、I3 的子接口，也是 I2、I3 的直接子接口。I2、I3 都是 I1 的父接口，也是 I1 的直接父接口。obj1 既是子接口 I1 的引用变量，也是父接口 I2、I3 的引用变量。

如果一个类实现了接口 I1，那么该类也被认为实现了接口 I1 的所有父接口(I2、I3)。于是，该类需要实现接口 I1、I2、I3 声明的所有抽象方法。

7.12.4 默认方法、静态和私有方法

在 Java 8 之前，接口中的方法是抽象的，不允许有方法实现。自 Java 8 开始，接口中的方法是允许有默认实现的，称为默认方法。默认方法使用关键字 default 定义，例如：

```
interface Top{
    default String name(){return "unnamed";}
}
```

默认方法在实现该接口的类中可以被重写，也可以无须进行重写。如果没有对默认方法进行重写，通过接口变量调用默认方法，使用的方法实现都是默认实现。如果对默认方法进行了方法重写，那么对默认方法的使用和接口中抽象方法的使用是完全一样的。

从 Java 8 开始，允许在接口中定义公有静态方法。公有静态方法可以通过接口名直接调用，与类中的公有静态方法的使用是一样的。例如：

```
public interface DemoInterface1{
    //公有静态方法
    public static int getObjCount(){
        return 0;
    }
    …
}
```

从 Java 9 开始，允许在接口中定义私有方法。这些私有方法的用法有限，只能作为接口中其他方法的辅助方法。例如：

```
interface DemoInterface2{
//私有静态方法
 private static void dislay(){
    System.out.println("default private implementation! ");
 }
 //私有实例方法
 private int getAttribute(){
     return 1;
 }
 …
}
```

这些私有方法只能在接口内部被使用，在接口外部是不能被调用的。

7.12.5 默认方法冲突

一个类可以继承一个类，实现多个接口。如果一个被实现的接口中定义了一个默认方法，而在父类或另一个实现的接口中存在同样的方法，这种冲突该如何解决？Java 语言的处理规则如下：

(1) 接口与父类冲突。如果父类提供了一个具体方法，那么接口中具有相同方法签名的默认方法会被忽略，即采取父类优先的原则。

(2) 接口冲突。如果一个接口提供了一个默认方法，另一个接口提供了一个方法签名相同的方法，那么必须重写这个方法来解决冲突。

下面举例说明这两个规则。针对第一个规则，示例代码如程序清单 7-27 所示。

程序清单 7-27　Student.java

```
1   public class Student extends Person implements Name {
2       public static void main(String[] args) {
3           Student stu = new Student();
4           stu.setName("张三");
5           System.out.println("姓名:" + stu.getName());
6       }
7   }
8   class Person{
9       private String name;
10      public String getName() {
11          return name;
12      }
13      public void setName(String name) {
14          this.name = name;
15      }
16  }
17  interface Name{
18      default String getName(){
19          return "unset";
20      }
21  }
```

其运行结果：

姓名:张三

在父类 Person 和接口 Name 中定义了相同的方法，从而子类优先选择父类的方法实现。因此，输出结果是：姓名：张三

针对第二个规则，示例代码如程序清单 7-28 所示。

程序清单 7-28　Teacher.java

```
1   public class Teacher implements Persons, Named {
2       public static void main(String[] args) {
3       }
4   }
5   interface Persons {
6       default String getName(){
7           return "Persons";
8       }
9   }
10   interface Named {
```

```
11        default String getName(){
12            return "Name";
13        }
14    }
```

程序清单 7-28 的代码会产生如下编译错误：

Duplicate default methods named getName with the parameters () and () are inherited from the types Named and Persons

因此，在遇到两个接口中的默认方法有冲突时，Java 编译器没有从中选择一个，而是报告错误，让程序员解决这个二义性问题。

还有一种情况，如果接口 Persons 没有为 getName 方法提供默认实现，如下所示：

```
interface Persons{
    String getName();
}
```

此时，Teacher 类会从 Named 接口继承默认方法吗？答案是不会。Java 编译器还是会产生上面的编译错误。

因此，对于在多个接口中声明的方法签名相同的方法，如果至少有一个接口提供了默认实现，那么 Java 编译器就会报告错误。如果多个接口都没有提供默认实现，那么这些接口被一个类同时实现时不会存在冲突。

上述默认方法冲突的一个解决方法就是在子类中对冲突方法进行重写。例如，上面示例的解决方法就是在 Teacher 类中重写方法 getName，如下所示：

```
public class Teacher implements Persons, Named {
    @Override
    public String getName(){
        return "Teacher";
    }
    public static void main(String[] args) {

    }
}
```

7.12.6　密封接口

如果一个接口的所有直接子类或子接口是已知的，那么该接口可以被声明为密封的 (Sealed)，即密封接口(Sealed Interfaces)。与密封类相似，Java 语言可以使用关键字 sealed 对接口进行密封，使用关键字 permits 指定允许的实现类和子接口。

下面通过一段示例代码举例说明，如下所示：

```
sealed interface Eatable
    permits Fruit, Vegetable, egg, Cooked { … }
abstract sealed class Fruit implements Eatable
    permits Apple, Orange { … }
final class Apple extends Fruit { … }
final class Orange extends Fruit { … }
```

```
abstract non-sealed class Vegetable implements Eatable { … }
final class egg implements Eatable { … }
non-sealed interface Cooked extends Eatable { … }
```

接口 Eatable 是密封接口,它有三个直接子类 Fruit、Vegetable、egg 和一个子接口 Cooked。子类 Fruit 是一个密封的抽象类,限定了两个子类 Apple、Orange。子类 Vegetable 是一个非密封的抽象类,可以被任意扩展。子类 egg 是一个最终类,不允许被扩展。一个非密封的子接口 Cooked 扩展了密封接口 Eatable,子接口 Cooked 可以被任意子类实现或被任意子接口继承。

关于密封接口的几点说明:

(1) 当一个接口的所有直接超级接口都不是密封接口,自身也不是密封的,该接口是可以被任意扩展的。

(2) 一个具有直接密封超级接口的子接口当且仅当它被声明为非密封(Non-sealed)时,它才是可以被任意扩展的。

(3) 如果一个接口没有密封的超级接口,那么该接口不能被声明为 non-sealed,否则,会产生编译错误。

(4) 如果一个接口继承了一个密封的超级接口,那么该子接口必须被声明为 sealed 或 non-sealed,否则,会产生编译错误。

(5) 如果一个密封接口在一个命名模块中,那么在 permits 语句中指定的类或接口,也必须在同一个模块中。

(6) 如果一个密封接口在一个未命名模块中,那么在 permits 语句中指定的类或接口,也必须在同一个包中。

7.12.7　注解与注解接口

Java 语言从 Java 5 版本开始引入了注解(Annotation)。注解提供了一种在编译时和运行时把元数据和程序元素相关联的途径。Java 语言允许对包、类、方法、字段、参数、变量和构造方法等程序元素进行注解。例如,7.3 节介绍的注解@Override 是对方法进行注解的。注解可以被编译工具或解析工具处理,在编译时或运行时产生作用。注解在基于 Java 语言的一些流行框架(如 Spring)中被大量使用。

Java 语言提供了三种内建注解:@Override、@Deprecated、@SuppressWarnings,如表 7-7 所示。这些注解类型包含在 java.lang 包中。

表 7-7　Java 内建注解

内建注解	说　　明
@Override	指示该方法是在重写父类中的一个方法
@Deprecated	指示一个过时的 API 正在被使用或被重写
@SuppressWarnings	用于告诉编译器忽略特定的警告信息

注解必须直接放置于被注解的元素之前。例如,

```
@Override
public String toString() {
```

```
        return super.toString() + " more info…";
    }
```

@Override 直接放置于被注解的方法@toString 之前。

Java 语言有四种元注解：@Document、@Target、@Inherited、@Retention，如表 7-8 示。

表 7-8　Java 元注解

元注解	说　明
@Documented	如果注解@Document 出现在注解接口 A 的声明中，那么在一个元素上的任何@A 注解都被视为该元素公共契约的一部分
@Target	指明该类型的注解可以注解的程序元素的范围。该元注解的取值可以为 TYPE、METHOD、CONSTRUCTOR、FIELD 等。如果 Target 元注解没有出现，那么定义的注解可以应用于程序的任何元素
@Inherited	指明注解接口是自动继承的。如果注解接口声明上存在 Inherited 元注解，并且用户在类声明上查询注解接口，而类声明没有该接口的注解，则会自动查询该类的超类以获取注解接口。此过程会不断重复，直到找到此接口的注解，或者到达类层次结构(Object)的顶部。如果没有超类具有此接口的注解，那么查询将指示有问题的类没有这样的注解
@Retention	指明带有注解接口的注解要保留多长时间。在使用 Retention 元注解时需使用 RetentionPolicy 设置值。这些值的含义如下：RetentionPolicy.SOURCE 表示注解被编译器抛弃，RetentionPolicy.CLASS 表示注解被编译器记录到类文件中但是不必在运行时保留到虚拟机中，RetentionPolicy.RUNTIME 表示注解被编译器记录到类文件中并且在运行时保留到虚拟机中

除了 Java 语言提供的 3 种内建注解和 4 种元注解，开发人员还可以通过声明注解接口 (Annotation Interface)，创建自定义注解。

声明注解接口的一般形式：

```
[修饰符] @interface 接口名{ … }
```

修饰符可以是 public 或缺省(包访问权限)，符号@不可缺少，后接关键字 interface。接下来就是接口名(合法的标识符)，然后是接口体。例如：

```
public @interface MethodInfo{
    String author() default 'Pankaj';
    String date();
    int revision() default 1;
    String comments();
}
```

关于注解接口体中的注解方法，有几个说明：

(1) 注解方法不能带有参数。

(2) 注解方法返回值类型限定为基本数据类型、String、enum 类型、注解接口类型、class 或者是这些类型的数组。

(3) 注解方法可以有默认值。

(4) 注解本身能够包含元注解，元注解被用来注解其他注解。

自定义注解可以有三种类型：标记注解(Marker Annotation)、单值注解(Single Value

Annotation)、多值注解(Multivalue Annotation)。标记注解没有参数，单值注解有一个参数，多值注解有多个参数。而且，重复的注解也是允许的。例如：

```
@Retention(RetentionPolicy.RUNTIME)
public @interface Feedback {} // 标记注解
public @interface Feedback {
    String reportName();
} // 单值注解
public @interface Feedback {
    String reportName();
    String comment() default "None";
} // 多值注解
```

上面的示例定义了 3 个同名的注解，且分别是不同类型的注解，这些同名注解是被允许的。下面通过一个完整示例，说明注解接口的声明、使用，其代码如程序清单 7-29、程序清单 7-30 所示。

程序清单 7-29　MethodInfo.java

```
1    @Documented
2    @Target(ElementType.METHOD)
3    @Inherited
4    @Retention(RetentionPolicy.RUNTIME)
5    public @interface MethodInfo {              //多值注解
6        String author() default "Tom";
7        String date();
8        int revision() default 1;
9        String comments();
10   }
```

程序清单 7-30　TestAnnotationInterface.java

```
1    public class TestAnnotationInterface {
2        public static void main(String[] args) {
3        }
4        @Override
5        @MethodInfo(author="William",comments="Override method",
6                        date = "January 1, 2023", revision = 2)
7        public String toString() {
8            return "Overriden toString method";
9        }
10       @Deprecated
11       @MethodInfo(comments = "deprecated method", date = "January 1, 2023")
12       public static void oldMethod() {
13           System.out.println("old method, don't use it.");
14       }
15       @SuppressWarnings({ "unchecked", "deprecation" })
16       @MethodInfo(author = "William", comments = "Test method",
```

```
17                          date = "January 1, 2023", revision = 3)
18         public static void methodTest() throws FileNotFoundException {
19             List l = new ArrayList();
20             l.add("abc");
21             oldMethod();
22         }
23     }
```

程序清单 7-29 声明了注解接口 MethodInfo，MethodInfo 是一个多值注解。在声明注解接口 MethodInfo 之前，使用了 Java 语言的内建注解和元注解对自定义注解接口 MethodInfo 进行说明。由于使用了元注解@Documented，所以针对 TestAnnotationInterface 类生成 javadoc 文档时，注解信息是文档中公开信息的一部分。例如，图 7-12 展示了 javadoc 文档的片段，其中注解信息是文档内容的一部分。程序清单 7-30 在方法 toString() 前使用了两个注解 @Override、@MethodInfo。注解@Override 在 javadoc 文档中会显示"覆盖"信息，如图 7-12 所示。自定义注解 MethodInfo 为方法 toString 提供了说明信息，说明信息可以如下理解：toString 方法的作者是 Wiliam，修订 2 次，2023 年 1 月 1 日修订，是一个 Override method。同样地，程序清单 7-30 针对方法 oldMethod、方法 methodTest，也使用了两个注解。自定义注解 MethodInfo 也为这两个方法提供了相应的说明信息。

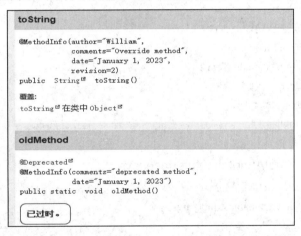

图 7-12　TestAnnotationInterface 类 javadoc 文档片段

7.13　接口示例：Comparable 接口

Java 语言提供了 java.lang.Comparable 接口，用于两个相同类型对象之间的比较。例如，接口 Comparable 可用于比较两个平面封闭形状对象(比较的依据可以是面积或周长)，更具体地讲，可以比较两个圆对象、两个矩形对象或两个三角形对象。又如，接口 Comparable 还可以用于比较两个日期对象、两个学生对象、两个教师对象等。这些数据类型都具有同一个特征，就是可比较(Comparable)。于是，接口 Comparable 可用于组织这些可比较的对象。java.lang.Comparable 定义如下所示：

```
package java.lang;
public interface Comparable<T>{
    public int compareTo(T o);
}
```

　　参数 T 表示待比较对象的数据类型是一个泛型参数，表示任何一种引用类型。泛型的介绍在第 9 章。该接口只有一个抽象方法 compareTo，该方法比较当前对象与给定对象 o 之间的顺序，如果当前对象大于、等于或小于给定对象 o 时，compareTo 方法分别返回正整数、零或负整数。

　　Comparable 接口是一个泛型接口，泛型参数 T 可以替换为某种具体的引用类型。在 Java 语言的类库中，许多类都实现了 Comparable 接口。例如，Byte、Short、Integer、Long、Float、Double、Character、BigInteger、Calendar、String、Date 等类都实现 Comparable 接口。因此，数字、字符串、日期都是可比较的。

　　程序清单 7-31 展示了数字类型、字符串类型、日期类型的两个对象进行比较的示例。为了简便，使用了 java.util.Date 类过时的构造方法，因此，在创建日期对象时，使用了 @SuppressWarnings("deprecation")注解，用来排除警告错误。

程序清单 7-31　TestComparable.java

```
1   import java.util.Date;
2   public class TestComparable {
3       public static void main(String[] args) {
4           System.out.println(Double.valueOf(10).compareTo(6.5));
5           System.out.println(Double.valueOf(10).compareTo(10d));
6           System.out.println(Integer.valueOf(10).compareTo(15));
7           System.out.println("Hello".compareTo("hello"));
8           @SuppressWarnings("deprecation")
9           Date date1 = new Date(2023, 1, 1);
10          @SuppressWarnings("deprecation")
11          Date date2 = new Date(2023, 10, 1);
12          System.out.println(date1.compareTo(date2));
13      }
14  }
```

其运行结果如下：

```
1
0
-1
-32
-1
```

　　程序清单 7-31 第 4 行是比较两个 Double 类对象，Double.valueOf(10)将整数 10 转换为 Double 类对象，compareTo 方法的参数是 6.5，6.5 会自动转换 Double 类对象。由于第一个对象大于第二个对象，所以比较的结果是 1。第 5 行是两个值为 10.0 的 Double 类对象比较，由于两个对象相等，所以比较结果是 0。第 6 行是两个 Integer 类对象的比较，由于第一个对象小于第二个对象，所以比较结果是 -1。第 7 行是两个 String 类对象的比较，这个比较是基于字符串中每个字符的 Unicode 值，比较顺序是从左往右逐个比较，如果比较完所有字符，均相等，那么返回 0 值。如果在比较过程中发现不等的字符时，那么第一个字符串对象的字符的 Unicode 值减去第二个字符串对象的相应字符的 Unicode 值，这个减法的结果就是返回的值，后续字符就不再比较。第 7 行第一个字符串对象的首字符是大写字母 H，第二个字符串对象的首字符是小写字母 h，相减正好是 -32，后续字符不需要再比较。第 12 行是比较了两个日期对象，第一个日期对象小于第二个日期对象，因此，比较结果是 -1。

下面以自定义类 ComparableCircle 和 ComparableRect 实现接口 Comparable，其代码分别如程序清单 7-32、程序清单 7-33 所示。

程序清单 7-32　ComparableCircle.java

```
1    public class ComparableCircle extends Circle
2       implements Comparable<ComparableCircle> {
3         public ComparableCircle(double r){
4            super(r);
5         }
6         @Override
7         public int compareTo(ComparableCircle o){
8            if(getArea() > o.getArea())
9               return 1;
10           else if(getArea() == o.getArea())
11              return 0;
12           else
13              return -1;
14        }
15        @Override
16        public String toString(){
17           return "半径:" + this.getRadius() +
18                   ";面积:" + this.getArea();
19        }
20    }
```

程序清单 7-33　ComparableRect.java

```
1    public class ComparableRect extends Rect
2       implements Comparable<ComparableRect> {
3         public ComparableRect(double length, double width){
4            super(length, width);
5         }
6         @Override
7         public int compareTo(ComparableRect o){
8            if(getArea() > o.getArea())
9               return 1;
10           else if(getArea() == o.getArea())
11              return 0;
12           else
13              return -1;
14        }
15        @Override
```

```
16        public String toString(){
17            return "长:" + getLength() + ";宽:" + getWidth() +
18                ";面积:" + getArea();
19        }
20    }
```

ComparableCircle 类、ComparableRect 类均实现了 Comparable 接口，它们必须对方法 compareTo 进行重写。在重写之后，这两个类的对象都可以调用 compareTo 方法。根据程序清单 7-32、程序清单 7-33 的代码，compareTo 方法比较的是两个对象的面积。另外，如果创建一个 ComparableCircle 的实例 c1 和一个 ComparableRect 的实例 rect1，那么下列的表达式的值均为 true：

```
c1 instanceof Shape              rect1 instanceof Shape
c1 instanceof Circe              rect1 instanceof Rect
c1 instanceof ComparableCircle   rect1 instanceof ComparableRect
c1 instanceof Comparable         rect1 instanceof Comparable
```

java.util.Arrays.sort(Object[ ])方法可以使用接口 Comparable 的方法 compareTo 对数组中的对象进行比较。因此，上述自定义类 ComparableCircle、ComparableRect，也可以使用方法 java.util.Arrays.sort 对 ComparableCircle 对象数组或 ComparableRect 对象数组进行排序。

程序清单 7-34 给出了对自定义可比较类的使用示例。

程序清单 7-34　TestComparableShapes.java

```
1    public class TestComparableShapes {
2        public static void main(String[] args) {
3            Comparable<ComparableCircle> c1 = new ComparableCircle(2.5);
4            Comparable<ComparableCircle> c2 = new ComparableCircle(2.5);
5            System.out.println(c1.compareTo((ComparableCircle) c2));
6
7            ComparableRect[] rects = {
8                new ComparableRect(12.5, 4.5),
9                new ComparableRect(8.2, 6.5),
10               new ComparableRect(10.3, 5.5),
11               new ComparableRect(15.3, 3.2),
12           };
13           java.util.Arrays.sort(rects);
14           for(Shape rect: rects)
15               System.out.println(rect);
16       }
17   }
```

其运行结果如下：

```
0
长:15.3;宽:3.2;面积:48.96000000000001
长:8.2;宽:6.5;面积:53.3
长:12.5;宽:4.5;面积:56.25
长:10.3;宽:5.5;面积:56.650000000000006
```

　　程序清单 7-34 第 3、4 行声明了两个 Comparable<ComparableCircle>引用变量,并让这两个引用变量指向 ComparableCircle 类的具体实例。第 5 行对两个圆对象进行比较,两个圆对象半径相等,所以结果为 0。第 6～11 行创建了一个 ComparableRect 对象数组,第 12 行调用方法 java.util.Arrays.sort 对对象数组进行排序,第 13、14 行通过循环,输出排序后的结果。第 13 行的写法可以有多种,如下所示:

```
for(Rect rect: rects)
for(ComparableRect: rects)
for(Comparable< ComparableRect > rect: rects)
```

　　这是因为对象数组 rects 引用的实例是 ComparableRect 类的,而 ComparableRect 类的实例也是 Shape、Rect、Comparable< ComparableRect >的实例。

7.14　抽象类与接口

　　抽象类与接口的使用相似,不能使用 new 关键字创建自身实例,然而,可以声明抽象类类型或接口类型的引用变量,这些引用变量可以用来指向它们具体子类的实例。

　　抽象类与接口也有不同。抽象类用于一组相关类的组织,接口可用于一组不相关类的组织。一个类只能扩展一个抽象类,但是可以扩展(实现)多个接口。抽象类可以有常量和变量,接口只有公有的静态常量。抽象类可以有构造方法,接口没有构造方法。

　　抽象类可以对方法没有限制,接口对方法有限制,只允许使用的修饰符有 public、private、abstract、default、static、strictfp。在一个接口中的方法可以被声明为公有或私有,如果没有访问修饰符修饰接口中的方法,这个方法默认为是公有的。于是,为了简洁,接口中的方法如果是公有的,可以直接省略访问修饰符。

　　无论抽象类或具体类都共享同一个根类 Object,但是接口没有共同的根。一个接口引用变量可以指向(或引用)实现了该接口的任意具体类的实例。一个抽象类引用变量也可以指向(或引用)继承了该抽象类的任意具体子类的实例。例如,图 7-13 展示了一个继承体系,类 Object 是根类,类 ClsA 是抽象类,继承类 Object,实现了接口 Interface3。类 ClsB 继承了抽象类 ClsA,实现了接口 Interface5、Interface6。接口 Interface5 继承(扩展)了接口 Interface3、Interface4。接口 Interface2 继承(扩展)了接口 Interface1、Interface2。如果 bObj 是具体类 ClsB 的实例,那么 bObj 也是接口 Interface6、Interface5、Interface4、Interface3、Interface2、Interface1、类 ClsA、类 Object 的实例。

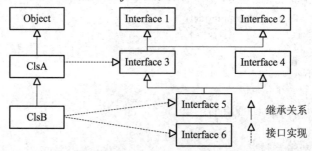

图 7-13　抽象类继承和接口实现示例

抽象类和接口都是用来对一组类的共同特征进行抽象的。一个问题：Java 语言为什么在有抽象类存在的情况下引入接口呢？一个重要的原因是，Java 语言是一种单继承语言，引入接口可以达到多继承的效果，同时避免了多重继承的复杂性。

另外一个问题：在软件开发过程中，如何确定在何种情况下应该选择使用抽象类进行抽象，何种情况应该选择接口进行抽象呢？由于一个抽象类在被扩展时，其子类在概念上是相关的。例如，抽象类是水果 Fruit，继承抽象类的具体子类 Apple、Orange、Grape 等，它们都是一种水果。因而，在软件开发过程中，清晰描述父子关系强的"是一种"关系，可应用抽象类。而描述父子关系弱的"是一种"关系，可应用接口。接口可以把一组在概念上不相关的类组织在一起。例如，7.10.2 节示例中的接口 etable，可以把水果类 Fruit、鲈鱼类 Bass、白菜类 Cabbage 等不相关的类组织在一起。虽然水果、鲈鱼、大白菜等都是可食用的，但是从概念上讲，这种"是一种"关系是较弱的，只是描述了这些类具有的某种共同属性。通常情况下，应优先使用接口而不是抽象类，因为接口比抽象类更加灵活，可以为不相关类声明共同的父类型。

7.15　面向对象程序设计原则

在面向对象方法中，SOLID(单一职责、开闭原则、里氏替换、接口隔离以及依赖倒置)是首字母缩略字，指代面向对象程序设计的 5 个基本原则。当这些原则被一起应用时，它们能使程序员开发一个容易进行维护和扩展的系统成为可能。程序员遵循 SOLID 原则对软件源代码进行重构，可以提升源代码的易读性以及软件的可维护性和可扩展性。

1. 单一职责原则

单一职责原则(Single Responsibility Principle)又称单一功能原则，它规定一个类只有一个发生变化的原因。所谓职责是指类变化的原因。如果一个类有多于一个的动机被改变，那么这个类就具有多于一个的职责。如果一个类承担的职责过多，就等于把这些职责耦合在一起了。一个职责的变化可能会削弱或者抑制这个类完成其他职责的能力。这种耦合会导致脆弱的软件设计，当发生变化时，软件设计容易遭受到意想不到的破坏。而如果想要避免这种现象的发生，就要尽可能遵守单一职责原则。

2. 开闭原则

开闭原则(Open Closed Principle)是指软件中的对象(类、模块、函数等等)应该对于扩展是开放的，但是对于修改是封闭的。这意味着一个软件允许在不改变它的现有源代码的前提下，通过新增代码来变更或扩展它的行为。

3. 里氏替换原则

里氏替换原则(Liskov Substitution Principle)是对子类型的特别定义。它由芭芭拉·利斯科夫(Barbara Liskov)在 1987 年的一次会议上由名为"数据的抽象与层次"的演说中首先提出。里氏替换原则的内容可以描述为：子类对象可以在程序中代替其父类对象。当一个方法的形式参数是父类对象时，传递的实际参数可以是其子类对象。

4. 接口隔离原则

接口隔离原则(Interface Segregation Principle)是指客户端不应该依赖它不需要的接口。一个类对另一个类的依赖应该建立在最小数量的接口上。不要强迫客户使用它们不需要使用的方法，如果强迫客户使用它们不需要的方法，那么这些客户就可能会受到这些不需要方法所带来的影响。换一个角度来看，一个客户最好不要访问自身不应该访问的方法。

5. 依赖倒置原则

依赖倒置原则(Dependence Inversion Principle)是指程序要依赖于抽象接口，不要依赖于具体实现。这个原则就是要求对抽象进行编程，不要对实现进行编程，这样就降低了客户与实现模块间的耦合。对抽象进行编程就是确定好软件需求中变化概率小、稳定的功能，设计一个抽象通用的高层接口(接口或抽象类)，让这些高层接口被低层模块复用。然后，客户端程序可以针对这些抽象的高层接口进行编程，而不是使用这些高层接口的实现子类或扩展子类来编程。

习　　题

基础习题 7

编程习题 7

第 8 章　内嵌类与 lambda 表达式

📋 **教学目标**

(1) 理解内嵌类概念。

(2) 掌握成员内部类的定义和使用。

(3) 掌握局部内部类的定义和使用。

(4) 掌握匿名内部类的定义和使用。

(5) 掌握静态内嵌类的定义和使用。

(6) 掌握 lambda 表达式的语法，理解并能定义函数式接口。

(7) 理解 lambda 表达式的作用域，掌握 lambda 表达式如何访问外部变量。

(8) 掌握 lambda 表达式静态方法引用、实例方法引用、构造方法引用。

(9) 掌握 ArrayList 的方法 forEach()、removeIf()与 lambda 表达式的联合使用。

(10) 掌握 Comparator 接口的使用。

本章学习两种常用的语法概念：内嵌类(Nested Class)和 lambda 表达式。内嵌类是定义在另一个类的内部的类。内嵌类机制在设计相互合作的类时，有助于将相关类绑定在一起。lambda 表达式能创建在将来某个时间点执行的代码块，可用于精简代码。通过使用 lambda 表达式，可以用一种简洁的方式表示使用回调的代码。

8.1 内　嵌　类

内嵌类(Nested Class)是指定义在另一个类中的类。包含内嵌类的外部类被称为内部类的外嵌类。程序中使用内嵌类的原因主要有两个：一是内嵌类可以对同一包中的其他类隐藏，增强了代码的封装性，使得代码更加模块化和可维护。二是内嵌类方法可以访问定义该类的作用域中的属性和方法，包括作用域中的私有数据域，复用外嵌类的代码，无需通过复杂的接口和继承关系实现代码复用。

内嵌类可分为内部类(Inner Class)和静态内嵌类(Static Nest Class)，如图 8-1 所示。一个内部类是一个没有显式或隐式静态的内嵌类。内部类按照有无实名，可以分为实名内部类和匿名内部类，而实名内部类包括成员内部类和局部内部类。除了使用 static 关键字修饰的内嵌类，一些内嵌类隐式成为静态内嵌类。这些隐式的静态内嵌类包括成员枚举类、局部枚举类、成员记录类、局部记录类和一个接口的成员类。

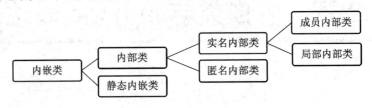

图 8-1　内嵌类分类

下面从成员内部类、局部内部类、匿名内部类、静态内嵌类等几个方面展开介绍。

8.1.1　成员内部类

成员内部类是最普通的内部类，它的定义位于另一个类的内部。Java 语言定义成员内部类一般形式如下：

```
[修饰符 1] class OuterClass {    //外嵌类
    // …
    [修饰符 2] class NestedClass [extends …][implements …] {    //成员内部类
        // …
    }
}
```

修饰符 1 可以使用 public 或缺省(无修饰符)，修饰符 2 可以是 public、protected、private 或缺省。成员内部类位于外嵌类的类体之中，内部类与外嵌类的其他成员一样，可以使用访问权限修饰符。访问权限修饰符修饰成员内部类产生的效果与修饰类的其他成员是一样的。例如，如果一个内部类被修饰为 private，那么在外嵌类的作用域之外，该内部类是不能被访问的。如果一个内部类被修饰为 public，那么在外嵌类的作用域之外，该内部类也可以被访问，具体访问范围取决于外嵌类的访问权限。成员内部类也可以继承父类、实现接口。

存在实名内部类的源代码在编译后，外嵌类和实名内部类都会产生自己独立的字节码文件。对于实名内部类，其字节码文件的文件名为外嵌类名$实名内部类名.class。

程序清单 8-1 给出了一个成员内部类的简单示例。

程序清单 8-1　CircleNestDemo.java

```
1    public class CircleNestDemo {                    //外嵌类
2        private double radius = 0;
3        public static int count =1;
4        public CircleNestDemo(double radius) {
5            this.radius = radius;
6        }
7        //内部类的定义
8        class Draw {
9            public void drawSahpe() {
10               System.out.println(radius);      //访问外嵌类的 private 成员
11               System.out.println(count);       //访问外嵌类的静态成员
12           }
```

```
13          }
14      }
```

类 Draw 定义在类 CircleNestDemo 的内部,可以看作是类 CircleNestDemo 的一个成员,如程序清单 8-1 第 8～13 行所示。在这里,类 Draw 被称为成员内部类,类 CircleNestDemo 被称为外嵌类。成员内部类可以访问外嵌类的所有数据域和成员方法(包括 private 成员和静态成员)。例如,程序清单 8-1 第 10 行访问了外嵌类 CircleNestDemo 的私有成员变量 radius,第 11 行访问了外嵌类 CircleNestDemo 的公有静态成员 count。

程序清单 8-1 对应的 Java 源文件只有一个,即 CircleNestDemo.java,产生的字节码文件有两个,即 CircleNestDemo.class 和 CircleNestDemo$Draw.class。

需要注意的是,当成员内部类拥有和外嵌类同名的成员变量或者方法时,会发生隐藏现象。这时,在成员内部类中,默认访问的是成员内部类的成员。如果要在成员内部类中访问外嵌类的同名成员,需要以下面的形式进行访问:

```
外嵌类名.this.成员变量
外嵌类名.this.成员方法
```

例如,如果程序清单 8-1 中成员内部类 Draw 也有一个名称为 radius 的成员变量,就会发生隐藏现象。这时,如果类 Draw 要访问外嵌类的私有成员变量 radius,就必须显式引用外嵌类的 radius,引用代码为 CircleNestDemo.this.radius。

下面介绍成员内部类的实例创建方法,创建成员内部类实例的一般语法形式如下:

```
外嵌类类名.内部类类名　内部类对象名 = 外嵌类实例名.new 内部类类名(参数列表);
```

在创建成员内部类对象时,必须先创建一个外嵌类实例。在上面的创建语法中,赋值运算符右边需要使用外嵌类实例结合 new 运算符(外嵌类实例名.new)来创建内部类实例,内部类类名(参数列表)对应要调用的内部类构造方法。

另外,成员内部类允许定义静态方法,在外嵌类的外部被引用时,需使用“外嵌类名.内部类名.静态方法”进行调用。

程序清单 8-2 展示了成员内部类实例的创建、成员内部类静态方法的定义及其调用、同名成员的隐藏现象。

程序清单 8-2　InnerClassDemo1.java

```
1   public class InnerClassDemo1 {
2       public static void main(String[] args) {
3           OutterCls1 outter = new OutterCls1();
4           //外嵌类作用域之外创建一个内部类实例
5           OutterCls1.InnerCls1 inner = outter.new InnerCls1();
6           System.out.println(inner.toString());
7           System.out.println("内部类对象的数量:" +
8                   OutterCls1.InnerCls1.getCount());
9       }
10  }
11      //外嵌类 OutterCls1 的定义
12      class OutterCls1{
13          int i = 10;
```

```
14          public OutterCls1() {
15              System.out.println("外嵌类创建");
16          }
17          //成员内部类定义
18          class InnerCls1 {
19              int i = 1;
20              static int count = 0;
21              public InnerCls1() {
22                  System.out.println("内部类创建");
23              }
24              @Override
25              public String toString() {
26                  return "实名内部类对象:i=" + i +
27                          "\n 外嵌类对象:i=" + getOutterI();
28              }
29              //访问外嵌类被隐藏的同名成员变量 i
30              public int getOutterI() {
31                  return OutterCls1.this.i;
32              }
33              //内部类静态方法的定义
34              public static int getCount() {
35                  return count;
36              }
37          }
38      }
```

其运行结果如下：

外嵌类创建

内部类创建

实名内部类对象:i=1

外嵌类对象:i=10

内部类对象的数量:1

程序清单 8-2 第 1～10 行是一个测试类 InnerClassDemo1 的定义,该类只有一个主方法 main。第 12～38 行是外嵌类 OutterCls1 的定义,第 18～37 行是成员内部类 InnerCls1 的定义。

程序清单 8-2 第 3～5 行在外嵌类 OutterCls1 作用域外创建了一个内部类对象 inner,在第 6 行使用了内部类对象,第 7 行调用了成员内部类定义的静态方法 getCount。静态方法 getCount 定义在第 34～36 行。

程序清单 8-2 第 13 行定义了外嵌类 OutterCls1 的一个整型成员变量 i,第 19 行定义了成员内部类 InnerCls1 的一个整型成员变量 i。这里会出现变量隐藏现象。在成员内部类 InnerCls1 内部引用变量 i 时,引用的是内部类自身的成员变量 i,如第 26 行所示。为了引用外嵌类 OutterCls1 的成员变量 i,内部类 InnerCls1 定义了一个方法 getOutterI,如第 30～32 行所示。

虽然成员内部类可以访问外嵌类的所有成员,但是反过来,外嵌类却不能直接访问成员内部类的成员。如果要在外嵌类中访问成员内部类的成员，必须先创建一个成员内部类的对象，再通过这个对象的引用来访问成员内部类的成员。

程序清单 8-3 给出了一个外嵌类访问内部类成员的示例。外嵌类在访问内部类时，不能直接访问，如果直接访问则会出现编译错误，如程序清单 8-3 第 6 行所示。然而，外嵌类可以通过内部类对象访问，如程序清单 8-3 第 7 行所示，第 7 行调用了内部类的实例方法。

程序清单 8-3　CircleNestDemo2.java

```
1    package chapt8;
2    public class CircleNestDemo2 {
3        private double radius = 0;
4        public CircleNestDemo2() {
5            Draw dr=getDrawInstance();
6            //color = "BLUE";                      //错误,不能直接访问
7            System.out.println(dr.drawShape());     //调用内部类的成员方法
8        }
9        public CircleNestDemo2(double radius) {
10           this.radius = radius;
11           Draw dr=getDrawInstance();
12           dr.color = "GREEN";                    //访问内部类的成员变量
13           System.out.println(dr.drawShape());
14       }
15       @Override
16       public String toString() {
17           return this.getClass().toString();
18       }
19       //创建一个内部类对象
20       private Draw getDrawInstance() {
21           return new Draw();
22       }
23       class Draw {          //内部类
24           String color = "RED";
25           public String drawShape () {
26               return "半径:"+ radius
27                       +"; 颜色:"+ color;         //外嵌类的 private 成员
28           }
29       }
30       public static void main(String[] args) {
31           CircleNestDemo2 c1 = new CircleNestDemo2();
32           System.out.println(c1);
33           CircleNestDemo2 c2 = new CircleNestDemo2(5);
34           System.out.println(c2);
35       }
36   }
```

其运行结果如下：

```
半径:0.0;颜色:RED
class chapt8.CircleNestDemo2
半径:5.0;颜色:GREEN
class chapt8.CircleNestDemo2
```

程序清单 8-3 第 4～14 行是外嵌类的两个构造方法。第 15～18 行是重写方法 toString()，第 20～22 行是返回一个内部类实例的方法 getDrawInstance()，第 23～29 行是成员内部类 Draw 的定义，第 30～35 行是主方法 main 的定义。

程序清单 8-3 第 3 行定义了外嵌类 CircleNestDemo2 的一个私有成员变量 radius，内部类 Draw 可以直接访问，如第 26 行所示。在第 24 行内部类 Draw 定义了一个包访问成员变量 color，外嵌类是不能直接访问的，如第 6 行所示。在第 12 行，外嵌类通过内部类对象的引用访问成员变量 color 就是允许的。

8.1.2 局部内部类

局部内部类是指定义在外嵌类的方法里面或者一个语句块作用域里面的类。局部内部类的访问权限仅限于方法内或者该语句块作用域内，而且局部内部类与方法的局部变量一样，不能用 public、protected、private 以及 static、sealed 修饰符进行修饰。因此，局部内部类对外部世界是完全隐藏的，体现了更好的封装性。

与成员内部类相比，局部内部类还有一个优势：局部内部类不仅能访问外嵌类的成员，还可以访问所在方法或所在语句块作用域内的局部变量。

程序清单 8-4 给出了一个局部内部类的示例。

程序清单 8-4   LocalInnerClassDemo.java

```
1      public class LocalInnerClassDemo {
2          public static String info(Eatable a) {
3              return a.howToEat();
4          }
5          public static void eatFruit() {
6              String eatInfo = "水果的吃法";
7              //局部内部类定义,class 关键字不允许加访问修饰符和 static 关键字
8              class Apple implements Eatable{
9                  @Override
10                 public String howToEat() {
11                     return eatInfo+":榨苹果汁";
12                 }
13             }
14             var apple = new Apple();
15             System.out.println(info(apple));
16         }
17         public static void main(String[] args) {
18             eatFruit();
```

```
19              }
20      }
21      interface Eatable{
22          String howToEat();
23      }
```

其运行结果如下：

水果的吃法:榨苹果汁

程序清单 8-4 第 8～13 行定义了一个局部内部类 Apple，该局部内部类实现了 Eatable
接口(第 21～23 行定义)。于是，局部内部类 Apple 对接口中的抽象方法 howToEat 进行了
重写，如第 9～12 行所示。局部内部类 Apple 能够直接访问方法 eatFruit 中定义的局部变量
eatInfo，如第 11 行所示。第 2～4 行针对接口 Eatable 进行编程，编写静态方法 info()。第 5～
16 行编写静态方法 eatFruit()，该方法内部定义了局部内部类 Apple。局部内部类 Apple 除
了方法 eatFruit()能够访问，其他任何地方都不能被访问。第 14 行创建了一个局部内部类的
对象 apple，等价于 Apple apple = Apple()。第 15 行以对象 apple 作为参数调用方法 info，
输出信息。第 18 行在方法 main 中调用方法 eatFruit，输出信息"水果的吃法:榨苹果汁"。

8.1.3　匿名内部类

在使用局部内部类的场景中，如果局部内部类的名称只被使用一次，仅用于创建这个
局部内部类的对象，那么可以对局部内部类进行简化，可以无须指定局部内部类的类名。
这样的一个没有名字的局部内部类被称为匿名内部类。

程序清单 8-5 给出了一个匿名内部类的示例。

程序清单 8-5　AnnonymousInnerClassDemo.java

```
1    public class AnnonymousInnerClassDemo {
2        public static String info(Eatable a) {
3            return a.howToEat();
4        }
5        public static void eatFruit() {
6            String eatInfo = "水果的吃法";
7            var apple = new Eatable() {//匿名内部类定义
8                @Override
9                public String howToEat() {
10                   return eatInfo + ":榨苹果汁";
11               }
12           };
13           System.out.println(info(apple));
14       }
15       public static void main(String[] args) {
16           eatFruit();
17       }
18   }
```

程序清单 8-5 的运行结果与程序清单 8-4 一样，其简化对应关系为：程序清单 8-4 的第 8～14 行被简化成程序清单 8-5 的第 7～12 行，如图 8-2 所示。

```
class Apple implements Eatable{
    @Override
    public String howToEat() {
        return eatInfo + ": 榨苹果汁";
    }
}
var apple = new Apple();
```

```
var apple = new Eatable() {
    @Override
    public String howToEat() {
        return eatInfo + ": 榨苹果汁";
    }
};
```

图 8-2   局部内部类与匿名内部类对应示例

程序清单 8-5 的第 7～12 行的含义为：创建一个类的新对象，该类实现了 Eatable 接口，在该类的方法体中对 Eatable 接口的抽象方法进行了重写。

通常，匿名内部类的语法形式如下：

```
new 父类型名称(父类型构造方法参数列表){
    匿名内部类的成员方法和成员数据域定义;
}
```

这里的父类型既可以是接口，如程序清单 8-5 的 Eatable，也可以是一个类(通常是抽象类)。当父类型是接口时，父类型构造方法参数列表为空，调用的构造方法是 Object()，语法形式可以简化为：

```
new 接口名(){
    数据域定义;
    方法定义;
}
```

匿名内部类还有以下几个特点：

(1) 一个匿名内部类没有类名，而构造方法的名称必须与类名相同，因此，匿名内部类没有构造方法定义。

(2) 一个匿名内部类必须实现父类型的所有抽象方法，因为匿名内部类自身不能是抽象的。

(3) 每个匿名内部类都有自己对应的字节码文件，字节码文件命名形式是外嵌类类名 $n.class，在美元符号$后的符号 n 表示从 1 开始编号的整数。例如，程序清单 8-5 的源代码产生了两个字节码文件：AnnonymousInnerClassDemo.class 和 AnnonymousInnerClassDemo$1.class。如果一个外嵌类有多个匿名内部类，那么这些匿名内部类的文件名从数字 1 开始编号命名，即外嵌类类名$1.class、外嵌类类名$2.class、外嵌类类名$3.class、……。

8.1.4   静态内嵌类

用关键字 static 显式修饰的内嵌类是静态内嵌类，静态内嵌类没有对外嵌类对象的引用。显式声明静态内嵌类的一般形式如下：

```
[修饰符 1] class OuterClass {                    // 外嵌类
    // …
    [修饰符 2] static classNestedClass {        // 静态内嵌类
        // …
```

```
                }
        }
```

修饰符 1 可以使用 public 或缺省(无修饰符)，修饰符 2 可以是 public、protected、private 或缺省。

除了显式声明的静态内嵌类，隐式声明的静态内嵌类包括成员枚举类、局部枚举类、成员记录类、局部记录类及一个接口的成员类。

静态内嵌类与成员内部类不同，不再持有外嵌类的引用，即不能使用"外嵌类名.this"引用外嵌类的实例成员。因此，静态内嵌类不能访问外嵌类的实例成员。静态内嵌类可以通过外嵌类的类名访问外嵌类的静态成员。

静态内嵌类对象的创建语法形式如下：

外嵌类名.静态内嵌类 内部类对象名= new 外嵌类名.静态内嵌类();

程序清单 8-6 给出了一个静态内嵌类的示例。

程序清单 8-6 StaticNestedClsDemo.Java

```
1    public class StaticNestedClsDemo {
2        public static void main(String[] args) {
3            //静态内嵌类对象的创建
4            OutterCls.StaticInner inner = new OutterCls.StaticInner();
5            inner.show();
6        }
7    }
8    class OutterCls{
9        int i = 2;
10       static int k = 3;
11       static int m = 4;
12       static class StaticInner{
13           int i = 5;
14           static int j = 6;
15           static int k = 7;
16           public void show() {
17               System.out.printf("i=%d,j=%d,k=%d\n",i,j,k);
18               System.out.printf("外嵌类:k=%d,m=%d\n",OutterCls.k,m);
19           }
20       }
21   }
```

其运行结果如下：

```
i=5,j=6,k=7
外嵌类:k=3,m=4
```

程序清单 8-6 第 1～7 行是测试类 StaticNestedClsDemo 的定义，第 8～21 行是外嵌类 OutterCls 的定义，第 12～20 行是静态内嵌类 StaticInner 的定义。

程序清单 8-6 第 4 行创建了一个静态内嵌类对象 inner，第 5 行通过 inner 对象调用了方法 show()。第 9～11 行分别定义了外嵌类 OutterCls 的实例成员变量 i 和静态成员变量 k、 m。第 13～15 行分别定义了静态内部类 StaticInner 的实例成员变量 i、静态成员变量 j、k。第 17 行访问了变量 i、j、k，这 3 个值都是静态内部类 StaticInner 的成员变量值。静态内部类的静态成员变量 k 隐藏外嵌类的静态成员 k，为了访问外嵌类的静态成员 k，可以使用外嵌类类名访问，如第 18 行 "OutterCls.k"。当静态内部类访问外嵌类中未被隐藏的静态成员时，可以省略外嵌类类名，如第 18 行访问 m 的情况。

8.2 lambda 表达式

lambda 表达式是 JAVA SE 8 提供的一种新特性，可以看作是一段可以传递的代码。在 Java 语言中，lambda 表达式还可以被称为闭包或匿名函数。lambda 表达式体现了函数式编程的思想：对行为进行抽象。

8.2.1 lambda 表达式语法

lambda 表达式一个直观的好处，就是可以简化匿名内部类的代码，使得程序员不再纠缠于匿名内部类的冗繁和可读性。

下面用 lambda 表达式改写程序清单 8-5 的示例，说明 lambda 表达式如何替代匿名内部类，如程序清单 8-7 所示。

程序清单 8-7 LambdaDemo1.java

```
1    public class LambdaDemo1 {
2        public static String info(EatMethod a) {
3            return a.howToEat();
4        }
5        public static void eatFruit() {
6            String eatInfo = "水果的吃法";
7            //下面赋值语句右边是 Lambda 表达式
8            EatMethod apple = () -> { return eatInfo + ":榨苹果汁"; };
9            System.out.println(info(apple));
10       }
11       public static void main(String[] args) {
12           eatFruit();
13       }
14   }
15   //函数式接口定义
16   @FunctionalInterface
17   interface EatMethod{
18       String howToEat();
19   }
```

程序清单 8-7 在改写程序清单 8-5 的示例时，为了避免和程序清单 8-5 使用的接口重名，将接口名修改为 EatMethod，接口内的方法 howToEat 不变，并给接口增加了一个注解 @FunctionalInterface，表示接口 EatMethod 是一个函数式接口(Functional Interface)。函数式接口是一个不能使用关键字 sealed 修饰、必须有且只有一个抽象方法(除了 Object 的 public 方法)的接口。函数式接口可以使用注解@FunctionalInterface 进行修饰,其作用仅仅在于强迫 Java 编译器对接口进行语法检查,是否只定义了一个抽象方法,如果不是,则 Java 编译器就会报错。程序清单 8-7 不使用注解@FunctionalInterface,也能正确运行。因此,函数式接口也可以称为单抽象方法(Single Abstract Method,SAM)接口。

　　lambda 表达式可以简化函数式接口的实现,例如,程序清单 8-7 第 8 行的代码(lambda 表达式实现函数式接口)可以替换程序清单 8-5 第 7～12 行的代码(匿名内部类实现函数式接口),替换关系如图 8-3 所示,lambda 表达式显然是更加直观简洁的表达,抽象出接口 EatMethod 具有的行为。

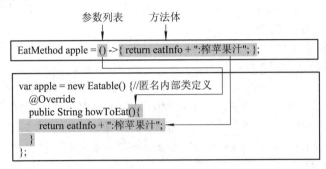

图 8-3　lambda 表达式替换匿名内部类示例 1

结合示例,进一步展开说明:

(1) lambda 表达式由参数列表、箭头和方法体 3 个部分组成,一般语法形式如下:

(参数列表) ->{语句组}

参数列表对应函数式接口中抽象方法的参数列表,是由圆括号括起来的零个或多个参数,每个参数的形式是:数据类型　参数名称,多个参数之间使用逗号分隔。方法体是花括号括起来的零条或多条语句组成,对应匿名内部类对抽象方法重写的方法体。例如,lambda 表达式 "() -> { return eatInfo + ":榨苹果汁"; }",参数列表为空,对应抽象方法 howToEat 的参数列表,方法体对应了匿名内部类对抽象方法 howToEat 进行重写的方法体,参数列表和方法体之间采用箭头->分隔。

(2) 程序清单 8-7 第 8 行必须先指定 apple 对象的类型是 EatMethod,这样 Java 编译器就可以推断出赋值语句右边的表达式返回的是一个实现了函数式接口 EatMethod 的匿名类对象。

(3) lambda 表达式的参数列表既可以和函数式接口中抽象方法的参数列表完全一致,也可以省略参数列表中的数据类型,此时参数的数据类型由编译器隐式推断。当参数列表只有一个参数时,圆括号可以省略。当参数列表为空时,必须要使用一对圆括号。

(4) lambda 表达式的方法体如果只有一条语句,那么方法体部分的花括号可以省略。并且,如果这一条语句是 return 语句,则可以省略关键字 return。因此,程序清单 8-7 第 8 行可以进一步简化为:

EatMethod apple = () -> eatInfo + ": 榨苹果汁";

(5) 程序清单 8-7 第 8、9 行可以简化为:

System.out.println(info(() -> eatInfo + ": 榨苹果汁"));

此时,lambda 表达式直接替换了方法的参数,而且分号;是不需要的。由于方法 info

的形参类型确定为接口类型 EatMethod，所以 Java 编译器会推断出这个 lambda 表达式是返回一个实现了函数式接口 EatMethod 的匿名类对象。

（6）lambda 表达式能用于简化函数式接口的实现，对于函数式接口的定义需要准确理解。函数式接口不仅要有一个抽象方法，而且该抽象方法不能是类 Object 的 public 方法，例如，下面的一个接口定义就不是一个函数式接口：

```
interface NonFunc {
    boolean equals(Object obj);
}
```

这是因为方法 equals() 是类 Object 的 public 方法。

然而，接口 NonFunc 的子接口可以是函数式接口，只要这个子接口声明了一个不是类 Object 成员的抽象方法，例如：

```
interface Func extends NonFunc {
    int compare(String o1, String o2);
}
```

同样地，Java 语言提供的有用接口 java.util.Comparator<T> 是一个函数式接口，因为它只有一个不是类 Object 成员的抽象方法 compare(T o1, T o2)，另一个抽象方法 equals(Object obj) 是类 Object 的 public 方法，java.util.Comparator<T> 的定义如下：

```
interface Comparator<T> {
    boolean equals(Object obj);   //类 Object 的 public 方法
    int compare(T o1, T o2);      //不是类 Object 的 public 方法
}
```

下面定义的一个接口 Func 具有一定的混淆性：接口 Func 定义了一个抽象方法 m()，还定义了一个抽象方法 clone()。类 Object 有一个成员方法是 clone()，接口 Func 的定义与接口 Comparator<T> 有些类似，那么，接口 Func 是否函数式接口呢？

```
interface Func {
    int m();
    Object clone();
}
```

答案是：接口 Func 不是函数式接口。这是因为类 Object 的成员方法 clone() 是 protected 方法，不是类 Object 的 public 方法。于是，接口 Func 定义了两个 public 抽象方法，因此，接口 Func 不是函数式接口。

程序清单 8-7 给出的示例中 lambda 表达式是不带参数的。为了展示 lambda 表达式带有一个参数和两个参数的情况，下面的程序清单 8-8 给出了一个示例。

程序清单 8-8　LambdaDemo2.java

```
1    import java.util.Arrays;
2    public class LambdaDemo2 {
3        public static void printMin(Min m, int[] a) {
4            Arrays.sort(a);
5            m.handle(a[0]);
6        }
7        public static void printMaxMin(MaxMin m, int[] a) {
```

```
8              Arrays.sort(a);
9              m.handle(a[a.length - 1], a[0]);
10         }
11     public static void main(String[] args) {
12            int[] a = {5, 2, 7, 9, 12};
13            //一个参数的完整形式
14            printMin((int min) ->{System.out.println("最小值:"+min);}, a);
15            //各种省略模式
16            printMin((min) ->{System.out.println("最小值:"+min);}, a);
17            printMin( min ->{System.out.println("最小值:"+min);}, a);
18            printMin( min ->System.out.println("最小值:"+min) , a);
19            //两个参数的情况
20            printMaxMin((int max,int min)->{System.out.println(max+":"+min);},a);
21            printMaxMin((max,min)->System.out.println(max+":"+min),a);
22        }
23     }
24     @FunctionalInterface
25     interface Min{
26         void handle(int min);
27     }
28     @FunctionalInterface
29     interface MaxMin{
30         void handle(int max, int min);
31     }
```

其运行结果如下：

```
最小值:2
最小值:2
最小值:2
最小值:2
12:2
12:2
```

程序清单 8-8 第 3~6 行定义了一个方法 printMin，有两个形参：一个形参是接口类型 Min，另一个形参是一个整数数组。第 7~10 行定义了一个方法 printMaxMin，有两个形参：一个形参是接口类型 MaxMin，另一个形参是一个整数数组。第 24~27 行定义了一个函数式接口 Min，有一个抽象方法 handle()，带有一个形参。第 28~31 行定义了另一个函数式接口 MaxMin，有一个抽象方法 handle()，带有两个形参。

程序清单 8-8 第 11~22 行是 main 方法的定义，测试了 lambda 表达式的各种使用情况。首先，第 12 行定义了一个整型数组 a。其次，第 13~18 行展示了具有一个参数的 lambda 表达式的使用情况。接着，第 19~21 行展示了具有两个参数的 lambda 表达式的使用情况。

具体地，第 14 行调用了方法 printMin，该方法的第一个实参是一个具有一个参数的 lambda 表达式，也是一个完整形式的 lambda 表达。第 14 行代码也等价于如下代码：

```
Min min = (int min) ->{System.out.println("最小值:"+min);}
```

```
printMin(min, a);
```

程序清单 8-8 第 16~18 行是 lambda 表达式的各种省略形式。第 18 行省略了参数的数据类型，第 19 行省略了圆括号，第 20 行省略了花括号和分号。

程序清单 8-8 第 20 行调用了方法 printMaxMin，该方法的第一个实参是一个具有两个参数的 lambda 表达式，也是一个完成形式的 lambda 表达式。第 21 行是省略了数据类型和花括号的 lambda 表达式使用情况。当 lambda 表达式中有两个参数时，圆括号不能省略。

因此，lambda 表达式的省略规则如下：

(1) lambda 表达式参数列表中参数的数据类型可以省略，而且必须同时省略，不允许省略其中一部分参数的数据类型，而另一部分参数不省略。

(2) 在 lambda 表达式省略参数的数据类型之后，如果参数列表只有一个参数，则圆括号可以省略。其他情况下，圆括号不能省略。当参数列表为空时，不能省略圆括号；当参数列表中的参数个数不少于 2 个时，也不能省略圆括号。

(3) 当 lambda 表达式方法体中的语句只有一条时，可以省略花括号和分号。当这一条语句是 return 语句时，return 也必须省略。

通过上面的示例，可以看出，Java 编译器在解析一个 lambda 表达式时，等同于是从一个匿名内部类创建一个匿名对象。通常，Java 编译器处理 lambda 表达式有 3 个步骤：① 确定 lambda 表达式的数据类型；② 确定参数的数据类型；③ 确定方法体语句。例如，程序清单 8-8 第 18 行：

```
printMin(min ->System.out.println("最小值："+min), a);
```

Java 编译器可以根据方法 printMin() 的形参类型推断出 lambda 表达式的数据类型是实现了函数式接口 Min 的匿名对象。然后，根据函数式接口 Min 的抽象方法 handle() 只有一个整型形参，推断出参数 min 的数据类型是整型。最后，基于箭头 -> 后的语句，确定重写抽象方法 handle() 的方法体。

8.2.2　lambda 表达式作用域

lambda 表达式的体与其嵌套块具有相同的作用域。因此，在 lambda 表达式中声明一个与外部作用域同名的局部变量是不合法的。

与嵌套块一样，lambda 表达式可以访问外围方法或类中的变量，例如，程序清单 8-7 的第 8 行：

```
EatMethod apple = () -> { return eatInfo + ":榨苹果汁"; };
```

lambda 表达式中出现的变量 eatInfo 就是程序清单 8-7 的第 8 行定义的变量，是 lambda 表达式外部的变量。因此，lambda 表达式可以捕获(或访问)外围作用域中变量的值。

但是，lambda 表达式访问外围方法或类中的变量有一个重要的限制：只能引用外部变量的值而不能改变外部变量的值。并且，如果在 lambda 表达式中引用了一个外部变量，这个外部变量也不能在外部改变。因此，lambda 表达式与嵌套块的不同之处在于，lambda 表达式访问外围作用域的变量必须是最终变量(即常量)或事实最终(effective final)变量。事实最终变量是指一个变量被初始化后就不再为其赋新值。

因此，lambda 表达式中引用的外部变量是有具体限制的：一方面，lambda 表达式不能对引用的外部变量进行修改；另一方面，如果 lambda 表达式引用了一个外部变量，这个外部变量就能成为事实最终变量，在外部作用域中，不允许对其进行修改。

下面通过一个例子说明 lambda 表达式作用域以及 lambda 表达式引用外部变量所遇到的限制，如程序清单 8-9 所示。

程序清单 8-9　LambdaDemo3.java

```
1    public class LambdaDemo3 {
2        public static void printMax(Max max,int[] a) {
3            max.handle(a);
4        }
5        public static void main(String[] args) {
6            int[] a = {5, 2, 7, 9, 12};
7            int count = a.length;
8            int i = 1;
9            int j =0;
10           printMax(e->{
11               //i++;   //错误，必须是常量或事实最终变量
12               //int j = 1; //错误，在外部作用域已经定义了变量 j
13               Arrays.sort(a);
14               System.out.println("max:"+a[count-1]);
15           }, a);
16           //count--;   //错误，count 是一个事实最终变量
17       }
18   }
19   @FunctionalInterface
20   interface Max{
21       void handle(int[] a);
22   }
```

其运行结果如下：

```
max:12
```

程序清单 8-9 第 2～4 行定义了一个静态方法 printMax()，具有两个形参：一个是接口类型 Max，一个是整型数组。第 6 行定义了一个整型数组，第 7～9 行分别定义了 3 个局部变量。第 11～15 行调用了方法 printMax()，该方法的第一个参数是一个 lambda 表达式，第二个参数是整型数组 a。其中，第 11 行如果把第一个注释符去掉，Java 编译器便会报错，lambda 表达式访问外部变量时，不能修改外部变量的值。第 12 行如果把第一个注释符去掉，Java 编译器也会报错，这是因为在嵌套的作用域不能定义与外部作用域同名的变量。第 16 行如果把第一个注释符去掉，Java 编译器也会报错，这是因为第 14 行在 lambda 表达式中引用了 count，此时，变量 count 成为事实最终变量，不允许在外部作用域进行修改。第 19～22 行定义了一个函数式接口 Max。

8.2.3　方法引用

引入 lambda 表达式主要是为了简化函数式接口的实现。因此，在 lambda 表达式中，

不应该出现比较复杂的逻辑。如果 lambda 表达式的逻辑过于复杂，就会对程序的易读性造成不良的影响。如果 lambda 表达式需要处理比较复杂的逻辑，可以单独编写一个方法，对 lambda 表达式进行直接引用，这就是方法引用。方法引用也称为函数引用，是指在 lambda 表达式中引用一个已经存在的方法，使其替代 lambda 表达式完成接口的实现。

根据方法引用的方法类型，可以分为静态方法引用、实例方法引用和构造方法引用，下面对这 3 种引用形式分别进行介绍。

1. 静态方法引用

静态方法引用的一般语法形式如下：

```
类名::静态方法名
```

程序清单 8-10 给出了一个静态方法引用的示例。

程序清单 8-10   ReferStaticMethod.java

```
1    public class ReferStaticMethod {
2        public static void main(String[] args) {
3            Scanner input = new Scanner(System.in);
4            System.out.print("请输入两个浮点数:");
5            double a = input.nextDouble();
6            double b = input.nextDouble();
7            //lambda 表达式静态方法引用实现接口
8            SubInterface1 subObj1 = Calculator::subtraction;
9            //lambda 表达式原始形式实现接口
10           SubInterface1 subObj2 = (e1, e2) -> {
11               if(e1 > e2)
12                   return e1 - e2;
13               else
14                   return e2 - e1;
15           };
16           System.out.println("静态方法引用:" + subObj1.handle(a, b));
17           System.out.println("原始形式:" + subObj2.handle(a, b));
18       }
19   }
20   class Calculator{
21       public static double subtraction(double a, double b) {
22           if(a > b)
23               return a - b;
24           else
25               return b - a;
26       }
27   }
28   @FunctionalInterface
29   interface SubInterface1{
30       double handle(double d1, double d2);
```

```
31    }
```

其运行结果如下：

```
请输入两个浮点数:3.5 12.7↵
静态方法引用:9.2
原始形式:9.2
```

程序清单 8-10 第 3～6 行通过键盘输入了两个 double 类型值。第 8 行是 lambda 表达式的静态方法引用，可理解为 lambda 表达式由 Calculator 类的静态方法 subtraction 替代。可以看出，通过第 8 行的静态方法引用，可以把 lambda 表达式的复杂逻辑提取出来放置到某个类的静态方法。第 10～15 行是 lambda 表达式的原始形式，所有逻辑处理放在 lambda 表达式的方法体部分。第 28～31 行定义了一个函数式接口，第 20～27 行定义了一个 Calculator 类，Calculator 类内部有一个静态方法 subtraction。这里需要注意的是：

(1) 静态方法引用只需要静态方法名，不需要在方法名后加圆括号。例如，程序清单 8-10 第 8 行只引用了静态方法名。

(2) 被引用的静态方法的参数列表和返回值，与 lambda 表达式实现的接口中抽象方法的参数列表和返回值一致。被引用的静态方法的方法体，与 lambda 表达式的方法体一致。例如，程序清单 8-10 第 21 行定义的方法 subtraction，其参数列表与 lambda 表达式的参数列表一致，即与函数式接口 SubInterface1 的抽象方法 handle() 的参数列表一致；其方法体与 lambda 表达式的方法体一致，如程序清单 8-10 第 10～15 行所示。

2. 实例方法引用

实例方法引用的一般语法形式如下：

```
对象名::实例方法名
```

程序清单 8-11 给出了实例方法引用的示例。

程序清单 8-11　ReferInstanceMethod.java

```
1    public class ReferInstanceMethod {
2        public static void main(String[] args) {
3            Scanner input = new Scanner(System.in);
4            System.out.print("请输入两个浮点数:");
5            double a = input.nextDouble();
6            double b = input.nextDouble();
7            //lambda 表达式实例方法引用实现接口,使用了匿名对象
8            SubInterface2 subObj1 = new Calculator()::subtraction;
9            //lambda 表达式原始形式实现接口
10           SubInterface2 subObj2 = (e1, e2) -> {
11               if(e1 > e2)
12                   return e1 - e2;
13               else
14                   return e2 - e1;
15           };
16           System.out.println("实例方法引用:" + subObj1.handle(a, b));
17           System.out.println("原始形式:" + subObj2.handle(a, b));
```

```
18              }
19          private static class Calculator{//静态内嵌类
20              public double subtraction(double a, double b) {
21                  if(a > b)
22                      return a - b;
23                  else
24                      return b - a;
25              }
26          }
27      }
28      @FunctionalInterface
29      interface SubInterface2{
30          double handle(double d1, double d2);
31      }
```

其运行结果如下：

```
请输入两个浮点数:9.4 3.5
实例方法引用:5.9
原始形式:5.9
```

程序清单 8-11 第 3～6 行输入两个浮点数。第 8 行是 lambda 表达式的实例方法引用，可理解为 lambda 表达式由 Calculator 类的实例方法 subtraction 替代。由于不是静态方法，所以第 8 行使用 new Calculator()创建了一个匿名 Calculator 对象，然后再通过::引用实例方法名。可以看出，通过第 8 行的实例方法引用，可以把 lambda 表达式的复杂逻辑提取出来放置到某个类的实例方法。第 10～15 行是 lambda 表达式的原始形式，所有处理逻辑放在 lambda 表达式的方法体部分。第 28～31 行定义了一个函数式接口，第 19～27 行定义了一个静态内嵌类 Calculator，其内部只定义了一个实例方法 subtraction。这里需要注意的是：

(1) 实例方法引用与静态方法不同，需要使用对象名，对象名可以是匿名的。

(2) 实例方法引用，只需要实例方法名，不需要在方法名后加圆括号。

(3) 被引用的实例方法的参数列表和返回值，与 lambda 表达式实现的接口中抽象方法的参数列表和返回值一致。被引用的实例方法的方法体，与 lambda 表达式的方法体一致。

3. 构造方法引用

构造方法引用的一般语法形式如下：

```
类名::new
```

程序清单 8-12 给出了构造方法引用的示例。

程序清单 8-12   ReferConstructor.java

```
1   public class ReferConstructor {
2       public static void main(String[] args) {
3           //lambda 表达式构造方法引用实现接口 CreateStudent1
4           CreateStudent1 cstu1 = Student::new;
5           //lambda 表达式原始形式实现接口 CreateStudent1
6           CreateStudent1 cstu2 = (e1, e2, e3) -> new Student(e1, e2, e3);
```

```
7                //通过接口创建对象
8                Student stu1 = cstu1.create("202305001", "刘策", 18);
9                Student stu2 = cstu2.create("202305001", "张宇", 20);
10               //lambda 表达式构造方法引用实现接口 CreateStudent2
11               CreateStudent2 cstu3 = Student::new;
12               //lambda 表达式原始形式实现接口 CreateStudent2
13               CreateStudent2 cstu4 = () -> new Student();
14               //通过接口创建对象
15               Student stu3 = cstu3.create();
16               Student stu4 = cstu4.create();
17           }
18      }
19      class Student{
20           String ID = "000000000";                    //学号
21           String name;                                 //姓名
22           int age;                                     //年龄
23           public Student(String iD, String name, int age) {
24               ID = iD;
25               this.name = name;
26               this.age = age;
27               System.out.println("创建学生对象信息如下:\n"+ toString());
28           }
29           public Student() {
30               System.out.println("创建学生对象默认信息:\n" + toString());
31           }
32           @Override
33           public String toString() {
34               return "Student [ID=" + ID + ", name=" + name + ", age=" + age + "]";
35           }
36      }
37      @FunctionalInterface
38      interface CreateStudent1{
39           Student create(String 学号, String 姓名, int 年龄);
40      }
41      @FunctionalInterface
42      interface CreateStudent2{
43           Student create();
44      }
```

其运行结果如下:

```
创建学生对象信息如下:
Student [ID=202305001, name=刘策, age=18]
创建学生对象信息如下:
Student [ID=202305001, name=张宇, age=20]
```

创建学生对象默认信息:

Student [ID=000000000, name=null, age=0]

创建学生对象默认信息:

Student [ID=000000000, name=null, age=0]

程序清单 8-12 第 19~36 行定义了一个学生类 Student，其内部定义了 3 个成员变量和两个构造方法。第 37~40 行定义了函数式接口 CreateStudent1，其内部定义了一个有 3 个参数的抽象方法返回一个 Student 对象。第 41~44 行定义了函数式接口 CreateStudent2，其内部定义了一个不带参数的抽象方法返回一个 Student 对象。

第 4 行是 lambda 表达式的构造方法引用，由于对象 cstu1 的类型实现了接口 CreateStudent1，而接口 CreateStudent1 内部有一个带 3 个参数的抽象方法 create()，因此这个构造方法引用表示引用的是 Student 类带 3 个参数的构造方法。第 6 行是 lambda 表达式原始形式实现接口 CreateStudent1。第 11 行也是 lambda 表达式的构造方法引用，赋值运算符右边与第 4 行一样，然而，由于这里实现的接口是 CreateStudent2，其内部是一个不带参数的抽象方法 create()，因此这个构造方法引用表示引用的是 Student 类不带参数的构造方法。对比第 4 行代码和第 6 行代码，可以看出，函数式接口中抽象方法的不同，导致对应的构造方法会不同。第 13 行代码是 lambda 表达式原始形式的简略形式。

上述 3 种形式的方法引用，可以使代码简洁，提升程序的易读性。

8.2.4　lambda 表达式与 ArrayList

ArrayList 中有两个方法可以使用 lambda 表达式，这两个方法是 forEach() 和 removeIf。

(1) public void forEach(Consumer<? super E> action)：该方法可对当前列表的每个元素执行给定的操作，直到处理完所有元素或该操作引发异常为止。如果指定了迭代顺序，则操作将按迭代顺序执行。操作引发的异常会中继到调用方。

(2) public boolean removeIf(Predicate<? super E> filter)：该方法删除当前列表中满足给定谓词(即某种条件)的所有元素。迭代期间或谓词引发的错误或运行时异常会中继到调用方。

程序清单 8-13 给出了使用上面两个方法的示例。

程序清单 8-13　ListWithLambda.java

```
1    public class ListWithLambda {
2        public static void main(String[] args) {
3            Integer[] intArray = {3, 5, 6, 2, 4, 7, 12};
4            ArrayList<Integer> intList = new ArrayList<>(Arrays.asList(intArray));
5            //方法引用
6            intList.forEach(System.out::print);
7            System.out.println("\nlambda 表达式原始形式:");
8            intList.forEach(e -> System.out.print(e + " "));
9            System.out.println("\n 打印偶数：");
10           intList.forEach(e -> {
11               if(e%2 == 0) {
```

```
12                    System.out.print(e + " ");
13                }
14            });
15            //删除列表中偶数
16            intList.removeIf(e -> e%2 == 0);
17            System.out.println("\n 删除偶数后:");
18            intList.forEach(e -> System.out.print(e + " "));
19        }
20    }
```

其运行结果如下:

```
35624712
lambda 表达式原始形式:
3 5 6 2 4 7 12
打印偶数:
6 2 4 12
删除偶数后:
3 5 7
```

程序清单 8-13 第 3、4 行创建了一个具有初值的列表。第 6 行调用了 forEach 方法, 其参数是 lambda 表达式的实例方法引用, 第 8 行也调用了 forEach 方法, 其参数是 lambda 表达式的原始形式, 在输出时, 列表各元素之间增加了一个空格。第 10~14 行也是调用 forEach 方法, 在输出列表元素时, 将奇数过滤了。第 16 行调用了 removeIf 方法删除列表中的偶数。第 18 行通过 forEach 方法验证了删除后的结果。

8.2.5　Comparator 接口

Java 语言提供的接口 java.util.Comparator<T>是一个函数式接口, 它有一个抽象方法:
```
public abstract int compare(T o1, T o2);
```
该方法接受两个对象作为参数, 并返回一个 int 值, 表示它们的顺序。

类 Collections 具有一个静态方法 sort, 能够对列表对象进行排序, sort 方法的定义如下:
```
public static <T> void sort(List<T> list, Comparator<? super T> c)
```
第一个参数是 List<T>, 该类型是 ArrayList<E>的父类型, 因此, Collections.sort()可以对 ArrayList 对象进行排序。第二个参数的类型是 Comparator 接口类型, 该接口是一个函数式接口, 因此第二个参数可以用 lambda 表达式, 也可以用匿名内部类对象。

程序清单 8-14 给出了一个使用 Comparator 接口的示例, 综合应用了匿名内部类和 lambda 表达式。该示例能够按自定义比较标准, 比较两个学生对象, 结合方法 Collections.sort()得到学生列表按某一标准的升序或降序排列结果。

程序清单 8-14　LambdaComparatorDemo.java

```
1    public class LambdaComparatorDemo {
2        public static void main(String[] args) {
3            Pupils[] pArray = {
4                    new Pupils("50103","关一",12,1.45),
```

```
5                new Pupils("40103","张二",11,1.43),
6                new Pupils("40105","赵三",13,1.63),
7                new Pupils("50109","李四",10,1.35),
8                new Pupils("60103","黄羽",9,1.41),
9                };
10        //由学生数组创建列表
11        ArrayList<Pupils> list = new ArrayList<>(Arrays.asList(pArray));
12        //按学号升序排列
13        System.out.println("按学号升序排列:");
14        Collections.sort(list, new Comparator<Pupils>(){
15            public int compare(Pupils o1, Pupils o2) {
16                if(o1.ID.compareTo(o2.ID) > 0)
17                    return 1;
18                else if(o1.ID == o2.ID)
19                    return 0;
20                else return -1;
21            }
22        });
23        list.forEach(e->System.out.print(e.ID + ":" + e.name + ";"));
24        //按学号降序排列,lambda 表达式原始形式
25        System.out.println("\n 按学号降序升序排列:");
26        Collections.sort(list, (o1, o2) -> {
27                if(o1.ID.compareTo(o2.ID) < 0)
28                    return 1;
29                else if(o1.ID == o2.ID)
30                    return 0;
31                else return -1;
32        });
33        list.forEach(e->System.out.print(e.ID + ":" + e.name + ";"));
34        //lambda 表达式静态方法引用
35        System.out.println("\n 按身高升序排列:");
36        Collections.sort(list, HeightAscComparator::cmp);
37        list.forEach(e->System.out.print(e.name +":"+ e.height +";"));
38        //lambda 表达式实例方法引用
39        System.out.println("\n 按身高降序排列:");
40        Collections.sort(list, new HeightDecComparator()::cmp);
41        list.forEach(e->System.out.print(e.name +":"+ e.height +";"));
42    }
43    //按身高升序比较器
44    private static class HeightAscComparator{
45        static int cmp(Pupils o1, Pupils o2) {
46            if(o1.height > o2.height)
47                return 1;
```

```
48                  else if(o1.height == o2.height)
49                      return 0;
50                  else return -1;
51              }
52          }
53          //按身高降序比较器
54          private static class HeightDecComparator{
55              int cmp(Pupils o1, Pupils o2) {
56                  if(o1.height < o2.height)
57                      return 1;
58                  else if(o1.height == o2.height)
59                      return 0;
60                  else return -1;
61              }
62          }
63      }
64      class Pupils{
65          String ID = "00000";    //学号
66          String name;            //姓名
67          int age;                //年龄
68          double height;          //身高
69          public Pupils(String iD, String name, int age, double height) {
70              ID = iD;
71              this.name = name;
72              this.age = age;
73              this.height = height;
74          }
75          public Pupils() {       }
76          }
77      }
```

其运行结果如下：

学号升序排列：
40103:张二;40105:赵三;50103:关一;50109:李四;60103:黄羽;
按学号降序升序排列：
60103:黄羽;50109:李四;50103:关一;40105:赵三;40103:张二;
按身高升序排列：
李四:1.35;黄羽:1.41;张二:1.43;关一:1.45;赵三:1.63;
按身高降序排列：
赵三:1.63;关一:1.45;张二:1.43;黄羽:1.41;李四:1.35;

程序清单 8-14 第 3～9 行定义了一个学生数组，具有 5 个学生对象。第 10 行基于学生对象创建了一个列表 list。第 14～22 行调用了 Collections.sort()方法，其第二个参数采用匿名内部类形式创建了一个匿名内部类对象。第 15～21 行重写了抽象方法 compare()，按学号 ID 的升序进行排序。第 23 行调用 forEach 方法，传递 lambda 表达式作为参数，输出按学号升序排序后的结果。第 26～32 行也调用了 Collections.sort()方法，其第二个参数采用 lambda 表达式，该 lambda 表达式的方法体采用降序比较器(第 27、28 行)。第 33 行也是调用 forEach 方法，传递 lambda 表达式作为参数，输出按学号降序排序后的结果。第 36 行调用了 Collections.sort()方法，其第二个参数采用静态方法引用，引用的方法在第 45～51 行。该静态方法位于私有静态内嵌类 HeightAscComparator 中(第 44～52 行)，其代码体现了按身高升序排列。类似地，第 40 行调用了 Collections.sort()方法，其第二个参数采用实例方法引用，引用的方法在第 55～61 行。该实例方法位于私有静态内嵌类 HeightDecComparator 中(第 54～62 行)，其代码体现了按身高降序排列。第 64～77 行定义了一个学生类 Pupils，并提供了两个构造方法。

习　　题

基础习题 8　　　　　　　编程习题 8

第9章 泛型与枚举

 教学目标

(1) 掌握泛型的概念。

(2) 掌握泛型集合和泛型类的使用。

(3) 理解泛型方法及用法。

(4) 掌握枚举的使用。

用户在使用集合处理对象时，经常需要进行强制类型转换，这很容易带来类型转换异常问题。为此，Java 引入泛型机制将代码的类型检查提前到编译期间进行，为类型安全提供保证。泛型将类型进行参数化，可以在类、接口、方法上使用。另外，在程序设计过程中，当需要表示一组固定的常量时，如颜色种类、菜单选项、命令行标志等，Java 语言可以使用枚举类型进行处理。本章围绕泛型、枚举等内容，首先介绍 Java 泛型的概念和使用，然后介绍枚举的定义和使用。

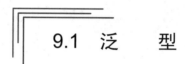

9.1 泛 型

9.1.1 泛型引入的原因

在编写程序时，程序员有时需要编写多个功能相同、仅数据类型不同的方法，比如一个方法处理 int 型数据，另一个方法处理 double 类型数据，还有一个方法处理 char 类型数据。这时，程序员可以用方法重载解决，编写多个重载方法处理每种数据类型。有没有更好的编程机制解决这种类型的问题呢？确实有，这就是泛型程序设计 (Generic Programming)。泛型程序设计是程序设计语言的一种风格或范式。泛型机制允许程序员在强类型程序设计语言中编写代码时使用一些以后才指定的类型，在实例化时作为参数指明这些类型。通过使用泛型机制，程序员只需要编写一个方法，就可以解决前面的问题。

Java 语言自 JDK1.5 引入泛型机制，在泛型机制出现之前，Java 语言采用了一种变通方法实现泛型编程，即使用 Object 类作为一个通用类型实现泛型编程。然而，使用 Object 进行泛型编程存在一些缺陷。下面以 ArrayList 对象的使用为例，说明使用 Object 进行泛型编程的缺陷。

在 JDK1.5 之前，ArrayList 类内部有一个 Object 类型的数组来实现泛型，早期 ArrayList 的部分实现代码如下：

```
public class ArrayList{
    private Object[] elementData;        //可存储任意一种引用类型
    public Object get(int i){…}
    public void add(Object c){…}
    …
}
```

在创建一个 ArrayList 对象并添加一些值后，如果需要获取一个值，必须进行强制类型转换，如下所示：

```
ArrayList nameList=new ArrayList();        //不知道存储什么类型数据
nameList.add("刘备");
nameList.add("关羽");
nameList.add("张飞");
String filename=(String)files.get(0);        //获取数据时需要进行强制类型转换
```

其次，在编译期没有进行数据类型检查，可能会导致一些不产生错误提示的错误代码，例如，上面代码中的 nameList 增加任何引用类型都可以，代码如下：

```
nameList.add(new Double(12.5));        //对应索引是 3
nameList.add(new java.util.Date( ));        //对应索引是 4
```

上面两行代码在编译时不会错误，在运行时，只要不取出这两个数据也不会出错。然而，如果需要取出数据进行处理时，就会产生运行时错误，例如下面代码：

```
for(int i =0; i<nameList.size();i++){
    String str = (String)nameList.get(i);
    System.out.println(str);
}
```

在编译时没问题，运行时，当 i = 0~2 时也没有问题，当 i = 3 时，就会产生运行时异常。为了避免这个问题，Java 语言在 JDK1.5 引入了泛型机制。泛型机制提供了类型参数，即把数据类型看作一个参数。例如，ArrayList 在 JDK1.5 之后变成了 ArrayList<E>，多了一个类型参数 E，E 可以是任何一种引用类型。例如，前面定义的 nameList，可以作出如下定义：

```
var nameList = new ArrayList<String>();        //清楚知道存储 String 类型数据
```

这时，向 nameList 增加数据时，Java 编译器会进行类型检测，防止插入错误类型的数据；从 nameList 使用 get 方法取数据时，不再需要进行强制类型转换。因此，Java 语言引入泛型机制可以让程序更易读，让程序更健壮，避免出现类型转换的问题。

在 Java 语言中，泛型允许在定义类、接口、方法时使用类型参数，在使用时再指定具体类型，因此，Java 语言中存在泛型类、泛型接口和泛型方法，接下来分别予以介绍。

9.1.2 泛型类

类型参数用于类的定义中，则该类被称为泛型类。泛型类封装了不针对任何特定数据类型的共性操作，可以处理多种类型数据，避免了为每种类型数据单独定义类的烦琐操作，提高了代码的复用性，同时保证类型安全性。当创建泛型类对象的时候，泛型类中的类型参数会被确定。

泛型类可以包括一个或多个未知类型，定义方式如下：

```
修饰符 class 类名<T₁, …, Tₙ>   { //类体 }
```

T_1, …, T_n 是泛型的类型变量，表示引用数据类型，在类名后使用尖括号< >包含，多个参数之间用逗号分隔。类型参数通常使用大写字母表示，常用的有：T、E、K、V、U等。通常，E 表示元素(Element)，多用于 Java 集合框架，K 和 V 分别表示表的关键字(Key)和值(Value)，N 表示数字(Number)，T 表示任意类型(Type)。当使用泛型时，可以用具体的类型替换类型参数来实例化(Instantiate)泛型类型。

下面给出了一个泛型类定义的简单示例，代码如下：

```java
public class ObjectTool<T> {
    private T obj;
    public T getObj() {
   return obj;    }
public void setObj(T obj) {
   this.obj = obj;    }        }
```

下面是使用 Object 类的简单示例，代码如下：

```java
public static void main(String[] args) {
    //创建对象并指定元素类型为字符串类型
    ObjectTool<String> tool = new ObjectTool< String >();
    tool.setObj("Guet");
    String s = tool.getObj();
    System.out.println(s);   //输出  Guet
    //创建对象并指定元素类型为整数类型
    ObjectTool<Integer> objectTool = new ObjectTool< Integer >();
    objectTool.setObj(2023);
    int i = objectTool.getObj();
    System.out.println(i);   //输出  2023
}
```

9.1.3 泛型接口

泛型接口表示接口定义时有一个或多个类型参数，定义方式如下：

```
修饰符 interface 接口名<T₁, …, Tₙ> { //接口体 }
```

程序清单 9-1 给出了一个泛型接口的示例。

程序清单 9-1　BrotherPrinter.java

```java
1    public class BrotherPrinter<T> implements Printer<T>{
2        public static void main(String[] args) {
3            var p1 = new BrotherPrinter<String>();
4            p1.print("打印字符串");
5            Printer<Integer> p2 = new BrotherPrinter<>();
6            p2.print(Integer.valueOf(100));
```

```
7          }
8          @Override
9          public void print(T t) {
10             System.out.println(t);
11         }
12     }
13     interface Printer<T>{
14         void print(T t);
15     }
```

运行结果如下：

```
打印字符串
100
```

程序清单 9-1 第 1～12 行定义了一个泛型类 BrotherPrinter<T>实现了接口 Printer<T>，第 2～7 行是一个测试用的 main 方法，第 3 行采用 var 关键字利用类型推断机制定义了引用变量 p1，第 4 行调用了接口方法 print()，第 5 行使用泛型接口声明一个类型，赋值语句右边的 new BrotherPrinter<>()，能够推断出是用 Integer 代替 T，第 7 行也是调用了接口方法，第 13～15 行定义了一个泛型接口 Printer<T>。因此，类 BrotherPrinter<T>必须实现接口的抽象方法 print()，如第 8～11 行所示。

程序清单 9-1 给出的示例是使用泛型类对泛型接口进行实现，那么不使用泛型类是否可以实现泛型接口呢？答案是可以的。只要在实现泛型接口时，用确定的引用类型去替代 T 即可，程序清单 9-2 在程序清单 9-1 的基础上给出了一个示例。

程序清单 9-2　StringPrinter.java

```
1   public class StringPrinter implements Printer<String>{
2       public static void main(String[] args) {
3           Printer<String> p1 = new StringPrinter();
4           p1.print("普通类实现泛型接口示例！");
5       }
6       @Override
7       public void print(String t) {
8           System.out.println(t);
9       }
10  }
```

其运行结果如下：

```
普通类实现泛型接口示例！
```

程序清单 9-2 在第 1 行指明了泛型接口中 T 的具体类型是 String，于是，在实现接口中的抽象方法时，也要把类型参数 T 替换为 String，如第 7 行所示。第 2～5 行对 StringPrinter 类进行了测试。

9.1.4　泛型方法

如果类和接口没有定义泛型，但是想在方法中使用泛型，例如，在方法中接收一个或多个泛型参数，此时可以将该方法定义为泛型方法，泛型方法定义的一般形式如下：

修饰符 $<T_1, \cdots, T_n>$ 返回值类型　方法名(方法参数) { //方法体 }

程序清单 9-3 给出了一个泛型方法的简单示例。

程序清单 9-3　GenericMethodDemo.java

```
1   public class GenericMethodDemo {
2       public static void main(String[] args) {
3           Integer[] intArray = { 1, 2, 3 };
4           printArray(intArray);
5           String[] stringArray = { "Hello", "Guet" };
6           printArray(stringArray);
7       }
8       //泛型方法定义
9       public static <E> void printArray(E[] inputArray) {
10          for (E element : inputArray) {
11              System.out.printf("%s ", element);
12          }
13          System.out.println();
14      }
15  }
```

其运行结果示例如下：

```
1 2 3
Hello Guet
```

程序清单 9-3 第 2～7 行对泛型方法进行了测试，第 9～14 行定义了一个静态泛型方法。

在使用泛型方法时，需要注意以下方面：

(1) 用于放置类型参数的<>应出现在方法的其他所有修饰符之后，并在方法的返回值类型之前，类型参数通常用单个大写字母表示；

(2) 只有引用类型才能作为泛型方法的类型参数；

(3) 构造方法、实例方法、静态方法都可以使用泛型；

(4) 一个方法可有多个类型参数，多个类型参数之间用逗号分开。

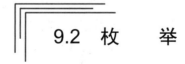

9.2　枚　　举

9.2.1　枚举引入的原因

在 Java 中，可以通过 static final 来定义常量。如果需要定义周一到周日这 7 个常量，可以用 7 个不同的 int 值表示，其代码如下：

```
public class Weekday {
    public static final int SUN = 0;
```

```
public static final int MON = 1;
public static final int TUE = 2;
public static final int WED = 3;
public static final int THU = 4;
public static final int FRI = 5;
public static final int SAT = 6;
}
```

无论是 int 常量还是 String 常量，使用这些常量来表示一组枚举值时，会有一个潜在的问题，即编译器无法检查每个值的合理性。例如，

```
if (weekday == 6 || weekday == 7) {
        // do something
}
```

上述代码编译和运行均不会报错，但还存在问题，Weekday 定义的常量范围是 0～6，并不包含 7，编译器无法检查不在枚举中的 int 值。为了让编译器能自动检查某个值是否在枚举集合内，可以使用 enum 关键字来定义枚举类，程序清单 9-4 给出了一个简单示例：

程序清单 9-4　SimpEnumDemo.java

```
1    public class SimpleEnumDemo {
2        public static void main(String[] args) {
3            Weekday day = Weekday.SUN;
4            if (day == Weekday.SAT || day == Weekday.SUN) {
5                System.out.println("Work at home!");
6            } else {
7                System.out.println("Work at office!");
8            }
9        }
10       enum Weekday { //定义一个枚举类
11           SUN, MON, TUE, WED, THU, FRI, SAT;
12       }
13   }
```

其运行结果示例如下：

```
Work at home!
```

程序清单 9-4 Weekday 可以作为一个数据类型来声明和定义变量，如第 3 行所示。枚举类型在引用其枚举值时，使用"枚举名.枚举值"，如第 3、4 行所示。第 10～12 行使用关键字 enum 定义了一个内嵌的枚举类型 Weekday，在定义体中列出了 7 个字符串常量。

与采用 int 定义的常量(本节开始处定义的 Weekday 类)相比，使用枚举有如下好处：首先，enum 常量本身带有类型信息，即 Weekday.SUN 类型是 Weekday，编译器会自动检查出类型错误。例如，下面的代码在比较整数值和枚举类型常量时会出错：

```
int day = 1;
if (day == Weekday.SUN) {
   // 编译错误 Compile error: bad operand types for binary operator '=='
}
```

其次，枚举不可能引用到非枚举的值。最后，不同类型的枚举不能互相比较或者赋值。例如，不能给一个 Weekday 枚举类型的变量赋值为 Color 枚举类型的值。通过枚举机制，编译器可以在编译期自动检查出可能的潜在错误。枚举是自定义类型的一个类，用来限制可能的取值，从而降低出错概率，提高代码的可读性和健壮性。

9.2.2　枚举的定义

枚举是一个枚举值的列表，每个枚举值都是一个合法标识符，通常标识符全部用大写字母，枚举值之间用逗号(,)隔开。枚举类型定义的一般格式如下：

enum 枚举名{枚举值 1, 枚举值 2, …, 枚举值 n}

例如，下面的语句定义了枚举类型 Level：

enum Level { LOW, MEDIUM, HIGH }

Level 是枚举类型名称，枚举值 LOW、MEDIUM、HIGH 类似于常量，在引用枚举值时，必须使用枚举类型名称作为限定词。例如，下面的语句定义了一个枚举类型变量：

Level level1 = Level.LOW;

Java 语言把枚举类型作为一个特殊的类对待，因此，枚举类型变量是一个引用变量。Java 语言中所有枚举类型都默认扩展一个抽象类 java.lang.Enum，该抽象类 Enum 是 Object 类的子类，实现了 Comparable 接口和 Serializable 接口。因此，枚举类型继承 Object 类的所有方法，实现了接口 Comparable 的 compareTo 方法，能够被序列化。而且，Enum 中还定义了如下两个方法：

(1) public String name()：返回对象的名称。

(2) public int ordinal()：返回和枚举值关联的序号值。

每个枚举类型都继承了抽象超类 Enum 的方法。另外，每个枚举类型还有一个有用的静态方法 values，该方法返回一个包含全部枚举值的数组。例如：

Level[] list=Level.values();　　//返回包含元素 Level.LOW, Level.MEDIUM, Level.HIGH 的数组

程序清单 9-5 给出了一个示例，展示了几个方法的使用。

程序清单 9-5　LevelEnumsDemo.java

```
1    public class LevelEnumsDemo {
2        enum Level{LOW, MEDIUM, HIGH}
3        public static void main(String[] args) {
4            Level[] list = Level.values();
5            System.out.print("调用 toString 方法:");
6            for(Level e: list)
7                System.out.print(e.toString()+" ");
8            System.out.print("\n 调用 name 方法:");
9            for(Level e: list)
10                System.out.print(e.name()+" ");
11            System.out.print("\n 调用 ordinal 方法:");
12            for(Level e: list)
13                System.out.print(e.ordinal()+" ");
14        }
```

```
15    }
```

其运行结果示例如下：

调用 toString 方法:LOW MEDIUM HIGH

调用 name 方法:LOW MEDIUM HIGH

调用 ordinal 方法:0 1 2

程序清单 9-5 第 2 行定义了内嵌枚举类型 Level(根据需要，枚举类型也可以定义成局部内嵌形式或顶层类形式)，第 4 行调用静态 values 方法，得到一个包含枚举类型所有元素的数组。第 6、7 行通过 for 循环调用了每个枚举元素的 toString 方法，第 9、10 行通过 for 循环调用了每个枚举元素的 name 方法，从运行结果看，这两个方法的返回值是一样的。然而，这两个方法也是有区别的，toString 方法可以在枚举类型定义时被重写，而 name 方法不能被重写。第 12、13 行通过 for 循环调用了每个枚举元素的 ordinal 方法，从而输出枚举元素对应的序号值。

Java 语言把枚举类型当作一个特殊的类，允许定义其构造方法和数据成员。每个枚举类型都扩展了 Enum 类，Enum 类具有一个构造方法：protected Enum(String name, int ordinal)，其中 name 是枚举常量的名称，ordinal 表示枚举常量的序号值。该构造方法可以被子类构造方法默认调用。

程序清单 9-6 给出了一个示例，定义了一个带有数据域和构造方法的枚举类型。

程序清单 9-6　LogisticsCompany.java

```
1    public enum LogisticsCompany {
2        SF("顺丰速运", 1001), YTO("圆通速递", 1002), STO("申通物流",1003);
3
4        private String company;          // 公司名称
5        private int code;                // 公司编码
6        private LogisticsCompany(String company, int code) { // 利用构造方法将变量赋值
7            this.company = company;
8            this.code = code;
9        }
10       public String getCompany() {     // 通过 get 方法获取指定值
11           return company;
12       }
13       public void setCompany(String company) {
14           this.company = company;
15       }
16       public int getCode() {
17           return code;
18       }
19       public void setCode(int code) {
20           this.code = code;
21       }
22   }
```

程序清单 9-6 第 2 行定义了枚举值,值的声明必须是枚举类型声明的第一条语句。第 4、

5 行分别定义了两个属性 company、code。构造方法在第 6～9 行中声明，当访问枚举值时，该构造方法自动被调用，且构造方法需要被声明为私有的，避免被直接调用。私有修饰符也可以省略，Java 编译器在编译时默认将其处理成私有构造方法。在第 2 行声明枚举值时，就调用了构造方法。

程序清单 9-7 给出了一个使用 LogisticsCompany 的示例。

程序清单 9-7　TestLogisticsEnum.java

```
1    public class TestLogisticsEnum {
2        public static void main(String[] args) {
3            var lcm = LogisticsCompany.SF;
4            System.out.print("枚举名:"+lcm.name());
5            System.out.print("\t\t 序号:"+lcm.ordinal());
6            System.out.print("\n 公司名称: "+lcm.getCompany() );
7            System.out.print("\t 公司代码:"+lcm.getCode());
8        }
9    }
```

其运行结果示例如下：

```
枚举名:SF    序号:0
公司名称:顺丰速运    公司代码:1001
```

程序清单 9-7 第 3 行定义了一个枚举类型变量 lcm，访问枚举值 LogisticsCompany.SF 时，JVM 自动调用构造方法，枚举值 SF("顺丰速运", 1001) 的两个参数("顺丰速运"、1001) 被传递给构造方法创建一个枚举类型对象，然后赋值给 lcm。然后，使用 lcm 可以调用枚举类型中定义的方法以及从 Enum 继承而来的方法。第 4、5 行的执行结果验证了 Enum 的构造方法在子类型 LogisticsCompany 中被自动调用。第 6、7 行调用了枚举类型 LogisticsCompany 自身定义的方法。

9.2.3　枚举与接口

枚举和类一样，也可以实现一个接口。程序清单 9-8 给出一个示例，展示了一个枚举类型实现的一个接口。

程序清单 9-8　ColorEnum.java

```
1    public enum ColorEnum implements ColorPrinter {
2        RED("红色", 1), GREEN("绿色", 2), BLANK("白色", 3),
3        YELLOW("黄色", 4);
4        private String name;              // 成员变量
5        private int index;                // 成员变量
6        private ColorEnum(String name, int index) {
7            this.name = name;
8            this.index = index;
9        }
10       public String getName() {
11           return this.name;
```

```
12              }
13              public int getIndex() {
14                  return index;
15              }
16          @Override
17          public void print() {
18              System.out.println("颜色名称:" + getName() +
19                      ",index:" + getIndex());
20          }
21      }
22      interface ColorPrinter{
23          void print();
24      }
```

程序清单 9-8 第 22～24 行定义了一个接口 ColorPrinter，第 1 行声明了一个枚举类型 ColorEnum 实现了该接口，并在第 16～20 行实现了该接口的抽象方法 print()。第 2、3 行是枚举类型 ColorEnum 的第一条语句，声明了枚举值。第 4、5 行声明了两个属性，第 6～9 行是私有构造方法，由 JVM 自动调用。第 10～15 行是两个 get 方法。

程序清单 9-9 给出一个示例是使用枚举类型 ColorEnum。

程序清单 9-9 TestColorEnum.java

```
1   public class TestColorEnum {
2       public static void main(String[] args) {
3           ColorEnum color1 = ColorEnum.GREEN;
4           color1.print();
5           ColorPrinter color2 = ColorEnum.RED;
6           color 2.print();
7           var color3 = ColorEnum.BLANK;
8           System.out.println(color3.name()+":"+ color3.ordinal());
9       }
10  }
```

其运行结果示例如下：
```
颜色名称:绿色,index:2
颜色名称:红色,index:1
BLANK:2
```

程序清单 9-9 第 3 行声明了枚举变量 color1，第 5 行声明了枚举类型 color2(使用接口 ColorPrinter)，第 7 行使用类型推断声明了枚举变量 color3。第 4 行、6 行、8 行通过调用方法进行了测试。

9.2.4 枚举与 if、switch

枚举变量具有一个值，可以通过比较枚举变量的值，形成逻辑条件，用于 if 语句中。枚举变量还可以用于 switch 语句。程序清单 9-10 给出了一个示例，枚举类型用于 if、switch 语句。

程序清单 9-10 TrafficLightDemo.java

```
1    public class TrafficLightDemo {
2        enum ColorLight{RED, GREEN, YELLOW}
3        public static void main(String[] args) throws Exception {
4            System.out.print("请输入当前灯的颜色(整数值:红-0,绿-1,黄-2):");
5            Scanner input = new Scanner(System.in);
6            int c = input.nextInt();
7            ColorLight curLight = curLight(c);
8            if(curLight.equals(ColorLight.GREEN))
9                    System.out.println("绿灯行!");
10           else if(curLight.equals(ColorLight.RED))
11                   System.out.println("红灯停!");
12           else
13                   System.out.println("黄灯等待!");
14           ColorLight nextLight = nextLight(curLight);
15           System.out.println("下一个灯是:"+nextLight.name()+":"+nextLight.ordinal());
16       }
17       public static ColorLight curLight(int i) throws Exception {
18           if(i==0)
19                   return ColorLight.RED;
20           else if(i==1)
21                   return ColorLight.GREEN;
22           else if(i==2)
23                   return ColorLight.YELLOW;
24           else
25                   throw new Exception("非法值! ");
26       }
27       public static ColorLight nextLight(ColorLight clight) {
28           switch(clight) {
29           case RED:
30                   return ColorLight.GREEN;
31           case GREEN:
32                   return ColorLight.YELLOW;
33           case YELLOW:
34                   return ColorLight.RED;
35           default: return ColorLight.YELLOW;
36           }
37       }
38   }
```

运行结果如下:

请输入当前灯的颜色(整数值:红-0,绿-1,黄-2):2

黄灯等待!

下一个灯是:RED:0

　　程序清单 9-10 第 2 行定义了一个枚举类型 ColorLight,第 8～13 行是枚举类型与 if 语句的联合使用。第 17～26 行定义了一个方法 curLight 获取当前交通灯的颜色,返回值是枚举值,需要使用枚举类型作为限定符。第 27～37 行定义了一个方法 nextLight 获取下一个交通灯的颜色,返回值也是枚举类型,方法参数也是枚举类型。在 switch 语句中,枚举值前面的枚举类型名称必须省略,例如,第 29 行不能写成 case ColorLight.RED。

　　9.3 和 9.4 小节的内容可扫二维码学习。

拓展阅读

集与 Map<K, V>

习　　题

基础习题 9

编程习题 9

第 10 章 异 常 处 理

 教学目标

(1) 理解异常处理的概念。

(2) 掌握异常的类型，并能够采用正确的方式进行定义。

(3) 掌握对异常的处理方法，能够进行异常捕获并进行处理。

(4) 掌握链式异常的创建。

(5) 理解自定义异常的编写。

对于一个 Java 应用程序而言，该程序能够在正常情况下正确运行，是对程序的基本要求。但是，程序在执行时，也会碰到一些非正常的情况。例如，程序要求用户打开一个指定位置的文件，但是这个文件因为某些原因被移动到其他位置或被删除了。此时，JVM 在执行该程序时会检测到该错误。如果程序员没有对该错误进行处理，那么 JVM 会简单地终止程序的执行。如果程序员希望对该错误进行处理以使得程序继续执行或者给出某种具体详细的提示信息再终止，那么程序员就需要使用 Java 语言提供的异常处理机制。

本章介绍 Java 语言提供的异常处理机制，包括异常的概念、异常类型、异常处理、链式异常、自定义异常等。

10.1 异常处理概述

在理想情况下，程序要求提供的数据应该正确提供，以确保程序的正确执行。例如，程序要求输入一个整数，用户应该输入整数，不能输入英文字母或标点符号。又如，程序要求打开的文件是始终存在的。但是，在现实世界中总会出现一些错误的情况。如果程序要求输入一个整数，而用户却不小心输入了一个英文字母，那么该程序在执行时，就会出现运行时错误。JVM 会检测到这个错误并终止程序的执行。在 Java 语言中，这种运行时错误就是异常。如果异常没有被程序员处理，那么程序将会由 JVM 直接终止。当异常出现时，程序员是否能对异常进行处理以使得程序继续运行，或者能在给出相关信息后由程序员决定终止程序的运行呢？答案是肯定的。Java 语言提供了异常处理机制让程序员对异常进行处理以控制程序的继续运行或优雅终止(即给出友好详细的相关提示信息后再终止)。

程序清单 10-1 给出了可能出现异常的一个示例，该示例要求用户输入一个 0～9 之间的整数，然而没有其他机制去确保用户输入的是 0～9 之间的整数。用户既有可能输入字母，也有可能输入浮点数，还有可能输入大于 9 的数。在正常情况下，用户根据提示正确输入数据，该程序就能正确运行。然而，当用户不小心输入字母、浮点数时，就会产生异常。

程序清单 10-1　LuckNumber.java

```
1       public class LuckNumber {
2           public static void main(String[] args) {
3               Scanner input = new Scanner(System.in);
4               System.out.print("请输入 0-9 之间的整数:");
5               int guessNumber = input.nextInt();
6               int luckNumber = (int)(Math.random()*10);
7               if(luckNumber == guessNumber)
8                   System.out.printf("您的幸运数字是%d,您猜对了!", luckNumber);
9               else
10                  System.out.printf("您的幸运数字是%d,您猜错了!",luckNumber);
11          }
12      }
```

其运行结果示例如下：

```
请输入 0-9 之间的整数:8↵
您的幸运数字是 7,您猜错了！
请输入 0-9 之间的整数:d↵
Exception in thread "main" java.util.InputMismatchException
    at java.base/java.util.Scanner.throwFor(Scanner.java:939)
    at java.base/java.util.Scanner.next(Scanner.java:1594)
    at java.base/java.util.Scanner.nextInt(Scanner.java:2258)
    at java.base/java.util.Scanner.nextInt(Scanner.java:2212)
    at javaSrc/chapt10.LuckNumber.main(LuckNumber.java:9)
请输入 0-9 之间的整数:12.5↵
Exception in thread "main" java.util.InputMismatchException
    at java.base/java.util.Scanner.throwFor(Scanner.java:939)
    at java.base/java.util.Scanner.next(Scanner.java:1594)
    at java.base/java.util.Scanner.nextInt(Scanner.java:2258)
    at java.base/java.util.Scanner.nextInt(Scanner.java:2212)
    at javaSrc/chapt10.LuckNumber.main(LuckNumber.java:9)
```

针对程序清单 10-1 所示的程序，当 JVM 在执行该程序检测到输入的数据不是整数时，就会抛出异常"InputMismatchException"(输入不匹配异常)，并直接停止程序的执行。JVM 给出的错误提示信息包含：通过异常类型回答"什么"被抛出，通过异常堆栈跟踪回答"在哪"抛出。

如果程序员希望在程序执行时出现异常后继续执行程序或者给出友好提示信息再终止程序，就需要对异常进行处理。例如，假如希望程序清单 10-1 所示的程序能够在遇到输入不匹配异常时，继续执行，那么可对其进行修改。程序清单 10-2 给出了修改后的程序，确保用户输入的数值是 0～9 之间的整数。如果用户输入的不是 0～9 之间的整数，则程序会给出提示信息，要求用户再次输入数据。

程序清单 10-2   LuckNumberExceptionHandle.java

```java
1    public class LuckNumberExceptionHandle {
2        public static void main(String[] args) {
3            Scanner input = new Scanner(System.in);
4            int guessNumber = -1;
5            //通过一个 do-while 循环结合异常处理，确保输入正确
6            do {
7                try {
8                    System.out.print("请输入 0-9 之间的整数:");
9                    guessNumber = input.nextInt();
10               }
11               catch(Exception e) {
12                   System.out.println("您输入的数据不合法，请再次输入!");
13                   input.nextLine();
14               }
15           }while(guessNumber>10||guessNumber<0);
16           //进行比对和输出
17           int luckNumber = (int)(Math.random()*10);
18           if(luckNumber == guessNumber)
19               System.out.printf("您的幸运数字是%d，您猜对了!", luckNumber);
20           else
21               System.out.printf("您的幸运数字是%d，您猜错了!", luckNumber);
22       }
23   }
```

其运行结果示例如下：

```
请输入 0-9 之间的整数:12.5↵
您输入的数据不合法,请再次输入!
请输入 0-9 之间的整数:a↵
您输入的数据不合法,请再次输入!
请输入 0-9 之间的整数:12↵
您输入的数据不合法,请再次输入!
请输入 0-9 之间的整数:8↵
您的幸运数字是 4，您猜错了!
```

程序清单 10-2 第 7～14 行是 try-catch 异常处理部分，第 7～10 行是 try 块，第 11～13 行是 catch 块。可能产生异常的代码需要放置在 try 块中，如第 9 行代码。try 块也可以包含不产生异常的代码，如第 8 行。当 try 块的第 9 行产生异常时，由第 10～13 行的 catch 块捕捉并处理。catch 块执行完后，再执行 catch 块之后的语句，即执行第 15 行代码，然后进入下一轮循环。

catch 块的头部 catch(Exception e)像一个带参数的方法头，Exception 是参数类型，参数 e 可以在 catch 块中使用。参数 e 称为 catch 块参数。在本例中，参数 e 的值由 try 块产生的异常决定。catch 块包含了两条语句，第 12 行输出提示信息，第 13 行为下一次输入清除输入标记。

从运行结果可以看出，当输入浮点数或英文字母等不合法数据时，均产生了异常并执行了 catch 块。当输入值不在 0～9 之间，直接进入下一次循环。

在 Java 语言中，异常处理用到的关键字除了程序清单 10-2 中的 try 和 catch，还有 throw、throws 和 finally，下面对这几个关键字进行说明。

(1) try：用于监听可能发生异常的代码。将可能发生异常的代码放在 try 块中，当 try 块内发生异常时，异常就被抛出。

(2) catch：用于捕获和处理异常。catch 用来捕获 try 语句块中发生的异常。catch 块类似于带参数的方法定义，参数类型匹配抛出的异常。如果异常类型匹配，那么异常对象传递给 catch 块参数。

(3) throw：用在方法体中，抛出异常对象，但不进行异常处理。throw 语句的基本语法形式是：

```
throw 异常对象;
```

该语句一般是在程序出现某种异常时，程序基于某种原因(如自身不处理、再次抛出等)而抛出该异常。

(4) throws：用在方法头中，声明该方法可能抛出的异常，方法自身无需处理这些异常。使用 throws 子句的基本的语法结构是：

```
[(修饰符)] (返回值类型) (方法名)([参数列表]) [throws 异常类型 1,异常类型 2,…]
```

当方法可能会抛出某种异常时，用 throws 声明可能抛出的异常。一个方法可能产生多个异常，因此，throws 后可以接多个异常类型，多个异常类型之间用逗号分隔。例如，假如一个方法 method1 可能产生 IOException、ArithmeticException，方法 method1 自身不处理这两个异常，那么其方法头可如下声明：

```
public static void method1(int i) throws IOException, ArithmeticException
```

(5) finally：在异常处理中，无论有无异常出现，只要出现了 finally 块，finally 块的语句总是会被执行的。finally 块中的代码主要用于回收在 try 块里打开的资源(如数据库连接、网络连接和磁盘文件等)，确保打开的资源得到释放。

图 10-1 给出了 Java 语言进行异常处理的基本流程，具体描述如下：

Step1：当程序运行出现异常之时，JVM 会根据异常的类型实例化一个异常类对象，然后进入 Step2。

Step2：JVM 在创建一个异常对象之后，接着判断当前程序是否存在异常检测的 try 块，进入 Step3。

Step3：如果当前程序不存在 try 块，那么 JVM 会进行默认的异常处理，进入 Step10。默认的处理方式为，输出异常信息，并终止程序的运行。如果存在 try 块，进入 Step4。

Step4：产生的异常对象可由相应的 catch 块捕捉，即产生的异常对象类型与 catch 头中的异常类型兼容，进入到 Step5，或者没有匹配到 catch 块(或者无 catch 块)，进入 Step6。

Step5：处理异常，进入 Step6。

Step6：判断是否存在 finally 块，如果存在转入 Step7；否则转入 Step10。

Step7：执行 finally 块，进入 Step8。

Step8：判断异常是否已处理，如果已被处理就进入 Step9；否则，即 Step4 执行时无 catch 块或没有匹配到 catch 块，进入 Step10。

Step9：继续执行异常处理之后的代码，直到结束。

Step10：JVM 默认处理异常方式，输出默认的异常提示信息，接着终止程序的执行。

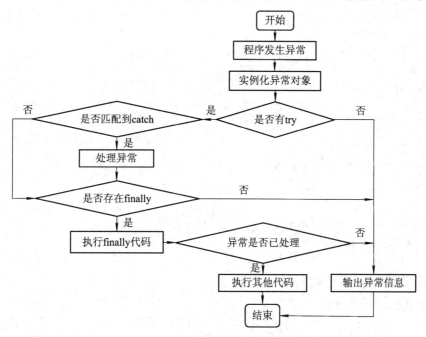

图 10-1 异常处理流程图

Java 语言异常处理的完整形式是 try-catch-finally 形式，包括 try 块、catch 块和 finally 块。try 块包括可能产生异常的代码，catch 块捕捉并处理产生的异常对象，finally 块无论有无异常均会执行，基本语法形式如下：

```
try{
    要检查的语句;
        …
}
catch(异常类异常对象){
    异常发生时的处理语句;
}
[
  finally{
      一定要执行的程序代码;
  }
]
```

当 try 块中产生一个异常时，try 后面的 catch 块就会被检查。如果发生的异常与 catch 块中的异常类型匹配，异常会被传递给该 catch 块参数，该过程与传递一个参数到方法的操作类似，然后，执行 catch 块中的语句。finally 块是可选的，包含无论有无异常必须要执行的语句。

try-catch-finally 形式也有几种变化形式：

(1) 无 catch 块的 try-finally 形式：只有 try 块和 finally 块，try 块产生的异常由 JVM 默认

处理。当 try 块中出现异常时，finally 块中语句会执行，而 finally 块后的语句就不再执行了。

(2) 无 finally 块的 try-catch 形式：只有 try 块和 catch 块，如程序清单 10-2 所示。

(3) 多 catch 块的 try-catch 形式或 try-catch-finally：在一个 try 块之后跟着多个 catch 块，每个 catch 块捕捉和处理一种类型的异常。

针对第 3 种形式，其一般语法形式如下所示(省略 finally 块)：

```
try{
    要检查的程序语句；
        …
}
catch(异常类 1 异常对象 1){
    异常对象 1 出现时的处理语句；
}
[
  catch(异常类 2 异常对象 2){
      异常对象 2 出现时的处理语句；
  }
  catch(异常类 3 异常对象 3){
      异常对象 3 出现时的处理语句；
  }
  …                    //如有需要可有更多 catch 块
]
```

try 块后面可以根据需要添加任意数量的 catch 块，同一个异常类型对象不能被两个不同的 catch 块捕捉和处理。当 try 块发生异常时，产生的异常首先和第一个 catch 块的异常类型进行匹配。如果产生的异常对象与异常类 1 匹配，那么就执行第一个 catch 块。如果不匹配，产生的异常会和第二个 catch 块进行匹配，依此类推，直到产生的异常被某个 catch 块捕获或者与所有的 catch 块都不匹配。如果都不匹配，JVM 会进入默认的异常处理流程。

需要注意的是，多个 catch 块进行异常处理时，如果不同 catch 块捕捉和处理的异常类型具有父类—子类关系，异常被指定的顺序是很重要的。处理异常子类的 catch 块应该放置在前面，处理异常父类的 catch 块要放置在后面。如果 catch 块的先后顺序不对，就会产生编译错误。例如，InputMismatchException 是 RuntimeException 的子类，如果一个 try 块后的多个 catch 块捕捉了这两种异常类型对象，那么捕捉和处理 InputMismatchException 的 catch 块必须在前面，捕捉 RuntimeException 的 catch 块在后面。如果多个 catch 块捕捉和处理的异常类型不具有父类—子类关系，那么异常被指定的顺序是没有关系的。

下面给出一个使用 try-catch-finally 完整形式的示例，该示例有两个 catch 块，其代码如程序清单 10-3 所示。

程序清单 10-3 DivideWithException.java

```
1    public class DivideWithException {
2        public static int divide(int num1, int num2) {
3            if(num2 == 0)
4                throw new ArithmeticException("除数不能是 0");
5            return num1 / num2;
```

```
6          }
7      public static void main(String[] args) {
8          try {
9              Scanner input = new Scanner(System.in);
10             System.out.print("请输入两个整数:");
11             int n1 = input.nextInt();
12             int n2 = input.nextInt();
13             int result = divide(n1, n2);
14             System.out.printf("%d / %d = %d\n", n1, n2, result);
15         }
16         catch(ArithmeticException e) {
17             System.out.println("catch 块:" + e);
18         }
19         catch(InputMismatchException e) {
20             System.out.println("catch 块:输入不匹配异常!");
21         }
22         finally {
23             System.out.println("finally 块执行!");
24         }
25         System.out.println("finally 块后语句执行!");
26     }
27  }
```

其运行结果示例如下:

请输入两个整数:12 8↵
12 / 8 = 1
finally 块执行!
finally 块后语句执行!
请输入两个整数:12 0↵
catch 块:java.lang.ArithmeticException: 除数不能是 0
finally 块执行!
finally 块后语句执行!
请输入两个整数:12 9a↵
catch 块:输入不匹配异常!
finally 块执行!
finally 块后语句执行!

程序清单 10-3 第 2～6 行定义了一个整数除法的方法 divide(),由于除数不能为零,在第 3～4 行,对除数不能为零的情况做了处理,即抛出一个算术异常对象 ArithmeticException。当第 4 行的 throw 语句得到执行时,后续第 5 行的 retrun 语句就不再执行了。这个被抛出的算术异常对象由调用方法处理。

在这个示例中,方法 divide() 对可能产生的异常不处理,通过 throw 语句把产生的异常对象抛出给调用方法来处理。这是一个好的做法,这也是调用 Java 库方法的情形。Java 语言提供的库方法可以检测错误,而如何处理错误交由调用方法处理,调用方法可以决定是否继续程序或终止程序。这也是 Java 语言异常处理的一个显著优点：将检测错误(被调用方法)和处理错误(调用方法)分离。例如，本例中第 11 行、12 行调用的 Java 库方法，也只是负责检测错误，处理错误由调用方法 main()进行处理。

程序清单 10-3 第 7~26 行是 main 方法，第 8~15 行是 try 块，第 16~18 行是第一个 catch 块，第 19~21 行是第二个 catch 块，第 22~24 行是一个 finally 块。第 25 行是一个测试用的输出语句。在 try 块中，第 11 行、12 行可能产生 InputMismatchException 异常，第 13 行可能产生 ArithmeticException 异常。第一个 catch 块对 ArithmeticException 异常进行捕捉和处理，第二个 catch 块对 InputMismatchException 异常进行捕捉和处理。这两个 catch 块出现的顺序可以交换，没有影响，因为这两个异常类型没有父类—子类关系。finally 块无论有无异常，始终被执行。当程序执行过程中遇到的异常进行了异常处理，try-catch-finally 块后的语句就会继续执行。

10.2　异常的类型

Java 程序在执行过程中，可能遇到的异常有：输入输出异常 IOException、算术异常 ArithmeticException、空指针异常 NullPointerException、类型强制转换异常 ClassCast Exception、数组下标越界异常 ArrayIndexOutOfBoundsException 等。这些异常类的根类是 java.lang.Throwable，所有的异常类直接或间接地继承 Throwable 类。Throwable 的父类是 Object 类，其直接子类是 Error 类和 Exception 类，如图 10-2 所示。根据继承体系，这些异常类可以分为两大类：系统错误和异常。

(1) 系统错误(systemerror)。系统错误用 Error 类表示，Error 类描述的是 Java 运行时系统的内部系统错误。系统错误不需要程序员处理，如果发生了系统错误，只能通知用户，并稳妥地终止程序。

(2) 异常(exception)。异常用 Exception 类表示，通常是由程序和外部环境所引起的错误，这些错误能被程序捕获和处理，程序员可对这类异常进行处理。自定义异常可以通过继承 Exception 类或其子类进行创建。

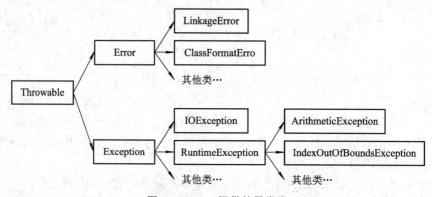

图 10-2　Java 提供的异常类

异常又分为两种类型：一个是运行时异常，一个是非运行时异常。

(1) 运行时异常。继承自 RuntimeException 类的异常都是运行时异常，该类异常是程序设计错误，是程序员可以避免的异常。例如，错误的强制类型转换，访问数组越界，访问 null 指针等。

(2) 非运行时异常。继承自 Exception 类但不是 RuntimeException 子类的异常类都是非运行时异常，主要是由 I/O 引发的异常，例如，试图打开一个文件，而这个文件不在指定位置或不存在、试图加载一个找不到的类、试图越过文件末尾读取数据等。

表 10-1 对一些常见异常进行了简要描述，更多的异常类介绍，可以查看 Java API 文档。其中 ArithmeticException、ArrayIndexOutOfBoundsException、NullPointerException、Illegal-Argument Exception 是运行时异常，其余的 3 个是非运行时异常。

表 10-1 常 见 异 常

异　　常	描　　　　述
ArithmeticException	当出现异常的运算条件时，抛出此异常。例如，一个整数"除以零"时，抛出此类
ArrayIndexOutOfBoundsException	用非法索引访问数组时抛出的异常。如果索引为负或大于等于数组大小，则该索引为非法索引
NullPointerException	当应用程序试图在需要对象的地方使用 null 时，抛出该异常
IllegalArgumentException	抛出的异常表明向方法传递了一个不合法或不正确的参数
IOException	与输入/输出出现的错误有关：当打开一个不存在的文件或试图越过文件尾读取数据时，会产生此异常
ClassCastException	当试图将对象强制转换为不是实例的子类时，抛出该异常
ClassNotFoundException	应用程序试图加载类时，找不到相应的类，抛出该异常

根据对异常处理的特点，异常可以分为两种类型：免检异常(Unckecked Exception)和必检异常(Checked Exception)。免检是指 Java 编译器不强制程序员对异常进行处理。必检是指 Java 编译器强制程序员对异常进行处理。

(1) 免检异常是 Error 和 RuntimeException 以及它们的子类。多数情况下，免检异常反映的是程序设计上不可恢复的逻辑错误。例如，除数为 0 的算术异常 ArithmeticException、错误的强制类型转换 ClassCastException、访问数组越界异常 ArrayIndexOutOfBounds Exception 等。在编译时，Java 编译器不会提示和发现此类异常，也不要求处理这些异常。免检异常可能出现在程序的任意位置，为避免过多地编写异常处理代码，一般需要修正代码，而不是通过异常处理器处理。

(2) 必检异常是除了 Error 和 RuntimeException 的其他异常，如数据库访问错误或其他错误信息的异常 SQLException、输入/输出异常 IOException 等。Java 编译器会强制要求程序员对这类异常进行处理(通过 try-catch-finally 块或在方法头声明)，否则编译不会通过。必检异常一般是由程序的运行环境导致的，程序可能被运行在各种未知的环境下，而程序员又无法干预用户如何使用他编写的程序，因此程序员应该为这样的异常做好预备处理的工作。

10.3 声明必检异常

必检异常除了使用 try-catch 块进行处理之外，还可以通过在方法头声明必检异常的形式进行处理。在 Java 语言中，JVM 执行的语句必定属于某个方法。一个方法不适用 try-catch 块进行处理，就必须声明它可能抛出的必检异常。例如：

```
public void openFile(String str) throws IOException, ClassCastException
```

需要注意的是，如果父类中的一个方法没有声明异常，那么该方法在子类中被重写时就不能声明异常。

对于免检异常，虽然也可以在方法头中声明，但是没有必要。

程序清单 10-4 给出了一个声明必检异常的示例，该示例抛出了两个必检异常。

程序清单 10-4   TestThrowsException.java

```
1    package chapt10;
2    import java.io.*;
3    public class TestThrowsException {
4        public static void main(String[] args) {
5            try {
6                openFile();
7            }
8            catch(FileNotFoundException e) {
9                System.out.println("文件不存在的错误!");
10               System.out.println(e);
11           }
12           catch(ClassNotFoundException e) {
13               System.out.println("未找到类的错误!");
14               System.out.println(e);
15           }
16       }
17       //该方法声明了两个必检异常
18       public static void openFile() throws FileNotFoundException, ClassNotFoundException{
19           Class<?> cls=Class.forName("ExceptionNoClass");
20           File file=new File("d://demo.txt");
21           FileInputStream out=new FileInputStream(file);
22       }
23   }
```

其运行结果示例如下：

```
未找到类的错误!
java.lang.ClassNotFoundException: ExceptionNoClass
```

如果程序清单 10-4 第 19 行语句被注释掉或者改为：

```
Class<?> cls=Class.forName("chapt10.TestThrowsException");
```

那么运行结果如下：

```
文件不存在的错误!
java.io.FileNotFoundException: d:\demo.txt (系统找不到指定的文件。)
```

程序清单 10-4 第 18 行的方法头声明了两个必检异常，都是 IOException 的子类。第 19 行的代码可能产生 ClassNotFoundException，第 21 行的代码可能产生 FileNotFoundException。

由于这两行可能产生的必检异常，而且方法 openFile 没有对异常进行处理，所以必须声明这两个异常，否则就产生编译错误。

10.4 重新抛出异常

如果一个 catch 块捕获了一个异常，不想处理它，或者只是简单地希望调用它的方法注意到该异常，那么 catch 块可以重新抛出该异常。重新抛出异常的语法形式如下所示：

```
try {
    可能产生异常的语句(组);
 }
catch (某异常类  ex ) {
    执行一些动作的语句(组);
    throw ex ;
}
```

语句 throw ex 是重新抛出异常给调用方法，调用方法可以决定如何处理异常 ex。

10.5 链式异常

在 catch 块重新抛出原始的异常时，有时候可能需要同原始异常一起抛出一个新异常(带有附加信息)，这被称为链式异常(Chained Exception)。通过执行链式异常的操作，可以调整异常，并抛出更高级别的异常来维护程序。

程序清单 10-5 展示了一个链式异常的例子。

程序清单 10-5 ChainedException.java

```
1    public class ChainedException {
2        public static void m1() throws Exception {
3            throw new Exception("|方法 m1 的异常|");
4        }
5        public static void m2() throws Exception
6        {
7            try {
8                m1();
9            }
10           catch(Exception ex){
11               throw new Exception("|方法 m2 的异常|",ex);
12           }
13       }
14       public static void main(String [] args) {
15           try {
16               m2();
```

```
17              }
18              catch(Exception ex) {
19                  ex.printStackTrace();
20              }
21          }
22      }
```

其运行结果示例如下：

```
java.lang.Exception:|方法 m2 的异常|
    at javaSrc/chapt10.ChainedException.m2(ChainedException.java:13)
    at javaSrc/chapt10.ChainedException.main(ChainedException.java:18)
Caused by: java.lang.Exception:|方法 m1 的异常|
    at javaSrc/chapt10.ChainedException.m1(ChainedException.java:5)
    at javaSrc/chapt10.ChainedException.m2(ChainedException.java:10)
    ... 1 more
```

程序清单 10-5 第 11 行在重新抛出异常时，以方法 m1 抛出的原始异常作为基础，构建了一个新的异常对象抛出，这就是链式异常。最后，在第 16 行调用方法 m2 时，产生了异常，并由第 18～20 行的 catch 块处理。在打印的方法栈跟踪信息中，可以看到：|方法 m1 的异常|，这说明方法 m1 产生的异常信息与方法 m2 产生的异常信息链接在一起了。

10.6 自定义异常

Java 提供了相当多的异常类，因此在进行异常处理时尽量使用 Java 提供的异常而不要创建自己的异常类。但是，有时会遇到预定义的异常类不能够描述出现的错误。因此，如果遇到一个不能用预定义异常类进行恰当问题描述的情况下，程序员可以通过继承 Exception 类及其子类来定义自己的异常类。例如，创建一个继承 Exception 类的自定义异常类，如下所示：

```
class  异常类名   extends Exception
{
    //类体
}
```

程序清单 10-6 给出了一个自定义异常 AgeException 的示例。该示例要求学生的年龄在 10～50 岁之间，不符合要求的数据，作为异常处理。

程序清单 10-6 AgeException.java

```
1    public class AgeException extends Exception {
2        private int age;
3        public int getAge() {
4            return age;
5        }
6        public AgeException(int age) {
7            super("合法年龄(10-50),当前值不合法:" + age);
```

```
8              this.age = age;
9          }
10     }
```

程序清单 10-6 第 1 行表示 AgeException 继承自 Exception 类。而 Exception 继承自 Throwable 类，于是 Throwable 类的方法既被 Exception 类继承，也被 AgeException 继承。

表 10-2 Throwable 类的方法列出了 Throwable 类的方法，自定义异常类也可以使用这些方法。

表 10-2　Throwable 类的方法

方　　法	描　　述
final void addSuppressed(Throwable ex)	将指定的异常附加到为传递此异常而被抑制的异常
Throwable fillInStackTrace()	填写执行堆栈跟踪
Throwable getCause()	如果原因不存在或未知，则返回此 throwable 的原因或 null
String getLocalizedMessage()	创建此 throwable 的本地化描述
String getMessage()	返回此 throwable 的详细消息字符串
StackTraceElement[] getStackTrace()	提供对 printStackTrace()打印的堆栈跟踪信息的编程访问
final Throwable getSuppressed()	返回一个数组，其中包含通常通过 try-with-resources 语句抑制的所有异常，以传递此异常
Throwable initCause(Throwable cause)	将此 throwable 的原因初始化为指定值
void printStackTrace()	将此 throwable 及其回溯打印到标准错误流
void printStackTrace(PrintStream s)	将此 throwable 及其回溯打印到指定的打印流
void printStackTrace(PrintWriter s)	将此 throwable 及其回溯打印到指定的打印编写器
void setStackTrace(StackTraceElement[] stackTrace)	设置将由 getStackTrace()返回并由 printStackTrace()和相关方法打印的堆栈跟踪元素
String toString()	返回此 throwable 的简短描述

由于 Exception 类包含四个构造方法，如表 10-3 所示，所以自定义异常类的构造方法可以根据需要调用不同版本的父类构造方法。表 10-3 中的第一个和第二个构造方法经常使用。例如，程序清单 10-6 第 9 行使用了 Exception 类的第二个构造方法。

表 10-3　Exception 构造方法

构造方法	描　　述
Exception()	构建一个没有消息的异常
Exception(String message)	构建一个具有指定消息 message 的异常
Exception(String message, Exception clause)	构建一个具有指定消息 message 和子句的异常，第二个参数 clause 也是一个异常对象
protected Exception(String message, Throwable cause, boolean enableSuppression, boolean writableStackTrace)	该构造方法不常用，在构建一个异常对象时，除了指定消息、子句，还要指定两个布尔变量控制是否支持 suppression、可写的跟踪栈

程序清单 10-7 HandleStuInfo.java 给出了使用自定义异常类 AgeException 的程序，该程序有一个 Student 类和一个测试类 HandleStuInfo。

程序清单 10-7 HandleStuInfo.java

```
1    public class HandleStuInfo {
2        public static void main(String[] args) {
3            try {
4                Student stu1 = new Student("2023001", "张三", 15);
5                Student stu2 = new Student("2023001", "张三", 65);
6            }
7            catch(AgeException e) {
8                System.out.println(e);
9            }
10           System.out.println("try-catch 后的语句。");
11       }
12   }
13   class Student {
14       String stuID;
15       String name;
16       int age;
17       public Student(String stuID, String name, int age)
18           throws AgeException    {
19           this.stuID = stuID;
20           this.name = name;
21           setAge(age);
22       }
23       public int getAge() {
24           return age;
25       }
26       public void setAge(int age) throws AgeException {
27           if(age>10 && age<50)
28               this.age = age;
29           else
30               throw new AgeException(age);
31       }
32   }
```

其运行结果示例如下：

```
chapt10.Ageexception: 合法年龄(10-50),当前值不合法: 65
try-catch 后的语句。
```

程序清单 10-7 HandleStuInfo.java 第 13～32 行定义了一个 Student 类。为了确保学生的年龄在 10～50 岁之间，第 26～31 行的 setAge()方法进行了异常声明，并基于检测在第 30 行抛出 AgeException 对象。第 17～22 行的构造方法调用 setAge()方法，由于该构造方法没有进行异常处理，所以在方法头中声明了 AgeException 异常。在 main 方法中，第 4 行是一个未产生异常的对象创建，第 7 行是一个产生 AgeException 的对象创建，被 catch 块捕捉，第 8 行输出异常信息。由于异常得到了处理，所以第 10 行的语句能够得到执行，输出测试信息：try-catch 后的语句。

10.7　异 常 新 特 性

在编程过程中，如果打开了外部资源(例如：文件、数据库连接、网络连接等)，在这些外部资源使用完毕后，需要手动关闭它们。因为这些外部资源不由 JVM 直接管理，所以无法利用 JVM 的垃圾回收机制。如果不能确保外部资源得到关闭，那么可能会出现外部资源泄露问题，导致系统崩溃，例如，数据库连接过多导致连接池溢出。

在 Java SE 7 以前，Java 没有自动关闭外部资源的语法特性，为了关闭外部资源，程序员通常需要在 finally 块中编写关闭外部资源的代码。为了避免遗漏关闭外部资源以及进一步简化代码，Java SE 7 新增 try-with-resource 语法，用于自动关闭资源，语法形式如下：

```
try(声明和创建资源){
    使用资源的语句(组);
}
```

资源需要在 try 关键字后的圆括号中声明和创建，并且是接口 AutoCloseable 的子类型，实现了 close()方法，如 Scanner 就是 AutoCloseable 的子类型，实现了 close()方法。资源的声明和创建必须在同一条语句中，而且可以在 try 后的圆括号中声明和创建多个资源。在花括号 {} 括起来的块中可使用创建的资源。当块结束时，自动调用资源的 close() 方法关闭资源。

下面两个示例完成的功能都是使用 Scanner 读取文本文件，程序清单 10-8 采用 try-catch-finally 实现，程序清单 10-9 采用 try-with-resource 实现。

程序清单 10-8　ReadFileTryCatch.java

```
1   import java.io.*;
2   import java.util.*;
3   public class ReadFileTryCatch {
4       public static void main(String[] args) {
5           Scanner sc = null;
6           File file = new File("d:/test1.txt");
7           try {
8               sc = new Scanner(file);
9               while (sc.hasNext()) {
10                  System.out.println(sc.nextLine());
11              }
12          }
13          catch (FileNotFoundException e) {
14              e.printStackTrace();
15          }
```

```
16          finally {
17              if (sc != null)
18              sc.close();
19          }
20      }
21   }
```

程序清单 10-9   ReadFileTryWithRes.java

```
1    public class ReadFileTryWithRes {
2        public static void main(String[] args)    throws FileNotFoundException {
3            File file = new File("d://test.txt");
4            try( Scanner scanner= new Scanner(file)){
5                while (scanner.hasNext()) {
6                    System.out.println(scanner.nextLine());
7                }
8            }
9        }
10   }
```

对比程序清单 10-8 与程序清单 10-9，可以发现，程序清单 10-9 更加简洁清晰，无须编写 catch 块、finally 块，还能确保资源关闭。

在 try-with-resources 语句中，需要注意的是，声明和创建一个资源必须在一条语句中，支持多个资源的创建，最后一个资源创建语句的分号(;)可以省略。一个示例如下：

```
try( Scanner input = new Scanner(new File("d://test1.txt"));
    PrintWriter output = new PrintWriter("d://test2.txt");    //这条语句的分号可省略
){
    while (scanner.hasNext())
        System.out.println(scanner.nextLine());
}
```

try-with-resource 语句还涉及另外一个特性，称作异常抑制。如果对外部资源进行处理(例如读或写)时产生了异常，且在随后关闭外部资源过程中又产生了异常，那么程序捕捉到的异常是对外部资源进行处理时产生的异常，关闭资源时产生的异常将被"抑制"，但未被丢弃。通过异常的 getSuppressed 方法，可以提取出被抑制的异常。

习　　题

基础习题 10

编程习题 10

第 11 章 文件与 I/O 流

 教学目标

(1) 理解输入/输出流的概念。

(2) 熟悉 java.io 包中类的层次结构。

(3) 理解文件的相关概念，掌握 File 类的使用。

(4) 能使用 Scanner、Printer 便捷处理文本文件。

(5) 理解文本 I/O 的抽象超类 Reader、Writer 提供的方法，能使用 FileReader/FileWriter、BufferedReader/BufferedWriter 进行文本 I/O 处理。

(6) 理解二进制 I/O 抽象超类 InputStream、OutpuStream 提供的方法，能使用 FileInput Stream/FileOutputStream、BufferedInputStream/BufferedOutputStream、DataInput Stream/DataOutputStream、ObjectInputStream/ObjectOutputStream 进行二进制 I/O。

(7) 理解随机访问文件概念，能使用 RandomAccessFile 类对文件进行随机访问处理。

在变量、数组和对象中存储的数据是暂时的，一旦程序结束它们就会丢失，为了能够持久地保存程序所产生的数据，需要将其保存到磁盘文件中。保存数据到磁盘文件涉及程序设计语言的输入/输出机制，与一般计算机语言相比，Java 将输入/输出的功能做了较大扩充。Java 采用 I/O 流机制来实现输入/输出，I/O 流对象为数据源和目的地之间建立一个输送通道。本章主要介绍文件、I/O 流相关概念和使用方法，包括 File 类、文本文件输入与输出、文本 I/O、二进制 I/O、随机访问文件、读取 Web 数据等内容。

11.1 I/O 流概述

I/O 流是 Java 语言中的类集合，用来实现输入/输出。根据流传输的方向，Java 语言将流分成输入流和输出流。输入流表示从一个数据源读取数据，输出流表示向一个目标写入数据。例如，输入流可从磁盘、光盘、网络、键盘等输入数据到内存，输出流可从内存输出数据到磁盘、显示器、网络等。I/O 流的本质是数据传输，是一组有顺序的、有起点和终点的字节集合。流是对数据传输的总称或抽象，流的来源端和目的端可看作是数据的生产者和消费者。

在 Java 语言中，输入(Input)是指从外部读入数据到内存。例如，把文件从磁盘读取到内存，从网络读取数据到内存等。输出(Output)是指把数据从内存输出到外部。例如，把数据从内存写到文件，把数据从内存输出到网络等。

I/O 流是一种按顺序读写数据的模式，它的特点是单向流动，数据类似自来水一样在水管中流动。I/O 流以字节(Byte)为最小单位，因此也称为二进制流。例如，如果要从磁盘读入一个文件，该文件有 5 个字节的数据，这时需要建立一个输入流，把这 5 个字节的数据按顺序流入到内存的目的地，如图 11-1 所示。反过来，如果要把 5 个字节的数据从内存中写出到磁盘文件，就需要建立一个输出流对象，把这 5 个字节的数据按顺序流出到磁盘的目的地。在 Java 中，按照"流"中处理数据单位的不同，可以将流分为二进制流和文本流。字节占 1 个 byte，即 8 个比特位，而字符占 2 个

图 11-1　Java 文件读写

byte，即 16 个比特位。二进制流操作的基本数据单元是字节，而文本流操作的基本数据单元是 2 个字节的字符，即每次读写两个字节，然后通过解码转换成字符。

　　二进制流和文本流的主要区别在于：① 两者每次读写的字节数不同，文本流是按块读写，二进制流是按字节(byte)读写；② 二进制流通常用于处理二进制文件，如数据文件、视频、音频、图像等，而文本流用于读写文本文件。文本文件通过文本编辑器或文本输出程序打开，其文本是人类可读的。而二进制文件通过文本编辑器或文本输出程序打开，看起来就是一堆乱码。然而，从计算机本身而言，它是不区分二进制文件与文本文件，它以二进制形式存储所有文件。因此，所有文件本质上都是二进制文件，而文本 I/O 是建立在二进制 I/O 之上的。

　　java.io 包几乎包含了所有操作输入、输出所需要的类，这些类代表了输入源和输出目标。java.io 包中的流支持很多种格式，如基本类型、对象、本地化字符集等。Java 为 I/O 提供了强大而灵活的支持，使其更广泛地应用到文件传输和网络编程中。Java 的 I/O 流共涉及 40 多个类，都是从 Reader(字符输入流)、Writer(字符输出流)、InputStream(字节输入流)、OutputStream(字节输出流)这 4 个抽象基类派生的。文本流的抽象父类是 Reader 和 Writer，二进制流的抽象父类是 InputStream 和 OutputStream，如图 11-2 所示。

　　Java 也提供了 3 个内置 I/O 流：标准输入流、标准输出流和标准错误输出流。

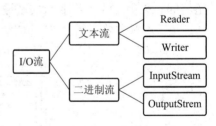

(1) System.in：标准输入流，默认设备是键盘。

(2) System.out：标准输出流，默认设备是控制台。

(3) System.err：错误输出流，默认设备是控制台。

图 11-2　Java I/O 基本类关系

11.2　文　　件

　　在计算机系统中，文件是非常重要的存储方式。文件是一个存储在磁盘中带有指定名称和目录路径的数据集合。文件是存储在存储器上的数据序列，可以包含任何数据内容，它是数据的集合和抽象。文件包括两种类型：文本文件和二进制文件。文本文件是基于字符编码的文件，常见的编码有 ASCII、Unicode、UTF-8 等。文本文件遵循统一的字符编码，在打开时，计算机会根据字符编码解析成编码表上对应的字符。数据在内存中以二进制的形式

进行存储，如果不加转换直接输出到外存，就是二进制文件。在 Java 中，当打开文件进行读写时，它会变成一个流。Java 中的输入流用于从文件读取数据(读操作)，输出流用于向文件写入数据(写操作)。

在文件系统中，每个文件都存放在某个目录下，可由绝对路径名或相对路径名来定位。绝对路径名是完整的，因此不需要其他信息来定位它所表示的文件。例如，在 Windows 系统下，一个绝对路径名 D:\\javaSrc\\Hello.java 定位了 D 盘下 javaSrc 目录中的 Hello.java 文件。在 UNIX 或 Linux 系统中，绝对路径名可能是 /usr/liu/javaSrc/Hello.java。

相对路径名是相对于当前工作目录的路径名，必须结合当前工作目录的信息才能定位其表示的文件。默认情况下，java.io 包中的类总是根据当前工作目录解析相对路径名。该目录由系统属性 user.dir 命名，通常是调用 Java 虚拟机的目录。例如，在 Windows 系统中，如果当前工作目录是 D:\javaSrc，那么表示文件 Hello.java 的相对路径名就是 Hello.java。在 UNIX 或 Linux 系统中，如果当前工作目录是/usr，那么相对路径名就是 liu/javaSrc/Hello.java。

本节将介绍 java.io.File 和 java.nio.FileSystem。

11.2.1　File 类

java.io 包提供了 File 类来操作文件和目录，该类主要用于文件和目录的创建、文件的查找和文件的删除等，不包括对文件内容读写的方法。

File 类常用构造方法有 3 个，如表 11-1 所示。一个文件的父(Parent)路径可以通过 File 类的 getParent()方法返回，是指除了最后一个名称的所有路径名构成的。例如，new File ("D:\\javaSrc \\Hello .java").getParent()返回 D:\javaSrc。

表 11-1　File 类常用构造方法

方　　法	描　　述
File(String pathname)	通过将给定的路径名字符串转换为抽象路径名来创建一个新的文件实例
File(String parent, String child)	从父路径名和子路径名字符串创建一个新的文件实例
File(File parent, String child)	从父抽象路径名和子路径名字符串创建一个新的文件实例

在表 11-1 中，第一个构造方法的描述中出现了一个概念——抽象路径名。什么是抽象路径名呢？一个抽象路径名由两个组成部分：

(1) 一个可选的依赖系统的前缀字符串，如 Windows 下使用的磁盘驱动器说明符，"/"表示 UNIX 根目录，或 "\\\\" 表示 Microsoft Windows UNC 路径名；

(2) 一个由零个或多个字符串名称组成的序列。

抽象路径名中的第一个名称可以是目录名，如果是 Microsoft Windows UNC 路径名，则可以是主机名。在一个抽象路径名中的每个后续名称表示一个目录；最后一个名称可以表示目录或文件。空的抽象路径名没有前缀，名称序列也为空。

构造 File 对象时，可以传入绝对路径名，也可以传入相对路径名，例如：

```
File f = new File("D:\\javaSrc\\Hello.java");        //绝对路径名
File f = new File("Hello.java");                     //相对路径名，假定当前工作目录是 D:\javaSrc
```

还可以分为父目录和子目录两个部分来创建，例如，

```
File f = new File("D:\\javaSrc ", "Hello.java");        //基于 File(String parent, String child)
File parent = new File("D:\\javaSrc ");
File f = new File(parent, "Hello.java");                //基于 File(File parent, String child)
```

需要注意的是，Windows 下使用\作为路径分隔符，在字符串中需要用"\\"表示\。Linux 平台使用/作为路径分隔符，例如：

```
File f = new File("/usr/bin/javac");
```

另外，传入相对路径时，可以用符号 . 表示当前目录，用符号 .. 表示上级目录。例如，假设当前目录是 D:\java，那么下面文件对象的相对路径如下：

```
File f1 = new File("sub\\javac");                //相对路径是 D:\java\sub\javac
File f3 = new File(".\\sub\\javac");             //相对路径是 D:\java\sub\javac
File f3 = new File("..\\sub\\javac");            //相对路径是 D:\sub\javac
```

需要注意的是，构造一个 File 对象并不会在机器上创建一个文件。在构造一个对象时，即使传入的文件或目录不存在，Java 编译器也不会报错。

表 11-2 列出了 File 类的常用方法。

表 11-2　File 类常用方法

方　法	描　述
public void createNewFile()	在指定位置创建一个空文件，成功就返回 true，如果已存在就不创建，然后返回 false
public boolean mkdir()	创建当前 File 对象表示的目录，如果创建成功则返回 true，否则返回 false
public boolean renameTo(File dest)	如果目标文件与源文件是在同一个路径下，那么 renameTo 的作用是重命名，如果目标文件与源文件不是在同一个路径下，renameTo 的作用就是剪切
public boolean exists()	判断文件或文件夹是否存在，若存在返回 true，否则 false
public boolean isFile()	判断是否是一个文件，是的话返回 true，如果不存在，则始终为 false
public boolean isDirectory()	是否是一个目录，若是则返回 true，否则为 false
public String getName()	获取文件或文件夹的名称，不包含上级路径
public String getAbsolutePath()	返回当前 File 对象的绝对路径名
public String getCanonicalPath()	返回当前 File 对象的规范路径名，规范路径名与绝对路径名的区别：从路径名中去掉冗余的名称(如"."，".")，将盘符变成大写字母(Windows 中)，解析符号链接(UNIX 中)
public String getPath()	返回当前 File 对象的路径，这个路径与创建对象时的路径相关
public String getParent()	返回当前 File 对象的父目录
public int length()	获取文件的大小(字节数)，如果文件不存在则返回 0L，如果是文件夹也返回 0L
public String[] list()	返回目录下的文件或者目录名，包含隐藏文件。对于文件这样操作会返回 null
public File[] listFiles()	返回目录下的文件或者目录对象(File 类实例)，包含隐藏文件。对于文件这样操作会返回 null

程序清单 11-1 演示了 File 类的使用。

程序清单 11-1 及运行结果

11.2.2 FileSystem 类

java.nio.FileSystem 类用于表示 Java 程序中的文件系统。要获取默认的 FileSystem 对象，需要使用 java.nio.FileSystems 类的 getDefault()静态方法，如下所示：

```
java.nio.FileSystem fs = java.nio.FileSystems.getDefault();
```

FileSystem 由一个或多个 FileStore 组成。FileSystem 的 getFileStores()方法返回 FileStore 对象的迭代器(Iterator)。FileSystem 的 getRootDirectories()方法返回 Path 对象的迭代器，它表示到所有顶级目录的路径。

程序清单 11-2 演示如何使用 FileSystem 对象。

程序清单 11-2 及运行结果

程序清单 11-2 第 9～11 行的代码输出运行结果的前两行，第 12～14 行代码输出运行结果的后两行。

11.3 文本文件输入与输出

下面介绍文本文件的读写操作。Java 语言提供了 java.util.Scanner 类，用于从文本文件中读取数据，也提供了 java.io.PrintWriter 类，用于向文本文件写数据。

11.3.1 Scanner 类

Scanner 类不仅用于读取用户的键盘输入，而且可以读取文本文件。为了从文本文件中读取数据，需要为文本文件创建一个 Scanner 对象，如下所示：

```
Scanner input = new Scanner(new File(文件路径名));
//该构造方法需要使用一个表示文本文件的 File 对象作为参数
```

表 11-3 列出了 Scanner 类的常用方法。

表 11-3　Scanner 类常用方法

方　　法	描　　述
String next()	返回 Scanner 的下一个完整标记，读取一个字符串
boolean hasNext()	如果 Scanner 的输入中有另一个标记，则返回 true
String nextLine()	读取当前行，返回行分隔符之前的字符串
byte nextByte()	将输入信息的下一个标记扫描为一个 byte
double nextDouble()	将输入信息的下一个标记扫描为一个 double
float nextFloat()	将输入信息的下一个标记扫描为一个 float
int nextInt()	将输入信息的下一个标记扫描为一个 int
short nextShort()	将输入信息的下一个标记扫描为一个 short
void close()	关闭扫描器

程序清单 11-3 给出了一个使用 Scanner 读取文本文件的示例。文本文件"data//成绩单.dat"的内容如下：

```
张三    85 95 80
李四    75 85 75
```

程序清单 11-3 及运行结果

程序清单 11-3 第 3 行创建了一个 File 对象表示文本文件，第 5 行创建了一个 Scanner 对象，该行代码需要对必检异常 FileNotFoundException 进行处理，于是在第 2 行进行了声明。然后，第 7～14 行通过一个循环，按顺序读取文本文件内容并输出。第 15 行调用 close() 方法关闭输入文件，释放资源。

Scanner 类包括基于标记的输入和基于行的输入两种方式。

基于标记的输入读取是用分隔符进行分隔的输入元素，默认情况下分隔符是空格(通常无需改变)。基于标记的输入方法有 next()、nextByte()、nextShort()、nextInt()、nextLong()、nextFloat()、nextDouble()。基于标记的输入方式首先跳过任意分隔符(默认是空格字符)，然后读取一个以分隔符结束的标记，接着根据使用的方法 nextByte()、nextShort()、nextInt()、nextLong()、nextFloat()、nextDouble()对标记进行转换，该标记会自动地被转换成相应的数据类型值。如果该标记和期望的数据类型不匹配，那么 JVM 就会抛出运行时异常 InputMismatchException。而如果使用的方法是 next()，那么就没有类型自动转换，直接读取一个由分隔符分隔的字符串。

基于行的输入方式使用的方法是 nextLine()，该方法读取一个以行分隔符结束的行。行分隔符字符串与系统有关，在 Windows 下是\r\n，在 Unix 下是\n，如果从键盘输入，那么每行以回车键 (Enter 键)结束，其对应字符\n。

需要注意的是，为了避免输入错误，不要在 nextByte()、nextShort()、nextInt()、nextLong()、 nextFloat()、nextDouble()、next()等基于标记的输入方法之后调用方法 nextLine()。如果在基于标记的读取方法之后调用 nextLine()方法，那么方法 nextLine()读取从这个分隔符(基于标记的读取方法所用的分隔符)开始，到这行的行分隔符结束区间的字符，前面的一个分隔符也被方法 nextLine()读取。例如，假设一个名为 readio.txt 的文本文件包含一行字符串：

```
12    789
```

在执行完如下代码后：

```
Scanner input = new Scanner(new File("readio.txt"));
int num = input.nextInt();
String strLine = input.nextLine();
```

num 的值为 12，而 strLine 中包含的字符是：' ', '7', '8', '9'。这是因为方法 nextLine()读取前面基于标记的输入方法 nextInt()的分隔符。

如果输入是从键盘输入，并为下面的代码输入 12，然后按回车键，接着输入 789，再按回车键：

```
Scanner input = new Scanner(System.in);
int num = input.nextInt();
String strLine = input.nextLine();
```

那么，num 的值为 12，strLine 是一个空串。为什么呢?这是因为基于标记的输入方法 nextInt()在读取完 12 后会在分隔符处停止，而此时分隔符是行分隔符(回车键)。于是，基于行的输入方法 nextLine()会读取从 nextInt()方法读取结束之处开始到行分隔符之间的字符。而在 12 之后接着就是行分隔符，无其他字符，故 nextLine()方法返回一个空串。因此，在一个基于标记的输入方法之后不要使用一个基于行的输入方法，避免出现错误。

11.3.2　PrintWriter 类

java.io.PrintWriter 类可用于创建一个文本文件，并向文本文件写入数据。PrintWriter 类与文本文件处理相关的构造方法有：

(1) PrintWriter(File file)：使用指定的文件对象创建一个新的 PrintWriter 对象。

(2) PrintWriter(String filename)：使用指定字符串文件名创建一个新的 PrintWriter 对象。

表 11-4 给出了 PrintWriter 类的常用 print 重载方法，PrintWriter 类也包括类似的 println 重载方法、printf 重载方法，print、println、printf 方法都可用于向文本文件写入各种类型的数据。

表 11-4　PrintWriter 类的常用方法

方　法	说　明
void print(String s)	将一个字符串写入文件
void print(char c)	将一个字符写入文件
void print(char[] cArray)	将一个字符数组写入文件
void print(int i)	将一个整数写入文件
void print(long l)	将一个长整数写入文件
void print(float f)	将一个单精度浮点数写入文件
void print(double d)	将一个双精度浮点数写入文件
void print(boolean b)	将一个布尔值写入文件

程序清单 11-4 给出了一个示例，向一个文本文件写入了两行数据：

张三　85 70 75

李四　90 95 85

程序清单 11-4 及运行结果

程序清单 11-4 第 3 行创建了一个 File 对象，如果文件已存在就结束程序(第 4~7 行)。如果不存在就继续执行。第 8 行创建了一个 PrintWriter 对象，使用了异常处理，并在第 2 行声明了异常，该对象可以被自动关闭。然后，第 9~20 行按顺序写入字符串、整数、字符。最终生成的文件保存了写入的数据。

11.4　文本 I/O

文本流处理的单元为两个字节的 Unicode 字符，可以操作字符、字符数组或字符串，适用于读写文本文件，文本流中的数据是以字符的形式出现的。文本文件是基于字符编码的文件。文本流是由 Java 虚拟机将字节转化为两个字节的 Unicode 字符构成，它对多国语言支持性较好。文本流的基类包括：Reader 和 Writer，它们都是抽象类，它们的一些常见子类如图 11-3 所示。通常，输入/输出的子类都是成对出现，由于本书篇幅有限，本节后续主要介绍 FileReader/FileWriter、BufferedReader/BufferedWriter。

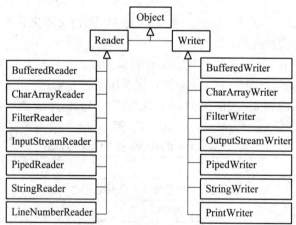

图 11-3　文本 I/O 相关类

Reader 类是文本输入流的抽象超类，以字符为单位进行读取。Reader 类的构造方法 protected Reader()主要用于被子类调用，完成具体子类输入流对象的初始化。表 11-5 列出了 Reader 类的常用方法。Writer 类是文本输出流的抽象超类，以字符为单位进行输出。Writer 类的构造方法为 protected。Writer()主要用于被子类调用，完成具体子类输出对象的初始化。表 11-6 列出了 Writer 类常见方法。

表 11-5 Reader 常用方法

方 法	描 述
int read()	读一个字符，返回值是读取的字符所对应的 Unicode 值(0~65 535)，如果到达流的末尾，返回值是 −1
int read(char[] cbuf)	从流中读取字符并存储在指定的数组中，返回值是读取的字符个数，如果到达流的末尾，返回值是 −1
abstract int read(char[] cbuf, int off, int len)	从输入流中读取 len 个字符到字符数组 cbuf，字符存储的起始位置从 off 开始，如果 len 为 0，则返回值为 0，如果到达输入流的末尾，返回值是 −1，否则，返回值是读取的字符数
boolean ready()	检查 Reader 是否准备好从流中读取字符
void mark()	标记流中当前读取数据的位置，不是所有字符流都支持 mark()操作
boolean markSupported()	判断当前流是否支持 mark()操作，默认实现返回 false
void reset()	重置流，如果流被标记过，则读取位置重定位到标记过的位置；如果流没有被标记过，则以一种合适的形式重置流，例如，读取位置重定位到开始位置
long skip(long n)	从流中跳过指定数量的字符，返回值是实际跳过的字符个数
long transferTo(Writer out)	从当前 reader 读取所有字符，按照它们被读取的顺序写到指定的输出流 out 中，返回值为转移的字符数
abstract void close()	关闭流并释放与其关联的所有系统资源

表 11-6 Writer 类常用方法

方 法	描 述
void write(int c)	写入单个字符 c
void write(char[] cbuf)	写入一个字符数组
void write(char [] cbuf, int off, int len)	写入一个字符数组 cbuf 的一部分，这部分是从 off 开始、长度为 len 的字符序列
void write(String s, int off, int len)	写入一个字符串
void write(String s, int off, int len)	写入一个字符串 s 的一部分，这部分是从 off 开始、长度为 len 的字符序列
abstract void close()	关闭流
abstract void flush()	刷新流，并强制将任何缓存区的字符写出

Reader 和 Writer 的常用方法被其子类所继承、重写或实现。这些方法一般都会引发 java.io.IOException 异常或 java.io.IOException 子类异常。

11.4.1 FileReader 与 FileWriter

文本 I/O 有两个常用类：FileReader、FileWriter，它们分别是 InputStreamReader、OutpuStreamWriter 的子类，继承了 Reader、Writer 类的常用方法，如表 11-5、表 11-6 所示。

FileReader 用于读取字符流，可从文本文件中读取文本，其构造方法有：

(1) FileReader(File file)：使用系统平台默认字符集，创建一个读取文件 file 文本的 FileReader 对象。

(2) FileReader(File file, Charset charset)：使用指定字符集 charset，创建一个读取文件 file 文本的 FileReader 对象。

(3) FileReader(String fileName)：与第 1 个构造方法相似，文件用字符串名称表示。

(4) FileReader(String fileName, Charset charset)：与第 2 个构造方法相似，文件用字符串名称表示。

在读取一个包含中文的文本文件时，有可能会出现乱码。例如，如果一个 Windows 系统的默认字符集编码是 GBK，那么使用上面的第 1 个或第 3 个构造方法创建一个 FileReader 对象，打开一个 UTF-8 编码的文本文件时，就会出现乱码。这时，需要在创建 FileReader 对象时指定编码，如下所示：

```
FileReader reader = new FileReader("readme.txt", StandardCharsets.UTF_8);
```

因此，在使用 FileReader 打开一个文本文件时，要弄清楚系统平台的默认字符集编码和文本文件的字符集编码。

FileWriter 用于写出字符流，可把字符写到文本文件，其构造方法主要有：

(1) FileWriter(File file)：使用系统平台默认字符集，创建一个向文件 file 写文本的 FileWriter 对象。

(2) FileWriter(File file, Charset charset)：使用指定字符集 charset，创建一个向文件 file 写文本的 FileWriter 对象。

(3) FileWriter(File file, boolean append)：使用系统平台默认字符集，创建一个向文件 file 写文本的 FileWriter 对象，通过 append 布尔值指明是否允许在文件末尾写入数据，若为 true，则在文件末尾写入数据而不是从文件开始处写入数据。

(4) FileWriter(File file, Charset charset, boolean append)：与第 3 个构造方法不同之处在于使用指定字符集 charset。

(5) FileWriter(String fileName)：与第 1 个构造方法相似，只不过文件对象用字符串文件名表示。

(6) FileWriter(String fileName, Charset charset)：与第 2 个构造方法相似，只不过文件对象用字符串文件名表示。

(7) FileWriter(String fileName, boolean append)：与第 3 个构造方法相似，只不过文件对象用字符串文件名表示。

(8) FileWriter(String fileName, Charset charset, boolean append)：与第 4 个构造方法相似，只不过文件对象用字符串文件名表示。

程序清单 11-5 给出了一个使用 FileReader/FileWriter 的示例。该示例向文本文件写入了两个学生的语文、数学、英语的成绩。

程序清单 11-5 及运行结果

程序清单 11-5 第 3 行创建了一个 File 对象，第 4 行创建一个 FileWriter 对象，当文件 textTest1.txt 不存在时，系统会创建该文件，并自动与创建的 FileWriter 对象关联；当文件

testText1.txt 已存在时，直接关联到创建的 FileWriter 对象。第 5 行和第 6 行分别向文本文件写入一行字符串。第 7 行关闭输出流。第 8 行创建了一个 FileReader 对象，第 9～12 行通过一个循环读取文件 testText1.txt 的所有内容。第 13 行关闭输入流。

在上面示例中，由于构造 FileWriter 对象时，没有用到参数 boolean append，所以 FileWriter 对象向文件 textTest1 写数据时，始终是从文件起始处开始写入。因此，上面的示例多次执行时，运行结果始终是上面的两行输出。

课外实践 1：读者可以尝试将程序清单 11-5 第 4 行代码，改成：

```
FileWriter out = new FileWriter(file, true);
```

然后，多次执行程序，查看 testText1.txt 文件的变化。

需要注意的是，当不再使用流时，记得将使用流对象的 close() 方法关闭，或者使用 try-with-resource 语句自动关闭，如程序清单 11-4 所示。如果不关闭流，则可能会导致文件的数据受损、浪费系统资源或导致其他错误。

11.4.2　BufferedReader 与 BufferedWriter

为了提高文本流读写的效率，Java 语言提供了 BufferedReader/BufferedWriter 类。这两个类是带有缓冲区的，在读写文本数据时，先把一批数据送到缓冲区再处理，避免了每次都从数据源读取数据并进行字符编码的转换，从而提高效率。BufferedReader/BufferedWriter 类都拥有一个 8 KB 字符的默认缓冲区。当 BufferedReader 对象在读取文本文件时，先从文件中读取字符并放入到缓冲区，当缓冲区满时，再把数据就送入内存进行处理。当 BufferedWriter 对象在向文本文件写数据时，首先把数据写到缓冲区，当缓冲区满时，再把数据写到文本文件中。

BufferedReader 构造方法有：

(1) BufferedReader(Reader in)：使用默认缓冲区大小创建一个字符缓冲输入流对象。

(2) BufferedReader(Reader in, int sz)：使用指定缓冲区大小创建一个字符缓冲输入流对象。

BufferedWriter 构造方法有：

(1) BufferedWriter (Writer out)：使用默认缓冲区大小创建一个字符缓冲输出流对象。

(2) BufferedWriter (Writer out, int sz)：使用指定缓冲区大小创建一个字符缓冲输出流对象。

BufferedReader/BufferedWriter 对从 Reader/Writer 继承而来的一些方法进行了重写，以支持缓冲区读写，它们的常用方法分别如表 11-7、表 11-8 所示。

表 11-7　BufferedReader 常用方法

方　　法	描　　述
int read()	从缓冲区读取一个字符
int read(char[] cbuf, int off, int len)	从缓冲输入流把字符序列读入到数组的一部分，这部分是从 off 下标开始的 len 个字符
String readLine()	从缓冲区读入一行文本，不包含任何行结束符，读到流的末尾会返回 null
boolean　ready()	判断此流是否可以读取
void reset()	将流重置到最近的标记
long skip(long n)	跳过 n 个字符

表 11-8　BufferedWriter 常用方法

方　法	描　述
void flush()	刷新流
void newLine()	向缓冲区输出流写一个行分隔符
void write(int c)	向缓冲区输出流写一个字符
void write(char[] cbuf, int off, int len)	向缓冲区输出流写一个字符数组的一部分，这部分是从 off 下标开始的 len 个字符
void write(String s, int off, int len)	向缓冲区输出流写一个字符串的一部分

程序清单 11-6 给出了一个使用 BuffferedReader/BufferedWriter 的示例。

程序清单 11-6 及运行结果

程序清单 11-6 第 3～6 行创建了字符缓冲流对象 input、output，input 对象从文本文件 textTest1.txt 读取文本字符，output 对象向文本文件 textNew1.txt 写入文本字符。第 9～15 行通过一个 while 循环使用 readLine()方法读取文本文件 textTest1.txt 的内容，当读到文件末尾时，返回 null 值，循环结束。第 11～13 行向文本文件 textNew1.txt 写入行号、读入的一行文本 str 和行分隔符。第 17～22 行通过 BufferedReader 类把刚创建的 textNew1.txt 的内容读入并输出，在第 20 行使用 read()方法读入，与第 9 行使用 readLine()方法不一样。

为了加速输入输出，应该总是使用缓冲区 I/O。当文件小时，性能提升不明显。当文件大时，性能提升差异就明显了。

下面通过一个小文件的读写，展示缓冲区 I/O 带来的性能改善，其中，程序清单 11-7 所示的程序是不使用缓冲区的，程序清单 11-8 是使用缓冲区的。

程序清单 11-7 及运行结果

程序清单 11-8 及运行结果

上面两个程序的运行结果取决于所采用的机器。当在本书编写组作者的一台机器上执行时，不使用缓冲区的程序执行时间是 141 ms，而使用缓冲区的程序执行时间是 111 ms，缓冲流的 I/O 性能更好，能减少 30 ms 执行时间。上面两个程序生成的文件 test1.dat、test2.dat 大小都是 4 KB，内容也是一样的。课外尝试，将循环次数调整到 10000、100000，再查看两个程序的时间差异。

11.5 二进制 I/O

二进制流用于处理以字节为单位的二进制文件，主要操作 byte 类型数据。二进制 I/O 不涉及编码和解码，比文本流更节省空间，且不用对换行符进行转换，因此比文本 I/O 更加高效。二进制流基类包括 OutputStream、InputStream。这两个类是抽象类，其一些常见子类如图 11-4 所示。本节后续介绍的子类有 FileInputStream/FileOutputStream、BufferedInputStream/BufferedOutputStream、DataInputStream/DataOutputStream、ObjectInputStream/ObjectOutputStream。

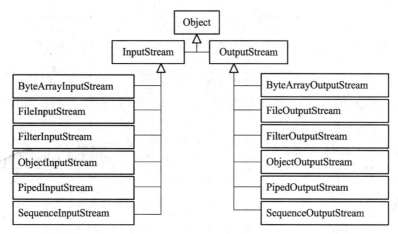

图 11-4　二进制 I/O 类关系

InputStream 类是二进制输入流的抽象超类，以字节为单位进行读入，其构造方法用于被子类调用，其常用方法如表 11-9 所示。

OutputStream 类是二进制输出流的抽象超类，以字节为单位进行输出，其构造方法也用于被子类调用，其常用方法如表 11-10 所示。

文本 I/O 建立在二进制 I/O 之上，因此，通过 InputStream/OutputStream 流可以构建 Reader/Writer 流，Reader/Writer 类的子类 InputStreamReader/OutputStreamWriter，用于将二进制 I/O 流转换为文本 I/O 流。例如，下面的代码将 FileInputStream 流转换到 InputStreamReader 流，再封装到字符缓冲输入流：

```
InputStream in1 = new FileInputStream("data/test.txt");
Reader in2 = new InputStreamReader(in1);
BufferedReader in3 = new BufferedReader(in3);   //提升效率，封装到字符缓冲输入流
```

在进行转换时，还可以制定编码，合并成一条语句，例如：

```
BufferedReader input = new BufferedReader(
  new InputStreamReader(new FileInputStream("data/test.txt"), "UTF-8") );
```

对于二进制输出流到文本输出流的转换可以采用与上面类似的代码完成。

InputStream 和 OutputStream 的常用方法被其子类所继承、重写或实现。这些方法一般都会引发 java.io.IOException 异常或 java.io.IOException 子类异常。

表 11-9　InputStream 常用方法

方　　法	描　　述
int available()	返回无阻塞情况下可以从此输入流读取(或跳过)的字节数的估计值，该值可能为 0，或者在检测到流结束时为 0
int read()	从输入流中读取下一个字节的数据。字节的值以 int 形式返回，其范围为 0~255。如果由于到达流的末尾而没有可用的字节，则返回值 −1
int read(byte[] b)	从输入流中读取一部分数量的字节并存储在指定的数组 b 中
int read(byte[] b, int off, int len)	从输入流中读取多达 len 字节数据到字节数组 b，数组起始下标从 off 开始。尝试读取多达 len 字节，但可以读取较小的数量。实际读取的字节数以整数形式返回
byte[] readAllBytes()	从输入流中读取所有剩余字节。此方法会产生阻塞，直到读取完所有剩余的字节，检测到流的末尾，或者抛出异常。此方法不会关闭输入流
byte[] readNBytes(int len)	从输入流中读取多达指定数量的字节。此方法会产生阻塞，直到读取完指定数量的字节，检测到流的末尾，或者抛出异常。此方法不会关闭输入流
int readNBytes(byte[] b, int off, int len)	将请求的字节数从输入流读取到给定的字节数组中。返回实际读取的字节数，可能为零。此方法不会关闭输入流
void reset()	将控制点返回到流中设置标记的点
void mark()	将此流重新定位到上次在此输入流上调用 mark 方法时的位置
boolean markSupported()	测试此输入流是否支持 mark 和 reset 方法
void close()	关闭输入流
long skip(long n)	跳过和丢弃输入流中的指定数量 n 的字节
void skipNBytes(long n)	跳过并丢弃此输入流中正好 n 个字节的数据
long transferTo(OutputStream out)	从该输入流读取所有字节，并按读取顺序将字节写入给定的输出流。返回时，此输入流将位于流的末尾。此方法不会关闭任何一个流

表 11-10　OutputStream 常用方法

方　　法	描　　述
void write(int b)	将指定的字节 b 写入到输出流
void write(byte[] b)	将指定字节数组 b 的所有字节写入到输出流
void write(byte[] b, int off, int len)	将指定字节数组 b 中的 len 个字节写入到输出流，起始下标从 off 开始
void flush()	冲洗此输出流，强制将任何缓冲的字节写出
void close()	关闭输出流

11.5.1 FileInputStream 与 FileOutputStream

FileInputStream(文件输入流)用于读取原始二进制字节流，如图像数据、音频数据等。FileInputStream 构造方法有：

(1) FileInputStream(File file)：通过打开与一个实际文件的连接来创建一个 FileInputStream 对象，该文件由 file 对象指定。

(2) FileInputStream(FileDescriptor fdObj)：使用文件描述符 fdObj 表示文件系统中的实际文件，打开与此实际文件的连接创建一个 FileInputStream 对象。

(3) FileInputStream(String name)：通过打开与一个实际文件的连接来创建一个 FileInputStream 对象，该文件由路径名 name 指定。

FileOutputStream(文件输出流)用于写入原始二进制字节流，如图像数据、音频数据等。FileOutputStream 构造方法有：

(1) FileOutputStream(File file)：创建一个文件输出流对象，以向由 file 对象表示的文件写入二进制数据。

(2) FileOutputStream(File file, boolean append)：创建一个文件输出流对象，以向由 file 对象表示的文件写入二进制数据，如果第二个参数为 true，那么字节将被写入到文件的末尾，而不是文件的开头。

(3) FileOutputStream(FileDescriptor fdObj)：创建一个文件输出流对象，以写入指定的文件描述符，该描述符表示与文件系统中实际文件的现有连接。

(4) FileOutputStream(String name)：与第一个构造方法相似，只是文件指定由字符串类型的文件名指定。

(5) FileOutputStream(String name, boolean append)：与第二个构造方法相似，只是文件指定由字符串类型的文件名指定。

FileInputStream/FileOutputStream 的常用方法从 InputStream/OutputStream 继承而来，如表 11-9、表 11-10 所示。

程序清单 11-9 给出了一个使用 FileInputStream/FileOutputStream 的示例。该示例创建一个 FileInputStream 对象 output 把一个字节数组 b 写入到一个二进制文件 temp1.bin 中。然后创建一个 FileOutpuStream 对象读取该二进制文件的内容，并输出。

程序清单 11-9 及运行结果

程序清单 11-9 第 3 行创建了一个文件输出流对象，第 4 行定义了一个字节数组，第 5 行向文件写一个字节数组。第 7 行创建了一个文件输入流对象，第 9~10 行通过 while 循环输出文件的所有字节。

11.5.2 BufferedInputStream 与 BufferedOutputStream

为了提升二进制 I/O 效率，Java 语言提供了 BufferedInputStream 与 BufferedOutputStream

类用于二进制流的缓冲处理,默认缓冲区大小也是 8KB。这两个类分别是 FilterInputStream、FilterOutputStream 的子类,是 InputStream、OutputStream 的间接子类。

BufferedInputStream 构造方法有:

(1) BufferedInputStream(InputStream in):以默认缓冲区创建一个新的二进制缓冲输入流对象,保存输入流参数 in,以便于后续缓冲处理时使用。

(2) BufferedInputStream(InputStream in, int size):以指定大小的缓冲区创建一个新的二进制缓冲输入流对象,并保存输入流参数 in,以便于后续缓冲处理时使用。

BufferedOutputStream 构造方法有:

(1) BufferedOutputStream(OutputStream out):以默认缓冲区创建一个新的二进制缓冲输出流对象,以便将数据写入指定的底层输出流。

(2) BufferedOutputStream(OutputStream out, int size):以指定大小的缓冲区创建一个新的二进制缓冲输出流对象,以便将数据写入指定的底层输出流。

BuffereInputStream/BufferedOutputStream 的常用方法与 InputStream/OutputStream 一致,如表 11-9、表 11-10 所示,没有增加新的方法。

程序清单 11-10 给出了一个使用 BufferedInputStream/BufferedOutputStream 的示例。

程序清单 11-10 及运行结果

程序清单 11-10 第 3、4 行创建了一个 BufferedOutputStream 对象,第 5、6 行通过一个循环向二进制文件 temp2.bin 写入了 100 个字节的数。第 8 行创建了一个 BufferedInputStream 对象,第 10 行创建了一个 100 个字节的数组 b,第 11 行把文件的 100 个字节读入到字节数组,第 13、14 行从字节数组最后一个字节开始输出 10 项。

为了提升输入输出效率,建议尽量使用缓冲流,尤其当数据量大时,缓冲流的性能优势就体现出来了。

11.5.3 DataInputStream 与 DataOutputStream

在二进制 I/O 流中,Java 语言提供了两个功能丰富的类:DataInputStream(数据输入流)和 DataOutputStream(数据输出流)。DataInputStream 能从二进制流读取字节,并将它们转换为合适的基本类型值或字符串。DataOutputStream 能将基本类型值或字符串转换为字节,再将字节输出到二进制流。DataInputStream 和 DataOutputStream 分别继承了 FilterInputStream 和 FilterOutputStream,从而继承了 InputStream 和 OutputStream 的方法。而且,DataInputStream 和 DataOutputStream 分别实现了接口 DataInput 和 DataOutput。

接口 DataInput 的方法如表 11-11 所示,接口 DataOutput 的方法如表 11-12 所示。

DataInputStream 汇集了来自于 InputStream、接口 DataInput 的方法。DataOutputStream 汇集了来自于 OutputStream、接口 DataOutput 的方法。

表 11-11　DataInput 的常用方法

方　法	描　述
boolean readBoolean()	从输入流读取 1 字节并返回一个 boolean 值
byte readByte()	从输入流读取 1 字节并返回一个 byte 值
char readChar()	从输入流读取 2 字节并返回一个字符
void readFully(byte[] b)	从输入流中读取一些字节并将其存储到字节数组 b 中。读取的字节数等于 b 的长度
void readFully(byte[] b, int off, int len)	从输入流中读取 len 个字节并将其存储到字节数组 b 中，字节存储到数组的起始下标是 off
short readShort()	从输入流读取 2 字节并返回一个 short 值
int readInt()	从输入流读取 4 字节并返回一个 int 值
int readLong()	从输入流读取 8 字节并返回一个 long 值
float readFloat()	从输入流读取 4 字节并返回一个 float 值
double readDouble()	从输入流读取 8 字节并返回一个 double 值
String readLine()	从输入流读取并返回一行字符
String readUTF()	从输入流以 UTF 格式读取并返回一个字符串

表 11-12　DataOutput 的常用方法

方　法	描　述
void writeBoolean(boolean v)	将一个 boolean 值以 1 个字节写入基础输出流
void writeByte(int v)	将 v 的低 8 位 bit 写入基础输出流
void writeBytes(String s)	将字符串 s 以字节序列写入基础输入流
void writechar(int v)	将 v 的低 2 个字节写入基础输出流(高字节优先)
void writeChars(String s)	将字符串 s 以字符序列写入基础输入流
void writeShort(int v)	将 v 低 2 个字节写入基础输出流(高字节优先)
void writeInt(int v)	将 v(4 个字节)写入基础输出流(高字节优先)
void writeLong(long v)	将 v(8 个字节)写入基础输出流(高字节优先)
void writeFloat(float v)	使用 float 类的 floatToIntBits 方法将 v 转换为 int 值，再将该 int 值(4 字节)写入基础输出流(高字节优先)
void writeDouble(double v)	使用 double 类的 doubleToLongBits 方法将 v 转换为 long 值，再将该 long 值(8 字节)写入基础输出流(高字节优先)
void writeUTF(String str)	以独立于机器的方式,使用修改后的 UTF-8 编码将字符串写入基础输出流

DataInputStream 和 DataOutputStream 的构造方法如下：

(1) DataInputStream(InputStream in)：使用指定基础输入流 in，创建一个数据输入流对象。

(2) DataOutputStream(OutputStream out)：使用指定的基础输出流 out，创建一个数据输出流对象，把数据写入到指定基础输出流 out。

程序清单 11-11 给出了一个使用 DataInputStream/DataOutputStream 的示例，该示例在二进制文件写入两行记录，然后读取该二进制文件的内容并输出。

程序清单 11-11 及运行结果

程序清单 11-11 第 3、4 行创建了一个 DataOutputStream 对象，第 5～12 行在二进制文件写出了两条记录。第 14、15 行创建了一个 DataInputStream 对象，第 16～21 行按顺序依次读取文件内容并输出。

由于 DataInput 接口的读取方法在读到文件末尾时会抛出 java.io.EOFException，因此，异常 EOFException 可用于检查是否已经到达文件末尾，一个示例如程序清单 11-12 所示。

程序清单 11-12 及运行结果

程序清单 11-12 第 4～8 行创建了一个 DataOutputStream 对象，向二进制文件写了 10 个字节的数据。第 9、10 行创建了一个 DataInputStream 对象，第 12～15 行通过一个无限循环读取文件的数据，当读到文件末尾时，第 13 行抛出 EOFException 异常，从而跳出循环，结束程序。

11.5.4 ObjectInputStream 与 ObjectOutputStream

ObjectInputStream/ObjectOutputStream 不仅可以实现基本数据类型与字符串的输入输出，还可以实现对象的输入输出，是比 DataInputStream/DataOutputStream 功能更加丰富的二进制 I/O 流。ObjectInputStream/ObjectOutputStream 分别是 InputStream/OutputStream 的子类，分别实现了 ObjectInput/ObjectOutput 接口。

接口 ObjectInput 是接口 DataInput 的子接口，继承了 DataInput 的方法，并新增了一个方法：Object readObject()，用于读取一个对象。同样地，接口 ObjectOutput 是接口 DataOutput 的子接口，继承了 DataOutput 的方法，并新增了一个方法：void writeObject(Object o)，用于写入一个对象。ObjectInputStream 和 ObjectOutputStream 的构造方法如下：

(1) ObjectInputStream(InputStream in)：创建一个 ObjectInputStream 对象，从指定 InputStream 流 in 中读取。

(2) ObjectOutputStream(OutputStream out)：创建一个 ObjectOuputStream 对象，写入指定 OutputStream 流 out 中。

由于 ObjectInputStream/ObjectOutputStream 包含了 DataInputStream/DataOutputStream 的所有功能，所以前者可以替代后者。于是，对于程序清单 11-11 所示的程序，代码中出现 DataInputStream、DataOutputStream 的地方分别用 ObjectInputStream、ObjectOutputStream 替代，程序的功能不变。为了体现 ObjectInputStream/ObjectOutputStream 的新增功能，在程序清单 11-11 所示的程序功能基础之上，新增记录时间，时间用 Date 对象表示，其代码如程序清单 11-13 所示。

程序清单 11-13 及运行结果

　　程序清单 11-13 第 6 行写入一个对象，第 18 行相应的读出一个对象，由于 readObject() 方法返回的是一个 Object 类型，因此需要进行强制类型转换。而且，readObject() 方法可能会抛出异常 java.lang.ClassNotFoundException。其原因在于：JVM 恢复一个对象时，如果加载该对象对应的类，就需要先加载这个类。如果 JVM 在加载这个类时没有找到这个类，就会抛出异常 ClassNotFoundException。异常 ClassNotFoundException 是一个必检异常，因此第 2、3 行声明抛出它。另外，需要注意的是，并不是所有对象都可以写到输出流。可以写到输出流的对象称为可序列化的(Serializable)对象。可序列化对象是 java.io.Serializable 接口的实例，因此，可序列化对象对应的类必须实现接口 Serializable。

　　接口 Serializable 是一个标记接口，没有方法，因此，不需要为实现该接口增加额外的代码。实现该接口意味着可以启动 Java 语言的序列化机制，自动存储对象和数组。例如，考虑一个场景，程序要存储一个 ArrayList 对象 list，而 list 中每个元素是一个对象，这个对象又包含了其他对象。在这种场景下，进行对象存储就是一个繁琐的过程。为了避免程序员处理这种烦琐过程，Java 语言提供了一个内在机制以支持自动完成写对象的过程，被称为对象序列化，该机制在 ObjectOutputStream 中实现的。相应地，读取对象的过程被称为对象反序列化，它是在 ObjectInputStream 中实现的。

　　Java API 提供的类实现了接口 Serializable 的有：所有针对基本数据类型值的包装类、BigInteger、BigDecimal、String、StringBuilder、StringBuffer、java.util.Date、ArrayList 等。当存储一个可序列化对象时，JVM 会对该对象的类进行编码。编码包括类名、类的签名、对象实例变量的值以及该对象引用的任何其他对象的闭包，但不存储对象静态变量的值。另外，如果存储一个不支持接口 Serializable 的对象会产生一个 NotSerializableException 异常。如果一个 ArrayList 对象中每个元素都是可以序列化的，那么 ArrayList 对象就是可序列化。如果一个数组的每个元素都是可以序列化，那么这个数组是可以序列化的。

　　程序清单 11-14 给出了一个序列化 ArrayList、数组的示例。程序清单 11-14 第 4 行创建了一个 ArrayList 对象 stuList，它的每个元素是 Student 对象。第 5～7 行往对象 stuList 增加了 3 个元素。第 8 行创建并初始化一个字符串数组 names，第 9 行创建并初始化一个整型数组 scores。第 10、11 行创建了一个 ObjectOutputStream 对象，第 12～14 行分别写入 stuList、names、scores。第 16、17 行创建了一个 ObjectOutputStream 对象，第 18～20 行按顺序读取了 3 个对象，这 3 行都要进行强制类型转换。然后，第 21～27 行通过 3 个循环输出读取的内容。第 31～44 行定义了 Student 类，实现 Serializable 接口。

程序清单 11-14 及运行结果

11.6 随机访问文件

通过前面的学习，我们知道 FileInputStream 或 FileReader 可用来读文件，然而它们都有一个不足之处，那就是只能从文件开始处读取数据，按顺序读到文件末尾。对于 FileOutputStream 或 FileWriter 而言，它们也只能从文件开始处写数据或文件末尾处写数据。这些流可称为顺序(sequential)流。使用顺序流打开的文件称为顺序访问文件。

但是，我们有时候需要修改文件，且需要在文件的任意位置上进行读写，Java 语言为此提供了 RandomAccessFile 类。使用 RandomAccessFile 类打开的文件称为随机访问文件，随机访问文件可以支持在文件任意位置上进行读写。

RandomAccessFile 类的父类是 Object 类，并实现了 DataInput 和 DataOutput 接口，因此，RandomAccessFile 类与 DataInputStream/DataOutputStream 一样，能够对基本数据类型和字符串进行输入输出。除了接口 DataInput 和 DataOutput 中的方法，其他常用方法如表 11-13 所示。

表 11-13 RandomAccesseFile 部分常用方法

方 法	描 述
long getFilePointer()	返回以字节数衡量的从文件开始的偏移量，下一次读取或写入从该偏移量位置进行
long length()	返回该文件的字节数
int read()	从该文件中读取一个字节的数据，在流的末尾返回 −1
int read(byte[] b)	从该文件读取最多 b.length 个字节数据到字节数组 b
int read(byte[] b, int off, int len)	从该文件读取最多 len 个字节数据到字节数组 b，字节存储到 b 的起始位置是 off
void seek(long pos)	设置从该文件开始处测量的文件指针偏移量(以字节为单位)，在该偏移量处进行下一次读取或写入。偏移量可以设置在文件末尾之外。设置文件末尾以外的偏移不会更改文件长度。只有在偏移量设置为超过文件末尾之后，才能通过写入来更改文件长度
void setLength(long newLength)	设置此文件的长度。如果 length 方法返回的文件当前长度大于 newLength，则文件将被截断。在这种情况下，如果 getFilePointer 方法返回的文件偏移量大于 newLength，那么在该方法返回后，偏移量将等于 newLength； 如果 length 方法返回的文件当前长度小于 newLength 参数，则文件将被扩展。在这种情况下，不定义文件的扩展部分的内容
int skipBytes(int n)	跳过 n 字节的输入，丢弃跳过的字节
void write(int b)	从当前文件指针开始将指定的字节 b 写入此文件
void write(byte[] b)	从当前文件指针开始将指定字节数组 b 中的所有字节写入此文件
void write(byte[] b, int off, int len)	从当前文件指针开始将指定字节数组 b 中从 off 开始的 len 个字节写入此文件
void close()	关闭该文件流并释放与该流关联的所有系统资源

RandomAccessFile 有两个构造方法：

(1) RandomAccessFile(String fileName,String mode)：使用指定文件名称和模式创建一个随机访问文件流。

(2) RandomAccessFile(File file, String mode)：使用指定文件对象和模式创建一个随机访问的文件流。

两个构造方法中的参数 mode 指定打开文件的访问模式，允许值及其含义如表 11-14 所示。

表 11-14 参数 mode 取值及含义

值	含 义
"r"	打开文件只读，调用任何 write 方法将导致 IOException 异常
"rw"	打开文件以进行读写，如果文件不存在，将会创建该文件
"rws"	打开文件以进行读写，还要求对文件内容或元数据的每次更新都同步写入底层存储设备
"rwd"	打开以进行读写，还要求对文件内容的每次更新都同步写入底层存储设备

随机访问文件处理的基本原理为：随机访问文件被看作是一个字节序列，一个被称为文件指针(File Pointer)的特殊标记来定位字节的位置。文件下一次读写操作是基于文件指针所指的位置进行的。当打开文件时，文件指针指向文件起始处，此时文件指针偏移量为 0。当进行一次读/写后，文件指针就会前移到下一个数据项。例如，打开一个已有文件从文件起始处进行读取，如果调用 readInt()读取一个 int 数据后，那么文件指针会向前移动 4 个字节，指到偏移量为 4 的位置。假设 rafObj 是一个 RandomAccessFile 对象，那么 rafObj.seek(0)可以让文件指针移到文件的起始处，rafObj.seek(v)可以让文件指针移动偏移量为 v 的位置，rafObj.seek(rafObj. length())可以让文件指针移动到文件末尾。rafObj.getFilePointer()方法可以获取文件指针的当前位置。

程序清单 11-15 给出了一个使用 RandomAccessFile 的示例。

程序清单 11-15 及运行结果

程序清单 11-15 所示程序给出了良好的注释，这个例子清晰展示了文件指针移动与读写之间的关系。

习　　题

基础习题 11

编程习题 11

第 12 章 JavaFX 图形用户界面程序设计

教学目标

(1) 区分 JavaFX、Swing 和 AWT。

(2) 理解舞台、场景和节点间的关系。

(3) 使用 GridePane、BorderPane、TitledPane、HBox 和 Vbox 等实现界面布局。

(4) 了解节点的通用属性 style。

(5) 使用 Color 类创建颜色。

(6) 使用 Font 创建字体。

(7) 使用 Image 类创建图形以及使用 ImageView 创建图形视图。

(8) 理解事件、事件源以及事件类。

(9) 定义处理器类、注册处理器对象以及编写处理器代码。

(10) 使用内部类、匿名类和 lambda 表达式进行事件处理。

(11) 使用 Button 类创建具有文本和图形的按钮，并设置处理器。

(12) 使用 TableView 显示数据记录集。

(13) 使用菜单栏控件设置菜单项。

(14) 使用 JavaFX Chart 控件绘制常用图表图形。

JavaFX 是开发 Java 图形用户界面程序的新框架。本章主要讲解 JavaFX 编程的基础，介绍如何使用 JavaFX 进行界面的规划布局，讨论图形用户界面程序中的事件及其相应处理程序，进一步介绍如何利用多种基本控件如按钮、标签、文本、图形、列表、菜单、图表等实现应用程序的功能。

12.1 JavaFX 概述

JavaFX 17 是一种用于创建富客户端的应用程序平台，可开发与操作系统和硬件无关的 GUI 应用程序以及嵌入式系统。开发人员能够设计、创建、测试、调试和部署在不同平台上一致运行的富客户端应用程序。JavaFX 支持 UI(User Interface，用户界面)开发和后端业务逻辑分离，也支持 UI 显示内容和显示样式的分离。JavaFX 支持使用 FXML 脚本语言开发 UI，在 Java 代码中仅仅实现业务逻辑，这样可以实现 UI 开发和业务逻辑的分离。此外，JavaFX 程序可以使用层叠样式表(Cascade Style Sheets，CSS)将前台内容与样式分离，以便

GUI 开发人员可以通过 CSS 轻松自定义应用程序的外观和样式。

在 JavaFX 之前，Java 程序员主要使用 AWT 和 Swing 两种工具包开发 GUI。

AWT(Abstract Window Toolkit，抽象窗口工具包)提供了一套与本地图形界面进行交互的接口，是 Java 用于开发 GUI 的基本工具。AWT 中的图形方法与操作系统所提供的图形方法之间有着一一对应的关系，称为 peers。当利用 AWT 编写 GUI 时，实际上是在利用本地操作系统所提供的图形库。由于不同操作系统的图形库所提供的样式和功能是不一样的，因此在一个平台上存在的功能在另一个平台上可能不存在。于是，为了实现 Java 语言所宣称的"一次编写，到处运行(write once, run anywhere)"的理念，AWT 不得不通过牺牲功能来实现平台无关性，AWT 所提供的图形功能是各种操作系统所提供的图形功能的交集。

Swing 是在 Java SE 1.1 中引入的 GUI 工具包。从 Java SE 1.2 开始，Swing 成为 Java 标准库的一部分，并在后续的 JDK 版本中得到增强和改进。使用 Swing 来开发 GUI 比 AWT 更加优秀。因为 Swing 是一种轻量级控件，它是由纯 Java 实现，不再依赖于本地平台的图形接口，可以在所有平台上保持相同的运行效果，对跨平台支持更加出色。除此之外，Swing 提供了比 AWT 更多的 UI 控件，可以用简洁代码开发出美观的 GUI 程序。

JavaFX 是一个用于创建富客户端应用程序的 GUI 库，提供了丰富的 UI 控件、布局、图形、多媒体和动画等功能，使开发人员能够更好地开发功能强大的 GUI 应用程序。

2007 年，从 Java SE 7 update6 开始，JavaFX 作为 Java 标准库的一部分推出。到了 2011 年，从 Java SE 11 开始，Oracle 决定将 JavaFX 从 Java SE 中移除，并将其作为一个独立的开源项目进行维护。因此，从 Java 11 开始，JavaFX 不再是默认包含在 JDK 中的，需要单独下载和安装。

尽管 JavaFX 被剥离出 JDK，但它仍然与 Java 密切相关。JavaFX 使用 Java 语言编写，并且可以与 Java API 无缝集成。开发人员可以使用 Java 编写业务逻辑和数据处理部分，而使用 JavaFX 创建用户界面。JavaFX 还支持与其他 Java 库和框架的集成，如 Java 标准库、Swing、Spring 等。

JavaFX 作为一个全新的 GUI 平台，可取代 Swing 和 AWT，具有如下优势：

(1) JavaFX 融入了现代图形用户界面技术以方便用户开发富因特网(RIA)应用。RIA 是一种 Web 应用，可以表现出一般桌面应用具有的特点和功能。

(2) JavaFX 支持 FXML 脚本，以类似于用 HTML 编写 Web 图形用户界面的方式来编写 JavaFX 图形用户界面。因此，FXML 使用户能够将 JavaFX 布局代码与应用程序代码的其余部分分开。

(3) JavaFX 可以无缝地在桌面或者 Web 浏览器中运行并提供动画、2D/3D、音频视频等多媒体支持。

(4) JavaFX 为各种移动终端如平板等提供了多点触控支持。

最新版本的 JavaFX 17 主要功能和改进包括：

(1) 新增了一个名为"Modena Dark"的样式表，使 JavaFX 应用程序能够轻松实现深色主题。

(2) 改进了 WebView 控件的性能和可靠性，使用了从 Chromium(Chrome 浏览器)封装而来的新 Web 引擎，支持更广泛的 Web 标准。

(3) 改进了 TableView 控件的多选模式，允许在整行、单元格和多行多列之间进行选择。

(4) 提供了对音频输出设备的支持，这对于需要处理音频流的 JavaFX 应用程序非常有用。

(5) 支持运行时的 JIT 编译，能够提高 JavaFX 应用程序的性能。

(6) 更新了 JavaFX 中使用的 JVM 版本，可支持 OpenJDK 17。

(7) 提供了一些其他改进和 bug 修复，大幅改善了 JavaFX 应用程序的可靠性和稳定性。

12.2　JavaFX 程序的基本结构

通过编写一个简单 JavaFX 程序，演示一个 JavaFX 程序的基本结构。JavaFX 程序是一类特殊的应用程序，JavaFX 程序的类需扩展 javafx.application.Application 类，并重写 start 方法，如程序清单 12-1 所示。

程序清单 12-1 及运行结果

图 12-1　JavaFX 入门程序

程序的运行界面如图 12-1 所示。JavaFX 程序可以从命令行窗体或从一个 IDE(如 Eclipse)中启动。

程序清单 12-1 第 7 行对 Application 类的 start 方法进行改写。当一个 JavaFX 程序启动时，JVM 使用主类 FirstJavaFX 的无参构造方法创建一个实例，同时会调用其改写的 start 方法。start 方法通常用于把 UI 控件放到一个场景(Scene)中，再把场景放置到舞台(Stage)，最后显示舞台。

结合程序清单 12-1，第 8 行创建了一个 UI 控件 lb1，第 9 行创建了一个场景对象，使用构造方法 Scene(Node node, double width, double height)指定场景的宽度、高度，并将节点(Node)对象 node 放置到场景。接着，第 10 行使用主舞台对象 primaryStage 调用 setScene 方法，将场景加载到舞台。主舞台对象 primaryStage 来自方法 start 的参数，是由 JVM 在 JavaFX 程序启动时自动创建的。一个舞台对象实际上是一个窗体。第 11 行设置主舞台对象的标题，第 12 行显示舞台。由此看出，JavaFX 用剧院的演出类比 UI，舞台对象是一个支持场景的平台，节点对象如同在场景中演出的道具和演员。

第 14～16 行是一个 main 方法，调用了 launch 方法(第 15 行)。launch 方法是 Application 类的静态方法，用于启动一个独立的 JavaFX 程序。当从命令行启动 JavaFX 程序时，main 方法(第 14～16 行)不是必需的。当从命令行启动一个没有 main 方法的 JavaFX 程序时，JVM 会自动调用 launch 方法以运行程序。当从一个不完全支持 JavaFX 的 IDE 中启动或需要通过命令行参数给 launch 方法传递参数时，main 方法是需要的。对于 JavaFX 程序，建议始终采用 main 方法(如第 14～16 行)，本书所有 JavaFX 程序都提供了 main 方法。为了节省篇幅，后续的程序清单不再展示 main 方法。

FirstJavaFX 是一个简单的 JavaFX 程序，包含了 JavaFX 程序的基本架构——舞台 Stage、场景 Scene 和场景图 Scene Graph，如图 12-2 所示。

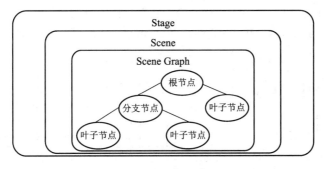

图 12-2　JavaFX 程序基本架构

1. 舞台 Stage

Stage 表示一个窗口，是所有 JavaFX 对象的容器。一个应用程序至少有一个主窗口即主舞台，它由 JVM 自动创建，并以实参的形式传递给 start 方法。另外，用户可根据需要，在 JavaFX 程序中创建其他的舞台 Stage 并显示，如程序清单 12-2 所示，程序运行效果如图 12-3 所示，有两个窗口(舞台)出现。

程序清单 12-2 及运行结果

图 12-3　SecondJavaFx 运行界面

2. 场景 Scene

场景 Scene 包含了 JavaFX 应用程序的所有物理内容(节点)。Javafx.scene.Scene 类提供了处理场景对象的方法。通常，需要为舞台设置一个场景，所有待显示的节点对象应全部放入场景对象中。

3. 场景图 Scene Graph

场景图 Scene Graph 并不是一个具体的类，它是场景中所有节点 Node 的集合。节点是舞台上可视化的元素，可以是按钮、文本框、布局面板、图像、单选按钮、复选框等。场景内的所有节点构成一个集合，这个集合在场景中呈现时，构成一幅图画，称为场景图。为了便于管理，场景图内的节点以树状结构进行组织，即场景图中的节点总有一个根，其他节点是这个根的分支节点或者叶子节点。通常，JavaFX 程序使用某种布局面板作为根节点，其他节点作为其子节点。

JavaFX 主要类之间的关系如图 12-4 所示。Scene 类和 Stage 类是聚合关系，在一个 Stage 对象中可以放置一个或多个 Scene 对象。Parent 类是一个抽象类，表示场景图中具有子节点的所有节点的基类，和 Scene 类也是聚合关系，因此，在一个 Scene 对象中可以放置一个或多个 Parent 类的实例(各种具体的面板对象和 UI 控件)。Pane 类是布局面板的基类，具有一系列子类，如 FlowPane、GridPane、BorderPane 等。Control 类的子类(未画出)有 Label、TextField、TextArea、Button、CheckBox 等。

Node 类是 Parent、ImageView、Shape 的抽象父类，与 Pane 类是聚合关系，在一个 Pane 对象中可以放置一个或多个 Node 类实例(Node 具体子类对象)。于是，Node 类实例通过放置到 Pane 对象，再被 Scene 对象所容纳，Node 类实例不能直接放置到场景。Shape 类的子类(未画出)有 Text、Line、Circle、Ellipse、Rectangle、Arc、Polygon、Polyline 等。

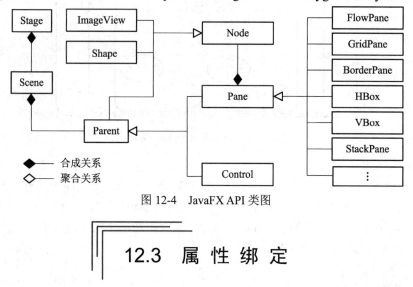

图 12-4　JavaFX API 类图

12.3　属 性 绑 定

JavaFX 引入了属性绑定，可将一个目标对象和一个源对象绑定。当源对象的值发生改变时，目标对象的值也会随着改变。目标对象称为绑定对象或绑定属性，源对象称为可绑定对象或可观察对象。目标对象 tObj 采用 bind 方法和源对象 sObj 进行绑定，如下所示：

```
tObj.bind(sObj);
```

bind 方法在 javafx.beans.property.Property 接口中定义。目标对象是 javafx.Beans.property.Property 的一个实例，许多 JavaFX 类(面板、节点等)的属性都是 Property 的实例。源对象是 javafx.beans.value.ObservableValue 接口的一个实例。ObservableValue 实例是一个包装了值的实体，允许值发生改变时被观察到。

JavaFX 为基本数据类型和 String 定义了绑定属性。对于 double、float、long、int、boolean 的值，其绑定属性分别是 DoubleProperty、FloatProperty、LongProperty、IntegerProperty、BooleanProperty，它们都是抽象类，它们的具体子类需要在前面加 Simple，如 SimpleDoubleProperty、SimpleBooleanProperty。对于 String 值，其绑定属性是 StringProperty。上述属性同时也是 ObservableValue 的子类型，因此可以作为源对象进行属性绑定。

程序清单 12-3 展示了属性绑定的两种情况：单向绑定和双向绑定。

程序清单 12-3 及运行结果

程序清单 12-3 第 8 行使用 bind 方法进行单向绑定，每当修改 num2 的值，num1 的值随之改变。第 14 行对 num2、num3 进行双向绑定，无论修改 num2 或 num3，另一个对象随之改变。因此，第 15 行在修改 num3 的值为 66 时，num2 变为 66，由于 num1 绑定了 num2，num1 也变为 66。

12.4　布局面板和组

JavaFX 提供多种类型的面板，作为组织、定位、布局其内部节点的容器。表 12-1 中列出了 JavaFX 的常用面板类，javafx.scene.layout.Pane 是这些类的基类。

表 12-1　布局面板类明细表

类	说　明
Pane	面板类的基类，以 getChiledren()返回内部节点列表
HBox	单行水平布局内部节点
VBox	单列垂直布局内部节点
StackPane	居中，以堆栈式放置所有内部节点
BorderPane	面板划分为顶部、底部、左侧、右侧和中间区域，用于分区域放置节点
FlowPane	以水平或垂直往复折返式放置节点
GridPane	内部节点以网格式布局

javafx.scene.Group 用于将节点组成一个逻辑组来进行转换或缩放。例如，下面的代码通过一个循环将 5 个矩形添加到 Group 对象 g 中，如下所示：

```
1    Group g = new Group();
2    for (int i = 0; i < 5; i++) {
3        Rectangle r = new Rectangle();
4        r.setY(i * 20);
5        r.setWidth(100);
6        r.setHeight(10);
7        r.setFill(Color.RED);
8        g.getChildren().add(r);
9    }
```

往一个组中增加节点对象时，需要先调用 getChildren()方法获得一个列表对象，再调用 add 方法添加节点对象。

12.4.1　Pane 面板

Pane 面板是所有面板类的基类，它对内部节点对象的显示位置不施加任何控制。节点通过它们自身的属性如 x、centerX 或 layoutX 等进行定位，这称为绝对定位，是一种将形状或节点放置在屏幕上某个位置的方法。Pane 面板根据其容纳的节点调整自己的大小，不会直接铺满整个 stage 舞台。Pane 面板提供了两个构造方法：

(1) public Pane()：创建一个 Pane 对象，默认使用 Pos.Center 对齐方式。

(2) public Pane(Node … children)：创建一个 Pane 对象，默认使用 Pos.Center 对齐方式，可以添加不定数量的节点对象。

Pane 面板的常用属性如表 12-2 所示。这些属性用于控制 Pane 的布局、样式和外观等方面。通过设置这些属性，可以调整 Pane 中节点的布局、尺寸，以满足 UI 布局的要求。

表 12-2   Pane 面板常用属性

属　　性	说　　明
final ObjectProperty<BackGround> background	设置 Pane 的背景，可以使用颜色、图像或渐变背景。默认值为 null，即不设置背景
final ObjectProperty<Border> border	设置 Pane 的边框样式、颜色和宽度。默认值为 null，即不设置边框
final ObjectProperty<Insets> padding	设置 Pane 的内衬边距，即节点与 Pane 边界之间的距离
final DoubleProperty minWidth\minHeight	设置 Pane 的最小宽度和最小高度，指定 Pane 的最小尺寸限制。默认值为 Region.USE_PREF_SIZE，即使用首选大小作为最小尺寸
final DoubleProperty maxWidth\maxHeight	设置 Pane 的最大宽度和最大高度，指定 Pane 的最大尺寸限制。默认值为 Region.USE_COMPUTED_SIZE，即没有最大尺寸限制
final DoubleProperty prefWidth\prefHeight	设置 Pane 的首选宽度和首选高度，用于布局时的参考尺寸。默认值为 Region.USE_COMPUTED_SIZE，即根据内容自动计算首选大小
final DoubleProperty layoutX\layoutY	设置 Pane 在父容器中的布局位置
final DoubleProperty opacity	设置 Pane 的不透明度，值为 0.0(完全透明)~1.0(完全不透明)
ObservableList<Node> children	通过 Pane 的 Children 属性,可以添加、移除和管理 Pane 中的子节点

Pane 面板的常用方法如表 12-3 所示,用于面板内部的布局处理和节点管理。每个 Pane 对象包含一个列表,该列表是 ObservableList 的实例,用于容纳面板中的节点。列表由方法 getChildren() 获得, 然后, 通过列表对象的 add(Node) 方法、addAll(Node…) 方法、remove(Node)方法、removeAll(Node…)方法对面板对象包含的节点进行管理：add(Node)增加 1 个节点,addAll(Node…)增加多个节点,remove(Node)移除 1 个节点,removeAll(Node…)移除多个节点。Pane 的子类也是采用该方式管理内部的节点。

表 12-3   Pane 面板常用方法

方　　法	说　　明
ObservableList<Node> getChildren()	获取面板中的节点列表
final void setLayoutX(double x)	继承自 Node 类方法, 设置节点的 X 坐标
final void setLayoutY(double y)	继承自 Node 类方法, 设置节点的 Y 坐标
final double getLayoutX()	继承自 Node 类方法, 获取节点的 X 坐标
final double getLayoutY()	继承自 Node 类方法, 获取节点的 Y 坐标
void relocate(double x, double y)	继承自 Node 类方法, 重新设置节点的坐标
void setPrefSize(double width, double height)	设置 Pane 面板的首选大小

程序清单 12-4 给出了一个使用面板 Pane 的示例，该示例的运行结果如图 12-5 所示。

程序清单 12-4 及运行结果

图 12-5　Pane 简单示例运行结果

程序清单 12-4 第 4 行创建了一个 Pane 对象 pane。第 6～10 行是一个循环，往 pane 对象中添加了 5 个按钮。第 8 行在往面板对象中增加节点时，需要先调用方法 getChildren()，返回一个列表对象，再调用 add 或 addAll 方法，往列表中增加节点。第 8 行往面板中增加一个按钮对象，第 9 行对按钮对象的位置进行重新定位。这 5 个按钮的坐标为：x 坐标是 80，y 坐标分别是 10、50、90、130、170。

在编程中，坐标系的原点坐标(0,0)位于左上角，x 轴是水平的，x 坐标从左往右递增，y 轴是垂直的，y 坐标从上往下递增。

12.4.2　StackPane 面板

StackPane 面板将其容纳的节点按添加顺序依次叠加，最后添加的节点位于最上面。默认情况下，StackPane 的节点对齐方式设置为 Pos.CENTER，指定节点居中对齐。StackPane 继承 Pane，其常用属性和方法可以参考表 12-2 和表 12-3。StackPane 提供了两个构造方法：

(1) public StackPane()：创建一个 StackPane 对象，默认使用 Pos.Center 对齐方式。

(2) public StackPane(Node... children)：创建一个 StackPane 对象，默认使用 Pos.Center 对齐方式，可以添加不定数量的节点对象。

程序清单 12-5 给出了一个 StackPane 的使用示例，先后添加了 3 个节点——矩形、圆形和按钮，矩形在底层，圆形在中间层，按钮在顶层。第 4～8 行使用带可变长参数的构造方法创建了一个 StackPane 对象，按照参数顺序依次添加了 3 个节点对象。其运行结果如图 12-6 所示。

程序清单 12-5　StackPaneDemo.java

图 12-6　StackPane 简单示例运行结果

12.4.3　FlowPane 面板

FlowPane 按照节点加入的次序，从左到右或从上到下布局。当一行或一列排满，遇到容器的边界时，则折返，开始新的一行或一列。枚举常量 Orientation.HORIZONTAL 或者 Orientation.VERTICAL 可确定 FlowPane 内部节点是按水平还是按垂直排列的。此外，还可以通过 alignment 设置 FlowPane 内部节点的对齐方式，通过 hgap 和 vgap 设置节点左右或上下的间距。

　　FlowPane 面板除继承了 Pane 的属性外，还包括表 12-4 所示的属性。FlowPane 构造方法如表 12-5 所示。FlowPane 常用方法除了继承的方法，还包括属性的 set 和 get 方法。

表 12-4　FlowPane 常用属性

属　性	说　明
final ObjectProperty<VPos> rowValignment	用于设置每一行中子节点的垂直对齐方式，默认值为 VPos.TOP
final ObjectProperty<HPos> columnHalignment	用于设置每一列中子节点的水平对齐方式，默认值为 HPos.CENTER
final ObjectProperty<Orientation> orientation	节点的排列方向
final DoubleProperty hgap	以像素值设置节点的水平间隙
final DoubleProperty vgap	以像素值设置节点的垂直间隙
final DoubleProperty　prefWrapLength	用于设置 FlowPane 的首选宽度或高度，并决定何时换行，默认值为 Double.MAX_VALUE，表示不限制

表 12-5　FlowPane 构造方法

方　法	说　明
FlowPane()	创建一个水平和垂直间距为 0 的 FlowPane 对象
FlowPane (Node… children)	创建一个 FlowPane 对象，并添加指定的子节点
FlowPane(double hgap, double vgap)	创建一个具有指定间距的 FlowPane 对象
FlowPane(double hgap, double vgap, Node… children)	创建一个具有指定水平和垂直间距的 FlowPane 对象并添加指定的子节点
FlowPane(Orientation orientation)	创建一个具有指定排列方向的 FlowPane 对象
FlowPane(Orientation orientation, Node… children)	创建一个具有指定排列方向的 FlowPane 对象，并添加指定的子节点
FlowPane(Orientation orientation, double hgap, double vgap)	创建一个具有指定排列方向、指定水平和垂直间距的 FlowPane 对象
FlowPane(Orientation orientation, double hgap, double vgap, Node … children)	创建一个具有指定排列方向、指定水平和垂直间距的 FlowPane 对象，并添加指定的子节点

　　程序清单 12-6 给出了一个演示 FlowPane 的示例，该示例添加几个标签和文本框到一个 FlowPane 中进行布局，如图 12-7 所示。

程序清单 12-6 及运行结果

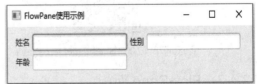

图 12-7　FlowPane 简单示例运行结果

　　程序清单 12-6 第 4 行创建了一个 FlowPane 对象 flowPane，其水平间距和垂直间距均为 5 像素。第 5 行采用一个 Insets 对象设置它的 padding 内衬属性，Insets 对象设置了一个面板的边框大小。构造方法 Insets(11,12,13,14)创建的 insets 对象设置边框顶部、右边、底部、左边 4 个边框的宽度分别是 11 像素、12 像素、13 像素、14 像素。

与 Pane 一样，一个 FlowPane 包含一个 ObservableList 对象用于容纳节点，可以使用 getChildren()方法返回该列表，再通过 addAll 或 add 方法添加节点到该列表中，如第 8～10 行所示。

12.4.4　GridPane 面板

JavaFX 提供了一个 GridPane 面板，用于对内部节点按行和列对齐的样式进行布局。GridPane 支持按行和列定位节点，也可以采用让一个节点跨越多个网格，实现更复杂的布局。

GridPane 仅提供了一个构造方法——public GridPane()，其创建一个水平/垂直间距为 0 并且对齐方式为 TOP_LEFT 的 GridPane 对象。除了继承自 Pane 面板外，Gridpane 面板还包括表 12-6、表 12-7 所示的常用属性和方法。

表 12-6　GridPane 常用属性

属　　性	说　　明
final ObjectProperty<Pos> alignment	GridPane 内部节点对齐方式
final BooleanProperty gridLinesVisible	用于调试目的：控制是否显示行和列的边线
int columnSpan	指定子节点占据的列数，默认值为 1。可以设置为大于 1 的值，将子节点跨越多列
int rowSpan	指定子节点占据的行数，默认值为 1。可以设置为大于 1 的值，将子节点跨越多行
javafx.scene.layout.Priority hgrow	定义子节点在水平方向上的增长策略。可以选择的值为 Priority.NEVER(不增长，默认值)、Priority.ALWAYS(始终增长)和 Priority.SOMETIMES(根据需要增长)
javafx.scene.layout.Priority vgrow	定义子节点在垂直方向上的增长策略。可以选择的值为 Priority.NEVER、Priority.ALWAYS 和 Priority.SOMETIMES

表 12-7　GridPane 常用方法

方　　法	说　　明
void add(Node child, int columnIndex, int rowIndex)	添加一个节点到给定的列和行
add(Node child, int columnIndex, int rowIndex, int colspan, int rowspan)	在指定的[column，row]位置和行跨度 rowspan 添加一个节点
void addColumn(int columnIndex, Node... children)	添加多个节点到给定列
void addRow(int rowIndex, Node... children)	添加多个节点到给定行
void setColumnIndex(Node child, Integer value)	设置一个节点的列编号，该方法重新定位节点的位置
void setRowIndex(Node child, Integer value)	设置一个节点的行编号，该方法重新定位节点的位置
void setColumnSpan(Node child, Integer value)	设置网格中的节点列跨度，使其水平跨越 value 数量的列
void setRowSpan(Node child, Integer value)	设置网格中的节点行跨度，使其垂直跨越 value 数量的行

程序清单 12-7 给出了一个使用 GridPane 的示例，其运行结果如图 12-8 所示。

程序清单 12-7 及运行结果   图 12-8   GridPane 简单示例运行结果

12.4.5   VBox 和 HBox 面板

VBox 和 HBox 这两类面板在程序中使用较为频繁，VBox 以垂直列的形式排列其内部节点，HBox 以水平行的方式排列节点。VBox\Hbox 各提供了 4 个构造方法：

(1) public VBox\HBox ()：无参构造方法，创建一个空的 VBox\HBox 对象。

(2) public VBox\HBox(double spacing)：使用指定的间距创建一个 VBox\HBox 对象，并设置节点之间的垂直/水平间距。

(3) public VBox\HBox(Node… children)：创建一个 VBox\HBox 对象，并将指定的节点添加进来，默认的间距为 0。

(4) public VBox\HBox(double spacing, Node… children)：使用指定的间距创建一个 VBox\HBox 对象，并将指定的节点添加进来。

除了继承 Pane 的属性和方法，这两种面板还包括表 12-8 所示的常用属性和表 12-9 所示的常用方法。

表 12-8   VBox 和 HBox 常用属性

属 性	说 明
final BooleanProperty fillHeight	这是一个布尔属性。如果将此属性设置为 true，则节点的高度将等于 HBox 的高度
final BooleanProperty fillWidth	这是一个布尔属性。如果将此属性设置为 true，则节点的宽度将等于 VBox 的宽度
final DoubleProperty spacing	表示 HBox 中节点之间的间隔距离
javafx.scene.layout.Priority vgrow\hgrow	设置指定节点在竖直\水平方向上的优先级，以确定它是否可以扩展来占用额外的空间。可以使用 Priority 类的常量，如 Priority.ALWAYS 表示始终扩展子节点，填充剩余空间、Priority.SOMETIMES 表示当剩余空间允许时扩展子节点，否则保持默认尺寸等
final BooleanProperty managed	设置 VBox\Hbox 是否自动管理子节点的布局，默认为 true。如果设置为 false，VBox\Hbox 将不会修改子节点的布局信息

表 12-9   VBox 和 HBox 布局约束方法

方 法	说 明
static void setVgrow(Node child, Priority value)	设置 VBox 内节点的垂直增长优先级
static void setHgrow(Node child, Priority value)	设置 HBox 内节点的水平增长优先级
static void setMargin(Node child, Insets value)	设置 VBox 或 HBox 中子节点的空白

方法 setVgrow、setHgrow 的第二个参数涉及一个枚举类型 javafx.scene.layout.Priority，它具有以下 3 个枚举常量：

(1) ALWAYS：布局区域将始终尝试增长(或收缩)，与增长(或收缩)为 ALWAYS 的其他布局区域共享空间的增加(或减少)。

(2) NEVER：当区域中可用空间增加(或减少)时，布局区域将永远不会增长(或缩小)。

(3) SOMETIMES：如果没有其他布局区域的增长(或收缩)设置为 ALWAYS，或者这些布局区域没有吸收所有增加(或减少)的空间，则有时会与其他布局区域共享空间的增加(或减小)。

例如，"HBox.setHgrow(topRightControls, Priority.ALWAYS);" 设置了 topRightControls 节点的水平增长优先级是 ALWAYS。该值表示，当放置 topRightControls 的 HBox 即 topControls 面板增长时，topRightControls 总是随之增长。

程序清单 12-8 给出了一个使用 VBox 和 HBox 的示例，图 12-9 给出了该示例的运行效果。该示例在一个 VBox 面板中从上往下放置了一个 HBox 面板(3 个按钮)、分隔线、一个 VBox 面板(3 个文本标签)、分隔线、一个 HBox 面板(3 个圆)。

程序清单 12-8 及运行结果

图 12-9　VBox 和 HBox 简单示例运行结果

12.4.6　BorderPane 面板

BorderPane 可在顶部、底部、左边、右边、中间等 5 个区域布局节点。BorderPane 的顶部和底部区域允许可调整大小的节点占用全部可用宽度。左边区域和右边区域则允许可调整大小的节点占据顶部和底部边之间的全部可用高度空间。

默认情况下，5 个区域均依次遵循内部节点的最小尺寸、首选尺寸、最大尺寸作为该区域的宽和高。如果节点阻止 BorderPane 的区域调整大小以适应其位置，则各区域将使用默认对齐方式对齐节点，各区域默认对齐方式如下：

(1) Top 区域：Pos.TOP_LEFT。

(2) Bottom 区域：Pos.BOTTOM_LEFT。

(3) Left 区域：Pos.TOP_LEFT。

(4) Right 区域：Pos.TOP_RIGHT。

(5) Center 区域：Pos.CENTER。

BorderPane 提供了以下 3 个构造方法：

(1) public BorderPane()：默认构造方法，创建一个没有任何子节点的 BorderPane 对象。

(2) public BorderPane(Node center)：创建一个 BorderPane 对象，并指定中间的子节点。

(3) public BorderPane(Node center, Node top, Node right, Node bottom, Node left)：创建一个 BorderPane 对象，并指定中间、顶部、右边、底部和左边的节点。

除继承 Pane 的属性和方法外，BorderPane 还包括表 12-10 和表 12-11 所示的常用属性和方法。

表 12-10　BorderPane 常用属性

属　　性	说　　明
final ObjectProperty\<Node\> bottom	放置在此面板底部边缘的节点
final ObjectProperty\<Node\> center	放置在此面板中部的节点
final ObjectProperty\<Node\> left	放置在此面板左侧边缘的节点
final ObjectProperty\<Node\> right	放置在此面板右侧边缘的节点
final ObjectProperty\<Node\> top	放置在此面板顶部边缘的节点

表 12-11　BorderPane 常用方法

方　　法	说　　明
Node getBottom()	获取 bottom 属性的值
Node getCenter()	获取 center 属性的值
Node getLeft()	获取 left 属性的值
Node getRight()	获取 right 属性的值
Node getTop()	获取 top 属性的值
static void setAlignment(Node child, Pos value)	设置 BorderPane 内部节点的对齐方式
static void setMargin(Node child, Insets value)	设置面板内部节点的外边缘

程序清单 12-9 给出了一个使用 BorderPane 的示例，程序运行效果如图 12-10 所示。

程序清单 12-9 及运行结果　　　　　　图 12-10　BorderPane 简单示例运行结果

12.5　Node 类

节点 Node 具有许多通用的属性方法，样式 style 和变换 Transformation 是两个最常用的。JavaFX 的样式属性类似于 Web 页面中指定 HTML 元素样式的 CSS。因此 JavaFX 的样式属性也称为 JavaFX CSS。当把一个节点添加到场景图中时，会对其进行样式设置。每类节点都有其默认样式。JavaFX 的样式属性使用前缀-fx-进行定义，可以从 http://docs.oracle.com/javafx/ 2/api/javafx/scene/doc-files/cssref.html 找到节点样式属性的详细说明。

设定样式的语法是 styleName: value。一个节点的多个样式可以通过分号(;)分隔。例如，以下代码设置了一个圆的边框线颜色和填充颜色两个样式属性：

```
circle.setStyle("-fx-stroke:black; -fx-fill:blue");
```

该语句等价于下面两条语句：

```
circle.setStroke(Color.BLACK);
circle.setFill(Color.BLUE);
```

设置样式时，如果 JavaFX CSS 样式语法有错误，程序依然可以编译运行，但是该样式设置被忽略。

变换 Transformation 是一组属性变换，用于对节点进行平移、旋转、缩放或者剪切。平移指沿着坐标系的 x 轴或 y 轴移动节点。旋转变换是指围绕指定的"中心"点旋转节点的坐标空间，使节点看起来像旋转。缩放变换会导致节点根据缩放因子放大或缩小。剪切变换也称为扭曲，是指通过剪切因子指定节点在 x 和 y 轴方向上的倾斜程度。

例如，通过变换，设定一个以度为单位的数值，让节点围绕它的中心旋转该角度。如果角度为正，则代表顺时针旋转；反之，则代表逆时针旋转。下面的代码把一个按钮顺时针旋转 30°：

```
button.setRotate(30);
```

Node 类还包含许多其他方法，可登录 https://docs.oracle.com/javafx/2/api/ 了解。

12.5.1　Color 类

javafx.scene.paint.Color 类是抽象类 javafx.scene.paint.Paint 的子类，是一个不可变类，其封装了颜色信息，包括 RGB 值、RGBA 值等。Color 的构造方法有一个，即 Color(double red, double green, double blue, double opacity)，它使用指定的红色分量、绿色分量、蓝色分量、不透明度分量创建颜色实例。这几个分量的取值范围都是 0~1。当不透明度分量 opacity 为 0 时，表示完全透明。当不透明度分量 opacity 为 1 时，表示完全不透明。

Color 类的常用属性和方法如表 12-12 和表 12-13 所示。

表 12-12　Color 常用属性

属　性	说　明
double red	Color 对象的红色分量值，范围是 0.0~1.0
double green	Color 对象的绿色分量值，范围是 0.0~1.0
double blue	Color 对象的蓝色分量值，范围是 0.0~1.0
double opacity	Color 对象的不透明度分量值，范围是 0.0~1.0，值越小越透明
double hue	Color 对象的色调分量值，范围是 0.0~1.0

表 12-13　Color 常用方法

方　法	说　明
static Color color(double red, double green, double blue)	以红、绿、蓝 3 个分量创建一个不透明的颜色实例，参数范围是 0~1.0
staticColor color(double red, double green, double blue, double opacity)	以红、绿、蓝及不透明度 4 个分量创建一个颜色实例，参数范围是 0~1.0

方　　法	说　　明
Color brighter()	创建一个比当前 Color 对象更亮的对象
Color darker()	创建一个比当前 Color 对象更暗的对象
static Color rgb(int red, int green, int blue)	以红、绿、蓝 3 个分量创建一个不透明的颜色实例，3 个分量值的范围是 0～255
static Color rgb(int red, int green, int blue, double opacity)	以红、绿、蓝及不透明度 4 个分量创建颜色实例，opacity 取值范围是 0～1
double getRed()	返回此颜色的红色分量值
double get Green()	返回此颜色的绿色分量值
double getBlue()	返回此颜色的蓝色分量值
double getOpacity()	返回此颜色的不透明度分量值
Double getHue()	返回此颜色的色调分量值
static Color valueOf(String value)	基于一个字符串表示创建一个颜色实例
static Color web(String colorString)	基于一个 HTML 或 CSS 属性字符串，创建一个 RGB 颜色实例
static Color web(String colorString, double opacity)	基于一个 HTML 或 CSS 属性字符串及指定的不透明度，创建一个 RGB 颜色实例

下面是一些创建颜色的示例：

(1) Color c = Color.BLUE;：标准色值构建颜色实例。Color 类定义了很多标准色，如 BLUE、ALICE、BLACK、BROWN 等。

(2) Color c = new Color(0, 0, 1, 1.0);：构造方法构建颜色实例。

(3) Color c = Color.color(0, 0, 1);：静态方法 color 构建实例。

(4) Color c = Color.rgb(0,0,255);：rgb 静态方法构建实例。

(5) Color c = Color.valueOf("orange");： valueOf 静态方法创建。

(6) Color c = Color.web("#0000FF", 1.0);：HTML 或 CSS 属性字符串创建实例，这里 24 位的十六进制字符串从高到低每 8 位分别代表 RGB 三原色的颜色值。第二个参数表示颜色的不透明度。

静态方法 valueOf()、web() 使用的字符串格式是一样的，字符串格式支持：

(1) 可以是一个标准的 HTML 颜色名称，如 "Color.web("orange");" 等价于 "Color. ORANGE"。

(2) 可以是一个 HTML 长或短格式的十六进制字符串，带有可选的十六进制 alpha 通道。十六进制值前面可以是 "0x" 或 "#"，或是 00～0xFF 范围内的 2 位数字，也可以是 0～F 范围内的一位数字。例如，下面左侧的 web 方法等价于右侧的 rgb 方法。

Color.web("0xff668840");		Color.rgb(255, 102, 136, 0.25)
Color.web("0xff6688");		Color.rgb(255, 102, 136, 1.0)
Color.web("#ff6688");	⇔	Color.rgb(255, 102, 136, 1.0)
Color.web("#f68");		Color.rgb(255, 102, 136, 1.0)

(3) 可以是一个 rgb(r, g, b) 或 rgba(r, g, b, a) 格式的字符串。每个 r、g 或 b 值可以是 0～

255 的整数，也可以是 0.0～100.0 的浮点百分比值，后跟百分比(%)字符。alpha 分量(如果存在)是 0.0～1.0 的浮点值。允许在数字前后以及百分比数字与其百分号(%)之间留空格。例如，左侧的 web 方法等价于右侧的 rgb 方法。

Color.web("rgb(255,102,136)");		Color.rgb(255, 102, 136, 1.0)
Color.web("rgb(100%,50%,50%)");	⟺	Color.rgb(255, 128, 128, 1.0)
Color.web("rgb(255,50%,50%,0.25)");		Color.rgb(255, 128, 128, 0.25)

颜色实例一旦被构建，其属性就不能被修改。因此当调用 Color 类的 brighter 和 darker 方法时，返回的是一个新的颜色实例，并不是对原实例属性值的修改。

程序清单 12-10 给出了一个使用 Color 的示例，图 12-11 展示了其运行效果。该示例创建了一个 Pane 对象作为根节点，并将其分为 5 行 5 列的矩形图案。通过循环迭代创建每个矩形，并使用 getRandomColor 方法随机获取一个颜色来填充矩形。最后，将这些矩形添加到根节点中，并在舞台上显示。每次运行程序，都会得到随机的颜色组合。

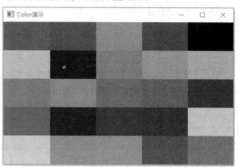

程序清单 12-10 及运行结果　　　　　　　图 12-11　Color 示例运行结果

12.5.2　Font 类

javafx.scene.text.Font 类描述字体的字体系列名称、粗细、字体姿势和大小等，也是一个不可变类，即一个 Font 对象在创建之后不可改变。字体系列名称指在操作系统中安装的字体系列名，如 Times New Roman、Courier、Consolas、宋体、楷体等。Font 类的常用属性和方法如表 12-14 和表 12-15 所示。

表 12-14　Font 常用属性

属　　性	说　　明
String family	字体系列
double size	字体大小，被描述为以点为单位指定，这些点大约是 1/72 英寸的真实世界测量值，可以用字号来表示，如 12、24 等
FontWeight weight	字体粗细，表示字体的粗细程度。枚举类型，取值：FontWeight.BLACK(900)、FontWeight.BOLD(700)、FontWeight.MEDIUM(500)、FontWeight.NORMAL(400)、FontWeight.LIGHT(300)、FontWeight.THIN(100)、FontWeight.EXTRA_Bold(800)、FontWeight.SEMI_BOLD(600)、FontWeight.EXTRA_LIGHT(200)。圆括号中数字表示粗细程度
FontPosture style	字体姿势，表示字体是否斜体。枚举类型，取值：FontPosture.REGULAR(正常体)、FontPosture.ITALIC(斜体)

表 12-15　Font 常用方法

方　　　法	说　　　明
static Font font(String family, double size)	根据字体系列名称和大小搜索合适的字体
static Font font(String family, FontPosture posture, double size)	根据字体系列名称和姿势样式搜索适当的字体
static Font font(String family, FontWeight weight, double size)	根据字体系列名称、粗细和大小搜索适当的字体
static Font font(String family, FontWeight weight, FontPosture posture, double size)	根据字体系列名称、粗细、姿势、大小搜索适当的字体
static Font getDefault()	获取默认字体，该字体将来自"System"系列，通常为"Regular"样式
String getFamily()	返回此字体的字体系列名称
static List<String> getFamilies()	获取用户系统上安装的所有字体系列，包括任何应用程序字体或 SDK 字体
static List<String> getFontNames()	获取用户系统上安装的所有字体系列的字体全名，包括任何应用程序字体或 SDK 字体
static List<String> getFontNames(String family)	获取字体系列 family 的所有字体全名
String getName()	返回字体名称
double getSize()	返回字体大小
String getStyle()	返回字体样式

Font 类的两个构造方法如下：

(1) Font(double size)：以给定的字体大小，使用默认名"System"创建一个 Font 对象。

(2) Font(String name, double size)：使用指定的字体全名和字体大小创建一个 Font 对象。字体全名由字体系列名称和字体粗细、字体姿势等构成。例如，字体系列名称"Times New Roman"在 Windows 系统中对应的字体全名有 Times New Roman、Times New Roman Bold、Times New Roman Bold Italic、Times New Roman Italic。

通常采用以下两类方法构造字体实例：

(1) 构造方法构建字体实例，如 Font ft = new Font(5)。

(2) 推荐使用 font 静态方法构建字体实例，如 Font ft=Font.font("宋体", FontWeight.BOLD, FontPosture.ITALIC, 20)。

程序清单 12-11 给出了使用 Font 的示例，图 12-12 显示了程序的运行结果。

程序清单 12-11 及运行结果

图 12-12　Font 示例运行结果

12.5.3　Shape 类

JavaFX 提供了多种形状类，用于绘制文本(Text)、直线(Line)、圆(Circle)、矩形

(Rectangle)、椭圆(Ellipse)、弧(Arc)、多边形(Polygon)和折线(PolyLine)等。Shape 类是一个抽象基类，定义了形状的共同属性，包括 fill、stroke、strokeWidth。属性 fill 表示填充形状内部区域的颜色；属性 stroke 表示绘制形状边缘的颜色；属性 strokeWidth 表示形状边缘的宽度。下面对一些形状类分别进行介绍，并在一个综合例子(程序清单 12-12)中演示形状类的使用。

1. javafx.scene.text.Text 类

Text 类定义了一个节点，用于在一个起始坐标点(x, y)处显示一个字符串，如图 12-13(a)所示。通常，Text 对象被添加到面板对象中。面板对象左上角的坐标点是(0, 0)，右下角的坐标点是(get Width(), getHeight())。

Text 类有以下 3 个构造方法：

(1) Text()：创建一个空 Text。

(2) Text(String text)：以指定文本 text 创建一个文本对象。

(3) Text(double x, double y, String text)：以指定 x、y 坐标和文本 text 创建一个文本对象。程序清单 12-12 第 17～42 行创建了两个文本对象，并对它们的属性进行了设置，然后将文本对象加入到面板中，最后显示了两个文本。

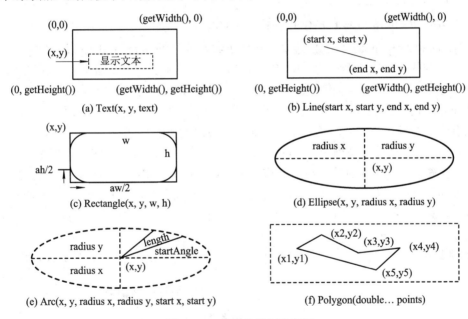

(a) Text(x, y, text)

(b) Line(start x, start y, end x, end y)

(c) Rectangle(x, y, w, h)

(d) Ellipse(x, y, radius x, radius y)

(e) Arc(x, y, radius x, radius y, start x, start y)

(f) Polygon(double... points)

图 12-13　各形状类创建实例

2. javafx.scene.shape.Line 类

Line 类用于绘制一条线段，通过 4 个属性(start x、start y、end x、end y)定义一条线段的起点和终端，如图 12-13(b)所示。程序清单 12-12 第 32～38 行创建了两个 Line 对象，并设置了其属性，然后将两个 Line 对象加入到面板中，最后显示交叉线。

3. javafx.scene.shape.Rectangle 类

Rectangle 类通过左上角坐标(x, y)、宽度 w、高度 h 创建一个矩形对象，还可以设置其圆角处弧的水平直径 aw(默认为 0，设置方法 setArcWidth(aw))和垂直直径 ah(默认为 0，设置方法 setArcHeight(ah))，如图 12-13(c)所示。程序清单 12-11 第 40～51 行创建了两个矩形对象，并设置了其属性，然后将两个矩形对象加入到面板中，最后显示两个矩形。

4. javafx.scene.shape.Ellipse 类和 Circle 类

Ellipse 类(椭圆类)通过椭圆中心坐标(x, y)、椭圆水平半径 radius x、椭圆垂直半径 radius y 创建一个椭圆对象，如图 12-13(d)所示。程序清单 12-11 第 53～60 行通过一个循环创建了 10 个相同的椭圆对象，然后设置其属性，进行一定的旋转，叠加产生了一个好看的图案。

Circle 类通过圆心坐标(x, y)、半径 radius 创建一个圆对象。程序清单 12-11 第 85～89 行演示了圆对象的创建和使用。

5. javafx.scene.shape.Arc 类

一段弧可以看作一个椭圆的一部分，因此，Arc 类可通过椭圆中心坐标(x, y)、椭圆水平半径 radius x、椭圆垂直半径 radius y、起始角度 startAngle、跨度 length(弧所覆盖的角度)创建一段弧，如图 12-13(e)所示。角度使用°为单位，遵循通常的数学约定，即 0°是水平向左，正的角度是从 0°开始顺时针方向旋转的角度。程序清单 12-11 第 62～69 行创建了两段弧，演示了 Arc 类的使用。

6. javafx.scene.shape.Polygon 类和 Polyline 类

Polygon 和 Polyline 类分别描述多边形和折线对象。Polygon 和 Polyline 都定义了依次相连的点，这些点构成一个序列。两者的区别是在绘图时 Polyline 的第一个点和最后一个点不画连接线，不会构成封闭区域，不需要用填充色填充。例如，当用六边形的 6 个顶点构建 Polygon 时，会生成一个填充内部空间的六边形。但是当用这 6 个顶点构建 Polyline 时，只会画出 5 条折线，并且第一个点和第六个点之间不会连线。

Polygon 可以使用一系列坐标点(x_i, y_i)创建一个多变形对象，如图 12-13(f)所示。还可以创建一个空的 Polygon 对象，再给其增加坐标点，如程序清单 12-11 第 71～83 所示。这段代码创建了一个正八边形。Polyline 的使用与 Polygon 基本一样，因此，将这段代码中 Polygon 换成 Polyline，程序也能正确执行，唯一不同之处在于 Polyline 的起点和终点不会连线。

程序清单 12-12 给出了一个创建各种形状的示例，程序运行结果如图 12-14 所示。

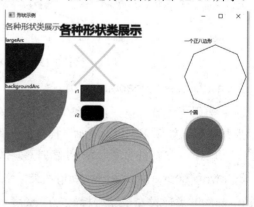

程序清单 12-12 及运行结果   图 12-14   Shape 各子类简单示例运行结果

12.5.4　Image 和 ImageView 类

Javafx.scene.image.Image 和 Javafx.scene.image.ImageView 类用于加载和显示 BMP、GIF、JPEG 和 PNG 图形图像。

Image 类保存图像的二进制数据和可选的缩放信息，用于从一个 URL 或一个输入流加载一个图像，提供了如下构造方法：

(1) Image(String url)：使用指定的图像文件路径 URL 创建一个 Image 对象。

(2) Image(InputStream is)：使用指定的输入流 is 创建一个 Image 对象。

(3) Image(String url, double width, double height, boolean preserveRatio, boolean smooth)：使用指定的图像文件路径、宽度、高度以及其他参数创建一个 Image 对象。其中，url 是图像文件路径，width 和 height 分别是图像的宽度和高度，preserveRatio 用于指定是否保持图像的宽高比，smooth 用于指定是否使用平滑滤波算法进行图像缩放。

(4) Image(InputStream is, double width, double height, boolean preserveRatio, boolean smooth)：使用指定的输入流、宽度、高度以及其他参数创建一个 Image 对象。

(5) Image(String url, boolean backgroundLoading)：在第 1 个构造方法的基础上，增加一个是否在后台加载的参数。

(6) Image(String url, double width, double height, boolean preserveRatio, boolean smooth, boolean backgroundLoading)：在第 2 个构造方法的基础上，增加一个是否在后台加载的参数。

可以按如下代码加载一个图像：

```
Image image1 = new Image("images/icon.jpg" , 360.0d, 360.0d, true, true, true);
```

该图像在后台加载，以平滑滤波算法进行缩放，加载后的图像大小是 360×360 且保持长宽比。

Image 类的常用属性和常用方法如表 12-16、表 12-17、表 12-18、表 12-19 所示。

表 12-16　Image 常用属性

属　　性	说　　明
final DoubleProperty height	图像的高度，加载失败为 0
final DoubleProperty width	图像的宽度，加载失败为 0
final DoubleProperty progress	图像加载完成的进度，范围为 0.0～1.0

表 12-17　Image 常用方法

方　　法	说　　明
final boolean isBackgroundLoading()	指示图像是否正在后台加载
final boolean isPreserveRatio()	指示当缩放图像使其适应 requestedWidth 和 requestedHeight 规定的范围时，是否保持图像的长宽比
final doulble getWidth()	获取图像宽度
final double getHeight()	获取图像高度

ImageView 是一个用于显示图像的节点，常用 final 属性和构造方法分别如表 12-18、表 12-19 所示。

表 12-18   ImageView 常用 final 属性

属 性	说 明
DoubleProperty fitHeight	图像显示区域高度，源图像显示时将根据该高度进行调整
DoubleProperty fitWidth	图像显示区域宽度，源图像显示时将根据该宽度进行调整
ObjectProperty<Image> image	在 ImageView 中显示的图像对象
BooleanProperty preserveRatio	指示当缩放图像使其适应 fitHeight 和 fitWidth 设定的显示范围时，是否保持图像的长宽比
BooleanProperty smooth	指示当缩放图像使其适应 fitHeight 和 fitWidth 设定的显示范围时，是使用质量更好的还是使用速度更快的滤波算法
DoubleProperty opacity	ImageView 的不透明度属性。

表 12-19   ImageView 构造方法

方 法	说 明
ImageView()	无参数的构造函数，创建一个空的 ImageView 对象
ImageView(String url)	使用指定的 URL 路径创建一个 ImageView 对象
ImageView(Image image)	使用指定的 Image 对象创建一个 ImageView 对象

可以通过一个 Image 对象创建一个 ImageView 对象。例如，下面的代码创建了一个
ImageView 对象：

```
Image image = new Image("image/国旗.jpeg");
ImageView imView = new ImageView(image);
```

还可以直接从一个 URL 创建一个 ImageView 对象，如下所示：

```
ImageView imView = new ImageView("image/国旗.jpeg");
```

程序清单 12-13 给出了一个使用 Image 和 ImageView 的示例,图 12-15 显示了其运行结果。

程序清单 12-13 及运行结果

图 12-15   ImageView 类示例运行结果

12.6   事件驱动编程

12.6.1   事件处理基本概念

当运行一个 Java GUI 应用程序时，用户常常希望能和程序进行交互，这个交互过程是
由一系列的事件来驱动的。为了完成具有交互功能的 GUI 程序，需要使用事件驱动编程，
对事件进行响应。下面通过一个简单示例介绍事件处理的基本概念，程序代码如程序清单
12-14 所示。该示例创建了两个按钮，如图 12-16(a)所示；每当点击(单击)按钮时，控制台

显示相应的消息，如图 12-16(b)所示。

程序清单 12-14 及运行结果

```
Button@36305005[styleClass=button]'确认'
确认按钮被点击！
Button@7f5ed471[styleClass=button]'取消'
取消按钮被点击！
```

(a) 程序运行界面　　　　　　　　　　(b) 控制台输出

图 12-16　事件处理简单示例运行结果

程序清单 12-14 第 6、7 行创建了两个按钮，这两个按钮是事件源对象。当点击按钮时，就会产生 ActionEvent 事件对象 e，事件对象 e 被传递给事件处理器或事件监听器(handler1, handler2)处理。第 9 行创建了一个事件处理器对象，第 10 行通过方法 setOnAction()将事件源对象(确认按钮)与事件处理器对象(handler1)关联在一起。第 12、13 行是对取消按钮的事件处理。第 22～28 行为确认按钮定义了事件处理器类，第 29～35 行为取消按钮定义了事件处理器类。

事件处理器类为了处理 ActionEvent 事件，必须实现 EventHandler<ActionEvent>接口，该接口只有一个方法：public void handle(ActionEvent e)。该方法须由事件处理器类实现，如第 24～27 行、第 31～34 行所示。第 25 行、第 32 行均调用了 e.getSource()，返回事件对应的事件源，当点击按钮时，控制台输出相应的事件源信息(按钮的信息)。

基于上述示例，下面进一步介绍事件处理的一些基本概念。

1. 事件和事件源

事件可定义为通知程序某件事发生的一个信号。它是对特定时间发生的特定动作或状态的描述。它可以是用户交互引起的，也可以是系统或应用程序触发的。GUI 程序中的事件通常是由外部的用户动作(如单击按钮、鼠标移动、键盘按键等)所触发。事件可以有不同的类型，每个事件类型具有相关的属性和行为。

事件源是产生事件的对象或控件。事件源可以是按钮、文本框、窗口等用户界面的控件，也可以是其他对象或类。在 JavaFX 中，事件源产生的事件是由 javafx.event.Event 为根类的一系列子类来描述的。它们之间的继承关系如图 12-17 所示。

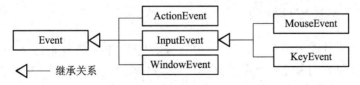

图 12-17　事件类继承关系图

一个事件对象包含与事件相关的任何属性，如事件源、事件类型、触发事件的 Node 节点、事件发生时系统的信息等。

2. 事件类型(Event Type)

事件类型表示特定类型的事件，如鼠标点击、键盘按动等。不同的事件类型具有不同的属性和行为。Event 的子类描述某一种具体类型事件,包括动作事件、鼠标事件、击键事件、窗口事件等。表 12-20 分类列出了各种事件类型的事件源对象、触发动作等信息。

表 12-20   事件类型相关信息

事件类型	事件源对象	触发动作	注册事件处理方法
ActionEvent	Button	点击按钮	setOnAction(EventHandler<ActionEvent>)
	TextField	文本域内回车	setOnAction(EventHandler<ActionEvent>)
	RadioButton	切换勾选	setOnAction(EventHandler<ActionEvent>)
	CheckBox	切换勾选	setOnAction(EventHandler<ActionEvent>)
	ComboBox	选择条目	setOnAction(EventHandler<ActionEvent>)
MouseEvent	Node、Scene	按下鼠标	setOnMousePressed(EventHandler<MouseEvent>)
		释放鼠标	setOnMouseReleased(EventHandler<MouseEvent>)
		点击鼠标	setOnMouseClicked(EventHandler<MouseEvent>)
		鼠标进入	setOnMouseEntered(EventHandler<MouseEvent>)
		鼠标离开	setOnMouseExited(EventHandler<MouseEvent>)
		鼠标移动	setOnMouseMoved(EventHandler<MouseEvent>)
		鼠标拖动	setOnMouseDragged(EventHandler<MouseEvent>)
KeyEvent	Node、Scene	按下键	SetOnKeyPressed(EventHandler<KeyEvent>)
		释放键	SetOnKeyReleased(EventHandler< KeyEvent >)
		敲击键	SetOnKeyTyped(EventHandler< KeyEvent >)
WindowEvent	Window	关闭窗口	setOnCloseRequest(EventHandler<WindowEvent>
		隐藏窗口后	setOnHidden(EventHandler<WindowEvent>)
		隐藏窗口前	setOnHiding(EventHandler<WindowEvent>)
		显示窗口前	setOnShowing(EventHandler<WindowEvent>)
		显示窗口后	setOnShown(EventHandler<WindowEvent>)

3. 事件处理器(Event Handler)或事件监听器(Event Listener)

事件处理器又称为事件监听器,是一个专门处理特定事件的对象,如程序清单 12-14 中的对象 handler1、handler2。首先,事件处理器类必须实现一个对应事件处理接口,例如,程序清单 12-14 的两个事件处理器类实现了接口 EventHandler<ActionEvent>。其次,创建事件处理器对象,并通过事件源对象的 setOnX 方法进行注册,把事件源和事件处理器关联起来,如程序清单 12-14 第 10 行、第 13 行所示。

12.6.2   事件委派和事件处理

JavaFX 采用事件委派机制进行事件处理:一个事件源对象(如按钮)触发一个事件(如鼠标点击),然后该事件对象委派给事件处理器处理。例如,程序清单 12-14 所示示例中确认按钮(事件源对象)触发(鼠标点击按钮)一个 ActionEvent 事件,产生一个 ActionEvent 事件对象。然后,通过事件源对象调用 setOnAction 方法,把事件源对象和事件处理器对象 handler1 关联在一起。只要用户动作(鼠标点击按钮)触发事件,事件源对象上产生的 ActionEvent 事件就委派给事件处理器对象处理。

图 12-18 展示了事件委派机制的通用模型。首先,需要确定事件源对象上产生什么类型的事件,使用什么类型的事件处理接口。然后,设计事件处理器类来实现事件处理接口。接

着，创建事件处理器对象，通过事件源对象 srcObj 注册事件处理器：srcObj.setOnX(handler)。
setOnX 方法根据事件类型不同，X 表示的内容不同，具体的注册方法参考表 12-20。经过
上述步骤后，事件源对象与事件处理器对象关联在一起，委派机制就建立了。当用户动作
作用在事件源对象上时，产生事件对象，该事件对象自动委派给事件处理器对象进行处理。

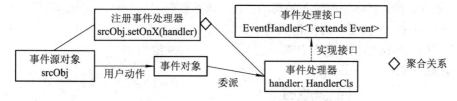

图 12-18　事件委派机制的通用模型

事件处理由事件处理器类的代码实现，事件处理器是一个实现了 EventHandler<T
extends Event>接口的类，它既可以是单独的类，如程序清单 12-14 所示，也可以是内部类(成
员内部类、匿名内部类)。对程序清单 12-14 的示例进行改写，程序清单 12-15 展示成员内
部类形式，代码未得到简化；程序清单 12-16 展示匿名内部类形式，从第 9～23 行可以看
出，匿名内部类形式简化了代码。

程序清单 12-15 及运行结果　　　　　程序清单 12-16 及运行结果

12.6.3　lamda 表达式简化事件处理

lambda 表达式可以被视为使用精简语法的匿名内部类，可以极大地简化事件处理器的
代码。由于大部分事件处理接口都是函数式接口，所以可以用 lambda 表达式进行简化。对
程序清单 12-14 的示例进行改写，程序清单 12-17 展示 lambda 表达式简化后的代码，第 9～
17 行代码是精简后的代码。由代码可看出，精简后的代码更加简短、清晰。

程序清单 12-17 及运行结果

12.6.4　示例：简易计算器

本示例使用 JavaFX 设计一个简易计算器，支持简单的四则运算(支持负数运算)，在此
基础上，实现了连续运算功能。该计算器满足以下需求：

(1) 基本运算：能够执行基本的数学运算，包括加法、减法、乘法和除法。

(2) 数字输入：用户可以通过点击计算器上的数字按钮来输入数字，并且能够显示用
户输入的数字。

(3) 运算符输入：用户可以通过点击计算器上的运算符按钮来选择执行的运算操作。

(4) 运算结果显示：能够显示运算结果，以便用户查看。

(5) 清除功能：提供清除功能，让用户可以清空当前的输入和结果。

(6) 连续计算：支持连续计算，即在一个运算后可以继续进行下一个运算，而不需要重新输入所有的数字。

(7) 错误处理：能够处理输入错误的情况，如除数为零或非法操作的错误，并向用户提供相应的错误提示。

程序清单 12-18 给出了简易计算器的程序，图 12-19 给出了运行结果的界面。

图 12-19　计算器

程序清单 12-18 及运行结果

12.6.5　鼠标事件

当一个鼠标按键在一个节点上或者一个场景中被按下、释放、单击、移动或者拖动时，一个鼠标事件(MouseEvent)就会被触发。MouseEvent 对象用来捕捉事件发生时的单击次数、鼠标位置坐标以及哪个鼠标按键被按下。鼠标按键由枚举类型 MouseButton 表示，枚举常量有：① PRIMARY，主要鼠标按钮(通常是左键)；② SECONDARY，次要鼠标按钮(通常是右键)；③ MIDDLE 中间鼠标按钮(通常是滚轮点击)；④ NONE，没有鼠标按钮；⑤ BACK，后退鼠标按钮；⑥ FORWARD，前进鼠标按钮。我们可以使用 MouseEvent 对象的 getButton 方法来检测哪个按钮被按下。例如，mouseEventObj.getButton() == MouseButton.PRIMARY 检测主要鼠标按钮是否被按下。MouseEvent 的常用方法如表 12-21 所示。

表 12-21　MouseEvent 常用方法

方　法	说　明
MouseButton getButton()	获取被单击的鼠标按钮
int getClickCount()	返回事件中鼠标单击次数
double getX()	返回鼠标事件相对于触发事件的节点的 X 坐标
double getY()	返回鼠标事件相对于触发事件的节点的 Y 坐标
boolean isAltDown()	返回事件中 Alt 键是否被按下
boolean isControlDown()	返回事件中 Control 键是否被按下
boolean isShiftDown()	返回事件中 Shift 键是否被按下

程序清单 12-19 给出了一个鼠标事件处理的示例，图 12-20 是其运行界面结果。当鼠标点击文本时，文本的字体会变化；当鼠标拖动文本时，文本跟随鼠标移动。

程序清单 12-19 及运行结果

图 12-20　TestMouseEvent 运行界面

12.6.6　键盘事件

在一个节点或场景上面只要按下、释放或者敲击键盘按键，就会触发一个键盘事件 (KeyEvent)。通过响应键盘事件，我们可以控制或执行相应的动作或者获得键盘输入信息。KeyEvent 对象描述了键盘事件的性质和键值，表 12-22 给出了 KeyEvent 的常用方法。

表 12-22　KeyEvent 常用方法

方　　法	说　　明
String getCharacter()	获取该键的字符
KeyCode getCode()	获取该键的编码
String getText()	获取该键编码的描述字符串
boolean isAltDown()	返回事件中 Alt 键是否被按下
boolean isControlDown()	返回事件中 Control 键是否被按下
boolean isShiftDown()	返回事件中 Shift 键是否被按下
void consume()	将事件标记为已消费，防止进一步处理

一个键盘事件具有一个对应键的编码，可通过 KeyEvent 的 getCode()方法获得。KeyCode 是枚举类型，定义了一系列的常量，代表键盘上的按键，表 12-23 给出了一部分 KeyCode 常量。

表 12-23　KeyCode 常量

枚举常量	描　　述	枚举常量	描　　述
A 到 Z	字母键 A～Z	ESCAPE	Esc 键
0 到 9	数字键 0～9	F1 到 F12	功能键 F1～F12
BACK_SLASH	反斜杠键 "\"	HOME	Home 键
BACK_SPACE	Backspace 键	INSERT	Insert 键
CONTROL	Ctrl 键	LEFT	向左键
CAPS	CapsLock 键	NUM_LOCK	Num Lock 键
DELETE	Delete 键	PAGE_DOWN	Page Down 键
DOLLAR	$键	PAGE_UP	Page Up 键
DOWN	向下键	RIGHT	向右键
END	End 键	UNDEFINED	未知码
ENTER	Enter 键	UP	向上键

对于按下键和释放键的事件，getCode()返回表 12-23 所示的常量值，getCharacter()返回一个空字符串。对于敲击键事件，getCode()返回 UNDEFINED，getCharacter()返回相应的 Unicode 字符或者和敲击键事件相关的一个字符序列。

程序清单 12-20 给出了一个处理 KeyEvent 的示例，图 12-21 给出其运行界面。

程序清单 12-20 及运行结果

图 12-21　TestKeyEvent 运行界面

12.7 JavaFXUI 控件

JavaFX 的 UI 控件非常灵活和全面，能为富 GUI 应用程序创建实用友好的用户界面。此外，Oracle 公司提供了可视化设计和开发工具，程序员使用这些工具可以用较少的代码快速地将 GUI 元素组装起来。但是，如果要对生成的界面进行修改，则需要理解 JavaFX GUI 程序设计的一些基本概念，并掌握 UI 控件的使用方法。本节介绍一些常用 UI 控件的使用方法。

12.7.1 标签 Label

标签控件 Label 是一个显示小段文字、节点或同时显示两者的区域。它常用于给其他控件(通常是 TextField)做标签。标签和按钮共享许多共同属性，这些共同属性定义于它们的抽象父类 Labeled 中。图 12-22 给出了标签和按钮继承体系，Control 是 Labelled 的父类，Labeled 是标签和按钮的共同父类，定义了标签和按钮共有的一些属性和常用方法，如表 12-24、表 12-25 所示。其中，graphic 属性可以以一个图片或一个 Node 节点作为图标。

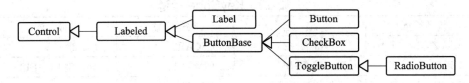

图 12-22 标签和按钮继承体系

Label 提供了以下 3 个构造方法：

(1) public Label()：无参构造方法，创建一个空的 Label 对象。

(2) public Label(String text)：使用指定的文本创建 Label 对象。

(3) public Label(String text, Node graphic)：使用指定的文本和图形节点创建 Label 对象。

表 12-24 Labeled 常用属性

属　　　性	说　　　明
final ObjectProperty<Pos> alignment	指定当标签内有空白时，标签内的文本和图形应如何对齐
final ObjectProperty<ContentDisplay> contentDisplay	指定图形相对于文本的位置
final ObjectProperty<Node> graphic	标签的可选图标
final DoubleProperty graphicTextGap	图标图形和文本间的间隔
final ObjectProperty<Paint> textFill	填充文本的颜色
final StringProperty text	用作标签的文本
final BooleanProperty underline	文本是否需要加下画线
final BooleanProperty wrapText	文本长度超出宽度，是否换行

表 12-25　Labeled 类常用方法

方　　法	说　　明
void setText(String text)	设置显示的文本
void setFont(Font font)	设置文本的字体
void setTextFill(Paint value)	设置文本的填充色或填充图案
void setWrapText(boolean wrapText)	设置文本长度超出宽度，是否换行
void setAlignment(Pos value)	设置文本的对齐方式
void setTooltip(Tooltip tooltip)	设置提示内容

程序清单 12-21 给出了一个 Label 使用示例，其运行结果如图 12-23 所示。

程序清单 12-21 及运行结果

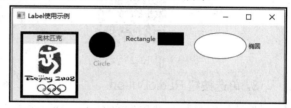

图 12-23　Label 标签简单示例运行结果

12.7.2　按钮

按钮是通过单击时触发事件的控件。JavaFX 提供了常规按钮、开关按钮、单选按钮和复选框按钮。按钮的公共属性和方法在 ButtonBase 和 Labeled 类中定义。ButtonBase 定义了 onAction 属性，该属性用于设置一个处理按钮动作的事件处理器，其常用方法如表 12-26 所示。ButtonBase 也是一个抽象类，需要使用 Button、CheckBox、ToggleButton、RadioButton 等具体子类来创建按钮。

表 12-26　ButtonBase 常用方法

方　　法	说　　明
final EventHandler<ActionEvent> getOnAction()	触发按钮的点击事件
final void setOnAction(EventHandler <ActionEvent> eventHandler)	注册事件处理器

1. 普通按钮 Button

Button 通过父类 Labeled 的属性设置按钮的显示和外观，通过父类 ButtonBase 的注册方法设置按钮的动作响应处理器，并提供了以下 3 个构造方法：

(1) public Button()：无参构造函数，创建一个空的 Button 对象。

(2) public Button(String text)：使用指定的文本创建 Button 对象。

(3) public Button(String text, Node graphic)：创建一个带有文本和图形的按钮对象。

Button 的属性和方法可以参考表 12-24～表 12-26。

程序清单 12-22 给出了一个使用 Button 的示例，其运行界面如图 12-24 所示。

程序清单 12-22 及运行结果

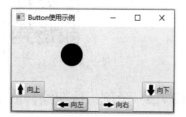

图 12-24　Button 按钮简单示例运行结果

2. 复选框按钮 CheckBox

CheckBox 是 JavaFX 中的复选框按钮控件，它允许用户从一组选项中选择一个或多个选项。Checkbox 显示为一个方框，如果被选中，方框内会显示一个对号，表示已选中状态。它有一个 selected 属性，用于表明复选框是否被选中。

程序清单 12-23 给出了一个使用 CheckBox 的示例，该示例要求用户选择自己的爱好，并将选择结果用文本图像显示，运行界面如图 12-25 所示。

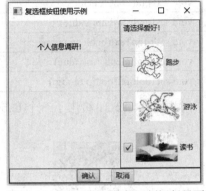

图 12-25　CheckBox 按钮示例运行界面

程序清单 12-23 及运行结果

3. 单选按钮 RadioButton

单选按钮也称为选项按钮(Option Button)，它可以让用户从一组选项中选择一个单一的项目。单选按钮是圆形的，选中时为实心，否则为空心。

RadioButton 是开关按钮 ToggleButton 的子类，和开关按钮的不同之处在于单选按钮显示一个圆，而开关按钮渲染成类似于普通按钮的样子。

程序清单 12-24 给出的是 RadioButton 按钮的一个简单示例。首先，创建一个 ToggleGroup 对象，用于管理一组 RadioButton。其次，创建了 3 个 RadioButton，并分别设置它们的文本和 ToggleGroup。使用 setOnAction 方法为每个 RadioButton 的点击事件添加一个事件处理程序。当选项被选择时，会打印选项的文本到控制台。再次，创建一个 VBox 布局，并将 3 个 RadioButton 添加到该布局中。然后，创建一个场景对象，并将布局设置为场景的根节点。接着，设置舞台的标题，并将场景设置为舞台的场景。最后，调用 show 方法显示舞台。

当运行程序清单 12-24 中的代码时，将会显示出一个带有 3 个选项的窗口。当选择其中一个选项时，对应的选项文本会被打印到控制台上。注意，由于 ToggleGroup 的限制，一次只能选择一个 RadioButton。选择另一个选项会自动取消之前选中的选项。程序的运行结果如图 12-26 所示。

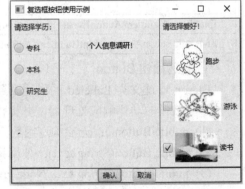

图 12-26　RadioButton 按钮简单示例运行界面

程序清单 12-24 及运行结果

12.7.3　示例：按钮综合演示

本节介绍一个综合使用各种按钮的示例，其运行界面如图 12-27 所示，用户界面左边一栏是单选按钮和开关按钮，中间是显示的文本，右边一栏是复选框按钮，底部一栏是普通按钮。程序代码如程序清单 12-25 所示。

程序清单 12-25 及运行结果

图 12-27　按钮综合示例运行界面

12.7.4　文本框 TextField

文本框用于输入或显示一串字符。TextField 是 TextInputControl 的子类，提供了两个构造方法：

(1) public TextField()：无参构造方法，创建一个空的 TextField 对象。

(2) public TextField(String text)：创建一个具有指定初始文本的 TextField 对象。

表 12-27、表 12-28 列出了 TextField 的常用属性和方法。

表 12-27　TextField 常用属性

属　　性	说　　明
final ObjectProperty\<Pos\> alignment	指定文本如何对齐
final IntegerProperty prefColumnCount	指定文本框首选的列数
final ObjectProperty\<EventHandler \<ActionEvent\>\> onAction	与此文本框关联的动作处理器，如果未分配操作处理器则为空
final StringProperty text	文本框中的文本内容
final BooleanProperty editable	文本框是否可编辑

表 12-28　TextField 常用方法

方　　法	说　　明
String getText()	返回文本框中当前显示的文本
void setText(String text)	设置文本框的文本内容
void setEditable(boolean editable)	设置文本框是否可编辑
void setPromptText(String promptText)	设置当文本框为空时显示的提示文本
void setOnAction(EventHandler \<ActionEvent\> value)	为文本框设置按下回车键时触发的事件处理器
void clear()	清除文本框中的文本内容

程序清单 12-26 给出了一个使用文本框的示例，其运行界面如图 12-28 所示。

程序清单 12-26 及运行结果

图 12-28   演示文本框的使用

12.7.5   文本区 TextArea

TextArea 控件是用于显示和编辑多行文本的 GUI 控件，其提供了一个可以输入和展示多行文本的区域，并提供一系列属性和方法来操作和管理文本内容。TextArea 控件具有以下特点：

(1) 多行文本输入：TextArea 提供了一个区域，可以在其中输入和编辑多行文本。可以使用键盘输入、粘贴文本或直接编辑文本。

(2) 自动换行：TextArea 可以根据所设置的宽度自动换行较长的文本，以适应控件的显示区域。可以通过设置 wrapText 属性来启用或禁用自动换行。

(3) 编辑功能：可以选择、剪切、复制、粘贴和删除文本内容。TextArea 提供了相应的方法来进行这些操作，如 selectRange()、cut()、copy()、paste()等。

(4) 提示文本：可以设置一个提示文本，当 TextArea 没有内容时，会显示这个提示文本以引导用户。可以使用 promptText 属性来设置提示文本。

(5) 可编辑性：TextArea 可以设置为可编辑或只读。设置 editable 属性为 true 可以启用编辑功能，设置为 false 则禁用编辑功能。

(6) 文本内容操作：TextArea 提供了一系列的方法来操作文本内容，如追加文本、插入文本、替换文本、清空文本等。可以使用相应的方法来管理 TextArea 中的文本内容。

(7) 文本选中：可以通过鼠标或键盘选择文本区域，可以使用 selectRange()方法选择指定范围内的文本，并使用 selectAll()方法选择全部文本。

(8) 文本样式：可以通过 CSS 样式来自定义 TextArea 的外观，如字体、颜色、背景等。

TextArea 控件提供了两个构造方法：

(1) public TextArea()：创建一个空的 TextArea 对象。

(2) public TextArea(String text)：创建一个具有指定初始文本的 TextArea 对象。

表 12-29、表 12-30 列出了 TextArea 的常用属性和方法。

表 12-29   TextArea 常用属性

属　　性	说　　明
final ObjectProperty<Pos> alignment	指定文本如何对齐
final IntegerProperty prefColumnCount	指定文本框首选的列数
final IntegerProperty prefRowCount	表示 TextArea 的首选行数。设置此属性可以影响 TextArea 的默认高度
final BooleanProperty wrapText	表示是否自动换行。可以使用 isWrapText()方法检查是否自动换行

属　　性	说　　明
final ReadOnlyIntegerProperty caretPosition	表示插入符的位置。使用 getCaretPosition()方法获取插入符的位置，使用 setCaretPosition(int position)方法设置插入符的位置
final StringProperty text	文本框中的文本内容
final BooleanProperty editable	文本框是否可编辑
final ReadOnlyObjectProperty <IndexRange> selection	表示当前选择的文本范围。可以使用 getSelectionStart() 和 getSelectionEnd()方法获取选择的起始和结束位置

表 12-30　TextArea 常用方法

方　　法	说　　明
String getText()	返回文本域中当前显示的文本
void setText(String text)	设置文本域的文本内容
void setEditable(boolean editable)	设置文本域是否可编辑
void setPromptText(String promptText)	设置当文本域为空时显示的提示文本
void clear()	清除文本框中的文本内容
void appendText(String text)	向 TextArea 的尾部追加文本
void insertText(int pos, String text)	在指定位置插入文本
void replaceText(int start, int end, String text)	用给定的文本替换指定范围内的文本
void selectAll()	选中 TextArea 中的所有文本
void selectRange(int start, int end)	选中指定范围内的文本
void deselect()	取消选择文本
void cut()	剪切选中的文本
void copy()	复制选中的文本
void paste()	粘贴剪贴板中的文本
void positionCaret(int pos)	将插入符号移动到指定位置

程序清单 12-27 给出了是一个使用 TextArea 的示例，其运行界面如图 12-29 所示。

程序清单 12-27 及运行结果

图 12-29　TextArea 简单示例运行界面

12.7.6　组合框 ComboBox

组合框也称为选择列表框或下拉列表框，它包含一个条目列表，用户可以下拉滚动条从中选择一个。列表框也可以设置为可编辑的，供用户输入信息。

使用组合框可以限制用户的选择范围，规范用户输入信息，以避免对输入数据的有效性进行烦琐检查。ComboBox 提供了两个构造方法：

(1) public ComboBox()：创建一个空的 ComboBox 对象。

(2) public ComboBox(ObservableList<T> items)：创建一个具有指定项目列表的ComboBox 对象。其中，ObservableList 是一个可观察的列表集合，用于存储 ComboBox 中的选项。

表 12-31、表 12-32 列出了 ComlooBox 的常用属性和方法。

表 12-31　ComboBox 常用属性

属　　性	说　　明
ObjectProperty<T> value	在组合框中选择的值
ObjectProperty<ObservableList<T>> items	组合框弹出的条目
final ObjectProperty<EventHandler<ActionEvent>> onAction	与此组合框关联的动作处理器，如果未分配操作处理器则为空
final IntegerProperty visibleRowCount	组合框弹出时最多可显示多少条目
final ReadOnlyObjectProperty<TextField> editor	组合框进行编辑时所使用的编辑器控件

表 12-32　ComboBox 常用方法

方　　法	说　　明
SingleSelectionModel<T> getSelectionModel()	返回一个只读选择模型
ObservableList<T> getItems()	返回一个 ObservableList 列表，用于管理组合框的选项列表
void setItems(ObservableList<T> items)	设置组合框的选项列表
T getValue()	返回组合框当前选中的值。如果组合框是不可编辑的，则该组合框的值被定义为选中的项；如果组合框是可编辑的，则该值是最近的操作结果，即用户输入的值或最后选中的项
void setValue(T value)	设置组合框当前选中的值
void setOnAction(EventHandler<ActionEvent> value)	为组合框设置选中值发生改变时触发的事件处理器

程序清单 12-28 给出了一个使用组合框的示例，其运行界面(选择"广西")如图 12-30 所示。

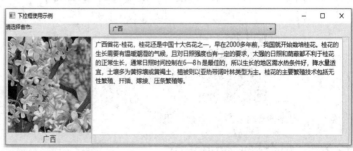

程序清单 12-28 及运行结果　　　　　　　图 12-30　下拉框使用示例界面

12.7.7　列表视图 ListView

列表视图(ListView)控件完成的功能与组合框控件基本相同，不同之处在于，列表视图控件允许选择多个值。ListView 是一个泛型类，泛型 T 指定一个列表视图中的元素的数据类型。

ListView 提供了两个构造方法：

(1) public ListView()：创建一个空的 ListView 对象。

(2) public ListView(ObservableList<T> items)：创建一个具有指定项目列表的 ListView 对象。其中，ObservableList 是一个可观察对象的列表，用于存储 ListView 中的项目。

表 12-33、表 12-34 分别列出了 ListView 中一些常用属性和方法。其中，getSelectionModel() 返回一个 SelectionModel 实例。SelectionModel 包含了设置选择模式，选择模式由 SelectinMode.MULTIPLE 和 SelectinMode.SINGLE 两个常量之一定义。这两个值表明可以选择单个或者多个条目，默认值是 SelectinMode.SINGLE。SelectionModel 还包括设置、获得被选中元素的索引值和选项的方法，即 protectedfinal void setSelectedIndex(int value)、protectedfinal void setSelectedItem(T value)、final int getSelectedIndex() 和 final T getSelectedItem()。

表 12-33　ListView 常用方法

方　　法	说　　明
ObservableList<T> getItems()	返回一个 ObservableLis 列表
void setItems(ObservableList<T> items)	设置列表视图的项列表
MultipleSelectionModel<T> getSelectionModel()	返回列表视图的选择模型，用于管理列表项的选择状态
void setOnMouseClicked (eventHandler)	设置鼠标点击事件的处理器
void scrollTo(index)	将列表视图滚动到指定索引处的项
FocusModel<T> getFocusModel()	返回列表视图的焦点模型，管理列表项的焦点

表 12-34　ListView 常用属性

属　　性	说　　明
final ObjectProperty<ObservableList<T>> items	列表视图中的条目
final ObjectProperty<Orientation> orientation	指明条目在列表视图中是水平还是垂直显示
final ObjectProperty <MultipleSelectionModel <T>> selectionModel	指定条目的选定方式。可用于获取选定的条目

以下代码可创建一个具有 5 个选项的列表视图，且允许多项选择：

```
ObservableList<String> itemList = FXCollections.observableArrayList("选项 1","选项 2","选项 3","选项 4","选项 5");
ListView<String> lv = new ListView<>(itemList);
SelectionMode<String> sMode = lv.getSelectionModel();
sMode.setSelectionMode(SelectinMode.MULTIPLE);
```

列表视图的选择模式具有 selectedItemProperty 属性，这个属性是一个 Observable 的实例，可以在它上面添加一个监听器来处理属性的变化，代码如下所示：

```
lv.getSelectionModel().selectedItemProperty().addListener(
    new InvalidationListener() {
```

```
                public void invalidate(Observabel ov) {
                        System.out.println("选择的索引是:" + sMode.getSelectedIndices());
                        System.out.println("选择的项是:" + sMode.getSelectedItems());
                });
```

对于上面的代码可以采用 lambda 表达式简化，如下所示：

```
lv.getSelectionModel().selectedItemProperty().addListener(
        ov -> {
                System.out.println("选择的索引是:" + sMode.getSelectedIndices());
                System.out.println("选择的项是:" + sMode.getSelectedItems());
        }
    });
```

程序清单 12-29 给出了一个综合使用了组合框与列表视图控件的示例，其运行界面如图 12-31 所示。当用户通过组合框选择一个区域时，候选人下方的列表视图控件出现对应区域的候选人名单，通过中间的两个按钮可以将左右两边的选项进行相互移动。

程序清单 12-29 及运行结果

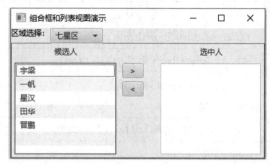

图 12-31　组合框与列表视图综合使用示例

12.7.8　表格视图 TableView

TableView 控件可以按行显示无限数量的数据记录，这些数据可以分解为多个列。因此，TableView 与 ListView 控件非常相似，其主要是增加了对列的支持。TableView 控件具有许多功能，包括强大的 TableColumn API，主要如下：

(1) 支持单元格工厂轻松自定义显示外观和编辑输入状态下的单元格内容。

(2) 支持最小宽度(minWidth)、首选宽度(prefWidth)、最大宽度(maxWidth)以及固定宽度等列宽规范。

(3) 用户可在运行时调整列宽度大小。

(4) 用户可在运行时按列内容排序。

(5) 支持列嵌套。

(6) 用户调整列大小时，规定了不同的调整大小策略。

(7) 支持多列排序(在单击标题的同时按住 Shift 键以按多列排序)。

TableView 提供了两个构造方法：

(1) public TableView()：创建一个空的 TableVie 对象。

(2) public TableView(ObservableList<T> items)：创建一个具有指定项目列表的 TableView

对象。

表 12-35、表 12-36 列出了 TableView 的常用属性和方法。

表 12-35　TableView 常用属性

属　　性	说　　明
final ObjectProperty<ObservableList<T>> items	TableView 中显示的数据模型
final BooleanProperty editable	指定此 TableView 是否可编辑——只有当 TableView、TableColumn(如果适用)和其中的 TableCell 都可编辑时，TableCell 才能进入编辑状态
final ObjectProperty<TableView.TableViewSelectionModel <S>> selectionModel	指定条目的选定方式。还可用于获取选定的条目
final BooleanProperty tableMenuButtonVisible	指示当用户在 TableView 中的指定空间中单击时菜单按钮是否可用。该表中每个 TableColumn 都有一个单选菜单项
final ObjectProperty<Callback<TableView<S>, Boolean>> sortPolicy	排序策略指定在 TableView 中如何执行排序
ObjectProperty<EventHandler<SortEvent<TableView<S>>>> onSort	当有对控件排序的请求时调用的处理器
ObjectProperty<EventHandler<ScrollToEvent<Integer>>> onScrollTo	调用 scrollTo(int)或 scrollTo(Object)将某行滚动到视图中时将调用的处理器
ObjectProperty<EventHandler<ScrollToEvent<TableColumn<S,?>>>> onScrollToColumn	调用 scrollToColumn(TableColumn)或 scrollToColumnIndex(int)将某列滚动到视图中时将调用的处理器

表 12-36　TableView 常用方法

方　　法	说　　明
ObservableList<TableColumn<S,T>> getColumns()	返回一个可观察的列表，用于管理 TableView 的列
void setItems(ObservableList<S> items)	设置 TableView 的数据源
TableViewSelectionModel<S> getSelectionModel()	返回 TableView 的选择模型，用于管理表格行的选择状态
void setCellFactory(CellFactory cf)	设置一个回调方法来自定义 TableView 的单元格外观
voidsetOnMouseClicked(EventHandler e)	为 TableView 设置鼠标点击事件的处理器
void refresh()	刷新 TableView 的显示，以确保展示最新的数据

要在 TableView 实例中启用多选，必须执行以下操作：

```
tableView.getSelectionModel().setSelectionMode(SelectionMode.MULTIPLE);
```

在 JavaFX 8.0 之前，TableView 控件把 items 列表视为视图的模型，这意味着对列表的任何更改都将立即在视觉上反映出来。当用户启动排序时，TableView 也会直接修改该列表的顺序。这意味着(同样是在 JavaFX 8.0 之前)TableView 不可能再返回到未排序状态。从 JavaFX 8.0 开始(并引入了 SortedList)，当没有 columns 列作为 TableView 排序的一部分时，可以让集合返回到未排序的状态。为此，必须创建一个 SortedList 实例，并将其 comparator 属性绑定到 TableView 的 Comparators 属性上，如下所示：

```
// 基于给定的 ObservableList 列表，创建一个 SortedList
SortedList sortedList = new SortedList(FXCollections.observableArrayList(2, 1, 3));
//创建 TableView，将排序列表 sortedList 设置为将显示的项
final TableView<Integer> tableView = new TableView<>(sortedList);
//将 sortedList 的比较器绑定到 TableView 的比较器
sortedList.comparatorProperty().bind(tableView.comparatorProperty());
```

TableView 控件支持对值进行在线编辑。通常正在编辑的单元格需要与未被编辑过的单元格显示不同的用户界面，这可由单元格负责实现。对于 TableView，强烈建议逐列而不是逐行进行编辑，因为用户通常希望以不同的方式编辑每个列的值，并且这种方法允许为每个列设定专用编辑器。

程序员可以选择单元格是永久处于编辑状态(这对于 CheckBox 单元格来说很常见)，还是在编辑开始时才切换到不同的 UI(如在单元格上收到双击消息)。

当请求对单元进行编辑时，需重载 Cell.startEdit()方法，根据需要来更改单元格的文本和图形属性(比如清除文本信息且设置单元格内的图形为文本框)。此外，还要重载 Cell.cancelEdit()方法，在编辑结束时，将 UI 重置，把单元格返回其原始显示状态。在这两种情况下，还必须确保调用父类的方法，能使单元格执行进入或退出编辑模式所必须执行的所有任务。

一旦单元格处于编辑状态，下一件事就是如何提交或取消正在进行的编辑。这由单元格工厂负责。单元格类将根据用户输入(如用户按下键盘上的 Enter 键或 Esc 键)确定编辑何时结束。当编辑结束时，程序员要根据情况来选择调用 Cell.commitEdit(Object)或 Cell.cancelEdit()。

当 Cell.commitEdit(Object)被调用时，TableView 将收到一个触发事件，可以通过 TableColumn.setOnEditCommit(javafx.event.EventHandler)添加事件处理程序来查看和处理该事件。类似地，还可以查看编辑开始和编辑取消事件。

默认情况下，TableColumn 提交编辑处理的程序为非空，由默认处理程序尝试把当前正在被编辑行中各项的属性值重写。这项工作也可以这样完成：Cell.commitEdit(Object)在新值中被传递，该值由触发的 CellEditEvent 传递给 TableColumn 编辑提交处理程序。那么取出此值就变成了简单调用 TableColumn.CellEditEvent.getNewValue()问题。

需要说明的是，调用 TableColumn.setOnEditCommit(javafx.event.EventHandler)时将用自定义的处理器替代默认处理器。此时除非处理器中处理了数据写回，否则什么数据都没被改动。此外，也可以通过使用 TableColumnBase.addEventHandler(javafx.event.EventType, javafx.event. EventHandler)添加一个 editCommit 的事件处理器。使用此方法，将不会替代默认处理器，只是增加了一个处理器。

程序清单 12-30 给出了一个使用 TableView 的示例，其运行界面如图 12-32 所示。该示例以二维表格形式显示商品的编码、名称、价格等信息。

程序清单 12-30 及运行结果

图 12-32　TableView 简单示例运行界面

12.7.9　菜单栏 MenuBar

JavaFX MenuBar 是一个功能强大的菜单栏控件，在 JavaFX 中通常用于创建应用程序的菜单栏。MenuBar 可以包含多个 Menu，每个 Menu 可以包含多个 MenuItem。MenuBar 提供了简单的 API，能够创建一个具有多级层次的菜单系统，具有如下特点：

(1) 提供多级菜单：JavaFX MenuBar 提供了多级菜单的支持，用户可以根据需要在菜单中嵌套其他菜单来实现多级层次的菜单体系，让用户更加方便地找到所需的功能。

(2) 可自定义菜单项：JavaFX MenuBar 提供了丰富的 API，可以自定义各种不同风格的菜单项，增加了用户体验和可视化效果。

(3) 处理菜单快捷键：JavaFX MenuBar 可以帮助用户处理快捷键，如"Ctrl + X"表示"剪切"操作，在菜单中添加快捷键可以提高用户操作效率。

(4) 支持菜单样式、图标：JavaFX MenuBar 提供了支持 CSS 样式的 API，可以为菜单设置样式，同时也支持为菜单项添加图标等视觉元素，提升用户体验。

MenuBar 提供了两个构造方法：

(1) public MenuBar()：创建一个空的 MenuBar 对象。

(2) public MenuBar(Menu... menus)：创建一个具有指定菜单的 MenuBar 对象。该构造方法接受多个 Menu 对象作为参数，可同时添加多个菜单到菜单栏中。

表 12-37、表 12-38 列出了 MenuBar 的常用属性和方法。

表 12-37　MenuBar 常用属性

属　　性	说　　明
final ObjectProperty<ObservableList\<T\>>items	菜单栏中的菜单列表。可以使用这个属性来获取或设置菜单栏中的菜单项
final BooleanProperty useSystemMenuBar	表示是否使用系统菜单栏。当该属性设置为 true 时，菜单栏会使用操作系统提供的系统菜单栏，而不是在应用程序内部显示菜单栏

表 12-38　MenuBar 常用方法

方　　法	说　　明
ObservableList<Menu> getMenus()	返回一个可观察的菜单列表
void setUseSystemMenuBar(boolean useSystemMenuBar)	设置是否使用系统的菜单栏
boolean addMenu(Menu menu)	将指定的菜单项添加到菜单栏
boolean removeMenu(Menu menu)	从菜单栏中移除指定的菜单项
EventHandler<Event> getOnHidden()	返回菜单栏隐藏时触发的事件处理器
void setOnHidden (EventHandler<Event> eventHandler)	设置菜单栏隐藏时触发的事件处理器

程序清单 12-31 给出了一个使用菜单的示例，其运行界面如图 12-33 所示。该示例首先创建一个菜单栏 MenuBar，再创建一个菜单 Menu，然后向菜单中添加 3 个菜单项 MenuItem，分别是"打开""保存"和"退出"。接着为每个菜单项添加相应的事件处理器，处理"打开""保存"和"退出"事件。最后，将菜单添加到菜单栏中，将菜单栏放

入场景中并显示。

程序清单 12-31 及运行结果   图 12-33   MenuBar 简单示例运行结果

12.7.10   图表 JavaFX Chart

JavaFX Chart 是 JavaFX 中的一组重要控件，它用于呈现 JavaFX 应用程序的标准图表。JavaFX Chart 被广泛用于企业应用程序、数据可视化等方面，有多种类型的图表可以供用户选择。表 12-39 中列出的是一些常见的图表类型。

表 12-39   常见图表类型

图表类型	说　　明
折线图	通常，折线图被定义为一种图表类型，使用称为标记的一组数据点来显示信息。数据点由直线段连接。折线图由类 javafx.scene.chart.LineChart 表示
条形图	条形图可以定义为一个图表，其中矩形条用于表示数据值。条形的高度根据数值而变化。条形图由类 javafx.scene.chart.BarChart 表示
饼形图	饼形图是一种图形，其中圆圈内的扇区用于表示整个信息的不同比例。扇形弧的角度根据扇形所代表的信息百分比而变化。饼形图由类 javafx.scene.chart.PieChart 表示
气泡图	气泡图可以定义为用于显示三维数据的图表。每个实体包含一个三元组(v1、v2、v3)描述的气泡标识。三元组中的两个元素由气泡的(X,Y)坐标显示，而第三个元素由气泡的半径标识。气泡图由类 javafx.scene.chart.BubbleChart 表示
散点图	在散点图中，数据点沿图形分散。每个数据点显示两个轴之间的映射。它主要用于绘制两个变量之间关系图像。散点图由类 javafx.scene.chart.ScatterChart 表示

本书对折线图、条形图和饼图进行介绍，其他类型的图表控件可以参考 JavaFX 的相关开发资料。

1. LineChart 折线图

LineChart 是 JavaFX 图表库提供的一种图表类型，用于展示某种数据随时间变化的趋势，主要用于数据可视化及分析。LineChart 提供了两种构造方法：

(1) public LineChart(Axis\<x\> xAxis, Axis\<y\> yAxis)：是带有 x 轴和 y 轴参数的构造方法，创建一个使用指定的 x 轴和 y 轴的 LineChart 对象。其中，xAxis 和 yAxis 分别是 x 轴和 y 轴对象，用于定义图表的坐标轴。

(2) public LineChart(Axis\<x\> xAxis, Axis\<y\> yAxis, ObservableList\<Series\<x,y\>\> data)：带有 x 轴、y 轴和数据列表参数的构造方法，创建一个使用指定的 x 轴、y 轴和数据列表的 LineChart 对象。其中，data 是一个 ObservableList\<Series\<x,y\>\>类型的数据列表，用于存储

图表中的数据序列。

表 12-40、表 12-41 列出了 LineChart 的常用属性和方法。

表 12-40　LineChart 常用属性

属　　性	说　　明
final ObjectProperty<LineChart. SortingPolicy> axisSortingPolicy	指定应如何对轴的数据进行排序。默认排序策略是不排序
final BooleanProperty createSymbols	该属性决定曲线上的点是否显示。默认情况下，这个属性是 true，即点会被显示出来。如果将该设置为 false，则点会被隐藏，只留下线条

表 12-41　LineChar 常用方法

方　　法	说　　明
void setTitle(String title)	设置折线图的标题
Axis<x> getXAxis()	返回折线图的 x 轴
Axis<y> getYAxis()	返回折线图的 y 轴
ObservableList<Series<x, y>> getData()	返回折线图中的数据系列列表
void setData(ObservableList<Series<x, y>> data)	设置折线图的数据系列列表
void setCreateSymbols(boolean value)	设置是否在折线图上绘制数据点的符号
void setLegendVisible(boolean value)	设置是否显示折线图的图例
void setAnimated(boolean value)	设置是否使用动画效果来更新折线图

程序清单 12-32 给出了一个使用折线图的示例，其运行结果如图 12-34 所示。

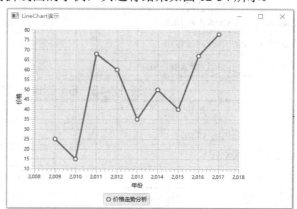

程序清单 12-32 及运行结果　　　　　　　　图 12-34　LineChart 简单示例运行结果

2. BarChart 条形图

BarChart 是一个图表控件，用于以条形图的形式展示数据。它通常用于比较一组数据的大小或者展示它们之间的差异。

BarChart 接受一个带有键值对的 ObservableList，它会根据键值对中的值来绘制一个或多个条形，多组数据可以展示在同一个图表中。条形的高度表示该值的大小。BarChart 具有许多配置选项，可以自定义图表的外观和形状。例如，可以更改条形和标签的颜色、在 x 轴和 y 轴上显示刻度线、更改条形的宽度和间距以及在标签上设置鼠标提示等。

BarChart 提供了以下 3 个构造方法：

(1) BarChart(Axis<X> xAxis, Axis<Y> yAxis)：带有 x 轴和 y 轴参数的构造方法，创建一个使用指定的 x 轴和 y 轴的 BarChart 对象。其中，xAxis 和 yAxis 分别是 x 轴和 y 轴对象，用于定义图表的坐标轴。

(2) public BarChart(Axis<X> xAxis, Axis<Y> yAxis, ObservableList<Series<X,Y>> data)：带有 x 轴、y 轴和数据列表参数的构造方法，创建一个使用指定的 x 轴、y 轴和数据列表的 BarChart 对象。其中，data 是一个 ObservableList<Series<x,y>>类型的数据列表，用于存储图表中的数据系列。

(3) public BarChart(Axis<X> xAxis, Axis<Y> yAxis, ObservableList<Series<X,Y>> data, double categoryGap)：带有 x 轴、y 轴、数据列表和柱状图间隔参数的构造方法，创建一个使用指定的 x 轴、y 轴、数据列表和柱状图间隔的 BarChart 对象。其中，categoryGap 是一个 double 类型的值，用于设置柱状图之间的间距。

表 12-42、表 12-43 中列出了 Barchart 的常用属性和方法。

表 12-42   BarChart 常用属性

属　　性	说　　明
final ObjectProperty<ObservableList<XYChart.Series<X,Y>>> data	原始数据的集合，通常是 ObservableList 类型，它由一组 XYChart.Series 对象组成
final ObjectProperty<Node>　legend	图例，用于表示数据集合中不同数据系列所表示的含义，它是一个 Legend 类型，默认是开启的
final StringProperty title	图表标题，通常是一个 Label 类型
final StringProperty style	设置图表的样式，可以通过 CSS 样式表等方式实现
final BooleanProperty animated	是否要启用动画效果，默认值是 true
final DoubleProperty barGap	相邻两个条形之间的间隔，它默认为 10.0
final DoubleProperty categoryGap	同一类别中两个条形之间的间隔，它默认为 20.0

表 12-43   BarChart 常用方法

方　　法	说　　明
void setTitle(String title)	设置条形图的标题
Axis<x> getXAxis()	返回条形图的 x 轴
Axis<y> getYAxis()	返回条形图的 y 轴
ObservableList<Series<x, y>> getData()	返回条形图中的数据系列列表
void setData(ObservableList<Series<x, y>> data)	设置条形图的数据系列列表
void setCategoryGap(double value)	设置同一类别下柱状图之间的间隔比例，取值范围也是 0~1 的任意值。默认值为 0.2，表示同一类别下柱状图之间的间隔宽度为柱状图宽度的20%
void setBarGap(double value)	设置相邻柱状图之间的间隔比例，取值范围为 0~1 的任意值。默认值为 0.2，表示间隔的宽度为柱状图宽度的20%
void setLegendVisible(boolean value)	设置是否显示条形图的图例
void setAnimated(boolean value)	设置是否使用动画效果来更新条形图

程序清单 12-33 给出了一个使用 BarChart 的示例，其运行结果如图 12-35 所示。

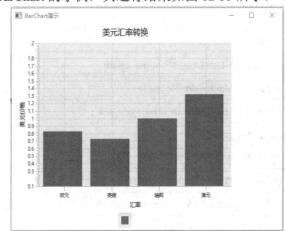

程序清单 12-33 及运行结果　　　　　　图 12-35　BarChart 简单示例运行结果

3. PieChart 饼图

PieChart(饼图)是一种图表控件，可以用来表示整体中每个部分的占比。

PieChart 控件接受一个名为 data 的可观察数据集合，每个数据项都由一个名称(name)和一个值(pieValue)组成。PieChart 会根据值的大小自动按比例划分成多个部分(扇形)，每个部分的颜色和标签可以通过数据项的属性设置来自定义。PieChart 提供了两个构造方法：

(1) public PieChart()：无参构造方法，创建一个空的 PieChart 对象。

(2) public PieChart(ObservableList<PieChart.Data> data)：带有数据列表参数的构造方法，创建一个使用指定数据列表的 PieChart 对象。其中，data 是一个 ObservableList<PieChart.Data> 类型的数据列表，用于存储饼图中的数据项。

表 12-44、表 12-45 中列出了 PiChart 的常用属性和方法。

表 12-44　PieChart 常用属性

属　　　性	说　　　明
final ObjectProperty<ObservableList <PieChart.Data>> data	数据集合，包括名称和数值，数据项类型为 PieChart.Data
final BooleanProperty clockwise	控制扇形区域的顺序，是否按顺时针方向绘制，默认是 true，即顺时针
final ObjectProperty<Node> legend	图例，用于表示数据集合中不同数据系列所表示的含义，它是一个 Legend 类型，默认是开启的
final BooleanProperty labelsVisible	是否显示饼图的标签，默认值是 true
final DoubleProperty labelLineLength	标签线的长度，默认值是 20
final BooleanProperty legendVisible	是否显示图例，默认值是 true
final DoubleProperty startAngle	饼图绘制的起始角度，单位是°，默认从 0° 开始
final BooleanProperty animated	是否要启用动画效果，默认值是 true
final StringProperty style	设置图表的样式，可以通过 CSS 样式表等方式实现

表 12-45　PieChart 常用方法

方　　法	说　　明
void setTitle(String title)	设置饼图的标题
void setLabelLineLength(double length)	设置饼图中标签线的长度
void setStartAngle(double angle)	设置饼图的起始角度
ObservableList<PieChart.Data> getData()	返回饼图中的数据列表
void setData (ObservableList<PieChart.Data> data)	设置饼图的数据系列列表
void setClockwise(boolean value)	设置饼图的切片是否按顺时针方向绘制
void setLegendVisible(boolean value)	设置是否显示饼图的图例
void setAnimated(boolean value)	设置是否使用动画效果来更新饼图

程序清单 12-34 给出了一个使用 PieChart 的示例，其运行结果如图 12-36 所示。

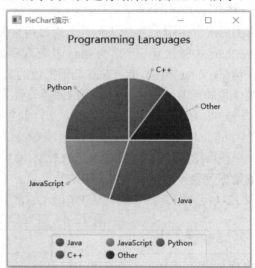

图 12-36　PieChart 简单示例运行结果

程序清单 12-34 及运行结果

习　　题

基础习题 12

编程习题 12

附　　录

附录 I　Java SE 17 新特性简介

本部分介绍 Java SE 的新特色，可扫二维码进行学习。

Java SE 的新特色

附录 II　Eclipse、IntelliJ IDEA 和 NetBeans 安装

Ⅱ-1　Eclipse 的安装　　　　Ⅱ-2　IntelliJ IDEA 的安装　　　　Ⅱ-3　NetBeans 的安装

附录Ⅲ　JavaFX 多媒体编程

JavaFX 多媒体编程

附录Ⅳ　JavaFX 动画编程

JavaFX 动画编程

附录 V　ASCII 字符集

　　ASCII (American Standard Code for Information Interchange，美国信息交换标准代码)是基于拉丁字母的一套计算机编码系统，主要用于显示现代英语和其他西欧语言。它是最通用的信息

交换标准，并等同于国际标准 ISO/IEC 646。ASCII 第一次以规范标准的类型发表是在 1967 年，最后一次更新则是在 1986 年，一共定义了 128 个字符。表 V-1 和表 V-2 分别列出了 ASCII 字符与其对应的十六进制编码和十进制编码，表中字符的编码是由行标号与列标号组合而成的。例如，字符 0 对应的十六进制编码是 0x30，在表 V-1 中，对应第 3 行第 0 列，行列组合而得 30；字符 0 对应的十进制编码是 48，在表 V-2 中，对应第 4 行第 8 列，行列组合可得 48。

表 V-1　十六进制编码的 ASCII 字符集

	0	1	2	3	4	5	6	7	8	9	A	B	C	D	E	F
0	NUL	SOH	STX	ETX	EOT	ENQ	ACK	BEL	BS	HT	LF	VT	FF	CR	SO	SI
1	DLE	DC1	DC2	DC3	DC4	NAK	SYN	ETB	CAN	EM	SUB	ESC	FS	GS	RS	US
2	SP	!	"	#	$	%	&	'	(	)	*	+	,	-	.	/
3	0	1	2	3	4	5	6	7	8	9	:	;	<	=	>	?
4	@	A	B	C	D	E	F	G	H	I	J	K	L	M	N	O
5	P	Q	R	S	T	U	V	W	X	Y	Z	[	\	]	^	_
6	`	a	b	c	d	e	f	g	h	i	j	k	l	m	n	o
7	p	q	r	s	t	u	v	w	x	y	z	{	|	}	~	DEL

表 V-2　十进制编码的 ASCII 字符集

	0	1	2	3	4	5	6	7	8	9
0	NUL	SOH	STX	ETX	EOT	ENQ	ACK	BEL	BS	HT
1	LF	VT	FF	CR	SO	SI	DLE	DC1	DC2	DC3
2	DC4	NAK	SYN	ETB	CAN	EM	SUB	ESC	FS	GS
3	RS	US	SP	!	"	#	$	%	&	'
4	(	)	*	+	,	-	.	/	0	1
5	2	3	4	5	6	7	8	9	:	;
6	<	=	>	?	@	A	B	C	D	E
7	F	G	H	I	J	K	L	M	N	O
8	P	Q	R	S	T	U	V	W	X	Y
9	Z	[	\	]	^	_	`	a	b	c
10	d	e	f	g	h	i	j	k	l	m
11	n	o	p	q	r	s	t	u	v	w
12	x	y	z	{	|	}	~	DEL		